普通高等教育"十四五"精品立体化资源规划教材
"互联网+"一体化考试平台配套规划教材——教学·练习·考试

MS Office
高级应用与设计

陈 雪 胡 珊 王林林◎主 编

张永健 王凯丽 姚勇娜 王丽颖◎副主编

中国铁道出版社有限公司
CHINA RAILWAY PUBLISHING HOUSE CO., LTD.

内 容 简 介

本书以教育部高等学校大学计算机课程教学指导委员会发布的《大学计算机基础课程教学基本要求》（橙皮书）为依据，结合教育部考试中心制定的《全国计算机等级考试二级 MS Office 高级应用考试大纲（2021 年版）》和广东省高等学校教学考试管理中心制定的《全国高等学校计算机水平考试 II 级 Office 高级应用（2016）考试大纲》中对 Microsoft Office 高级应用的要求而编写，内容注重实用性和代表性，选取企业日常办公真实案例，突出立体化、自主学习式教学资源平台整合。

全书共 5 章，主要包括 Word 2016 基础应用、Word 2016 高级应用、Excel 2016 基础应用、Excel 2016 高级应用、PowerPoint 2016 应用，每章设有知识点拓展。书中共设置 15 个任务案例，每个任务均按照"任务引导→任务步骤与实施→难点解析"的顺序进行，既能覆盖全书的主要知识点和技能点，带动教学的主要内容，又能契合日常的工作、生活，实用性强。

本书适合作为普通高等院校非计算机专业的计算机基础课程教材，也适合作为各类从业人员的职业教育和在职培训的计算机入门教材，还可以作为参加 MS Office 高级应用等级考试人员的参考用书。

图书在版编目（CIP）数据

MS Office高级应用与设计/陈雪，胡珊，王林林主编. —北京：
中国铁道出版社有限公司，2021.9（2023.1 重印）
普通高等教育"十四五"精品立体化资源规划教材
ISBN 978-7-113-28282-0

Ⅰ.①M… Ⅱ.①陈… ②胡… ③王… Ⅲ.①办公自动化-应用
软件－高等学校－教材 Ⅳ.①TP317.1

中国版本图书馆 CIP 数据核字（2021）第 164598 号

书　　名：MS Office 高级应用与设计
作　　者：陈 雪　胡 珊　王林林

策　　划：唐 旭　　　　　　　　　　　编辑部电话：(010) 51873202
责任编辑：刘丽丽
封面设计：刘 颖
责任校对：苗 丹
责任印制：樊启鹏

出版发行：中国铁道出版社有限公司（100054，北京市西城区右安门西街8号）
网　　址：http://www.tdpress.com/51eds/
印　　刷：三河市国英印务有限公司
版　　次：2021年9月第1版　2023年1月第2次印刷
开　　本：787 mm×1 092 mm 1/16　印张：20.75　字数：518千
书　　号：ISBN 978-7-113-28282-0
定　　价：59.00元

前 言

作为多技术融合发展的产物，计算机技术已经越来越深入到各个学科，计算机的应用技术与专业教学结合得更加紧密。因此，培养既熟悉专业又能把计算机技术同专业需要紧密结合的复合型人才是目前高校人才培养的趋势。计算机基础作为普通高等院校学生最早接触的信息类课程，对于提升学生信息意识、拓宽思维方式，并利用计算机相关知识解决本专业领域问题的作用不言而喻。

本书以教育部高等学校大学计算机课程教学指导委员会发布的《大学计算机基础课程教学基本要求》（橙皮书）为依据，结合教育部考试中心制定的《全国计算机等级考试二级 MS Office 高级应用考试大纲（2021 年版）》和广东省高等学校教学考试管理中心制定的《全国高等学校计算机水平考试Ⅱ级 Office 高级应用（2016）考试大纲》中对 Microsoft Office 高级应用的要求而编写。本书在内容选取上，注重实用性和代表性；在内容编排上，强调任务先行，将相关知识点分解到任务中，让学生通过对任务的分析和实现来掌握相关理论知识，从而逐步为学生建立完整的知识体系。在计算机基础教学中，本书基于"多学科融合"思想，遵循"发现问题→分析问题→解决问题"的思路，以大学计算机课程为主，其他学科知识为辅，整合多学科知识，挖掘实际问题和现实需求，让学生有机会学习贴近社会需求的计算机内容，通过真实的企业案例赋予学生了解社会对未来人才及行业的需求，进而使学生对能力需求和学习目标的认识更为明确。

本书以 Microsoft Office 2016 为操作平台而编写，深入分析和详尽讲解了办公软件高级应用知识及操作技能。全书分为 5 章，介绍了 Word 2016 基础、高级应用；Excel 2016 基础、高级应用；PowerPoint 2016 应用等知识，每章设有知识点拓展。本书内容新颖、图文并茂、直观生动、案例典型、注重操作、重点突出、强调实用，不仅注重 Office 2016 知识内容的提升和扩展，体现高级应用具有的自动化、多样化、模式化和技巧化的特点，还注重案例和实际应用，结合 Office 日常办公的典型案例进行讲解，有助于读者举一反三、发挥创意，灵活有效地处理工作中遇到的问题。书中的典型案例和知识点拓展可以为读者高效地使用 Office 办公软件提供帮助。

本书教学设计的特点如下：

（1）通过企业真实案例构建相关课程资源，优化课程内容。

通过对教学过程中是否有"培养学生的自学能力、综合应用能力和创造能力"的反思，将以往的知识点分散讲解，转变为任务驱动的教学模式。全书的教学案例共设置了 15 个，均采用"任务引导→任务步骤与实施→难点解析"的教学模式，并在其中融入计算思维的基本概念，在注重培养学生实际操作能力的同时，更注重学生信息素养的培养。本书的案例设计以真实企业办公项目为主线，包含旅游公司、建材公司、检测机构、汽车销售等相关企业类别，涉及招聘、年会邀请、项目投标、游客分析、销售分析、工资计算、企业宣传、产品宣传等多个不同工作场景的案例。以典型工作过程为载体设计的一系列来源于企业工作场景的教学案例能给学生予以启发，围绕复杂工作过程中综合职业能力的形成来整合相应的知识和技能，形成课程知识能力体系，知识内容的深度和广度符合最新的计算机等级考试要求。

（2）有效整合教材内容与教学资源，打造立体化、自主学习式的新型教材。

本书配套学习实训平台为"5Y 学习平台"，配套数字化学习资源已在该平台发布。目前全书导学、教学案例微课、拓展知识点微课、测验题库等已全部投入使用，共有 107 个约 800 分钟的教学视频资源上线，后续还将持续进行资源库的扩充，为读者提供学习支持。

本书的编写人员均为多年从事大学计算机基础教学的一线教师，曾多次编写计算机基础系列教材，多年来一直参与全国高等学校计算机水平考试广东省考区的命题工作，参与制订广东省高等学校教学考试管理中心的《全国高等学校计算机水平考试 II 级 Office 高级应用（2016）考试大纲》，对 MS Office 高级应用考证有透彻的理解。本书不仅可以作为普通高等院校非计算机专业学生的计算机基础教材，也可作为各类从业人员的职业教育和在职培训的计算机入门教材，还可以作为参加 MS Office 高级应用等级考试人员的参考用书。

本书为全国高等院校计算机基础教育研究会资助的计算机基础教育教学研究项目"基于计算思维与赋能教育的大学计算机基础教学资源建设（2020-AFCEC-384）"的研究成果。全书由陈雪、胡珊、王林林任主编，由张永健、王凯丽、姚勇娜、王丽颖任副主编，由陈雪主持编写及统稿，其中全书教学案例设计由陈雪、胡珊负责，第 1 章由姚勇娜、王林林编写，第 2 章由王凯丽编写，第 3 章由张永健编写，第 4 章由胡珊编写，第 5 章由王丽颖编写，各章相关知识点拓展由陈雪编写。在本书的编写过程中得到了广东省高等学校教学考试管理中心的大力支持，还得到了广州工商学院、中山火炬职业技术学院的全面配合，在此一并表示感谢！

在本书的编写过程中，我们试图将多年的改革经验和体会融入书中与大家分享。由于办公软件高级应用技术范围广、内容更新快，编者水平有限，书中疏漏和不妥之处在所难免，诚请各位读者批评指正。愿与广大同行为建设高质量的计算机基础课程共同努力！

编　者

2021 年 5 月

目 录

第 3 章 Excel 2016 基础应用

第 1 章

Word 2016 基础应用

文档基本操作 ——乐旅公司简介	💻 新建和保存文档 💻 文本编辑 💻 字体和段落格式化★ 💻 项目符号、编号和多级列表★ 💻 页面设置 💻 背景设置
表格基本操作 ——乐旅公司招聘表	💻 文本转换成表格 💻 表格布局和表格设计 💻 插入控件★ 💻 计算数据★ 💻 表格排序★ 💻 图表的制作及设置
图形图像基本操作 ——设计公司产品宣传册	💻 艺术字的插入及设置 💻 图片的插入及设置★ 💻 自选图形的插入及设置★ 💻 文本框的插入及设置 💻 中文简繁转换 💻 分页符的设置 💻 对象的对齐和组合★

注：各章首页知识点列表中带★号部分为该章难点知识点，在学习和实践中需要特别注意。

1.1 文档基本操作——乐旅公司简介

1.1.1 任务引导

本单元任务引导卡如表 1-1 所示。

表 1-1 任务引导卡

任务编号	NO.1		
任务名称	乐旅公司简介	**计划课时**	2 课时
任务目的	通过制作乐旅公司简介文档，让学生了解 Word 文档的编辑流程，掌握 Word 文档的新建和保存、字体和段落的设置、项目符号和多级列表的使用、首字下沉及页面背景的设置		
任务实现流程	任务引导 → 任务分析 → 制作乐旅公司简介 → 教师讲评 → 学生制作公司简介 → 难点解析 → 总结与提高		
配套素材导引	原始文件位置：Office 高级应用 2016\ 素材 \ 第一章 \ 任务 1.1 最终文件位置：Office 高级应用 2016\ 效果 \ 第一章 \ 任务 1.1		

💻 任务分析

任务 1.1 导学

由 Word 建立生成的文件称为 Word 文档，简称文档。文档是人们在日常生活中最常使用的文件。文档的操作流程一般是：首先，将文档的内容输入计算机，即将一份书面文字转换成电子文档；其次，为了使文档的内容清晰、层次分明、重点突出，要对输入的内容进行格式编排；最后，要将编排完成的文档保存在计算机中，以便今后查看。

本任务要求学生首先复制文本到 Word 文档中，然后完成字符、段落格式化，再进行项目符号和编号的添加以及一些文档的特殊格式的设置，最后设置一些页面效果，使文档看起来美观大方。知识点思维导图如图 1-1 所示。

任务 1.1-1

任务 1.1-2

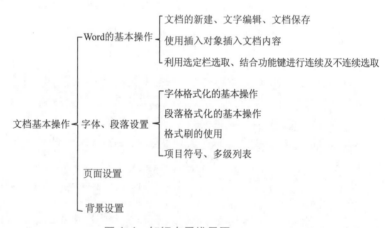

图 1-1 知识点思维导图

任务 1.1-3

（1）文档的新建：这是 Word 的基本操作。常见的新建 Word 2016 文档的方法有以下几种：利用"开始"按钮启动 Word 2016 程序自动创建一个 Word 文档；如果桌面有 Word 2016 的快捷方式，可以直接双击桌面的快捷方式图标从而创建一个新的 Word 文档；如果已经打开一个 Word 文档后还想新建一篇新的文档，可以利用文档中的"新建"命令或按【Ctrl+N】组合键；但是一般常见的快捷操作是直接在目标位置右击，在弹出的快捷菜单中选择"新建" | "Mocrosoft Word 文档"命令。

（2）文档的保存：在文档中输入内容后，要将其保存在磁盘上，便于以后查看文档或再次对文档进行编辑、打印。Word 2016 文档的默认扩展名为 ".docx"。初次保存文件时，执行"文件"|"保存"命令或按【Ctrl+S】组合键，打开"另存为"对话框，在"另存为"对话框中设置文件的名字和保存位置。注意：当保存已经保存过的文档时，执行保存命令后将不会出现"另存为"对话框，软件默认将文档保存到原来的路径，此时只有执行"文件"|"另存为"命令才会出现"另存为"对话框。

（3）插入符号或特殊字符：用户在处理文档时可能需要输入一些特殊字符，如希腊字母、俄文字母和数字序号等。这些符号不能直接从键盘输入，用户可以用以下方法实现：单击"插入"选项卡"符号"组中"符号"的下三角按钮，在弹出的下拉列表中选择"其他符号"选项，弹出"符号"对话框，在该对话框"字体"下拉列表框中选择所需的字体，在"子集"下拉列表框中选择所需的选项。

（4）对象选择：文本输入后，用户如果需要对某段文本进行编辑时，必须先选定该文本，再进行相应的处理。当文本被选中后，字体会出现灰色底纹。如果要取消选定，可以将鼠标指针移至选定文本外的任何区域，单击即可。选定文本是 Word 中的基础操作，常见的选定文本或段落的方法有：利用鼠标拖动选择需要的文本、整行、词语、段落，或利用组合键选择文本，也可以利用键盘的【Shift】和【Ctrl】键实现文本的连续和不连续选择。

（5）字体格式化：通过设置丰富多彩的字体格式，可以使文档看起来更美观、更舒适。字体格式化包括字体、大小、颜色和显示效果等格式。用户若需要输入带格式的字符，可以在输入字符前先设置好格式再输入；也可以先输入完毕后，再对这些字符进行选定并设置格式。在没有进行格式设置的情况下输入的字符按默认格式自动设置。

（6）段落格式化：在 Word 中，段落是指以段落标记作为结束符的文字、图形或其他对象的集合。用户可以通过"开始"选项卡"段落"组中的"显示/隐藏编辑标记"按钮查看段落标记。段落格式主要包括段落对齐、段落缩进、行距、段间距和段落的修饰等，可以在"开始"选项卡"段落"组中查找到相关的命令。

（7）格式刷：通过格式刷可以将某段文本或某个段落的排版格式复制给另一段文本或段落，简化了对具有相同格式的多个不连续文本或段落格式的重复设置问题。首先选定要复制格式的段落或文本，然后单击"格式刷"按钮，此时鼠标指针变为一把小刷子，最后选定要设置格式的段落或文本即可。如果要多次复制格式，可以双击"格式刷"按钮。

（8）项目符号、编号和多级列表：在 Word 中，可以快速地给多个段落添加项目符号和编号，使得文档更有层次感，易于阅读和理解。如果在段落的开始前输入诸如 "1" "·" "a)" "一、"等格式的起始编号，再输入文本，当按【Enter】键时 Word 会自动将该段转换为编号列表，同时将下一个编号加入下一段的开始处。项目符号与编号类似，最大的不同在于前者为连续的数字或字母，而后者使用相同的符号。为使文档条理清晰，有些文档需要设置多级列表符号来区分不同等级的文本。

（9）页面设置：文档的页面设置包括文字方向、页边距、纸张方向、分栏等效果，通过页面设置可以使文档更加美观，便于阅读。

（10）页面背景设置：使用文档的页面背景设置可以美化文档的显示效果。常见的页面背景包括：纯色背景、渐变色背景、纹理背景、图案背景、图片背景、水印和页面边框等。可以在"设计"选项卡"页面背景"组中进行设置。

本任务需要完成乐旅公司（快乐旅行公司的简称）的简介文档，完成后的最终效果如图 1-2 和图 1-3 所示。

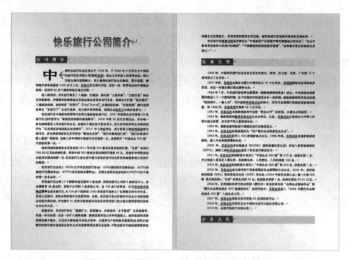

图 1-2　乐旅公司简介效果图（1）

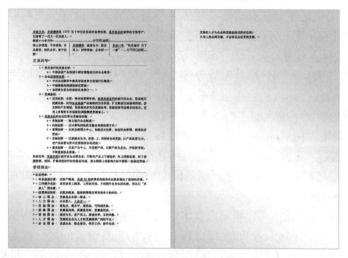

图 1-3　乐旅公司简介效果图（2）

1.1.2　任务步骤与实施

1. 新建文档

新建文档，命名为"乐旅公司简介 .docx"，保存到 D 盘中。

具体操作如下：

① 启动 Word：单击"开始" | "所有程序" | "Microsoft Office" | "Microsoft Word 2016"命令，启动 Microsoft Word 2016。

② 单击快速访问工具栏中的"保存"按钮，弹出"另存为"对话框。

③ 在左边导航窗格中选择需要保存的文件夹，输入文件名为"乐旅公司简介"，单击"保存"按钮，将当前文档保存为"乐旅公司简介 .docx"。

2. 打开并复制素材

在记事本中打开素材文件"公司简介 .txt"，将文件复制到新建的"乐旅公司简介 .docx"中。

具体操作如下：

① 双击打开"公司简介 .txt"，用鼠标拖动选择全部文字内容，或按【Ctrl+A】组合键全选文档，

右击，在弹出的快捷菜单中选中"复制"命令或按【Ctrl+C】组合键复制内容。

② 在"乐旅公司简介"文档中右击弹出快捷菜单，选择"粘贴"命令，或按【Ctrl+V】组合键粘贴复制内容。关闭打开的"公司简介 .txt"，完成文档内容的复制。

3. 段落移动

将文档的最后一行文本移动到"只有人的全面发展，才会有企业的更快发展。"段落前。

具体操作如下：

① 将鼠标指针移动到最后一行文本的左侧空白区域，当鼠标指针变成右倾斜的空心箭头时，单击鼠标，选定最后一行文本。

② 按【Ctrl+X】组合键剪切文本，将光标定位到"只有人的全面发展……"段落前面，再按【Ctrl+V】组合键，粘贴文本段落。也可以直接选择段落将其拖动到目标段落前完成段落的移动。

4. 标题字体设置

设置标题"快乐旅行公司简介"字体格式为"黑体"，小初号字，文本效果为"渐变填充：蓝色，主题 5；映像"，阴影效果为外部的"偏移：右下"，加粗。

具体操作如下：

① 选择文字"快乐旅行公司简介"，单击"开始"选项卡"字体"组"字体"下拉列表中的"黑体"，在"字号"下拉列表中选择"小初"。

② 在"字体"组"文本效果和版式"下拉列表中选择"渐变填充：蓝色，主题 5；映像"，在"阴影"命令中选择外部"偏移：右下"，如图 1-4 和图 1-5 所示。

图 1-4　字体效果设置

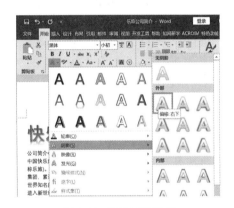

图 1-5　字体阴影设置

③ 在"开始"选项卡"字体"组中单击"加粗"按钮。

5. 文字段落底纹设置及格式刷

（1）设置第二段"公司简介"字体格式为"华文仿宋"，三号字，加粗，字体间距加宽 5 磅，字体颜色为"白色，背景 1"。

（2）添加文字底纹颜色为"蓝色，个性色 5，深色 25%"。设置"公司简介"所在段落底纹颜色为"蓝色，个性色 5，淡色 80%"。

（3）利用格式刷复制第一段"公司简介"格式到文字"发展历程""企业文化"。

具体操作如下：

① 选中文字"公司简介"，单击"开始"选项卡"字体"组的"字体"下三角按钮，选择"华文仿宋"，在"字号"下拉列表中选择"三号"，同时在"字体"组中单击"加粗"按钮。单击"字体"组"对话框启动器"按钮，在弹出的"字体"对话框中选择"高级"选项卡，设置"间距"为"加宽"，磅值为"5 磅"，如图 1-6 所示。在"字体"组"字体颜色"下拉列表中选择"白色，背景 1"，如图 1-7 所示。

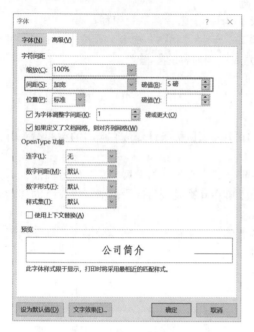

图 1-6　字体高级设置

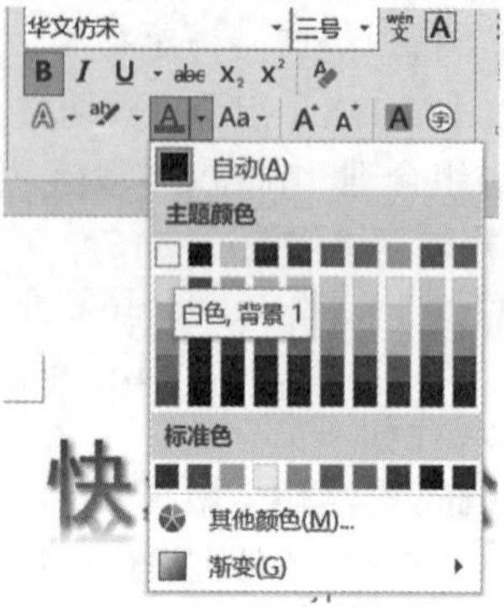

图 1-7　字体颜色设置

② 单击"段落"组的"边框"下三角按钮，选择"边框和底纹"命令，打开"边框和底纹"对话框，单击"底纹"选项卡，在右下角"应用于"下拉列表中选择"文字"选项，"填充"颜色选择"蓝色，个性 5，深色 25%"，单击"确定"按钮，完成文字底纹设置，如图 1-8 所示。

③ 重复第②步操作，再打开"边框和底纹"对话框，在右下角"应用于"下拉列表中选择"段落"，"填充"颜色选择"蓝色，个性色 5，淡色 80%"，单击"确定"按钮，完成段落底纹设置，如图 1-9 所示。

④ 选中"公司简介"所在的段落，双击"开始"选项卡"剪贴板"组的"格式刷"按钮，鼠标变成刷子形态后，拖动鼠标分别选择文字"发展历程"和"企业文化"，将格式复制到文字上，再次单击"格式刷"按钮，取消格式复制。

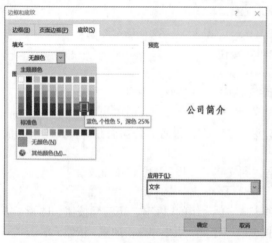

图 1-8　文字底纹设置

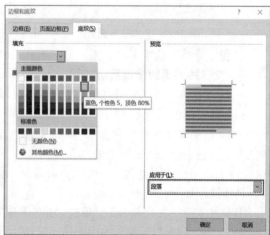

图 1-9　段落底纹设置

6．选择格式类似的文本及设置下画线

（1）将未设置字体格式的其他文字的格式设置为华文中宋，五号字。

（2）为第三段"简称乐旅"的"乐旅"两个字添加最粗的单下画线，下画线颜色为"蓝色，个性色 5，深色 25%"。

具体操作如下：

① 选中"公司简介"和"发展历程"中间未设置字体格式的文本，利用【Ctrl】键选中其他没有设置字体格式的文本，单击"开始"选项卡"字体"组的"字体"下三角按钮，选择"华文中宋"，单击"字号"下三角按钮，选择"五号"。此操作也可以利用格式刷工具完成。

② 选中第三段"简称乐旅"的"乐旅"两个字，单击"开始"选项卡"字体"组的"对话框启动器"按钮，在"字体"对话框中设置下画线线型为最粗的单下画线，如图 1-10 所示，并设置下画线颜色为"蓝色，个性色 5，深色 25%"，如图 1-11 所示。

图 1-10　下画线线型设置

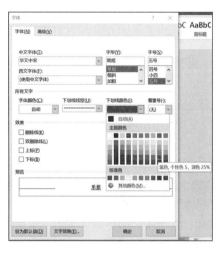

图 1-11　下画线颜色设置

7．段落格式设置

（1）设置第 1 段（"快乐旅行公司简介"）居中对齐。

（2）设置"公司简介""发展历程""企业文化"三段文字的段前段后为各 1 行。

（3）设置"公司简介"和"发展历程"下的华文中宋字体的段落首行缩进为 0.74 厘米，1.1 倍行距。

具体操作如下：

① 选中第 1 段（"快乐旅行公司简介"），单击"开始"选项卡的"段落"组中的"居中"按钮，完成居中操作，如图 1-12 所示。

图 1-12　居中设置

② 选中"公司简介"后按住【Ctrl】键不放，再选中"发展历程"和"企业文化"，单击"开始"选项卡"段落"组的"对话框启动器"按钮，打开"段落"对话框。在"段落"对话框中设置间距：段前 1 行，段后 1 行，如图 1-13 所示。该操作也可以使用格式刷操作完成。

③ 选中"公司简介"和"发展历程"下的华文中宋字体的段落，打开"段落"对话框，在"特殊"下拉列表中选择"首行缩进"，在右侧的"缩进值"微调框中输入"0.74 厘米"，在"行距"下拉列表中选择"多倍行距"，右侧"设置值"微调框中输入"1.1"，单击"确定"按钮完成设置，如图 1-14 所示。

图 1-13 段落间距设置

图 1-14 段落缩进和间距设置

8. 添加下框线

（1）设置文字"发展战略""管理理念"字体格式"华文仿宋"，四号字，加粗，颜色为"橙色，个性色2，深色25%"。

（2）并给这两处文字所在段落添加下框线，样式为虚线（第三种样式），颜色为"橙色，个性色2，深色25%"，宽度为1磅。

具体操作如下：

①选中"发展战略"，按【Ctrl】键的同时选中"管理理念"，单击"开始"选项卡"字体"组的"字体"下三角按钮，选择"华文仿宋"；单击"字号"下三角按钮，选择"四号"；单击"加粗"按钮；再单击"字体颜色"下三角按钮，选择"橙色，个性色2，深色25%"。

②单击"段落"组中"边框"下三角按钮，在下拉列表中选择"边框和底纹"命令，打开"边框和底纹"对话框，单击"边框"选项卡，在"应用于"下拉列表中选择"段落"；"样式"列表框中选择"虚线"（第三种样式）；"颜色"选择"橙色，个性色2，深色25%"，"宽度"选择"1.0磅"；在"预览"组中单击上、左、右边框，取消这些边框设置，只保留下边框，如图1-15所示，单击"确定"按钮，完成下框线设置。完成后文档的效果如图1-16所示。

图 1-15 段落下框线设置

发展战略↵

图 1-16 下框线设置效果

9. 分栏

选中"集团十六字方针"下的三段文本，分为等宽的三栏带分隔线，并将第三段调整至第三栏。

具体操作如下：

① 选中"集团十六字方针"下的三段文本，单击"布局"选项卡"页面设置"组"栏"下三角按钮，在下拉列表中选择"更多栏"，如图 1-17 所示，打开"栏"对话框。

② 在"栏"对话框中设置"预设"为"三栏"，选中"分隔线"复选框，如图 1-18 所示，单击"确定"按钮，关闭对话框。

图 1-17 "栏"下拉列表

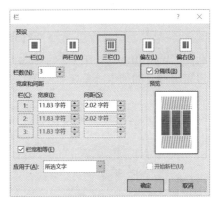

图 1-18 "栏"对话框

③ 将光标定位在"乐旅口号"前面，按【Enter】键换行，即可调整第三段到第三栏，效果如图 1-19 所示。

集团十六字方针

核心价值观：不怕困难，专业高效，团队合作，勇于创新

乐旅精神：诚信为本、服务至上、拼搏奉献、永争第一

乐旅口号："快乐旅行 天下一家"

图 1-19　分栏效果

10. 首字下沉

设置第三段首字下沉 3 行，字体为隶书，距离正文 0.8 厘米。

具体操作如下：

① 选中文档的第三段（"中国快乐旅行社总社成立于 1954 年，……"）文本，单击"插入"选项卡"文本"组中的"首字下沉"下三角按钮，在下拉列表中选择"首字下沉选项"命令，如图 1-20 所示，打开"首字下沉"对话框。

② 在"首字下沉"对话框的"位置"组中选择"下沉"，在"选项"组中，设置字体"隶书"，下沉行数"3"，距正文"0.8 厘米"，如图 1-21 所示。单击"确定"按钮完成设置。效果如图 1-22 所示。

11. 插入符号和项目符号

（1）在文字"企业使命"前插入符号，字体为 Wingdings，字符代码为 70。

（2）为段落"专业创造价值：……从业理念：忠诚企业，敬业爱岗，快乐工作，提升生活。"添加项目符号，字体为 Wingdings，字符代码为 216，颜色为"橙色，个性色 2，深色 25%"。

具体操作如下：

① 将光标定位在文字"企业使命"前，单击"插入"选项卡"符号"组中"符号"下三角按钮，在下拉列表中选择"其他符号"命令，如图 1-23 所示，打开"符号"对话框。

图 1-20 "首字下沉选项"命令　　图 1-21 "首字下沉"对话框　　　图 1-22 首字下沉效果

　　② 在"符号"对话框中，选择"符号"选项卡，单击"字体"右侧的下三角按钮，在下拉列表中选择"Wingdings"，在"字符代码（C）"文本框中输入"70"，如图 1-24 所示，单击"插入"按钮完成符号的插入。单击"取消"按钮或右上方的"关闭"按钮，关闭对话框。

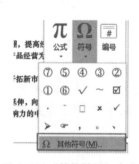

图 1-23 "其他符号"命令

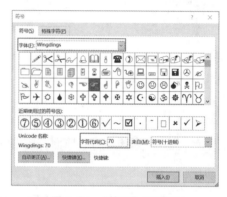

图 1-24 "符号"对话框

　　③ 选中文字"专业创造价值……从业理念：忠诚企业，敬业爱岗，快乐工作，提升生活。"的段落内容。单击"开始"选项卡"段落"组"项目符号"右侧的下三角按钮，选择"定义新项目符号"命令，如图 1-25 所示，打开"定义新符号"对话框。

　　④ 在"定义新项目符号"对话框中，单击"符号"按钮，打开"符号"对话框。选择字体"Wingdings"，在"字符代码"文本框中输入"216"，如图 1-26 所示，单"确定"按钮返回"定义新符号"对话框。

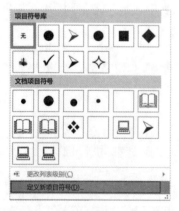

图 1-25 "定义新项目符号"命令

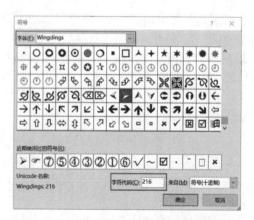

图 1-26 "符号"对话框设置

⑤ 在“定义新项目符号”对话框中，单击“字体”按钮，在“字体”对话框中设置字体颜色为“橙色，个性色 2，深色 25%”，如图 1–27 所示，单击“确定”按钮返回“定义新符号”对话框处。在“定义新符号”对话框中单击“确定”按钮，关闭该对话框。完成后的效果如图 1–28 所示。

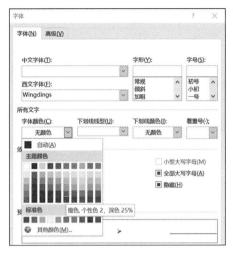

图 1–27　符号颜色设置

企业使命：
➢ 专业创造价值：在客户眼里，乐旅 50 年积累的经验和专业服务增加了旅游的价值。
➢ 工作提升生活：在乐旅员工眼里，工作在乐旅，不但提升自身生活品质，而且以“乐旅人”而自豪。
➢ 经营保证回报：在股东眼里，能够获得稳定而有竞争力的回报。
➢ 核心理念：发展是企业第一要务。
➢ 人文理念：企业靠人，人企合一。
➢ 发展理念：高起点，高水平，高效益，可持续发展。
➢ 质量理念：质量是品牌，质量是生命，质量是效益。
➢ 营销理念：诚信为本，客户至上，真诚伙伴，互利共赢。
➢ 人才理念：发展的企业为人才的发展提供广阔的平台；
➢ 从业理念：忠诚企业，敬业爱岗，快乐工作，提升生活。

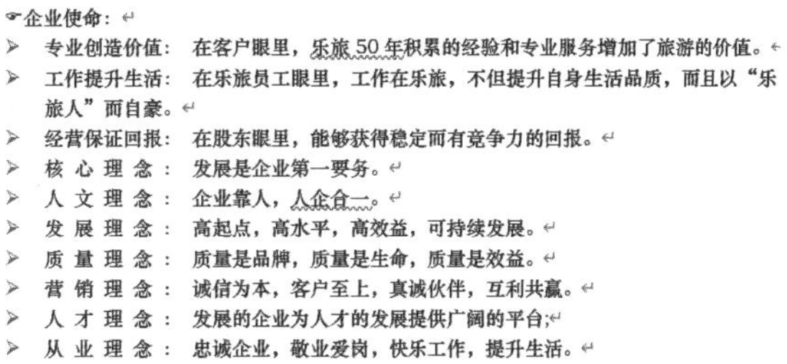

图 1–28　符号与项目符号效果

12. 多级符号设置

为“发展战略”下的文字“快乐旅行的发展目标：……不断提高服务质量。”添加多级符号。要求 1 级符号编号样式为“1,2,3,…”，编号对齐方式：左对齐，对齐位置：0.8 厘米，文本缩进位置：1.5 厘米；2 级符号编号样式为“a,b,c,…”，编号对齐方式：左对齐，对齐位置：1.8 厘米，文本缩进位置：2.5 厘米。

具体操作如下：

① 选择文字“快乐旅行的发展目标：……不断提高服务质量。”所在段落，单击“开始”选项卡“段落”组的“多级列表”下三角按钮，选择“定义新的多级列表”命令，如图 1–29 所示，打开“定义新多级列表”对话框。

图 1–29 “定义新的多级列表”命令

② 在对话框中选择“单击要修改的级别”文本列表框中的级别为“1”，设置“此级别的编号样式”为“1,2,3…”，此时“输入编号的格式”文本框中自动设置格式“1”（此处不能手动输入），“位置”选项组中设置对齐方式“左对齐”，对齐位置“0.8 厘米”，文本缩进位置“1.5 厘米”，如图 1–30 所示。

③ 1 级编号格式设置完成后，继续在“单击要修改的级别”文本列表中选择级别“2”。先在“输入编号的格式”选项组中，删除原来的文本框内容，然后单击“此级别的编号样式”下三角按钮，选择样式“a,b,c…”，在“位置”选项组中，分别设置对齐方式“左对齐”，对齐位置“1.8 厘米”，文本缩进位置“2.5 厘米”，如图 1–31 所示。

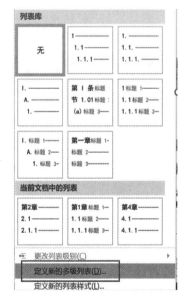

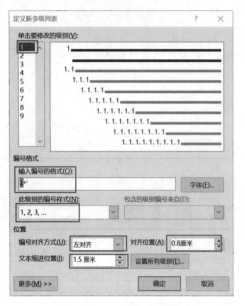

图 1-30　设置 1 级编号格式

图 1-31　设置 2 级编号格式

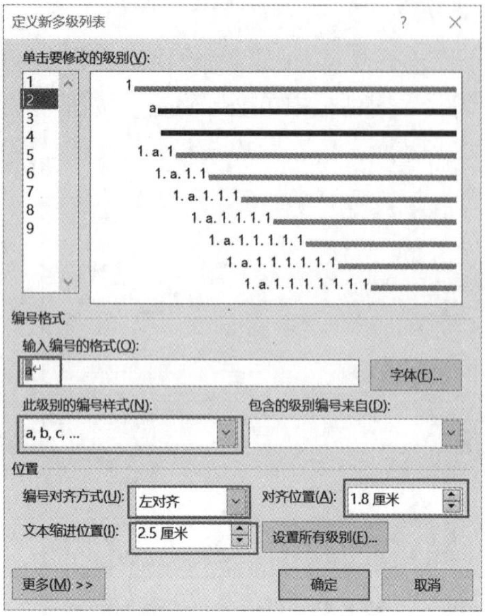

④ 单击“确定”按钮，关闭对话框。此时，所有选定文本前面都添加了罗马数字编号。利用【Ctrl】键选中需要添加 2 级编号所有段落（“中国旅游……”“中央企业……”），如图 1-32 所示。再按【Tab】键设置 2 级编号，完成后效果如图 1-33 所示

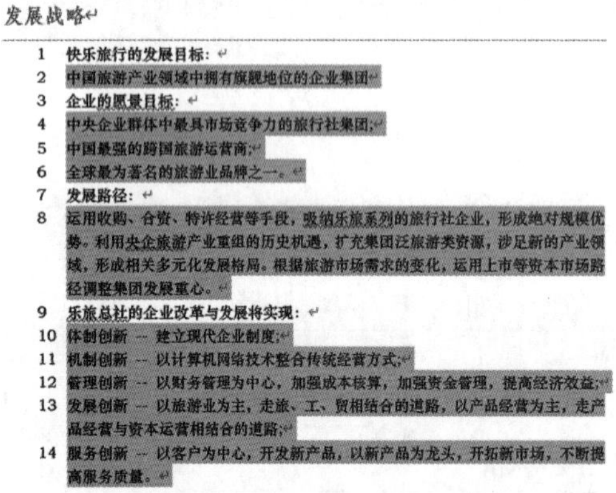

发展战略

1 快乐旅行的发展目标：
2 中国旅游产业领域中拥有旗舰地位的企业集团
3 企业的愿景目标：
4 中央企业群体中最具市场竞争力的旅行社集团；
5 中国最强的跨国旅游运营商；
6 全球最为著名的旅游业品牌之一。
7 发展路径：
8 运用收购、合资、特许经营等手段，吸纳乐旅系列的旅行社企业，形成绝对规模优势。利用央企旅游产业重组的历史机遇，扩充集团泛旅游类资源，涉足新的产业领域，形成相关多元化发展格局。根据旅游市场需求的变化，运用上市等资本市场路径调整集团发展重心。
9 乐旅总社的企业改革与发展将实现：
10 体制创新 -- 建立现代企业制度；
11 机制创新 -- 以计算机网络技术整合传统经营方式；
12 管理创新 -- 以财务管理为中心，加强成本核算，加强资金管理，提高经济效益；
13 发展创新 -- 以旅游业为主，走旅、工、贸相结合的道路，以产品经营为主，走产品经营与资本运营相结合的道路；
14 服务创新 -- 以客户为中心，开发新产品，以新产品为龙头，开拓新市场，不断提高服务质量。

图 1-32　选择 2 级编号文本

发展战略

1 快乐旅行的发展目标：
　a 中国旅游产业领域中拥有旗舰地位的企业集团
2 企业的愿景目标：
　a 中央企业群体中最具市场竞争力的旅行社集团；
　b 中国最强的跨国旅游运营商；
　c 全球最为著名的旅游业品牌之一。
3 发展路径：
　a 运用收购、合资、特许经营等手段，吸纳乐旅系列的旅行社企业，形成绝对规模优势。利用央企旅游产业重组的历史机遇，扩充集团泛旅游类资源，涉足新的产业领域，形成相关多元化发展格局。根据旅游市场需求的变化，运用上市等资本市场路径调整集团发展重心。
4 乐旅总社的企业改革与发展将实现：
　a 体制创新 -- 建立现代企业制度；
　b 机制创新 -- 以计算机网络技术整合传统经营方式；
　c 管理创新 -- 以财务管理为中心，加强成本核算，加强资金管理，提高经济效益；
　d 发展创新 -- 以旅游业为主，走旅、工、贸相结合的道路，以产品经营为主，走产品经营与资本运营相结合的道路；
　e 服务创新 -- 以客户为中心，开发新产品，以新产品为龙头，开拓新市场，不断提高服务质量。

图 1-33　多级符号设置效果

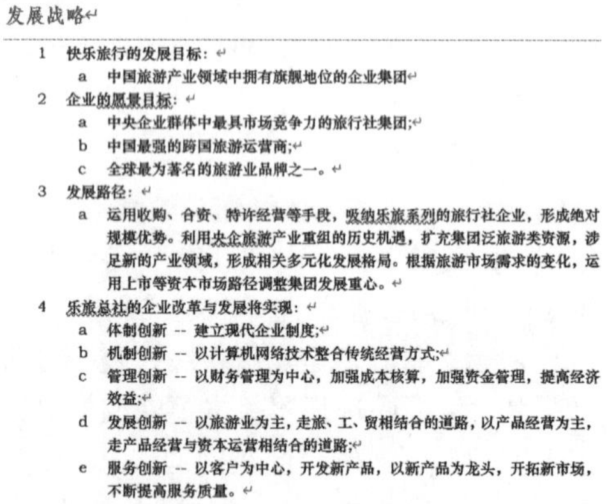

13. 文档背景设置

设置文档背景为单色填充，颜色 1：蓝色，个性色 1，淡色 80%，渐变至最浅色，底纹样式：斜下。

具体操作如下：

① 将光标定位在文档的任意位置，单击“设计”选项卡“页面背景”组的“页面颜色”下三角按钮，在下拉列表中选择“填充效果”命令，如图 1-34 所示，打开“填充效果”对话框。

② 在“填充效果”对话框中，选择“渐变”选项卡，在“颜色”组中选择“单色”，单击“颜色 1”下三角按钮，设置颜色为“蓝色，个性色 1，淡色 80%”；并将滑块拖放至“浅”。在“底纹样式”选项组中选择“斜下”单选按钮，如图 1-35 所示。单击“确定”按钮完成设置。

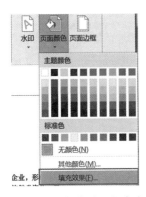

图 1-34 "填充效果"命令

图 1-35 填充效果设置

③ 单击"保存"按钮，保存文档，或者按【Ctrl+S】组合键保存文档。

1.1.3 难点解析

通过本节课程的学习，学生掌握了 Word 文档的新建和保存，字体和段落的格式化，项目符号、编号和多级列表的使用，首字下沉及页面背景的设置。其中，边框和底纹、项目符号、编号及多级列表是本节的难点内容，这里将针对这些操作进行讲解。

1. 边框和底纹

在 Word 文档中，可以通过添加边框来将文本与文档中的其他部分区分开来，也可以通过应用底纹来突出显示文本。用户为选定文本添加边框和底纹，可起到强调和突出的作用。不仅可以为文字、一段或整篇文档添加边框和底纹，还可以为表格或一个单元格添加边框和底纹。另外边框和底纹在"页面视图"、"打印预览视图"以及打印出来的页面上均可见。

其设置方法为：单击"开始"选项卡"段落"组的"边框"下三角按钮，选择"边框和底纹"命令，打开"边框和底纹"对话框，如图 1-36 所示。按用户需要可以在"边框""页面边框""底纹"等选项卡中进行设置。

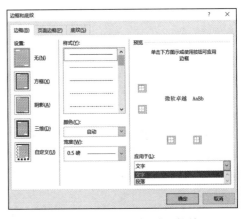

图 1-36 "边框和底纹"对话框

（1）文本的边框和底纹

文本的边框和底纹可以很好地凸显效果，但应用于文字和应用于段落的效果是不同的。如果在设置中选择应用于文字，则边框和底纹的效果应用到选中段落中各个字符行的周围，而不是应用到整个段落周围。相反如果选择应用于段落，则边框和底纹的效果应用到整个段落中。如果要取消边框和底纹，只需要选择对应样式的"无"命令。

① 如果选择应用于"文字"选项，那么 Word 将会把边框效果应用到选中段落中各个字符行

的周围，而不是应用到整个段落周围，效果如图 1–37 所示。

② 如果选择应用于“段落”选项，Word 会把边框效果应用到整个段落中，效果如图 1–38 所示。

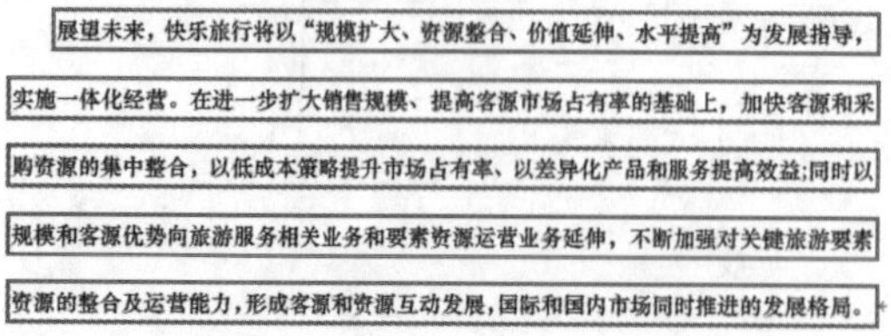
展望未来，快乐旅行将以“规模扩大、资源整合、价值延伸、水平提高”为发展指导，实施一体化经营。在进一步扩大销售规模、提高客源市场占有率的基础上，加快客源和采购资源的集中整合，以低成本策略提升市场占有率、以差异化产品和服务提高效益;同时以规模和客源优势向旅游服务相关业务和要素资源运营业务延伸，不断加强对关键旅游要素资源的整合及运营能力，形成客源和资源互动发展，国际和国内市场同时推进的发展格局。

图 1–37　应用于“文字”边框效果

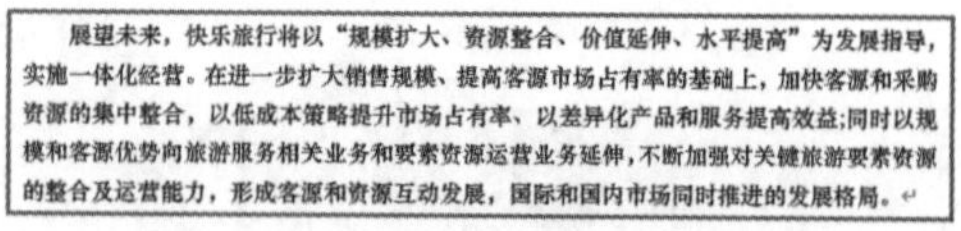
展望未来，快乐旅行将以“规模扩大、资源整合、价值延伸、水平提高”为发展指导，实施一体化经营。在进一步扩大销售规模、提高客源市场占有率的基础上，加快客源和采购资源的集中整合，以低成本策略提升市场占有率、以差异化产品和服务提高效益;同时以规模和客源优势向旅游服务相关业务和要素资源运营业务延伸，不断加强对关键旅游要素资源的整合及运营能力，形成客源和资源互动发展，国际和国内市场同时推进的发展格局。

图 1–38　应用于“段落”边框效果

③ 如果选择应用于“文字”选项，底纹效果仅应用于选取字符，效果如图 1–39 所示。

④ 如果选择应用于“段落”选项，则底纹效果应用于整个段落，效果如图 1–40 所示。

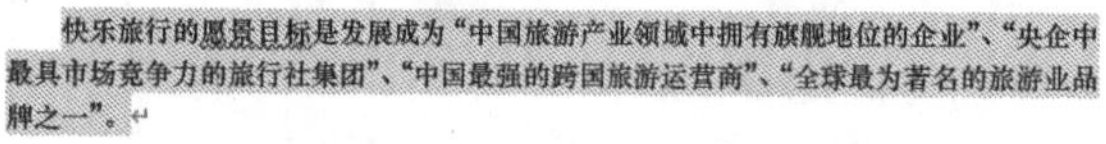
快乐旅行的愿景目标是发展成为“中国旅游产业领域中拥有旗舰地位的企业”、“央企中最具市场竞争力的旅行社集团”、“中国最强的跨国旅游运营商”、“全球最为著名的旅游业品牌之一”。

图 1–39　应用于“文字”底纹效果

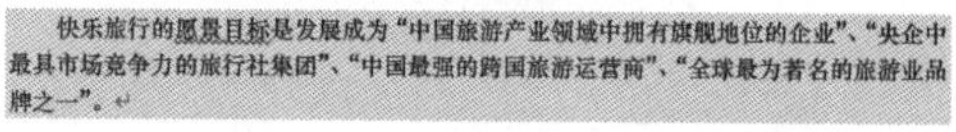
快乐旅行的愿景目标是发展成为“中国旅游产业领域中拥有旗舰地位的企业”、“央企中最具市场竞争力的旅行社集团”、“中国最强的跨国旅游运营商”、“全球最为著名的旅游业品牌之一”。

图 1–40　应用于“段落”底纹效果

（2）页面边框

Word 2016 中的页面边框是指出现在页面周围的一条线、一组线或装饰性图形。页面边框在标题页、传单和小册子上十分多见。设置 Word 2016 文档的页面边框的方法为：单击“设计”选项卡“页面背景”组的“页面边框”按钮，打开“边框和底纹”对话框，如图 1–41 所示。此对话框提供了很多种艺术型选项用于创建装饰性边框。在左侧的“设置”选项组中选择边框的位置及效果。如需自定义的话，单击“自定义”选项，打开对话框，然后设置边框的样式、颜色、宽度、艺术型等，还可以单击“预览”组的上、下、左、右样式自定义页面边框。

页面边框的“应用于”选项有较多选择，例如要在标题页周围放置边框，可以将“应用于”设置为“本节—仅首页”，还有“整篇文档”、“本节”和“本节—除首页外所有页”可选。如果要控制 Word 2016 页面边框相对于文字或纸张边缘的位置，单击“选项”按钮，打开“边框和底纹选项”对话框。注意：在设置页面边框时，与段落相关的选项会变成灰色。使用“测量基准”框，可以设置页面边框与文字或页边的距离。

2. 编号与多级列表

（1）编号

如果在段落的开始前输入诸如“1”“·”“a)”“一、”等格式的起始编号，再输入文本，当按【Enter】键时，Word 自动将该段转换为编号列表，同时将下一个编号加入下一段的开始处。用户也可以自行选择各种“编号库”中的编号，还可通过“定义新编号格式”设置需要的样式，如图 1–42 所示。

如果自动编号的内容被一句话或几段隔开了，这时自动编号就连不上了，且每个部分都是从 1 开始编号，我们可以选中后面自动编号的内容，右击弹出快捷菜单，选择“继续编号”即可使后面的内容接着前面的数值继续编号，且初始值会随前面编号的结束值自动进行调整。

如果文档的编号分为几个部分，可以从编号中间任意位置重新开始编号。将插入点光标移动到需要重新编号的段落并右击，在弹出的快捷菜单中选择“设置编号值”命令，打开“起始编号”对话框。选中“开始新列表”单选按钮，并设置其值，单击“确定”按钮，如图 1–43 所示。

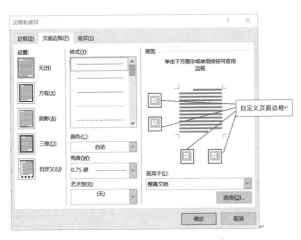

图 1-41 “页面边框”选项卡

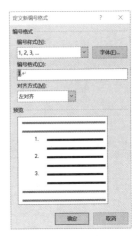

图 1-42 “定义新编号格式”对话框

（2）多级列表

为使文档条理清晰，有些文档需要设置多级列表符号，来区分不同等级的文本。单击“开始”选项卡“段落”组中的“多级列表”按钮，可设置多级列表编号。用户若对 Word 提供的项目符号不满意，也可选择下拉列表中的“定义新的多级列表”选项，在“定义新多级列表”对话框中设置多级列表。

多级列表层次共可以设置 9 级，默认的级别为 1 级为“1”，2 级为“1.1”，3 级为“1.1.1”……“编号格式”中“输入编号的格式”显示的数字应该是灰色底色，才能根据当前章节显示相应的多级列表序号。编号的样式不能手工输入，只能从“此级别的编号样式”下拉列表中选择。默认的级别样式会自动包含上一级的级别编号样式，这样逐级包含下去。

例如，要制作成如图 1-44 所示的多级列表样式，就需要逐级修改样式，并设置编号和文本的位置。具体步骤如下所述。

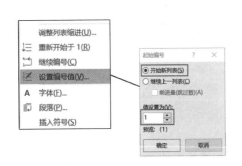

图 1-43 设置编号值

重点实验室管理条例

第一条 总则

绿色化工过程省部共建教育部重点实验室主要进行石油化学品绿色加工技术、矿物资源的绿色加工工艺、新型反应器开发与绿色化工过程的应用等方面的研究，贯彻基础理论与应用研究相结合、开创性研究与开发性研究相结合的方针，逐步发展成为在该领域能够达到国家学术水平和管理水平的科研基地和高层次人才培养基地。

第二条 管理体制

1、学术委员会:它是实验室的学术决策机构和评审机构。学术委员会由国内外化学工程和相关学科造诣深、水平高的科学家组成。同时也吸收学术上有创新的年轻学者参加。学术委员会设主任委员 1 人，副主任委员与委员若干人。本校学者不超过三分之一。学术委员会主任由教育部聘任，委员由学校聘任。设副主任 2 名，秘书 1 名。

2、实验室主任:实验室主任全权负责实验室的日常学术活动和行政管理工作，并负责创造良好的研究环境和实验条件，全面完成各类科研项目及人才培养计划，实验室另设副主任三人，协助主任管理实验室的日常事务。实验室主任由湖北省教育厅与教育部聘任，并决定其任期。副主任由实验室主任任命。实验室主任应每年向学术委员会和上级主管部门]提交年度工作报告。

3、实验室下设专业研究室，其设置由实验室主任确定。研究室是实验室的基层研究单位，其主要职责是编制年度研究工作具体实施方案，组织专职研究人员、客座研究人员按项目计划开展实验研究及其他学术活动，管理并维持实验工作的正常运行，报告研究工作的进展和结果。研究室设正、副主任各-人，由实验室主任任命。

4、实验室设办公室，其主要职责是处理日常行政事务和科研项目管理,并负责实验室的科技档案和财管理、安全保卫等事项。办公室设主任一人，由实验室主任任命。

第三条 经费管理

1、实验室的经费来源由以下几部分构成:

(1) 国家下拨的科研事业费和实验室运行费;

(2) 实验室向国家申请的科研项目经费;

(3) 实验室的专职研究人员由其它渠道申请的专项研究经费;

(4) 非资助课题采用本实验室的实验研究条件应收取的有关费用;

(5) 实验室的实用型研究成果技术转让费;

(6) 国际合作研究中对方提供的研究经费;

2、国内外团体或个人的资助:

(1) 实验室实行课题经费独立核算，课题组长负责制。

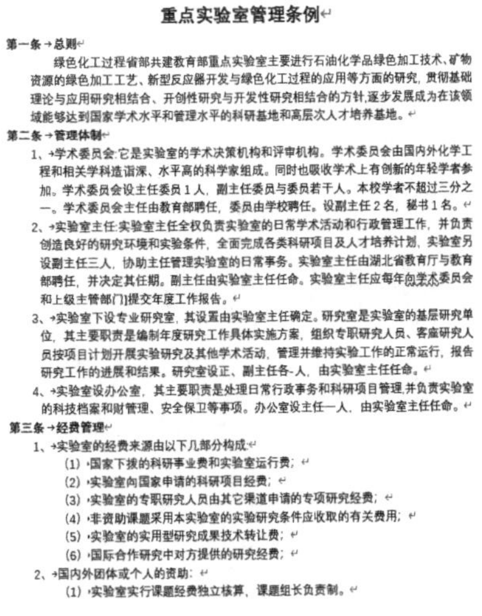

图 1-44 多级列表完成后效果

① 选中需要完成多级列表的文档，选择“开始”选项卡“段落”组“多级列表”下拉列表中的“定义新的多级列表”命令，打开“定义新多级列表”对话框。

② 在对话框中设置 1 级列表。在“此级别的编号样式”下拉列表中选择“一，二，三（简）…”;

在"输入编号的格式"文本框中"一"的前后分别输入"第"和"条"。编号和文本的位置设置如图 1-45 所示。

③ 单击第 2 级别,在"此级别的编号样式"下拉列表中选择"1,2,3,…";此时会发现在"输入编号的格式"文本框中,继承了第 1 级别样式,如图 1-46 所示,这里直接删除前面 1 级样式"一、",在灰色"1"后面加一个"、"。设置"位置"如图 1-47 所示。

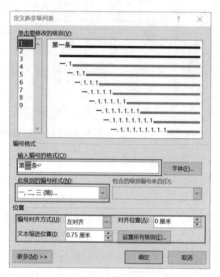

图 1-45 定义 1 级列表

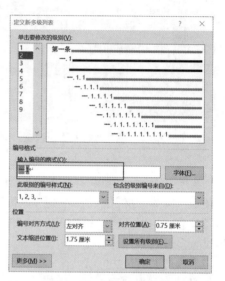

图 1-46 2 级编号格式

④ 单击第 3 级别,按照修改第 2 级别的方法进行设置,如图 1-48 所示。

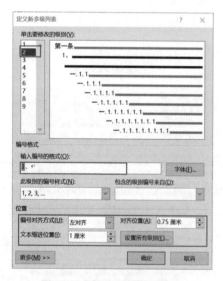

图 1-47 修改 2 级编号格式

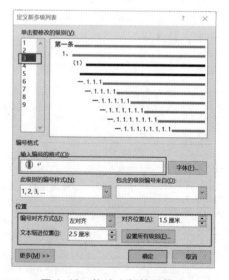

图 1-48 修改 3 级编号格式

⑤ 设置完后,可以发现所有的段落均为 1 级编号。将光标定位在"绿色化工过程省部共建教育部重点实验室……"所在段落任意位置,单击"段落"组中"编号"下拉按钮,在列表库中选择"无"样式,取消该段的编号。

⑥ 选中需要设置 2 级编号的段落,单击"段落"组中的"增加缩进量"按钮。再选中需要设置 3 级编号的段落,单击 2 次"段落"组中的"增加缩进量"按钮,完成设置。

> ◎✸ 注意：
>
> 　　要查看处于某个特定列表级别的所有项，请单击该级别中的一个项目符号或编号，以突出显示该级别上的所有项。通过输入或使用功能区上的命令创建多级列表与创建单级列表完全一样。因此，请从项目符号或编号开始，输入第一个列表项，然后按【Enter】键。当准备好开始下一个级别时，请按"增加缩进量"按钮，输入该级别的第一个列表项，然后按【Enter】键。

　　处理不同列表级别时，可以使用"段落"组中的"增加缩进量"按钮和"减少缩进量"按钮在各级别之间移动。还可以单击键盘按键来增加和减少缩进量：按【Tab】键增加缩进量，按【Shift+Tab】组合键减少缩进量。

1.2　表格基本操作——乐旅公司招聘表

1.2.1　任务引导

本单元任务引导卡如表 1–2 所示。

表 1–2　任务引导卡

任务编号	NO. 2		
任务名称	乐旅公司招聘表	计划课时	2 课时
任务目的	通过制作乐旅公司招聘表，让学生了解 Word 文档中表格的作用，熟练掌握创建并编辑表格的方法，设置表格格式的方法，在 Word 中插入图表及格式化的方法		
任务实现流程	任务引导 → 任务分析 → 制作乐旅公司招聘表 → 教师讲评 → 学生完成乐旅公司招聘表 → 难点解析 → 总结与提高		
配套素材导引	原始文件位置：Office 高级应用 2016\ 素材 \ 第一章 \ 任务 1.2 最终文件位置：Office 高级应用 2016\ 效果 \ 第一章 \ 任务 1.2		

🖳 任务分析

　　在日常工作学习生活中，表格的运用是必不可少的，上学时用的课程表、学籍表，找工作时用的个人简历表，工作时需要制作报表、工作总结等。表格可以清晰地表现各类数据。可见，表格的运用与我们的学习、生活密不可分。Word 中创建表格有两种方式：一种是直接插入几行几列的表格；另一种是手动绘制表格。在绘制不规则的表格时，通常会将两种方式结合使用。在编辑表格的文档中，经常要用到排序功能，Word 提供较强的对表格进行处理的各种功能，包括表格的计算、排序、由表格中的数据生成各类图表等。

任务1.2导学

任务1.2-1

任务1.2-2

任务1.2-3

　　本任务要求学生在文档中插入表格，设置表格的行高、列宽，为表格添加边框和底纹，利用公式对表格数据进行计算，对表格进行排序。最后，利用表格中的数据制作精美的图表。知识点思维导图如图 1-49所示。

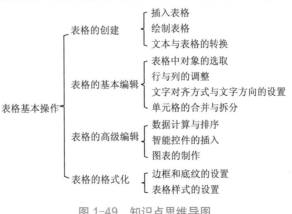

图 1-49　知识点思维导图

（1）表格的创建：Word 提供了多种创建表格的方法，用户可以根据工作需要选择合适的创建方法。常见的方法有：单击"插入"选项卡"表格"组中"表格"下三角按钮，然后在弹出的下拉列表中拖动鼠标指针以选择需要的行数和列数；或者单击"插入"选项卡"表格"组中"表格"下三角按钮，然后在弹出的下拉列表中选择"插入表格"选项，弹出"插入表格"对话框，在对话框中设置列数与行数，完成表格创建；文本转换为表格的操作也是较为常用的，选定要转换成表格的文本，单击"插入"选项卡"表格"组中"表格"下三角按钮，然后在弹出的下拉列表中选择"文本转换成表格"选项，弹出"将文字转换成表格"对话框，创建该文本对应的表格；对于不规则且较复杂的表格可以采用手工绘制，单击"插入"选项卡"表格"组中"表格"下三角按钮，然后在弹出的下拉列表中选择"绘制表格"选项，用笔形指针绘制表格框线。

（2）表格中对象的选取：与一般文本操作相同，在对一个对象进行操作之前必须先将它选定，表格也是如此。表格中对象的选取包括选择整个单元格、选择行或列、选择表格等。将鼠标指针放置于单元格左侧，当其变成倾斜的实心箭头时单击，即可选中一个单元格；将鼠标指针移至行的左边外侧或者是列的外部上端，即可选定一行或一列；单击表格左上角的囲按钮即可选定整个表格；也可以利用"表格工具 | 布局"选项卡"表"组"选择"下拉列表中的选择命令实现不同对象的选择。

（3）行列的调整：如果需要在表格中插入整行或整列，应先选定已有行或列，右击弹出快捷菜单，选择"插入"命令，可选择在上方或下方插入行，在左侧或右侧插入列，也可以选定行列后在"表格工具 | 布局"选项卡"行和列"组中选择相应的命令。Word 2016 提供了便捷的插入行和列的操作，将光标置于行的左下角或者是列的右上角，将会出现⊕按钮，利用此按钮可以实现行列的添加。如果没有指定表格的行高与列宽，则行高与列宽取决于该行或列中单元格的内容。用户也可以根据需要自行调整行高或列宽，使用的方法包括手动调整和利用"表格工具 | 布局"选项卡"单元格大小"组的命令调整。如果执行行列的删除，常见的方法是选中对象后，右击弹出快捷菜单，选择相关命令，或者利用"表格工具 | 布局"选项卡"删除"组的命令。

（4）单元格的合并与拆分：合并单元格是指将多个相邻的单元格合并为一个单元格，其操作方法主要包括：选中对象后，利用"表格工具 | 布局"选项卡"合并"组中"合并单元格"命令；或选中要合并的单元格后右击，在弹出的快捷菜单中选择"合并单元格"命令；或者是利用"表格工具 | 布局"选项卡"绘图"组中的"橡皮擦"按钮。拆分单元格是指将一个单元格分为多个相邻的子单元格，可使用的方法包括：选中对象后利用"表格工具 | 布局"选项卡"合并"组"拆分单元格"按钮；或者是选中要拆分的单元格后右击，在弹出的快捷菜单中选择"拆分单元格"命令；或者是利用"表格工具 | 布局"选项卡"绘图"组中的"绘制表格"按钮，添加分隔框线，实现单元格的拆分。

（5）文字对齐方式和文字方向：单元格中的文本根据不同的实际情况，需要不同的对齐方式，如标题一般在单元格正中间，数据文本在单元格右端。改变表格单元格中文本的对齐方式，可以使表格数据更明显。其具体操作为：在"表格工具 | 布局"选项卡的"对齐方式"组中设置文本的对齐方式，在"对齐方式"组也可以将文字的方向在水平和垂直两个方向进行改变。

（6）边框和底纹的设置：为了使表格更美观，表格各部分数据更明显，可以对表格边框设置不同颜色或粗细的框线，也可为各行或列添加底纹。边框和底纹设置的相关命令可以在"表格工具 | 设计"选项卡中找到。

（7）表格样式的设置：为方便用户进行一次性的表格格式设置，Word 提供了 40 多种已定义好的表格样式。用户可通过套用这些样式，快速格式化表格。其操作方法为：全选表格，在"表格工具 | 设计"选项卡"表格样式"组中寻找想要使用的样式。

（8）数据的计算与排序：Word 提供了在表格中快速进行数值的加、减、乘、除及求平均

值等计算的功能。参与计算的数据可以是数值，也可以是以单元格名称代表的单元格内容。在 Word 表格中，可以按照递增或递减的顺序对文本、数字或其他数据进行排序。其中，递增称为"升序"，即按 A 到 Z，0 到 9，日期的最早到最晚进行排列；递减称为"降序"，即按 Z 到 A，9 到 0，日期的最晚到最早进行排列。数据计算和排序的相关命令在"表格工具 | 布局"选项卡"数据"组中。

（9）智能控件：在 Word 的表格设计中插入智能控件，需要安装"开发工具"选项卡，具体步骤为：单击"文件"选项卡"更多"命令中的"选项"按钮，在打开的"Word 选项"对话框中选择"自定义功能区"按钮，在右侧勾选"开发工具"复选框，"开发工具"选项卡将会出现在功能区。在"开发工具"选项卡"控件"组中，有许多常用的智能控件，如"组合框内容控件""下拉列表内容控件""日期选取器内容控件"等，可以根据内容的需要，插入不同的控件。

（10）图表的制作：将表格数据以图表形式呈现有利于数据分析，在 Excel 和 Word 中都可以创建图表。若要在 Word 中创建简单的图表，定位好光标后单击"插入"选项卡"插图"中的"图表"按钮，在弹出的对话框中选择所需的图表类型，单击"确定"按钮后，将会弹出 Excel 表格。在 Excel 表格中将默认数据替换为自己的数据信息，完成后关闭 Excel 表格将会创建一个图表，利用"图表工具 | 设计"选项卡和"图表工具 | 格式"选项卡可以对图表进行更加详细的设置。

本任务完成的最终效果如图 1-50 所示。

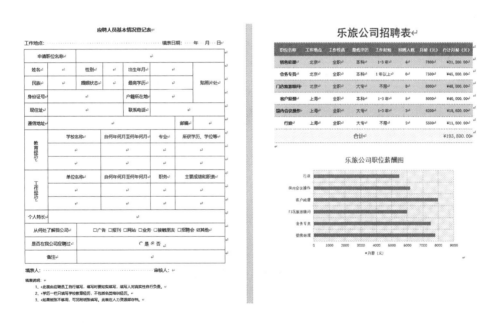

图 1-50　乐旅公司招聘表效果图

1.2.2　任务步骤与实施

1. 将制表符分隔的文本转换为表格

打开文档"乐旅公司招聘表 .docx"，在第一页中选中从"申请职位名称"到"备注"所有段落，将选中文本转换为表格。

具体操作如下：

① 打开"乐旅公司招聘表 .docx"，选择第 3~18 行文本，单击"插入"选项卡"表格"组"表格"按钮，在下拉列表中单击"文本转换成表格"，如图 1-51 所示。

② 弹出"将文字转换成表格"对话框，在"文字分隔符位置"区域，选中"制表符"单选按钮，如图 1-52 所示，单击"确定"按钮。转换的效果如图 1-53 所示。

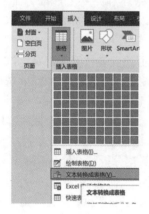

图 1-51 "表格"下拉列表

图 1-52 "将文字转换成表格"对话框

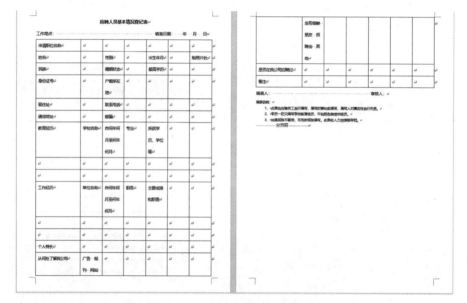

图 1-53 文本转换为表格效果图

2. 手动调整表格

（1）按照效果图合并和拆分相应单元格。

（2）调整各列宽度。

（3）调整表格内相应单元格的文字方向，并设置表格内文字水平、垂直居中对齐。

具体操作如下：

① 经过手动调整表格完成后的效果将如图 1-54 所示。根据该效果图选择需要合并的单元格区域，右击弹出快捷菜单，选择"合并单元格"命令，如图 1-55 所示，将多个单元格合并成一个单元格。

② 选择需要拆分的单元格区域，右击弹出快捷菜单，选择"拆分单元格"命令，如图 1-56 所示。在弹出的"拆分单元格"对话框中设置拆分的行数和列数，如图 1-57 所示。（还可以通过绘制

表格的方法完成单元格的拆分，具体操作为：选择"表格工具 | 布局"选项卡"绘图"组中"绘制表格"命令，或者选择"表格工具 | 设计"选项卡"边框"组中"边框"下拉列表中的"绘制表格"命令，如图 1-58 所示。）

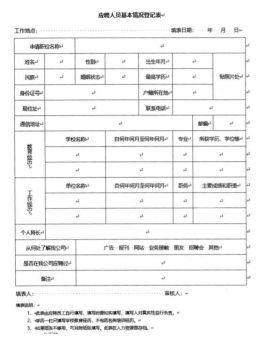

图 1-54　手动调整表格后效果图

图 1-55　合并单元格

图 1-56　拆分单元格

图 1-57　"拆分单元格"对话框

图 1-58　"绘制表格"命令

③ 移动表格中文字的位置。

④ 将鼠标指针放置到需要调整列宽的单元格边框处，当鼠标指针呈现可以水平调整的状态时，左右拖动鼠标指针实现列宽的调整，使"应聘人员基本情况登记表"内容在一页中显示。

⑤ 选中"教育经历"和"工作经历"两处文字，单击"表格工具 | 布局"选项卡"对齐方式"组中"文字方向"按钮，如图 1-59 所示，将文字方向修改为垂直。

⑥ 全选表格，在"表格工具 | 布局"选项卡的"对齐方式"组中，单击"水平居中"按钮，

如图 1-60 所示。设置表格文字水平居中，垂直居中对齐。

3. 插入控件

（1）为"从何处了解我公司"后的各选项添加复选框，修改控件的选中状态符号为字体 Wingdings，字符代码 254。

（2）为"是否在我公司应聘过"后添加单选按钮，选项内容为"是"和"否"，修改字体为微软雅黑，字号为五号。

具体操作如下：

① 选择"文件"选项卡中的"更多" | "选项"命令，如图 1-61 所示。打开"Word 选项"对话框。在"Word 选项"对话框左侧，选择"自定义功能区"，在右侧列表框中选择"开发工具"复选框，如图 1-62 所示。

图 1-59　设置文字方向

图 1-60　设置单元格内文字对齐方式

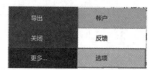

图 1-61　"选项"命令

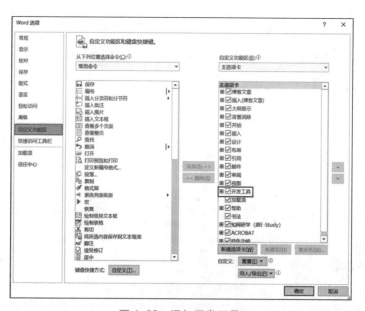

图 1-62　添加开发工具

② 将光标定位到"广告"前面，单击"开发工具"选项卡"控件"组中"复选框内容控件"按钮，如图 1-63 所示，将复选框内容控件插入到"广告"前面。

③ 选中插入的控件，单击"开发工具"选项卡"控件"组中"属性"按钮，打开"内容控件属性"对话框，如图 1-64 所示。在"内容控件属性"对话框中，单击"选中标记"后面的"更改"按钮，在弹出的"符号"对话框中设置符号为字体 Wingdings，字符代码 254，如图 1-65 所示，单击"确定"按钮完成操作。

图 1-63　复选框内容控件

图 1-64 "内容控件属性"对话框

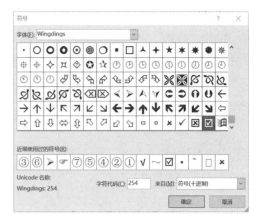

图 1-65 修改控件选中标记

④ 将设置好的复选框内容控件复制到其他选项前。最终效果如图 1-66 所示。

图 1-66 复选框内容控件完成效果

⑤ 将光标定位到"是否在我公司应聘过"后面的空格中，单击"开发工具"选项卡"控件"组中"旧式工具"按钮，在下拉列表中选择"选项按钮"控件，如图 1-67 所示。将"选项按钮"控件插入单元格中，并进入设计模式，如图 1-68 所示。

图 1-67 选项按钮

图 1-68 进入设计模式

⑥ 选择插入的控件，右击，在弹出的快捷菜单中单击"'选项按钮'对象" | "编辑"命令，如图 1-69 所示。进入控件编辑状态，如图 1-70 所示。

图 1-69 编辑命令

图 1-70 编辑状态

⑦ 将文本内容"OptionButton1"修改为"是"，并设置字体为微软雅黑，字号为五号。适当调整对象的大小。

⑧复制选项按钮，选中复制出来的选项按钮，单击"开发工具"选项卡"控件"中的"属性"按钮，弹出"属性"对话框，修改"Caption"属性为"否"，如图1-71所示。单击"开发工具"选项卡"控件"中的"设计模式"按钮，取消设计模式。最终效果如图1-72所示。

图 1-71　属性设置　　　　　　　　　　　　图 1-72　选项按钮完成效果

4. 特殊符号分隔的文本转换为表格

（1）选中第二页第二段至末尾，将文本转换为表格。

（2）删除表格中多余的空行，在表格下方插入行，最后一行第一列输入文字"合计"。

具体操作如下：

①选择"乐旅公司招聘表.docx"第2页第2~8段文本，单击"插入"选项卡"表格"组"表格"下拉列表中的"文本转换成表格"命令，弹出"将文字转换成表格"对话框。

②在"将文字转换成表格"对话框中，选中"文字分隔位置"组中的"其他字符"单选按钮，在"其他字符"文本框内输入符号"#"（或按【Shift+3】组合键），如图1-73所示，单击"确定"按钮。转换后的效果如图1-74所示。

职位名称	工作地点	工作性质	最低学历	工作经验	招聘人数	月薪（元）	合计月薪（元）
门店旅游顾问	北京	全职	大专	不限	8	6000	
销售经理	北京	全职	本科	1-3 年	4	7800	
客户经理	上海	全职	本科	1-3 年	5	8000	
国内会议操作	上海	全职	大专	1-3 年	3	6200	
会务专员	北京	全职	本科	1 年以上	6	7500	
行政	上海	全职	大专	不限	2	5500	

图 1-73　"将文字转换成表格"对话框　　　　　图 1-74　文本转换成表格效果

③选择表格中的空行，右击，在弹出的快捷菜单中选择"删除行"命令，如图1-75所示。

④将鼠标移动至表格最后一行左下角，会出现⊕按钮，如图1-76所示。单击该按钮会在表格下方插入一行。或者选中最后一行，右击，在弹出的快捷菜单中选择"插入"|"在下方插入行"命令，如图1-77所示，同样可以在表格下方插入一行。在最后一行第一列中输入文字"合计"。

会务专员	北京	全职	本科	1 年以上	6	7500	
行政	上海	全职	大专	不限	2	5500	

图 1-75　"删除行"命令　　　　　　　　　　　　　　图 1-76　增加行按钮

5. 设置行高、列宽

设置表格行高为 1 厘米，第 1 列宽度为 2.4 厘米，第 2 至 7 列的宽度为 2 厘米，最后一列的宽度为 2.75 厘米。合并最后一行前 7 列的单元格。

具体操作如下：

① 全选表格，单击"表格工具 | 布局"选项卡，在"单元格大小"组中设置表格"高度"为"1厘米"，如图 1-78 所示。

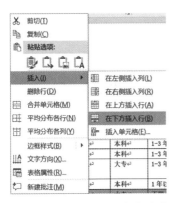

图 1-77　"在下方插入行"命令

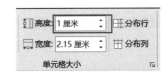

图 1-78　设置表格行高

② 选择表格的第 1 列，单击"表格工具 | 布局"选项卡，在"单元格大小"组中设置表格"宽度"为"2.4 厘米"，如图 1-79 所示。使用同样的方法，设置表格其他列的列宽。

③ 选择最后一行前 7 列的单元格，右击弹出快捷菜单，选择"合并单元格"命令，如图 1-80 所示。

图 1-79　设置表格列宽

乐旅公司招聘表

职位名称	工作地点	工作性质	最低学历	工作经验	招聘人数	
门店旅游顾问	北京	全职	大专	不限	8	6
销售经理	北京	全职	本科	1-3 年	4	6
客户经理	北京	全职	本科	1-3 年	5	6
国内会议操作	上海	全职	大专	1-3 年	3	6
会务专员	北京	全职	本科	1 年以上	6	6
行政	上海	全职	大专	不限	2	
合计						

图 1-80　"合并单元格"命令

6. 套用表格样式等操作

（1）将表格套用"清单表 4- 着色 2"样式。

（2）设置表格单元格的上、下、左、右边距均为 0 厘米。

（3）设置表格内文字水平、垂直居中对齐。

（4）整张表格在页面居中对齐。

具体操作如下：

① 全选表格，单击"表格工具 | 设计"选项卡，在"表格样式"列表框右下角选择"其他"按钮，如图 1-81 所示，弹出"表格样式"下拉列表。选择表格样式"清单表 4- 着色 2"，如图 1-82 所示。设置效果如图 1-83 所示。

图 1-81　"其他"按钮

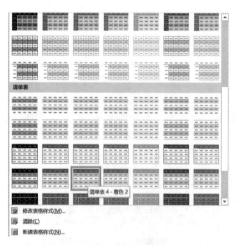

图 1-82　选择表格样式

乐旅公司招聘表

职位名称	工作地点	工作性质	最低学历	工作经验	招聘人数	月薪（元）	合计月薪（元）
门店旅游顾问	北京	全职	大专	不限	8	6000	
销售经理	北京	全职	本科	1-3 年	4	7800	
客户经理	上海	全职	本科	1-3 年	5	8000	
国内会议操作	上海	全职	大专	1-3 年	3	6200	
会务专员	北京	全职	本科	1 年以上	6	7500	
行政	上海	全职	大专	不限	2	5500	
合计							

图 1-83　表格样式应用效果

② 全选表格，单击"表格工具 | 布局"选项卡"对齐方式"组中"单元格边距"按钮，如图 1-84 所示，弹出"表格选项"对话框，设置默认单元格边距上、下、左、右均为"0 厘米"，取消选中"自动重调尺寸以适应内容"选项，如图 1-85 所示。单击"确定"按钮，最终效果如图 1-86 所示。

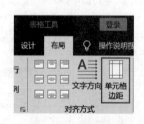

图 1-84　"单元格边距"按钮

图 1-85　"表格选项"对话框设置

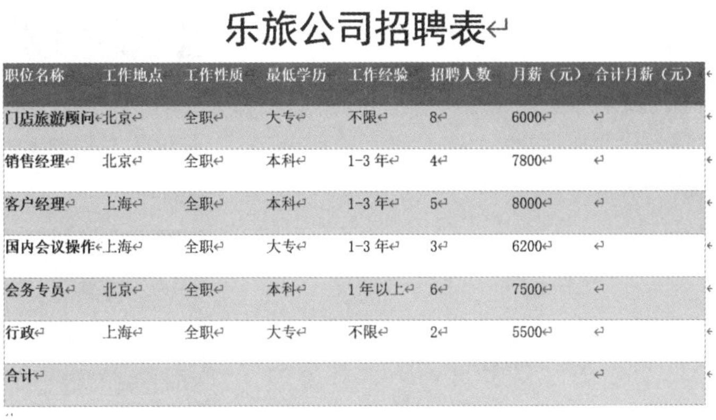

乐旅公司招聘表

职位名称	工作地点	工作性质	最低学历	工作经验	招聘人数	月薪（元）	合计月薪（元）
门店旅游顾问	北京	全职	大专	不限	8	6000	
销售经理	北京	全职	本科	1~3 年	4	7800	
客户经理	上海	全职	本科	1~3 年	5	8000	
国内会议操作	上海	全职	大专	1~3 年	3	6200	
会务专员	北京	全职	本科	1 年以上	6	7500	
行政	上海	全职	大专	不限	2	5500	
合计							

图 1-86　单元格边距设置效果

③ 全选表格，单击"表格工具 | 布局"选项卡"对齐方式"组中"水平居中"按钮，设置单元格文字水平、垂直居中对齐，如图 1-87 所示。

④ 全选表格，右击弹出快捷菜单，选择"表格属性"命令，如图 1-88 所示，弹出"表格属性"对话框。在"表格属性"对话框"对齐方式"组中选择"居中"选项，如图 1-89 所示，单击"确定"按钮完成。

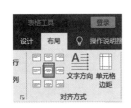

图 1-87　"水平居中"设置

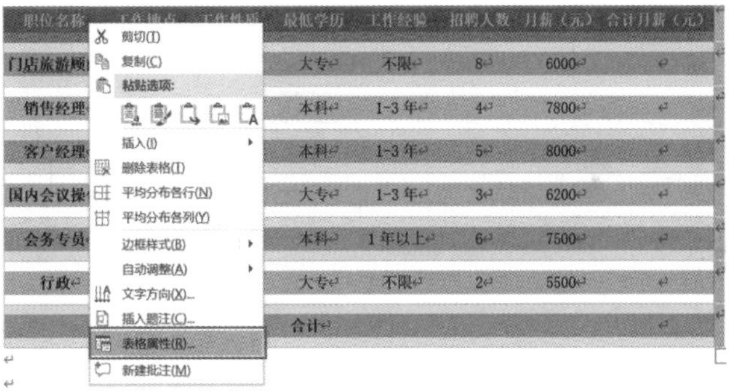

图 1-88　"表格属性"命令

7. 设置表格边框和底纹

（1）设置表格外边框的样式为：双实线（第九种样式），宽度：1.5 磅，无左右边框；内部横线样式为：虚线（第三种样式），宽度：0.5 磅。

（2）最后一行单元格底纹颜色为：白色，背景 1；底纹图案样式为：浅色上斜线；图案颜色为：橙色，个性色 2，淡色 80%。

具体操作如下：

① 全选表格。单击"表格工具 | 设计"选项卡"边框"下三角按钮，在下拉列表中选择"边框和底纹"命令，如图 1-90 所示。打开"边框和底纹"对话框，在"边框"选项卡的"样式"列表框中，选择样式"双实线"（第 9 种样式），在"宽度"列表框中选择"1.5 磅"后，在"预览"组中只保留上下边框，取消选择其他边框（注意：由于前面步骤套用表格样式，表格默认有上、下、左、右边框，需要先取消原有的边框）。设置如图 1-91 所示。

② 继续在"样式"列表框中选择"虚线"样式（第 3 种样式），在"宽度"列表框选择"0.5 磅"后，在"预览"组中单击内部横线边框，如图 1-92 所示。单击"确定"按钮，关闭对话框，边框设置效果如图 1-93 所示。

图 1-89　表格居中设置

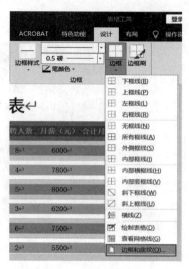

图 1-90　"边框和底纹"命令

图 1-91　外边框设置

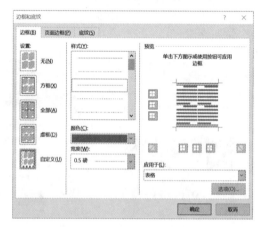

图 1-92　内边框设置

乐旅公司招聘表

职位名称	工作地点	工作性质	最低学历	工作经验	招聘人数	月薪（元）	合计月薪（元）
门店旅游顾问	北京	全职	大专	不限	8	6000	
销售经理	北京	全职	本科	1-3年	4	7800	
客户经理	上海	全职	本科	1-3年	5	8000	
国内会议操作	上海	全职	大专	1-3年	3	6200	
会务专员	北京	全职	本科	1年以上	6	7500	
行政	上海	全职	大专	不限	2	5500	
合计							

图 1-93　边框设置效果

③ 选择表格最后一行，再次打开"边框和底纹"对话框。在"底纹"选项卡的"填充"下拉列表中，选择填充颜色为"白色，背景 1"，选择图案样式为"浅色上斜线"，图案颜色为"橙色，个性色 2，淡色 80%"，如图 1-94 所示。单击"确定"按钮，底纹设置效果如图 1-95 所示。

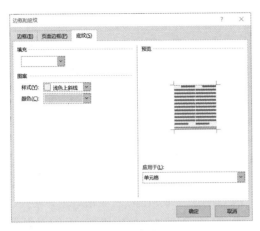

图 1-94 底纹设置

乐旅公司招聘表

职位名称	工作地点	工作性质	最低学历	工作经验	招聘人数	月薪（元）	合计月薪（元）
门店旅游顾问	北京	全职	大专	不限	8	6000	
销售经理	北京	全职	本科	1-3 年	4	7800	
客户经理	上海	全职	本科	1-3 年	5	8000	
国内会议操作	上海	全职	大专	1-3 年	3	6200	
会务专员	北京	全职	本科	1 年以上	6	7500	
行政	上海	全职	大专	不限	2	5500	
				合计			

图 1-95 底纹设置效果

8. 设置表格字体格式

设置第 1~7 行单元格的字体格式为：幼圆、10 磅；最后一行单元格的字体格式为：幼圆、小四号，颜色为橙色，个性色 2, 深色 25%。

具体操作如下：

① 选中表格的第 1~7 行单元格，在"开始"选项卡"字体"组中，设置字体为"幼圆"，字号为"10"磅。

② 选中最后一行，设置字体为"幼圆"，字号为小四号，设置字体颜色为"橙色,个性色 2, 深色 25%"。字体设置效果如图 1-96 所示。

职位名称	工作地点	工作性质	最低学历	工作经验	招聘人数	月薪（元）	合计月薪（元）
门店旅游顾问	北京	全职	大专	不限	8	6000	
销售经理	北京	全职	本科	1-3 年	4	7800	
客户经理	上海	全职	本科	1-3 年	5	8000	
国内会议操作	上海	全职	大专	1-3 年	3	6200	
会务专员	北京	全职	本科	1 年以上	6	7500	
行政	上海	全职	大专	不限	2	5500	
				合计			

图 1-96 字体设置效果

9. 公式与函数的计算（公式复制、域代码切换更新、【F9】键多种灵活运用）

使用公式或函数计算表格中第 8 列单元格数据，计算结果的数据格式为货币格式。并将计算结果转换为普通文本。

具体操作如下：

① 计算每个岗位的合计月薪即"招聘人数 × 月薪（员）"。在表格中计算时，加法可以用公式来完成。将光标定位到"合计月薪（元）"下方第一个单元格中，单击"表格工具 | 布局"选项卡"数据"组中的"公式"按钮，如图 1-97 所示，打开"公式"对话框。

② 在"公式"对话框的"公式"文本框中输入计算公式"=F2*G2"，每个岗位的合计月薪是"招聘人数 × 月薪（元）"，第 1 个岗位对应的招聘人数单元格是 F2，月薪（元）单元格是 G2，所以，在文本框中输入的公式为"=F2*G2"。单击"编号格式"下三角按钮，选择格式为货币，如图 1-98 所示。单击"确定"按钮，计算得出第一行合计月薪数据，如图 1-99 所示。

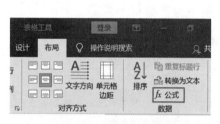

图 1-97 "公式"按钮

图 1-98 "公式"对话框设置

图 1-99 用公式计算第一个岗位结果

③ 复制刚刚完成的公式，利用【Ctrl+C】组合键将其复制到最后一列从第 3 行到第 7 行的单元格中，并重新设置最后一列从第 3 行到第 7 行的单元格内容对齐方式为水平和垂直居中。

④ 由于复制过来的公式域没有更改，所有的结果都是一样，这里需要通过对域代码里面的数字进行对应修改。选中第 3 行最后一个单元格内容，右击，在弹出的快捷菜单中选择"切换域代码"命令，如图 1-100 所示，将公式内容修改为"F3*G3"，如图 1-101 所示。再次右击，在弹出的快捷菜单中再次选择"切换域代码"命令。

⑤ 更改了域的数字后，需要重新计算，得到新的结果。接下来按【F9】键更新域，即可获得第 3 行的计算结果。也可以右击，在弹出的快捷菜单中，选择"更新域"命令，如图 1-102 所示

⑥ 选中第 3 行最后一个单元格内容，按【Ctrl+Shift+F9】组合键可以解除域的链接，将表格内容转换为普通文本。

⑦ 重复第④~⑥步操作，分别计算第 4 行至第 7 行合计月薪数据。

⑧ 将光标定位在最后一个单元格中，打开"公式"对话框，在"公式"文本框中输入"=SUM(ABOVE)"，或者输入"=SUM(G2:G7)"，同时设置"编号格式"为货币，单击"确定"按钮完成设置，如图 1-103 所示。

⑨ 选中最后一个单元格内容，按【Ctrl+Shift+F9】组合键将最后一个单元格内容转换为普通文本。

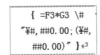

图 1-100 "切换域代码" 命令　　图 1-101 切换公式内容　　图 1-102 "更新域" 命令　　图 1-103 "公式"对话框设置

10. 表格排序

将表格按"工作地点"按拼音进行升序排序，工作地点相同的按"月薪（元）"进行降序排序。具体操作如下：

① 选中表格第 1～7 行所有单元格，单击"表格工具 | 布局"选项卡"数据"组中的"排序"按钮，如图 1-104 所示，打开"排序"对话框。

② 在"排序"对话框中，在"主要关键字"下拉列表中，选择"工作地点"，类型为"拼音"，选中"升序"单选按钮；在"次要关键字"下拉列表中，选择"月薪（元）"，类型为"数字"，选中"降序"单选按钮，如图 1-105 所示。单击"确定"按钮完成排序，排序后效果如图 1-106 所示

图 1-104 "排序"按钮

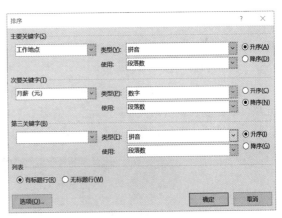

图 1-105 "排序"对话框设置

职位名称	工作地点	工作性质	最低学历	工作经验	招聘人数	月薪（元）	合计月薪（元）
销售经理	北京	全职	本科	1-3 年	4	7800	¥31,200.00
会务专员	北京	全职	本科	1年以上	6	7500	¥45,000.00
门店旅游顾问	北京	全职	大专	不限	8	6000	¥48,000.00
客户经理	上海	全职	本科	1-3 年	5	8000	¥40,000.00
国内会议操作	上海	全职	大专	1-3 年	3	6200	¥18,600.00
行政	上海	全职	大专	不限	2	5500	¥11,000.00
合计							¥193,800.00

图 1-106 排序效果

11. 图表制作及设置

（1）在表格下方的空白段落处利用职位名称、月薪（元）数据制作一个簇状条形图。

（2）图表样式为：样式6；颜色为：彩色调色板3，图表标题为"乐旅公司职位薪酬图"；图表区无边框线条，整张图表在页面居中对齐。

具体操作如下：

① 将光标定位在表格下方的第2个空白段落处，单击"插入"选项卡"插图"组中的"图表"按钮，打开"插入图表"对话框。在左侧选项卡列表中，选择"条形图"，在右边选择"簇状条形图"类型，如图1-107所示。单击"确定"按钮完成图表类型的设置，在文档中出现一个内置的图表及与之对应的Excel数据表，如图1-108所示。

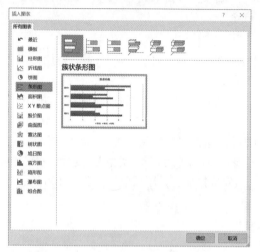

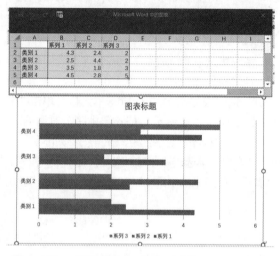

图 1-107 "插入图表"对话框设置　　　　图 1-108　内置图表以及与之对应的 Excel 工作表

② 复制"乐旅公司招聘表"中的"职位名称"列的第2~7行单元格内容到Excel中A2:A7单元格区域，复制表格列"月薪（元）"的第1~7行数据到Excel表中的单元格区域B1:B7中（注意：粘贴时选择"匹配目标格式"）。效果如图1-109所示。

图 1-109　复制数据后效果

③ 调整Excel表中图表数据区域的大小，拖动D7单元格右下角处的蓝色符号到B7单元格处，设置数据区域为A1:B7，如图1-110所示。关闭Excel数据表，图表效果如图1-111所示。

④ 选中图表。单击"图表工具|设计"选项卡，在"图表样式"组选择表格样式"样式6"，如图1-112所示。应用图表样式后的效果如图1-113所示。

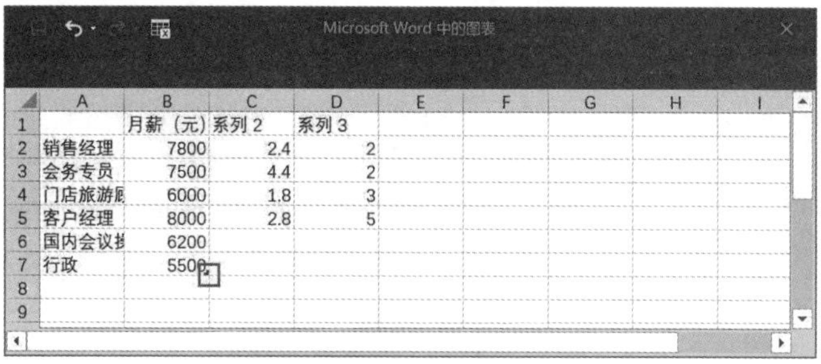

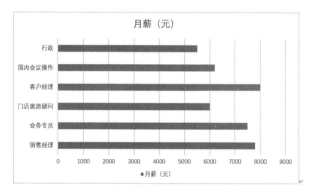

图 1-110　调整数据区域

图 1-111　复制数据后所生成的图表效果

图 1-112　图表样式选择

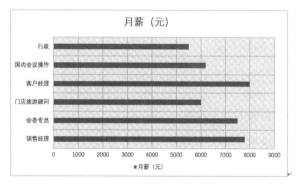

图 1-113　应用图表样式后效果

⑤ 选中图表。单击"图表工具 | 设计"选项卡"图表样式"组"更改颜色"的下三角按钮，在下拉列表中选择颜色为"彩色调色板 3"，如图 1-114 所示。更改颜色后的图表效果如图 1-115 所示。

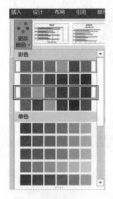

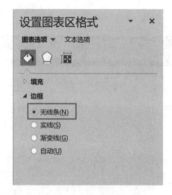

图 1-114 "更改颜色"下拉列表　　　　　　　　　图 1-115 更改颜色后效果

⑥ 在图表标题文本框内，输入图表标题"乐旅公司职位薪酬图"。将光标定位到图表空白区域，右击，在弹出的快捷菜单中选择"设置图表区域格式"命令，如图 1-116 所示。界面右侧会出现"设置图表区格式"任务窗格。在该任务窗格内设置"边框"为"无线条"，如图 1-117 所示。关闭任务窗格后，设置效果如图 1-118 所示。

图 1-116 "设置图表区域格式"命令　　　　　　　图 1-117 设置边框

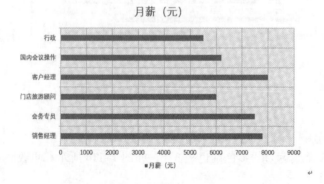

图 1-118 完成后效果

⑦ 将光标定位在图表后面的段落标记处，单击"开始"选项卡"段落"中的"居中"按钮，即可实现整张图表在页面居中对齐。

1.2.3　难点解析

通过本节课程的学习，学生掌握了表格的插入、表格的格式化、利用公式计算表格中的数据、表格排序以及利用表格中的数据制作图表。其中，表格计算和智能控件是本节的难点内容，这里将针对这些操作进行讲解。

1. 表格计算

在 Word 的表格中可以进行比较简单的四则运算和函数运算。Word 的表格计算功能在表格项的定义方式、公式的定义方法、有关函数的格式及参数、表格的运算方式等方面都与 Excel 中的基本是一致的。任何一个用过 Excel 的用户都可以很方便地利用"域"功能在 Word 中进行必要的表格运算。

公式是由等号、运算符号、函数以及数字、单元格地址所表示的数值、单元格地址所表示的数值范围、指代数字的书签、结果为数字的域的任意组合组成的表达式。该表达式可引用表格中的数值和函数的返回值。一般的计算公式可使用引用单元格的形式。

（1）表格的单元格表示方法

表格中的单元格名称按"列号行号"的格式进行命名，是由单元格所在的列、行序号组合而成的，列号在前，行号在后。如第 2 列第 4 行的单元格名为 B4。行默认用数字表示，列用字母（大小写均可）表示。单元格可用 A1、A2、B1 以及 B2 的形式进行引用，如图 1–119 所示。如果需要引用的单元格相连为一个矩形区域，则不必一一罗列单元格，可表示为"首单元格:尾单元格"。比如要表示 F 列第 1~5 行的所有单元格，可以表示为"F1:F5"。

图 1–119　单元格的引用表示方法

（2）表格计算方式

表格的计算方式有以下几种：

① 单击"表格工具 I 布局"选项卡中"数据"组中的"自动求和"按钮，对选定范围内或附近一行（或一列）的单元格求累加。需要注意的是，一列数求和时，光标要放在此列数据的最下端的单元格；一行数据求和时，光标要放在此行数据的最右端的单元格；当求和单元格的左方或上方表格中都有数据时，列求和优先。

② 单击"表格工具 I 布局"选项卡中"数据"组中的"公式"按钮，打开"公式"对话框。在"公式"对话框中可以进行复杂运算，如图 1–120 所示。在"公式"文本框中输入正确的公式，或者在"粘贴函数"下拉列表中选择所需的函数；在"数字格式"下拉列表中选择计算结果的表示格式，单击"确定"按钮，就可在选定的单元格中得到计算结果。

③ Word 2016 除了可以直接输入公式进行计算，还提供了一些常用的函数在公式中引用。常用函数有：SUM（求和）、MAX（求最大值）、MIN（求最小值）、AVREAGE（求平均值）。

函数计算格式为：= 函数名称（参数），其中常用参数有 ABOVE（光标插入点上方各数单元格）、LEFT（光标插入点左侧各数值单元格），如图 1–121 所示。参数也可以用单元格名称所代表的单元格，或者单元格区域里的数值。

（3）复制公式

对于具有相同计算要求的单元格区域，我们一般输入完第一个公式后，后面单元格的公式计算可以通过复制公式→切换域代码→更新域完成。如果公式是简单的统计函数，参数为 ABOVE 或 LEFT，我们可以通过复制公式→更新域完成。

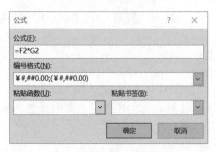

图 1-120 "公式"对话框

图 1-121 表格函数计算

① 这里以计算学生总评成绩为例，原始数据如图 1-122 所示。计算总评成绩的公式为：课后成绩 *20%+ 平时成绩 *30%+ 期末成绩 *50%。E2 单元格的公式如图 1-123 所示。选中已经完成第一个公式的单元格（即 E2），选择"复制"命令。

	课后作业	平时成绩	期末成绩	总评成绩
潘保文	90	92	80	
曾小智	89	90	78	
江希超	90	85	89	
谢宝怡	95	90	95	
张颖	98	98	93	

图 1-122 学生总评成绩计算

② 选择需要复制公式的单元格区域，执行"粘贴"|"保持原格式"命令。

③ 复制公式后的单元格区域显示的并不会像 Excel 那样自动更新里面的值，需要通过"切换域代码"完成。逐个单击这些单元格，右击，在弹出的快捷菜单中选择"切换域代码"命令，修改对应的单元格引用。图 1-124 所示为 E3 单元格的引用修改。

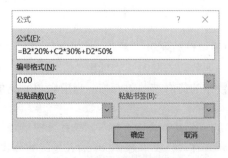

图 1-123 案例单元格公式

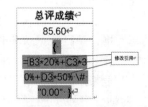

图 1-124 修改引用

④ 最后，右击弹出快捷菜单，选择"更新域"（或先选定公式所在区域后按【F9】键），可得到最新计算结果；也可先选定公式所在单元格，通过选择"表格→公式"进行修改。

（4）公式的修改（计算结果的更新）

① 计算结果的更新：在改动了某些单元格的数值后，域结果不能同时立即更新，此时可以选择整个表格，然后按【F9】键或右击选择"更新域"，这样表格里所有的计算结果将全部更新。

② 锁定计算结果：若使用域进行了某些计算后，不再希望此计算结果在它所引用的单元格数据变化后也进行更新，那就需要对域结果进行锁定。锁定的方法有两种：一是暂时性的锁定域，可以选定该域后，按下快捷组合键【Ctrl+F11】进行锁定，当需要对此域解除锁定时，可以先选定该域，然后使用快捷组合键【Ctrl+Shift+F11】就行了；二是永久性的锁定域，选中需要永久锁定的域后，按下快捷组合键【Ctrl+Shift+F9】就行了，这样锁定的域结果将被转换成文本而固定下来。

2. 智能控件

智能控件是可添加和自定义的单个控件，可在模板、窗体和文档中使用。内容控件包括复选框、文本框、日期选取器和下拉列表等控件。智能控件的使用过程可以通过添加"开发工具"选项卡→添加控件→设置控件属性的流程来完成。

（1）添加"开发工具"选项卡

"开发工具"选项卡默认是不显示的，需要用户自己添加。单击"文件"选项卡选择"更多"列表中的"选项"命令，即可打开"Word 选项"对话框。在该对话框左侧选择"自定义功能区"命令，然后勾选上"开发工具"复选框即可。

（2）添加控件

光标定位在要添加控件的位置，在"开发工具"选项卡"控件"组中选择所需要的控件即可，如图 1–125 所示。

图 1–125　"控件"组相关命令

（3）设置控件属性

若要设置控件的属性或更改现有控件，单击"开发工具"选项卡"控件"组中的"属性"按钮。在打开的"属性"对话框中进行设置。本节案例中对于"是否在我公司应聘过"后面的选项按钮上面的"是"和"否"两个文字的格式设置使用了不同的方法。一种是右击弹出快捷菜单，选择"'选项按钮'对象"后方的"编辑"命令，如图 1–126 所示；另外一种是使用"属性"对话框，如图 1–127 所示，二者有略微差别。"选项按钮"对象在编辑时只针对按钮上方的文字进行格式设置，使用"属性"对话框除了可以设置按钮上方文字的格式，还是可以设置按钮的"高度""宽度""背景色"等。

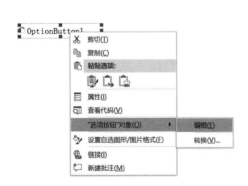

图 1–126　"'选项按钮'对象"的"编辑"命令

图 1–127　"属性"对话框

1.3 \\\\ 图形图像基本操作——设计公司产品宣传册

1.3.1 任务引导

本单元任务引导卡如表 1-3 所示。

表 1-3 任务引导卡

任务编号	NO. 3		
任务名称	设计公司产品宣传册	计划课时	2 课时
任务目的	通过设计公司产品宣传册，让学生掌握制作宣传册的基本理念，熟练掌握在 Word 中进行图文混排的方法，培养学生的图文混排水平和鉴赏能力。		
任务实现流程	任务引导 → 任务分析 → 设计公司产品宣传册 → 教师讲评 → 学生完成产品宣传册的制作 → 难点解析 → 总结与提高。		
配套素材导引	原始文件位置：Office 高级应用 2016\ 素材 \ 第一章 \ 任务 1.3 最终文件位置：Office 高级应用 2016\ 效果 \ 第一章 \ 任务 1.3		

任务1.3导学

任务1.3-1

任务1.3-2

任务1.3-3

任务1.3-4

💻 任务分析

随着经济的快速发展，宣传册已经成为重要的商业贸易媒体，成为企业充分展示自己的优选渠道，更是企业最常用的产品宣传手段。宣传册一般有以下几种分类：公司企业宣传册、零售商宣传册、教育文化机构宣传册、年度报表类宣传册、旅游与旅行宣传册。企业宣传册一般以纸质材料为直接载体，以企业文化、企业产品为传播内容，是企业对外最直接、最形象、最有效的宣传形式。公司产品宣传册作为公司企业宣传册的一种类型，主要是向大众展示产品的特色，从而提升公司产品的知名度。为让用户更好地了解到公司产品，一本好的宣传册一般包括环衬、扉页、前言、目录、内页等，还包括封面、封底的设计。宣传册设计讲求一种整体感，从宣传册的开本、文字艺术，以及目录和版式的变化，从图片的排列到色彩的设定，从材质的挑选到印刷工艺的质量，都需要做整体的考虑和规划，然后合理调动一切设计要素，将它们有机地融合在一起，服务于企业内涵。

本节任务要求学生通过对巴厘岛宣传册的制作，利用 Word 为用户提供的图形绘制工具和图片工具，实现文档的图文混排效果，以增加文档的可读性，使文档更为生动有趣。知识点思维导图如图 1-128 所示。

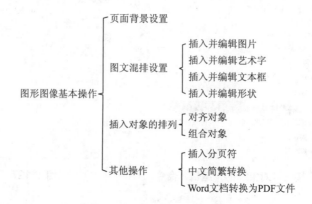

图 1-128 知识点思维导图

（1）页面背景设置：页面背景的设置可以增强文档的感染力。在 Word 2016 中，页面背景设置的相关命令在"设计"选项卡"页面背景"组，单击"页面"颜色的下三角按钮可以设置纯色的页面背景色，也可以将文档的页面背景设置为渐变色、图案、纹理、图片等。本节任务中将插入图片的文字环绕方式设置为衬于文字下方，即可将图片设置为文档的背景。

（2）插入并编辑图片：单击"插入"选项卡"插图"组中"图片"下拉按钮，在下拉列表中选择插入图片的相关命令。常见的图片操作包括图片的缩放、图片的裁剪、图片的环绕方式等，部分常见操作可以在"图片工具|格式"选项卡中进行设置。

（3）插入并编辑艺术字：艺术字是可添加到文档中的装饰性文本。在 Word 中，其实质是一种图形。所以，艺术字的插入和编辑与图形的绘制和编辑基本相同，不但可以设置颜色、字体格式、对文本进行变形、使文本适应预设形状或应用渐变填充，还可以设置形状、阴影和三维效果等效果。单击"插入"选项卡"文本"组中"艺术字"下三角按钮，在弹出的下拉列表中可以选择创建艺术字的相关命令。对于艺术字的相关编辑可以在"绘图工具|格式"选项卡中进行设置。

（4）插入并编辑文本框：文本框是一种特殊的图形对象，它如同一个容器，可以包含文档中的任何对象，如文本、表格、图形或它们的组合。它可以被置于文档的任何位置，也可以方便地进行缩小、放大等编辑操作，还可以像图形一样设置阴影、边框和三维效果。单击"插入"选项卡中"文本"组中的"文本框"下三角按钮，在弹出的下拉列表中可以选择创建文本框的相关命令。对于文本框的相关编辑可以在"绘图工具|格式"选项卡中进行设置。

（5）插入并编辑形状：Word 2016 提供的绘图工具可以为用户绘制多种简单图形。自选图形不仅提供了一些基本形状，例如线条、圆形和矩形，还提供了包括流程图符号和标注在内的各种形状。单击"插入"选项卡的"插图"组"形状"下拉按钮中的相关命令可以创建形状，可以在图形中添加文字。对于形状的相关编辑可以在"绘图工具|格式"选项卡中设置。

（6）插入对象的排列：选择需要对齐的对象，单击"格式"选项卡"排列"组"对齐"下三角按钮，在下拉列表中可以选择对齐方式。对齐的参照物包括页面、页边距、所选对象等。具体的对齐方式包括左对齐、右对齐、顶端对齐、横向分布、纵向分布等。

（7）插入分页符：当到达页面末尾时，Word 会自动插入分页符。如果想要在其他位置分页，可以插入手动分页符，具体的操作方法是单击"插入"选项卡"页面"组"分页"按钮。

（8）中文简繁转换：港澳台多使用繁体字，利用 Word 提供的简繁转换功能可以轻松实现中文简体和中文繁体的转换，便于不同阅读习惯的用户使用。

（9）Word 文档转换为 PDF 文档：PDF 文档是一种用独立于应用程序、硬件、操作系统的方式呈现文档的文件格式，是一种新型文件格式，比传统文件格式更加鲜明、准确、直观地表达文件内容。生活和工作中经常遇到将 Word 文档转换为 PDF 文档，具体的操作方法为：执行"文件"|"另存为"命令，在打开的"另存为"对话框中设置保存类型为 PDF 即可。

本任务完成的公司产品宣传册的最终效果如图 1–129 ~ 图 1–131 所示。

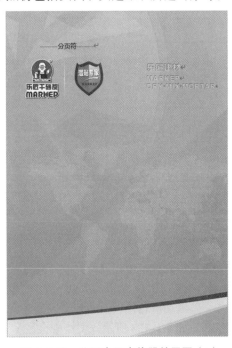

图 1-129　公司产品宣传册效果图（1）

图 1-130　公司产品宣传册效果图（2）

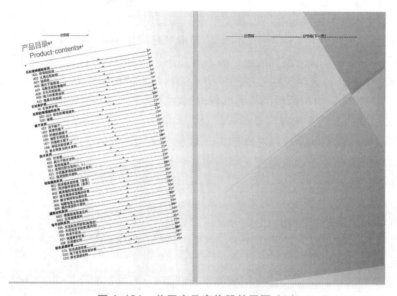

图 1-131　公司产品宣传册效果图（3）

1.3.2　任务步骤与实施

1. 插入分页符

打开文件"公司产品宣传册 .docx"，在开头处前插入 4 个分页符生成 4 个空白页。具体操作如下：

①将光标定位在第一页"产品目录"前面。

②在"插入"选项卡"页"组中，单击 4 次"分页"命令，如图 1-132 所示，生成 4 个空白页。

③滚动滑轮使页面回到文档第一页，单击"开始"选项卡"段落"组中"显示 / 隐藏编辑标记"按钮，如图 1-133 所示，文档中会显示分页符。文档中光标定位于第一页分页符前面。

图 1-132 "分页"命令

图 1-133 "显示 / 隐藏编辑标记"按钮

2. 设置背景图片

（1）在第一页中插入图片"封面背景 .jpg"。

（2）重置图片大小。

（3）设置图片环绕方式为衬于文字下方。

（4）设置图片覆盖整个页面。

具体操作如下：

图 1-134 插入图片命令

① 单击"插入"选项卡"插图"组中的"图片"下三角按钮，选择插入图片来源自"此设备"，如图 1-134 所示，弹出"插入图片"对话框。在该对话框中选择"封面背景 .jpg"图片，单击"插入"按钮。

② 选中图片，单击"图片工具 | 格式"选项卡"调整"组"重置图片"的下三角按钮，选择"重置图片和大小"命令，如图 1-135 所示。

图 1-135 "重置图片和大小"命令

③ 单击"图片工具 | 格式"选项卡"排列"组中的"环绕文字"下三角按钮，选择"衬于文字下方"，如图 1-136 所示。

④ 拖动图片使图片铺满整个页面。（注意：由于执行过"调整图片和大小"命令，图片默认大小为 A4 纸大小，只需移动图片位置即可使其铺满整个页面。当图片大小不合适时可以拖动图片四周控制点调整图片大小。）

3. 插入并设置图片

（1）在第一页中插入图片"LOGO1.png"和"LOGO2.jpg"。

（2）去除"LOGO2.jpg"的图片背景。

（3）更改两张图片的环绕方式为浮于文字上方。

（4）设置"LOGO1.png"的水平绝对位置位于页面右侧 1.8 厘米，垂直的绝对位置位于页面下侧 4 厘米。设置"LOGO2.jpg"图片的水平绝对位置位于页面右侧 5.8 厘米，垂直的绝对位置位于页面下侧 4 厘米。

具体操作如下：

① 光标定位在第一页分页符前面。单击"插入"选项卡"插图"组中的"图片"下三角按钮，选择插入图片来源自"此设备"，弹出"插入图片"对话框。在该对话框中同时选中"LOGO1.

png"和"LOGO2.jpg",单击"插入"按钮,可同时插入两张图片。

② 选中图片"LOGO2.jpg",单击"图片工具|格式"选项卡"调整"组中的"删除背景"按钮,进入"背景消除"选项卡,如图 1-137 所示。

图 1-136　设置环绕文字方式　　　　　　　图 1-137　"背景消除"选项卡

③ 单击"背景消除"选项卡"优化"组中"标记要保留的区域"按钮,单击图片中"湿贴专家"以及其下方的图片,使其颜色从红色变为白色(红色部分默认是背景消除的部分),如图 1-138 所示。为操作方便可以适当变化文档的缩放比。

④ 单击"背景消除"选项卡"关闭"组中的"保留更改"按钮,即可完成背景消除。最终效果如图 1-139 所示。

图 1-138　标记要保留的区域　　　　　　　图 1-139　删除背景效果

⑤ 选中图片"LOGO1.png",单击"图片工具|格式"选项卡"排列"组中的"环绕文字"下三角按钮,选择"浮于文字上方"。利用相同的方法设置图片"LOGO2.jpg"的环绕方式也为"浮于文字上方"(移开图片"LOGO1.png"后可选中图片"LOGO2.jpg",后面的操作将会重新设置两张图片的位置,因此这里移动位置没有影响)。

⑥ 选中图片"LOGO1.png",单击"图片工具|格式"选项卡"大小"组右下角的"对话框启动器"按钮,如图 1-140 所示,弹出"布局"对话框。在"布局"对话框中选择"位置"选项卡,设置水平绝对位置位于页面右侧 1.8 厘米,垂直的绝对位置位于页面下侧 4 厘米,如图 1-141 所示,单击"确定"按钮完成。

⑦ 选中图片"LOGO2.jpg",利用步骤⑥的方法,设置图片"LOGO2.jpg"的水平绝对位置位于页面右侧 5.8 厘米,垂直的绝对位置位于页面下侧 4 厘米。

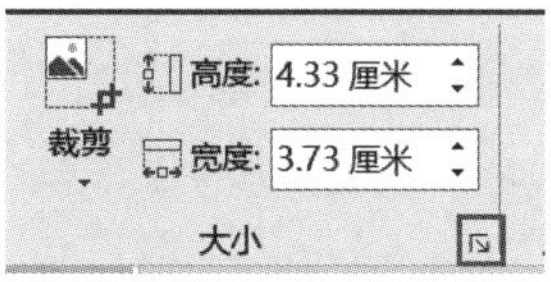

图 1-141 "位置"选项卡设置

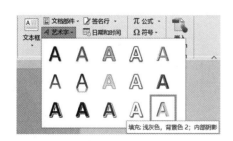

图 1-140 对话框启动器按钮

4. 插入并设置艺术字

（1）在第一页中插入艺术字，选择艺术字列表中第三行第五列的"填充：浅灰色，背景 2；内部阴影"样式，分三段输入"乐匠建材""MARKEP""DRY MIX MORTAR"。

（2）设置文本"乐匠建材"字体为微软雅黑、字号为二号。选择后两段文本，设置字体为 Arial、字号为小二、加粗、字符间距加宽 2 磅。

（3）将三段文本的段落格式设置为左对齐，段前、段后间距为 0 磅，行距设置为最小值 0 磅。

（4）设置艺术字的水平绝对位置位于页面右侧 13 厘米，垂直绝对位置位于页面下侧 4.3 厘米。

具体操作如下：

① 将光标定位至文档开头处分页符之前，单击"插入"选项卡"文本"组中的"艺术字"下三角按钮，选择列表中第三行第五列的"填充：浅灰色，背景 2；内部阴影"样式，如图 1-142 所示，分三段输入"乐匠建材""MARKEP""DRY MIX MORTAR"。

② 选择文本"乐匠建材"，在"开始"选项卡"字体"组中设置字体为"微软雅黑"、字号为"二号"。选择后两段文本，在"开始"选项卡"字体"组中设置字体为"Arial"、字号为"小二"、加粗，然后单击"字体"组"对话框启动器"按钮，打开的"字体"对话框"高级"选项卡中设置字符间距为加宽 2 磅，如图 1-143 所示。

图 1-143 字符间距设置

图 1-142 选择艺术字样式

③ 选择三段文本，或单击艺术字边框使其由虚线变为实线。单击"开始"选项卡"段落"组的"对话框启动器"按钮，在"段落"对话框中设置对齐方式为"左对齐"，段前、段后间距为"0磅"，行距设置为"最小值""0磅"，如图 1-144 所示。

④ 选择艺术字，单击"绘图工具|格式"选项卡"大小"组"对话框启动器"按钮，打开"布局"对话框。在"位置"选项卡中设置水平的绝对位置位于"页面"右侧"13 厘米"，垂直的绝对位置位于"页面"下侧"4.3 厘米"，如图 1-145 所示。单击"确定"按钮，最后的封面效果如图 1-146 所示。

图 1-144　段落设置

图 1-145　位置设置

图 1-146　第 4 步效果图

5. 插入并设置图片

（1）在第三页插入图片"公司简介背景.jpg"，设置图片环绕方式为衬于文字下方。

（2）设置图片的高度为 29.7 厘米。

（3）设置图片相对于页面左对齐、顶端对齐。

（4）将图片色调设置为"色温：4700K"。

具体操作如下：

① 将光标定位至第三页分页符之前，单击"插入"选项卡"插图"组中的"图片"下三角按钮，选择插入图片来源"此设备"。在"插入图片"对话框中按照路径找到图片"公司简介背景.jpg"，单击"插入"按钮。

② 选中图片，单击图片右侧的"布局选项"按钮，在"文字环绕"组选择"衬于文字下方"，如图 1-147 所示，关闭"布局选项"。或者单击"图片工具|格式"选项卡"排列"组"环绕文字"

下三角按钮，在下拉列表中选择"衬于文字下方"进行设置。

③选中图片。单击"绘图工具|格式"选项卡"大小"组"对话框启动器"按钮，打开"布局"对话框。在"大小"选项卡中设置高度绝对值为29.7厘米，如图1-148所示。（注意：如果同时要求设置图片的高度和宽度，则要先取消选中"锁定纵横比"复选框，再设置高度和宽度。）

图 1-147　布局选项

图 1-148　图片大小设置

④选中图片，单击"绘图工具|格式"选项卡"排列"组"对齐"下三角按钮，选择"对齐页面"，如图1-149所示。单击"绘图工具|格式"选项卡"排列"组"对齐"下三角按钮，选择"左对齐"，再次单击"绘图工具|格式"选项卡"排列"组"对齐"下三角按钮，选择"顶端对齐"。

⑤选中图片，单击"绘图工具|格式"选项卡"调整"组中"颜色"下三角按钮，修改色调为"色温：4700K"，如图1-150所示。

图 1-149　对齐设置

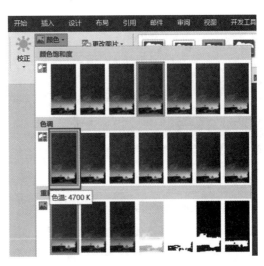

图 1-150　图片颜色设置

6. 插入内置文本框

（1）插入文本框"离子提要栏1"。

（2）在"提要栏"标题输入文字"公司简介"。设置中文字体为黑体，字形为加粗，字号为20，字体颜色为"白色，背景1"。

（3）在"提要栏"插入"公司简介.txt"中的前六段文本，设置文本框内文本字体为黑体，字号为10.5，字体颜色为"白色，背景1"，首行缩进2字符，段前间距10磅，行距为1.2倍。

（4）设置文本框无填充颜色、无轮廓。

（5）设置文本框水平绝对位置位于页面右侧1.5厘米，垂直绝对位置位于页面下侧3厘米。

具体操作如下：

① 光标定位在第三页分页符之前，单击"插入"选项卡"文本"组中的"文本框"下三角按钮，选择"离子提要栏1"，如图1–151所示。

② 在"提要栏"标题处输入文字"公司简介"。选中文字"公司简介"，在"开始"选项卡"字体"组中，设置中文字体为黑体，字形为加粗，字号为20，字体颜色为"白色，背景1"。

③ 打开素材"公司简介.txt"，选中前六段文本，按【Ctrl+C】组合键复制文本，按【Ctrl+V】组合键复制文本到"公司产品宣传册.docx"文本框内。适当调整文本框的宽度，方便全部选中文本框内文本，在"开始"选项卡"字体"组中设置字体为黑体，字号为10.5，字体颜色为"白色，背景1"。单击"开始"选项卡"段落"组右下角的"对话框启动器"按钮，在"段落"对话框中设置文本首行缩进2字符，段前间距10磅，行距为1.2倍。适当调整文本框的宽度。

图 1–151　插入文本框

④ 单击文本框边框使其由虚线变实线，选中文本框。单击"绘图工具|格式"选项卡"形状格式"组中"形状填充"下三角按钮，选择"无填充"，如图1–152所示。再单击"形状轮廓"下三角按钮，选择"无轮廓"，如图1–153所示。

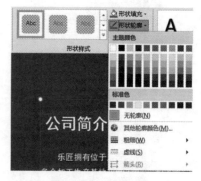

图 1–152　填充设置　　　　　　　　　　图 1–153　轮廓设置

⑤ 单击"绘图工具|格式"选项卡"大小"组"对话框启动器"按钮，弹出"布局"对话框。在"布局"对话框"位置"选项卡中设置水平的绝对位置位于页面右侧1.5厘米，垂直的绝对位置位于页面下侧3厘米。单击"确定"按钮，完成效果如图1–154所示。

7. 绘制并设置形状

（1）在标题后方绘制第一个等腰三角形。

（2）设置三角形的高度为 0.6 厘米、宽度为 1.4 厘米。

（3）设置填充颜色为红色 204、绿色 255、蓝色 102。

（4）设置形状无轮廓，向左旋转 90°。

（5）复制等腰三角形，设置两个形状的对齐方式为顶端对齐使其前后排列，并将其组合为一个图形。

具体操作如下：

① 光标定位在第三页分页符前面，单击"插入"选项卡"插图"组中"形状"下三角按钮，选择"基本形状"中的"等腰三角形"，如图 1-155 所示。鼠标拖动在标题后方绘制一个等腰三角形。

图 1-154　第 6 步效果图

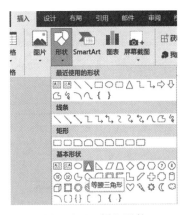

图 1-155　插入形状

② 选中此三角形，单击"绘图工具|格式"选项卡"大小"组的"对话框启动器"按钮，弹出"布局"对话框，在"大小"选项卡中取消选中"锁定纵横比"复选框，并修改高度为 0.6 厘米、宽度为 1.4 厘米，如图 1-156 所示。

③ 单击"绘图工具|格式"选项卡"形状格式"组中"形状填充"下三角按钮，选择"其他填充颜色"，弹出"颜色"对话框。在"颜色"对话框中选择"自定义"选项卡，设置红色 204、绿色 255、蓝色 102，如图 1-157 所示。设置完成后单击"确定"按钮。

图 1-156　形状大小设置

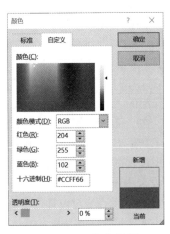

图 1-157　颜色设置

④ 单击"绘图工具 | 格式"选项卡"形状格式"组中"形状轮廓"下三角按钮，选择"无轮廓"。单击"绘图工具 | 格式"选项卡"排列"组"旋转"下三角按钮，选择"向左旋转90°"，如图 1-158 所示。

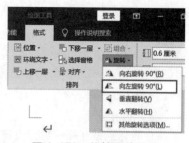

图 1-158　旋转图片设置

⑤ 利用【Ctrl+C】和【Ctrl+V】组合键复制一个三角形，先通过移动粗略调整二者位置，然后同时选中两种三角形，单击"绘图工具 | 格式"选项卡"排列"组"对齐"下三角按钮，选择"对齐所选对象"，如图 1-159 所示，然后再选择"顶端对齐"，该操作也可以利用【Ctrl+Shift】组合键水平向前拖动的操作实现。

⑥ 同时选中两个三角形，单击"绘图工具 | 格式"选项卡"排列"组"组合"下三角按钮，选择"组合"命令，如图 1-160 所示。最终效果如图 1-161 所示。

图 1-159　对齐设置

图 1-160　对象组合

图 1-161　第 7 步完成效果

8. 插入并设置图片

（1）在第三页插入图片"装饰.jpg"，设置环绕方式为浮于文字上方，高度为 6 厘米；设置图片的水平绝对位置位于页面右侧 17.5 厘米，垂直绝对位置位于页面下侧 11 厘米。

（2）设置图片艺术效果为"十字图案蚀刻"，透明度为 50%，压力为 40。

具体操作如下：

① 将光标定位在第三页分页符前面，单击"插入"选项卡"插图"组中的"图片"下三角按钮，选择插入图片来源"此设备"，在"插入图片"对话框中按照路径找到图片"装饰.jpg"，单击"插入"按钮。

② 选中图片，单击"图片工具 | 格式"选项卡"大小"组的"对话框启动器"按钮，弹出"布局"对话框。在"文字环绕"选项卡中设置"环绕方式"为"浮于文字上方"，如图 1-162 所示，在"大小"选项卡中设置高度为 6 厘米，如图 1-163 所示，在"位置"选项卡中设置图片的水平绝对位置位于页面右侧 17.5 厘米，垂直绝对位置位于页面下侧 11 厘米，如图 1-164 所示。

图 1-162　文字环绕方式设置

图 1-163　大小设置

图 1-164　位置设置

③ 选中图片，单击"图片工具 | 格式"选项卡"调整"组中的"艺术效果"下三角按钮，选择下方"艺术效果选项"按钮，打开"设置图片格式"任务窗格。在该任务窗格中设置"艺术效果"为"十字图案蚀刻"，如图 1-165 所示，透明度为 50%，压力为 40，如图 1-166 所示。关闭任务窗格，效果如图 1-167 所示。

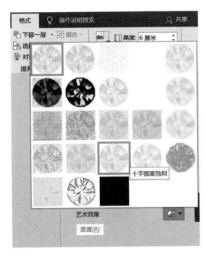

图 1-165　艺术效果设置

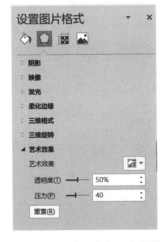

图 1-166　透明度和压力设置

图 1-167　第 8 步完成效果

9. 插入并设置图片

（1）在第四页上插入图片"1.jpg"、"2.jpg"和"3.jpg"，设置 3 张图片居中对齐，并在"2.jpg"和"3.jpg"间插入一个空格。

（2）回车换行 5 次后再插入图片"4.jpg"、"5.jpg"、"6.jpg"和"7.jpg"，分别在"4.jpg"和"5.jpg"、"6.jpg"和"7.jpg"间插入一个空格。

具体操作如下：

① 将光标定位至第四页分页符之前，单击"插入"选项卡"插图"组中"图片"下三角按钮，选择插入图片来自"此设备"，在"插入图片"对话框中按照路径找到素材，利用【Ctrl】键或【Shift】

键同时选中 3 张图片，单击"插入"按钮。将光标定位于第 1 张图片后，单击"开始"选项卡"段落"组中的"居中"按钮，然后将光标定位在"2.jpg"和"3.jpg"中间，按空格键插入一个空格。

② 将光标定位在在第 3 张图片末尾处，按【Enter】键换行 5 次。

③ 再单击"插入"选项卡"插图"组中的"图片"下三角按钮，选择插入图片来自"此设备"，在"插入图片"对话框中按照路径找到素材，利用【Ctrl】键或【Shift】键同时选中 4 张图片，单击"插入"按钮。

④ 在"4.jpg"和"5.jpg"间插入一个空格，在"6.jpg"和"7.jpg"间插入一个空格。图片排列效果如图 1–168 所示。

图 1–168　第 9 步完成效果

10. 绘制文本框

（1）在第四页绘制一个文本框，插入"公司简介 .txt"中的最后一段文本。

（2）设置文本框无填充颜色、无轮廓，浮于文字上方。

（3）设置文本框宽为 12 厘米、高为 3.5 厘米，水平居中。

（4）设置文本框内字体为黑体，字号为 10 磅，文字对齐方式为两端对齐，段前段后间距为 0 磅，行距为单倍行距。

具体操作如下：

① 将光标定位在第四页，单击"插入"选项卡"文本"组中"文本框"下三角按钮，选择"绘制横排文本框"命令，如图 1–169 所示，在两组图片的中间绘制一个文本框。复制"公司简介 .txt"中的最后一段文本，将其复制到文本框中，注意在粘贴时右击弹出快捷菜单，选择"粘贴选项"为"只保留文本"，如图 1–170 所示。

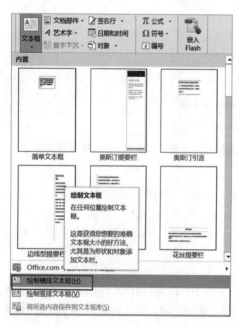

图 1–169　绘制文本框命令

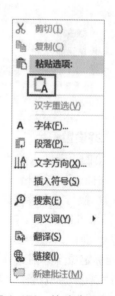

图 1–170　粘贴选项设置

② 选中文本框，单击"绘图工具|格式"选项卡"形状格式"组中"形状填充"下三角按钮，选择"无填充"，再单击"形状轮廓"下三角按钮，选择"无轮廓"。单击文本框右侧的"布局选项"按钮，设置文本框"浮于文字上方"。

③ 选中文本框，单击"绘图工具|格式"选项卡"大小"组的"对话框启动器"按钮，弹出"布局"对话框，在"大小"选项卡中设置文本框宽为 12 厘米、高为 3.5 厘米，在"位置"选项卡中设置水平对齐方式为相对于页面居中。

④ 选中文本框中文字，在"开始"选项卡"字体"组中设置字体为黑体，字号为 10 磅。单击"开始"选项卡"段落"组的"对话框启动器"按钮，在"段落"对话框中设置文字对齐方式为两端对齐，段前、段后间距均为 0 磅，行距为单倍行距。

⑤ 选中文本框，利用键盘上的上下移动键可适当调整文本框在垂直方向上的位置。最终效果如图 1–171 所示。

11. 复制修改形状

（1）复制第三页上的三角形图形到第四页右下角，修改填充颜色为"浅灰色，背景 2"。

（2）锁定纵横比缩放前面三角形的宽度为 1.55 厘米，锁定纵横比缩放后面的三角形至宽度为 2 厘米。

具体操作如下：

① 选择第三页上的三角形图形，复制粘贴到第四页右下角上。

② 单击"绘图工具|格式"选项卡"形状样式"组中的"形状填充"下三角按钮，在下拉列表中选择颜色为"浅灰色，背景 2"。

③ 选中前面的三角形，单击"绘图工具|格式"选项卡"大小"组的"对话框启动器"按钮，打开"布局"对话框，在"大小"选项卡中将"锁定纵横比"选中，再修改宽度为 1.55 厘米。利用相同的方法修改后面三角形的宽度为 2 厘米。

④ 同时选中两个三角形，在"绘图工具|格式"选项卡"排列"组"对齐"的下拉列表中设置二者相对于所选对象的对齐方式为"垂直居中"。效果如图 1–172 所示。

我们工厂坐落在番禺化龙，占地 13000 平方米，拥有 4 条粉料生产线和 1 条防水材料生产线。年粉料产能 10 万吨，防水材料万余吨。产品已获得中国人民财产保险的质量责任险保证，同时也通过了 ISO9001：2008 国际质量管理体系认证。拥有最先进研发实验室，可持续开发市场所需的干粉砂浆新产品。工厂共有 100 多名员工，分多班生产。↵

图 1-171　第 10 步完成效果

图 1-172　第 11 步完成效果

12. 插入文本框，中文简繁转换

（1）插入一个简单文本框，输入文字"乐匠不仅提供产品，更有解决方案……"

（2）将文本框内的文字转换为中文繁体。

（3）设置文本的中文字体为微软雅黑，字形为加粗，字号为三号，字体颜色为"白色，背景1，深色 35%"。

（4）设置文本框无填充颜色、无轮廓，对齐边距、底端对齐。

具体操作如下：

① 将光标定位在第四页，单击"插入"选项卡"文本"组中"文本框"下三角按钮，在下拉列表中选择"简单文本框"，输入文字"乐匠不仅提供产品，更有解决方案……"。移动简单文本框的位置到页面底端。

② 选中文本框中的文字，单击"审阅"选项卡"中文简繁转换"组中的"简转繁"按钮，如图 1-173 所示。

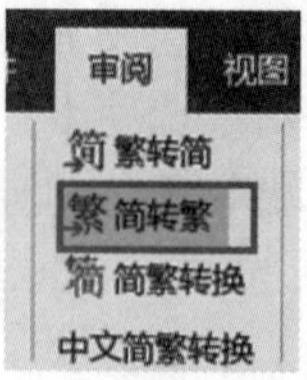

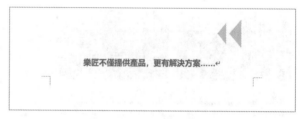

③ 选中文本框中的文字，在"开始"选项卡"字体"组中设置字体为"微软雅黑"，字形为"加粗"，字号为"三号"，字体颜色为"白色，背景1，深色 35%"。

图 1-173　简体繁体转换命令

④ 选中文本框，单击"绘图工具 | 格式"选项卡，在"形状样式"组"形状填充"下拉列表中选择"无填充"，在"形状轮廓"下拉列表中选择"无轮廓"。修改文本框的宽度，使文本框内文字在一行内显示。

⑤ 单击"绘图工具 | 格式"选项卡"排列"组"对齐"下三角按钮，选择对齐对象为对齐边距，对齐方式为"底端对齐"，如图 1-174 所示。效果如图 1-175 所示。

图 1-174　对齐设置

图 1-175　第 12 步完成效果

13. 插入并设置图片

（1）将第三页上的"装饰 .jpg"图片复制至第四页，设置其水平的绝对位置位于页面右侧 -3.5 厘米，垂直的绝对位置位于页面下侧 11 厘米。

（2）再复制一份第三页上的"装饰 .jpg"图片，放置在页面右下角，缩小图片大小为原来的 50%，置于底层。

（3）最后复制一份第三页上的"装饰 .jpg"图片，拖放至页面右上角，重设图片与大小。

具体操作如下：

① 单击窗口右下角"缩小"按钮缩小页面至双页显示，在第三页上选择"装饰 .jpg"图片按【Ctrl+C】组合键复制，将光标定位在第四页分页符前面，按【Ctrl+V】组合键将图片粘贴到第四页。

单击"图片工具|格式"选项卡"大小"组的"对话框启动器"按钮,弹出"布局"对话框。在"布局"对话框"位置"选项卡中修改图片的水平的绝对位置位于"页面"右侧"-3.5 厘米",垂直的绝对位置位于"页面"下侧"11 厘米"。单击"确定"按钮。

② 再复制一份图片,选中新复制的图片,单击"图片工具|格式"选项卡"大小"组的"对话框启动器"按钮,弹出"布局"对话框,在"布局"对话框"大小"选项卡"缩放"组中设置其高度、宽度都为原来的 50%,如图 1-176 所示。移动图片至页面右下角。选中图片右击,在弹出的快捷菜单中选择"置于底层"命令,如图 1-177 所示。

图 1-176　宽度和高度设置

图 1-177　置于底层

③ 最后复制一份图片到第四页,单击"图片工具|格式"选项卡"调整"组中"重设图片"下三角按钮,在下拉列表中选择"重设图片与大小"命令,并拖放至页面右上角。效果如图 1-178 所示。

图 1-178　第 13 步完成效果

14. 设置背景图片

(1) 将光标置于第五页开头处分页符之前,插入 images 文件夹中的"目录背景 1.jpg"图片,

重设图片和大小，设置图片衬于文字下方，并相对于页面水平居中、垂直居中

（2）利用相同的操作，在第六页插入 images 文件夹中的"目录背景 2.jpg"图片，同样重设图片和大小，设置图片衬于文字下方，相对于页面水平居中、垂直居中。

具体操作如下：

① 将光标定位在第五页分页符前面，单击"插入"选项卡"插图"组中"图片"下三角按钮，选择插入图片来自"此设备"，找到素材文件插入"目录背景 1.jpg"。

② 选中图片"目录背景 1.jpg"，单击"图片工具 | 格式"选项卡"调整"组中"重设图片"按钮，选择"重设图片和大小"命令。单击"图片工具 | 格式"选项卡"大小"组"对话框启动器"按钮，打开"布局"对话框。在"布局"对话框"文字环绕"选项卡中选择"环绕方式"为"衬于文字下方"，如图 1-179 所示，在"位置"选项卡中设置图片相对于页面水平和垂直都居中，如图 1-180 所示。

图 1-179　文字环绕方式设置

图 1-180　位置设置

③ 参照步骤 ① ②，在第六页插入"目录背景 2.jpg"并进行设置。效果如图 1-181 所示。

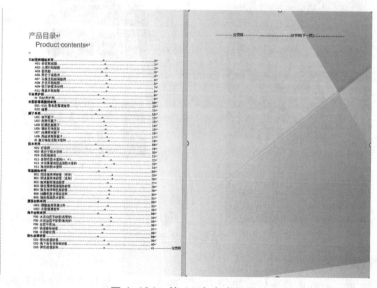

图 1-181　第 14 步完成效果

15. 利用文本框制作倾斜目录

（1）将第五页所有内容放置在文本框中。

（2）设置文本框无填充颜色、无轮廓，浮于文字上方。

（3）设置文本框旋转角度为 350°，调整好文本框位置。

具体操作如下：

① 选中第五页中的所有文本，单击"插入"选项卡"文本"组"文本框"下三角按钮，选择"绘制横排文本框"，将第五页的文本放置到文本框中。

② 选中文本框，单击"绘图工具丨格式"选项卡"形状样式"组"形状填充"下三角按钮，选择"无填充"，单击"形状轮廓"下三角按钮，选择"无轮廓"。单击文本框右上角的"布局选项"按钮，设置"文字环绕"方式为"浮于文字上方"。

③ 选中文本框，单击"绘图工具丨格式"选项卡"排列"组"旋转"下三角按钮，选择"其他旋转选项"命令，如图 1-182 所示，弹出"布局"对话框，在"大小"选项卡中设置旋转角度为"350°"如图 1-183 所示。适当调整文本框的位置。

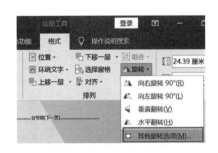

图 1-182　其他旋转选项

图 1-183　旋转角度设置

16. 绘制渐变线

（1）绘制一条水平直线。

（2）设置线条粗细为 2.25 磅，宽度为 13 厘米，旋转角度为 350°。

（3）设置线条为渐变线，预设渐变为"浅色渐变 – 个性色 3"，角度为 180°，放置在产品目录下方。

具体操作如下：

① 将光标定位第五页分页符前，单击"插入"选项卡"插图"组中"形状"下三角按钮，选择"直线"。按住键盘上的【Shift】键，在文本框文字标题英文下方，按住左键进行拖动绘制一条水平直线。

② 选择线条，单击"绘图工具丨格式"选项卡"形状样式"组中"形状轮廓"下三角按钮，选择粗细为"2.25 磅"，如图 1-184 所示。单击"绘图工具丨格式"选项卡"大小"组"对话框启动器"按钮，弹出"布局"对话框，在"布局"对话框"大小"选项卡中设置"宽度"为 13 厘米，"旋转"角度为 350°，如图 1-185 所示。

③ 选中直线，单击"绘图工具丨格式"选项卡"形状样式"组的"对话框启动器"按钮，将会在右侧出现"设置形状格式"任务窗格，设置线条为"渐变线"，"预设渐变"为"浅色渐变 –

个性色 3"（第 1 排第 3 列），角度为 180°，如图 1-186 所示。适当调整直线的位置，使其位于产品目录下方。最终效果如图 1-187 所示。

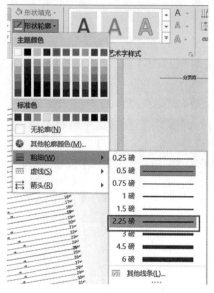

图 1-184 线条粗细设置

图 1-185 宽度和旋转角度设置

图 1-186 设置形状格式

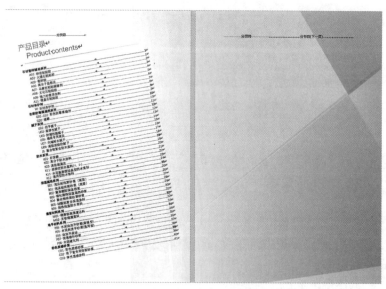

图 1-187 第 16 步完成效果

17. 另存为 PDF

保存文件，并将文件另存为 PDF 格式。

具体操作如下：

① 按【Ctrl+S】组合键保存文档。

② 单击"文件"选项卡，选择"另存为"命令，弹出"另存为"对话框，在该对话框中设置保存类型为"PDF"，选择保存位置，如图 1-188 所示。

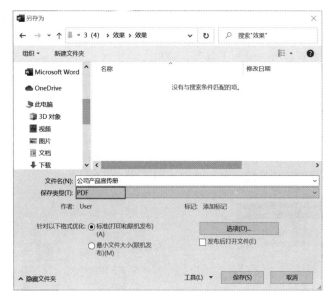

图 1-188　"另存为"对话框

1.3.3　难点解析

通过本节课程的学习，能够熟练地掌握在 Word 中运用图形、图片、艺术字、文本框进行综合处理的方法（对象的位置关系、层次关系、格式设置以及对象间对齐和组合等）。其中，图形的绘制、图形图像的环绕方式以及对象的对齐为本节的难点，这里将针对这些操作进行讲解。

1. 图形的绘制与处理

Word 提供的绘图工具可以帮助用户绘制多种简单图形。自选图形不仅提供了一些基本形状，例如线条、圆形和矩形，还提供了包括流程图符号和标注在内的各种形状。这些工具集中在"插入"选项卡的"插图"组和"图片工具 | 格式"选项卡中。

（1）绘图画布

绘图画布是 Word 在用户绘制图形时自动产生的一个矩形区域。它包容所绘图形对象，并自动嵌入文本中。绘图画布可以整合其中的所有图形对象，使之成为一个整体，以帮助用户方便地调整这些对象在文档中的位置。单击"插入"选项卡的"插图"组内的"形状"按钮，选择最后一项"新建画布"命令，就可以在页面上生成如图 1-189 所示的绘图画布。

图 1-189　绘图画布

（2）绘制图形

单击"插入"选项卡"插图"组中的"形状"按钮，选择要绘制的形状，将鼠标指针移到绘图画布中，指针显示为十字形 +，在需要绘制图形的地方按住左键进行拖动，就可以绘制出图形对象了。

① 如在页面中创建一个矩形。在"插入"选项卡中，单击"插图"中的"形状"，单击要创建的形状，如图 1-190 所示。

② 鼠标指针会变为 +。确定矩形左上角的位置，然后由此位置向右下角拖动鼠标。如需得到正方形，可在按住【Shift】键的同时拖动光标来创建。还可以用相同的方法，即按住【Shift】键的同时拖动光标来创建正圆形、水平线、垂直线，以及其他规则图形。

③ 确定矩形的大小后，释放鼠标按钮。此时，矩形的大小和位置无须精确，后续还可以调整。新建形状后，"绘图工具 | 格式"选项卡也自动添加到功能区。在形状外单击时，"绘图工具"选项卡将会隐藏。要重新显示"绘图工具"，请单击形状。

（3）移动和叠放图形

① 移动图形。单击图形对象将其选中，当光标变为 ✥ 时，拖动图形即可移动其位置。如果要水平或垂直地移动形状，请在拖动形状的同时按住【Shift】键。

② 叠放图形。画布中的图形相互交叠，默认为后绘制的图形在最上方，用户也可以自由调整图形的叠放位置。右击图形对象，在弹出的快捷菜单中选择"置于底层"或"置于顶层"，在级联子菜单中选择该图形的叠放位置，如图 1-191 所示。

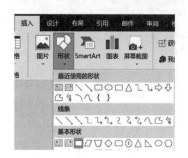

图 1-190　插入形状

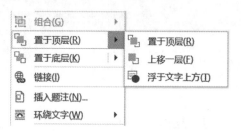

图 1-191　图形的叠放位置

（4）旋转图形

① 手动旋转。单击图形对象，图形上方出现绿色按钮，拖动该按钮，鼠标指针变为圆环状，就可以自由旋转该图形了。

> ◎ 提示：
>
> 　　当旋转多个形状时，这些形状不会作为一个组进行旋转，而是每个形状围绕各自的中心进行旋转。若要将旋转限制为15°、45° 等角度，请在拖动旋转手柄的同时按住【Shift】键。要旋转表格或SmartArt图形，请复制该表格或SmartArt图形并将其粘贴为图片，然后旋转该图片。

② 精确旋转。在"排列"组中单击"旋转"按钮，然后执行下列操作之一：

● 要将对象向右旋转 90°，请单击"向右旋转 90°"。

● 要将对象向左旋转 90°，请单击"向左旋转 90°"。

如果希望得到图像镜像，可以通过创建对象的副本并翻转该副本来创建对象的镜像。将复制对象拖动到生成原始对象镜像的位置。在"排列"组中单击"旋转"按钮，然后执行下列操作之一：

● 要垂直翻转对象，请单击"垂直翻转"。

● 要水平翻转对象，请单击"水平翻转"。

③ 指定旋转角度。先选择要旋转的对象，在"绘图工具 | 格式"选项卡"排列"组中，依次单击"旋转" | "其他旋转选项"。在"布局"对话框"大小"选项卡的"旋转"文本框中，输入对象的旋转角度，如图 1-192 所示。

（5）设置图形大小

单击图形对象，其边缘周围会显示蓝色圆圈和正方形，这些称为"尺寸控点"。拖动图形对象四周的 8 个控制点（又称尺寸控点）可以改变图形大小，如图 1-193 所示。如果选择的不是形状，则不会显示"尺寸控点"。

若要在一个或多个方向增加或缩小图形或图片大小，请选择四个角的尺寸控点，按住鼠标左键不放拖向或拖离中心，同时执行下列操作之一：

● 若要保持中心位置不变，请在拖动尺寸控点时按住【Ctrl】键。

● 若要保持比例，请在拖动尺寸控点时按住【Shift】键。

● 若要保持比例并保持中心位置不变，请在拖动尺寸控点时同时按住【Ctrl】键和【Shift】键。

● 若要调整形状或艺术字到精确高度和宽度，请在"绘图工具"下的"格式"选项卡上进行设置。如图 1-194 所示，在"高度"和"宽度"框中输入所需的值。若要对不同对象应用相同的高度和宽度，选择多个对象，然后在"高度"和"宽度"框中输入尺寸。

图 1-192　旋转角度设置

图 1-193　尺寸控点

图 1-194　精确调整图形大小

（6）组合图形

通过对形状进行组合，可以将多个形状视为一个单独的形状进行处理。此功能对于同时移动多个对象或设置相同格式非常有用。

① 使用【Ctrl】键选择多个形状。

② 单击"格式"选项卡"排列"组中的"组合"下三角按钮，然后选择"组合"命令，如图 1-195 所示。如将矩形和箭头便组合为一组后的图形如图 1-196 所示。

图 1-195　组合

图 1-196　组合后的图形

2. 图形图像的环绕方式

图文混排中的图，有两种基本形态：图形与图片。除此之外，艺术字、文本框和公式等对象的实质也是图形或图片。在 Word 中图片的环绕方式默认为"嵌入型"，其位置随着其他字符的改变而改变，用户不能自由移动图片。通过使用"环绕文字"命令、"位置"命令、图片右侧的"布局选项"以及"文字环绕"选项卡，如图 1–197 ~ 图 1–200 所示，都可以自由移动图片的位置，还可以更改文档中图片或剪贴画与文本的位置关系。

图 1-197　"环绕文字"命令　　图 1-198　"位置"命令　　图 1-199　布局选项

Word 2016"环绕文字"菜单中每种文字环绕方式的含义如下所述：

① 四周型：不管图片是否为矩形图片，文字以矩形方式环绕在图片四周。

② 紧密型环绕：如果图片是矩形，则文字以矩形方式环绕在图片周围，如果图片是不规则图形，则文字将紧密环绕在图片四周。

③ 穿越型环绕：文字可以穿越不规则图片的空白区域环绕图片。

④ 上下型环绕：文字环绕在图片上方和下方。

⑤ 衬于文字下方：图片在下、文字在上分为两层，文字将覆盖图片。

⑥ 浮于文字上方：图片在上、文字在下分为两层，图片将覆盖文字。

⑦ 编辑环绕顶点：用户可以编辑文字环绕区域的顶点，实现更个性化的环绕效果。

图 1-200　"文字环绕"选项卡

⑧ 随文字移动：将图片看作一种特殊的文字，它只能出现在插入点所在位置，保持其相对于文本部分的位置。选中该图片后，其四周会出现 8 个黑色小方块的控制点。

3. 对象的对齐

利用 Word 可以将对象（如图片、形状、艺术字、文本框、SmartArt 和图表等）与页面边缘、页边距或其他对象对齐。具体使用方法如下：

① 选择要对齐对象：若要选择多个对象，请选择第一个对象，然后按住【Ctrl】键的同时选择其他对象。

② 单击"格式"选项卡"排列"组"对齐"下三角按钮，选择对齐的对象是页面、边距还

是所选对象。

③ 再次单击"格式"选项卡"排列"组"对齐"下三角按钮，选择合适的对齐命令，如图 1-201 所示。各个命令的含义如下：

左对齐：将对象的边缘与左侧对齐。

水平居中：水平对齐对象的中心。

右对齐：将对象的边缘与右侧对齐。

顶端对齐：对齐对象的上边缘。

垂直居中：垂直对齐对象的中心。

底端对齐：对齐对象的下边缘。

横向分布：所选对象在水平方向上的间距相等。

纵向分布：所选对象在垂直方向上的间距相等。

图 1-201　选择对齐命令

> **注意：**
>
> 使用"横向分布"和"纵向分布"命令时，要至少选择3个要排列的对象，且设置对齐的方式为"对齐所选对象"。

1.4 相关知识点拓展

1.4.1 选项卡与窗口

1. 主功能区

Word 2016 主功能区有开始、插入、设计、布局、引用、邮件、审阅、视图 8 个主选项卡，如图 1-202 所示。

图 1-202　Word 2016 主功能区

选项卡与窗口

① "开始"选项卡：用于 Word 文档基本编辑及字体段落样式设置。

② "插入"选项卡：用于在 Word 文档中插入各种元素。

③ "设计"选项卡：用于选择 Word 文档主题，设置水印、页面颜色和页面边框等。

④ "布局"选项卡：用于设置 Word 文档页面样式。

⑤ "引用"选项卡：用于实现在 Word 文档中插入目录、脚注、题注、索引等功能。

⑥ "邮件"选项卡：用于在文档中进行邮件合并方面的操作。

⑦ "审阅"选项卡：用于对文档进行校对和修订等操作，适用于多人协作处理文档。

⑧ "视图"选项卡：用于设置 Word 文档操作窗口的视图类型，以方便操作。

2. 折叠功能区

功能区右下角有"折叠功能区"按钮，如图 1-203 所示，单击它会折叠功能区，仅显示选项卡名称，在单击选项卡时才能显示选项卡内容。

再次单击右上角"功能区显示选项"按钮即可显示选项卡和命令，如图 1-204 所示。

图 1-203　折叠功能区

图 1-204　显示隐藏的功能区

3. 添加选项卡

默认情况下不显示的选项卡，可以将其添加到功能区。比如在前文表格案例中用到了"开发工具"选项卡。通过"文件"选项卡打开"Word 选项"对话框，在左侧"从下列位置选择命令"列表中有常用命令，通常不在功能区中的命令中有可能是我们需要但是没有显示出来的命令，可以在右侧列表中选择后将它添加到功能区中。右侧"自定义功能区"分为主选项卡和工具选项卡。在主选项卡中选中"开发工具"复选框，如图 1-205 所示，主选项卡中就出现了开发工具选项卡。显示选项卡后，除非清除该复选框或重新安装 Microsoft Office 程序，"开发工具"选项卡将始终保持可见。

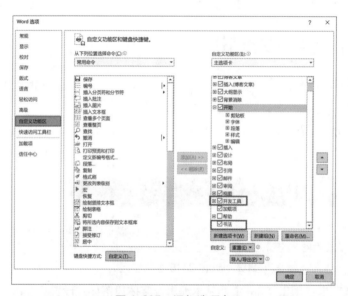

图 1-205　添加选项卡

4. 视图、显示和缩放

Word 2016 提供了页面视图、阅读视图、Web 版式视图、大纲视图和草稿 5 种视图模式，如图 1-206 所示，其中页面视图和大纲视图尤为常用，页面视图模式也是我们编辑时最常用的模式，所有的格式编辑都可以在页面视图中进行。同时要注意"视图"选项卡"显示"组的几项辅助显示功能，特别是长文档排版中导航窗格的使用，对于文档结构调整非常方便。

Word 文档内容默认的显示比例为 100%，有时为了浏览整个页面的版式布局，或者更清楚地查看某一部分内容的细节，便需要设置合适的显示比例。

可以通过"视图"选项卡"缩放"组的"缩放"按钮打开如图 1-207 所示的"缩放"对话框，或在文档右下角使用"缩放"或"缩放级别"功能，还可以按住【Ctrl】键同时滑动鼠标滚轮进行调整。

图 1-206　5 种视图模式

图 1-207　"缩放"对话框

5. 窗口

当打开多个文档进行查看编辑时，就涉及窗口的操作问题，如拆分查看窗口、并排查看窗口、切换窗口等。

（1）新建窗口

通过"新建窗口"，可以将同一个文档的内容分别显示在两个或多个窗口中，在任意窗口进行的修改都会反映在文档中。

（2）全部重排

通过"全部重排"功能使 Windows 窗口中同时显示多个文档窗口，使用户可以一次性查看多个窗口，从而提高工作效率。

（3）拆分窗口

通过"拆分窗口"将窗口拆分成上下结构，如图 1-208 所示，可以非常方便地对同一文档中的前后内容进行编辑操作，如复制、粘贴等。

（4）并排查看窗口

"并排查看窗口"功能可以同时查看两个文档，方便比较两个文档中的内容。并排查看时会默认选中"同步滚动"，便于对照查看两个不同窗口的内容。但有时候可能需要去进行调整一下同步的位置，则可以先取消"同步滚动"，调整至合适的位置，如图 1-209 所示，"调整至目录位置，然后单击"同步滚动"按钮就可以从这一位置开始同步。

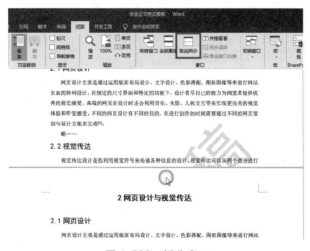

图 1-208　拆分窗口

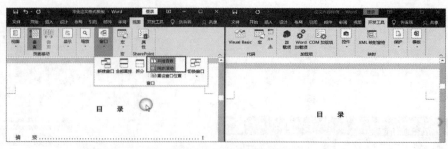

图 1-209 并排查看

（5）切换窗口

打开多个文档时，除了通过任务栏切换文档窗口，也可以通过 Word 自带的"切换窗口"功能快速切换。

1.4.2 页面构成及设置

1. 页面基本结构

如图 1-210 所示，可以看到 Word 中最主要的部分是版心，也是平时最熟悉的可以输入内容的正文区域。版心以上是页眉，版心以下是页脚。但是页眉和页脚有两个部分组成，一部分是可以输入内容的区域，也就是页眉页脚；一部分是不可以输入内容的，称之为天头、地脚。

双击进入"页眉和页脚工具|设计"选项卡之后，可以在页眉位置输入文字内容。如果输入文字过多，会看到文字往下方占据。可以通过调整天头和地脚的距离来调整页眉区域文字的位置。

（1）页眉

● 版心以上的区域。

● 页眉中内容区域的高度=上方页边距－天头高度。

（2）页脚

● 版心以下的区域。

● 页脚中内容区域的高度=下方页边距－地脚高度。

（3）天头

● 在页眉中输入内容以后，页眉以上剩余的空白部分。

● 选择"页面布局"选项卡"页面设置"组，单击"对话框启动器"按钮打开"页面设置"对话框，在"布局"选项卡内设置"距边界"|"页眉"，如图 1-211 所示。

图 1-210 页面基本结构

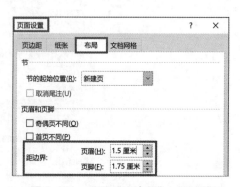

图 1-211 设置"距边界"|"页眉"

（4）地脚

● 在页脚中输入内容以后，页脚以下剩余的空白部分。

2. 页面层次

页面分为两层。页面的两层结构非常类似于半透明的硫酸纸两层叠放在一起，每次选取一层进行编辑，如图 1-212 所示。第一层是正文，也是平时主要编辑的一层。在编辑正文的时候，第二层包含页眉、页脚、水印，在正文编辑时颜色看上去会淡一点，不可以编辑。当双击进入到页眉页脚区域的时候，第二层可以编辑，颜色变正常，而正文内容颜色看上去会淡一点，不可以选取编辑。

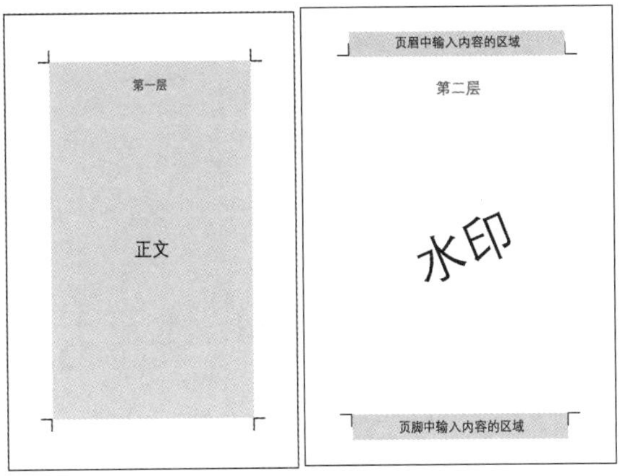

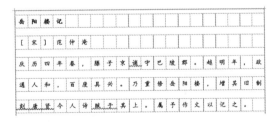

图 1-212　页面层次

3. 设置纸张样式

在制作一些特殊版式的文档时，可以通过稿纸功能设置纸张样式，如作业本、信纸等。还可以进行字帖的新建，打印后方便练字。

例如，需要把一篇文档设置成为稿纸。单击"布局"选项卡选择"稿纸设置"命令，打开"稿纸设置"对话框，如图 1-213 所示。选择设置格式是方格还是航线还是外框。确定之后，文档会被转化成方格稿纸形式，如图 1-214 所示。

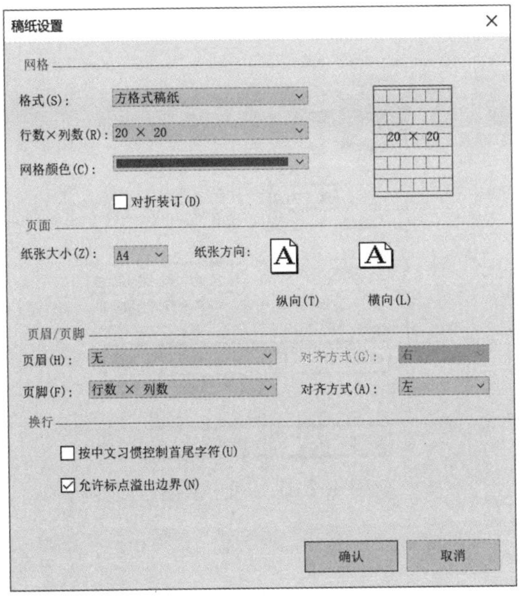

图 1-213　"稿纸设置"对话框

图 1-214　方格稿纸效果

如果需要进行字帖的新建，可以通过"文件"选项卡新建书法字帖。单击新建"书法字帖"，选择书法字体或者是系统字体。选择"书法"选项卡"增减字符"按钮，打开"增减字符"对话框，如图 1-215 所示，选择"系统字体"|"楷体"。排列顺序可以根据形状或是发音，在可用字符中可以选择需要的文字添加显示在字帖中。关闭之后返回正文中，在"书法"选项卡中还可以再次增减字符，或者是对于网格的样式进行修改。如图 1-216 所示看到的是米字格，还可以修改为田字格和回字格等，如图 1-217 所示。还可以更改文字排列的方式，以及在选项中对于看

到的文字效果，空心和颜色分别进行设置。

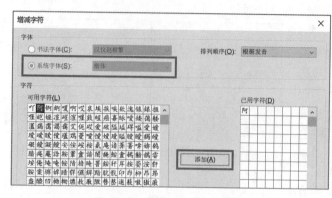

图 1-215 "增减字符"对话框

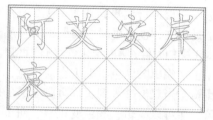

图 1-216 米字格字帖效果

4. 设置文字方向和字数

在编辑一些特殊文档，如诗词之类的文档，可以将文字方向设置为纵向。此外，在排版文档时，还可以指定每页的行数及每行的字符数。

例如，将文档修改成为纵向排列，通过"布局"选项卡打开"页面设置"对话框，在"文档网格"选项卡中可以修改文字排列的方向为垂直。如果想要对每一页的行数和每一行的字数进行修改，可以把"网格"选项更改为"指定行和字符网格"，如图 1-218 所示，设置每一行显示 35 个字符，每页显示 42 行，确定后可以查看相应效果，还可以根据需要再次进行调整，直到内容在比较合适的位置。

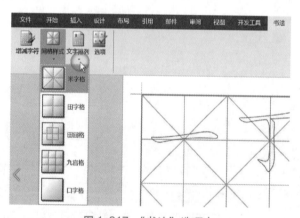

图 1-217 "书法"选项卡

图 1-218 "文档网格"选项卡

1.4.3 Word 中的图形图像

1. 计算机中的图形和图像

Word中的图形图像

图形（Graphic）：又称矢量图，用数学方法描述存储，也称为面向对象的图像或绘图图像。Word 中插入的形状、文本框、艺术字、SmartArt、图表为图形。

图像（Image）：又称位图，保存方式为点阵存储，也称为点阵图像或绘制图像。Word 中插入的图片为图像。

2. 形状绘制

选择绘制形状后，按住鼠标左键拖动鼠标会画出图形。如果需要绘制水平垂直线、正方形、正圆形，则需要同时按住【Shift】键和鼠标左键不放，再拖动鼠标即可。修改大小或者移动形状时，按住【Shift】键可以水平、垂直移动。在绘制形状的时候，如果想要连续绘制相同形状，在选择绘制该形状时右击选择"锁定绘图模式"，如图 1-219 所示，再次单击该形状可以取消设置。

图 1-219　锁定绘图模式

选定形状，形状周围出现控制点。简单形状有 8 个大小控制点和 1 个旋转控制点，同时旁边有布局选项可以设置形状位置，如图 1-220 所示。复杂形状有若干形状控制点，如图 1-221 所示。通过形状控制点，可以使形状呈现更丰富的状态。

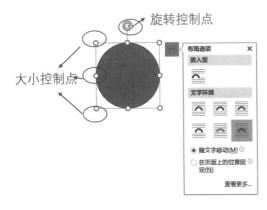

图 1-220　大小和旋转控制点

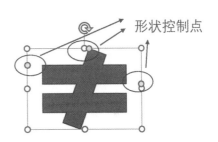

图 1-221　形状控制点

3. 环绕方式

图形图像的格式设置中，图文混排如何选择合适的环绕方式是初学者最容易感到困惑的问题。图文混排有 7 种环绕方式，下面图解几种易混淆方式的区别。

（1）嵌入型与上下型

插入图片后，默认环绕方式是嵌入型。如图 1-222 所示，嵌入型的图片左右两侧可以有文字；上下型的图片左右两侧都没有文字，图片独立占用了几行的空间。

（2）四周型与紧密型

如图 1-223 所示，不管图片原始形状如何，四周型的图片本身占用了一个矩形的空间，文字在这个矩形空间的四周环绕；紧密型的图片，文字会紧密环绕在图片四周显示。另外，设置为四周型比嵌入型更容易调整图片的位置。

（3）紧密型与穿越型

很多时候，紧密型和穿越型的图片是看不出有什么区别的。只有一些严重下凹的图片可以看得出区别。如果图片不是规则的图形，会有部分文字在图片内部显示，如图 1-224 所示。

图 1-222　嵌入型与上下型环绕

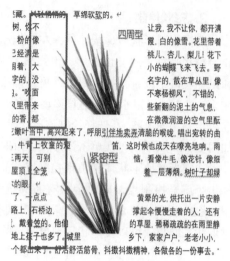

图 1-223　四周型与紧密型环绕

4. 插入媒体、批量插入设置图片

下面示例在 Word 文档中通过添加多个媒体对象，完成一页视觉效果丰富的古诗页面。

Word 中可以插入联机视频或本地视频，这样在文档中也可以方便地观看视频。如果需要插入联机视频，直接在"插入"选项卡中选择"联机视频"，选择时通常输入的是网址。如果受限于网络，想要插入本地视频，那么插入的方法会稍微复杂一点。

在"开发工具"选项卡的"控件"组中单击选择"旧式工具"中的"其他控件"，如图 1-225 所示，在"其他控件"对话框中选择"Windows Media Player"，如图 1-226 所示，单击"确定"按钮。

图 1-224　紧密型与穿越型环绕

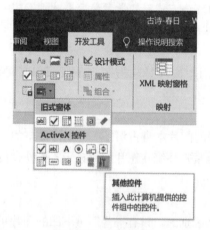

图 1-225　其他控件

图 1-226　选择微软媒体播放器控件

单击"控件"组的"属性"按钮，选择"自定义"。如图 1-227 所示。在自定义右侧把"属性"对话框打开，通过"浏览"按钮可以选择素材视频。还可以对播放选项进行一定的设置，类似于现在取消"自动启动"复选框，选择"按比例拉伸"复选框。关闭设计模式后，在文档控件

上单击播放按钮，如图 1-228 所示，就可以播放相应的视频。如果对于文档的大小有要求的话，可以再次在"属性"对话框中进行设置，还可以选择全屏播放。

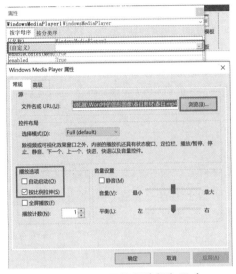

图 1-227　设置视频路径和尺寸

图 1-228　视频播放效果

由于 Word 中插入图片默认是嵌入式的，不便于批量选取，如果需要对图片批量插入和设置格式，则可借助画布工具，更方便快捷。

下面在文档底部插入四张图片并设置成相同尺寸。如果图片全部插入在文档中，需要单张单独选取设置，非常不方便，可以使用"形状"里的绘图画布作为中转。先插入绘图画布，再插入图片，插入四张素材图片。如图 1-229 所示，插入之后，四张图片都处于选取状态，打开"布局"选项卡，先取消"锁定纵横比"复选框，再设置高度、宽度，则统一地调整了图片大小。此时剪切图片，删除绘图画布，再在页面上粘贴图片。通过各种对齐选项，将图片对齐至合适的位置，效果如图 1-230 所示。

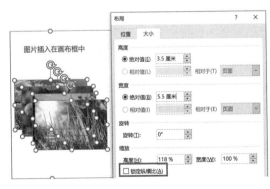

图 1-229　图片批量设置

图 1-230　页面效果图

1.4.4　分页分节与页面纵横混排

1. 分页分节

（1）分页符

当文字或图形填满一页时，Microsoft Word 会插入一个自动分页符。如果页面内容未满而需要分页，可以通过插入"手动分页符"在指定位置强制分页，还可以通过段落属

Word分页分节

性进行分页设置。

（2）分节符

插入分节符可用节在一页之内或两页之间改变文档的布局。分节符是为表示节的结尾插入的标记。分节符包含节的格式设置元素，例如页边距、页面的方向、页眉页脚水印，以及页码的顺序。

2. 分页符与分节符的区别

分页符只是将前后的内容隔开到不同的页面；分节符是将不同的内容分割到不同的节，不同的节可以设置不同的页面设置和页眉页脚水印等内容。一页可以包含很多节，一节也可以包含很多页。

> 注意：
>
> （1）为了保证某些内容的排版不随着前面内容的增减而改变，需要用到分页符。分页符可以保证其后的内容在其前面的内容变动时保持在页面上的排版位置。举例当用回车将第一页和第二页的内容隔开到两页的时候，一旦第一页增加一行，第一页的一个回车符就会跑到第二页的开头，影响第二页的排版，这种情况在编辑的文档页数较少时很容易发现和解决，但当文档过长时就不方便处理了。
>
> （2）当文档需要添加页眉页脚或者同一篇文档中不同的页面需要设置不同的页边距及纸张大小的时候，就需要用到分节符，因为Word中对页眉页脚、页边距、纸张的设置的最小单位是节。常见的例子是论文的编辑，其中摘要、目录、正文、参考文献等要有各自的页眉页脚，而一般要求整个论文需要放在同一个Word文档中，此时需要分节处理。

3. 分节符的类型

在 Word 中有 4 种分节符可供选择，它们分别是"下一页"、"连续"、"奇数页"和"偶数页"选项。

（1）下一页

在插入此分节符的地方，Word 会强制分页，新的"节"从下一页开始。如果要在不同页面上分别应用不同的页码样式、页眉和页脚文字，以及想改变页面的纸张方向、纵向对齐方式或者纸型，应该使用这种分节符。

（2）连续

插入"连续"分节符后，文档不会被强制分页。"连续"分节符的作用主要是帮助用户在同一页面上创建不同的分栏样式或不同的页边距大小。尤其是创建报纸样式的分栏时更需要"连续"分节符的帮助。但是，如果"连续"分节符前后的页面设置不同，例如纸型和纸张走向等，即使选择使用"连续"分节符，Word 也会在分节符处强制文档分页。

（3）奇数页

在插入"奇数页"分节符之后，新的一节会从其后的第一个奇数页面开始（以页码编号为准）。注意：如果上一章节结束的位置是一个奇数页，也不必强制插入一个空白页。在插入"奇数页"分节符后，Word 会自动在相应位置留出空白页。

（4）偶数页

"偶数页"分节符的功能与奇数页的类似，只不过后面的一节是从偶数页开始。

4. 插入分节符

单击"布局"选项卡"页面设置"组中的"分隔符"按钮，在下拉列表中选择合适的分节符类型即可。注意，可以把分节符当作一种隐藏的代码，它包含了所在的位置之前页面的各种信息。

插入分节符之后，很有可能看不到它。因为在最常用的"页面"视图模式下，通常是隐藏分节符的。这时可以单击"开始"选项卡"段落"组的"显示／隐藏编辑标记"按钮，让分节符显示出来，如图 1-231 所示。在文档中显示的分节符如图 1-232 所示，分节符使用双行的虚线表示，同时括号里注明了该分节符的类型。

图 1-231　"显示／隐藏编辑标记"按钮

图 1-232　文档中显示的分节符

5. 改变分节符属性

插入分节符之后，如果需要改变其属性，无须删除该分节符并重新插入新的分节符。

可以把光标放置在需要改变分节符属性的"节"中，即分节符前面的任意位置，然后单击"布局"选项卡"页面设置"组中的对话框启动器按钮，在打开的"页面设置"对话框中选择"版式"选项卡，在"节的起始位置"选项中，选择新的起始位置即可，如图 1-233 所示。

图 1-233　修改节的起始位置

6. 删除分节符

需要对分节符进行删除的时候，要注意分节符中所保存的版式信息影响的是其前面的文字，而不是后面的。值得注意的是，在删除分节符时，该分节符前面的文字会依照分节符后面的文字版式进行重新排版。例如，如果把一篇文档分为两个小节，第一小节分两栏，第二小节分三栏。此时如果删除它们之间的分节符，那么整篇文档就会变成三栏版式。

如果需要在一个新的小节中运用前面某个小节的版式，例如纸型及纸张方向等，可以复制包含前面小节排版信息的分节符，然后把它粘贴到需要设定同样版式的段落后。这样，新分节符上方的文字也自动遵循同样的版式。

另外，由于在 Word 文档中，最后一小节的版式信息保存在文档的最后一个回车符中，所以当把最后一段连同回车符复制粘贴到文档的其他小节中时，最后一小节的版式同样会影响所粘贴文字前面的内容。

7. 同一文档页面纵横混排

根据文本内容的排版需求，如果我们需要把 Word 中的部分页面设置为横向而保持其他页面不变，可以用分节符来处理。

① 假如要将第一个页面设置为横向页面，打开 Word 文档，将光标定位到第二页的页首，选择"布局" | "页面设置" | "分隔符" | "分节符：下一页"命令，插入分节符。

② 再将光标定位进第一节中，选择"布局" | "页面设置" | "纸张方向" | "横向"选项，还可以设置文字垂直排列，则文本第一页就变成了横向页面，其余页依然为纵向页面，如图 1-234 所示。

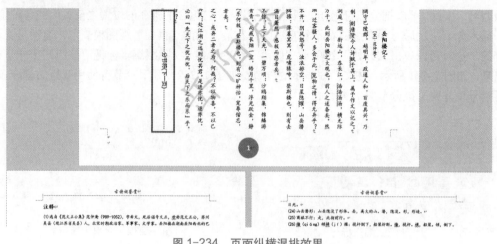

图 1-234　页面纵横混排效果

第 2 章

Word 2016 高级应用

邮件合并 ——年会邀请函	💻 邮件合并★ 💻 插入形状、文本框、艺术字、图片 💻 组合图形 💻 插入生僻字
长文档编辑 ——制作投标书（1）	💻 文档属性设置 💻 样式★ 💻 多级编号替换★ 💻 拼写和语法检查 💻 目录★ 💻 查找和替换
长文档编辑 ——制作投标书（2）	💻 页眉页脚★ 💻 封面★ 💻 SmartArt 图形 💻 题注、交叉引用、脚注与尾注 💻 分节★ 💻 页码★ 💻 水印 💻 文档限制编辑

2.1 邮件合并——年会邀请函

2.1.1 任务引导

任务2.1导学

任务2.1-1

任务2.1-2

任务2.1-3

任务2.1-4

任务2.1-5

任务2.1-6

本单元任务引导卡如表 2-1 所示。

表 2-1　任务引导卡

任务编号	NO. 4		
任务名称	年会邀请函	计划课时	2 课时
任务目的	本节任务要求学生利用 Word 来完成年会邀请函的制作，主要使用的知识点有：邮件合并、插入形状和组合图形		
任务实现流程	任务引导 → 任务分析 → 制作年会邀请函 → 教师讲评 → 学生完成年会邀请函的制作 → 难点解析 → 总结与提高		
配套素材导引	原始文件位置：Office 高级应用 2016\ 素材 \ 第二章 \ 任务 2.1 最终文件位置：Office 高级应用 2016\ 效果 \ 第二章 \ 任务 2.1		

💻 任务分析

邀请函是邀请亲朋好友或知名人士、专家等参加某项活动时所发的请约性书信。它是现实生活中常用的一种日常应用写作文种。在国际交往以及日常社交活动中，这类书信使用广泛。

在应用写作中，邀请函是非常重要的。邀请函主体内容的一般结构由称谓、正文、落款组成。商务礼仪活动邀请函是邀请函的一个重要分支，它是商务礼仪活动主办方为了郑重邀请其合作伙伴（投资人、材料供应方、营销渠道商、运输服务合作者、政府部门负责人、新闻媒体朋友等）参加其举行的礼仪活动而制发的书面函件。它体现了活动主办方的礼仪愿望、友好盛情，反映了商务活动中的人际社交关系。企业可根据商务礼仪活动的目的自行撰写具有企业文化特色的邀请函。

邀请函的称谓使用"统称"，并在统称前加敬语。如"尊敬的 × × × 先生 / 女士"或"尊敬的 × × × 总经理（局长）"。邀请函的正文是指商务礼仪活动主办方正式告知被邀请方举办礼仪活动的缘由、目的、事项及要求，写明礼仪活动的日程安排、时间、地点，并对被邀请方发出得体而诚挚的邀请。正文结尾一般要写常用的邀请惯用语，如"敬请光临""欢迎光临"。邀请函的落款要写明活动主办单位的全称和成文日期，如有需要还要加盖公章。

本节课要求学生利用邮件合并的相关知识点制作邀请函，知识点思维导图如图 2-1 所示。

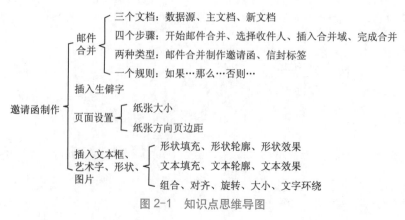

图 2-1　知识点思维导图

（1）邮件合并：Word 中的邮件合并功能特别适合处理大批量的文件，诸如制作邀请函、信封等格式相同的大批量文件，均可用邮件合并功能实现，可有效减少工作量。

（2）插入生僻字：在日常文字输入过程中，我们经常会遇到生僻字的输入。在 Word 中插入生僻字的方法为：

① 输入生僻字偏旁，并选中该偏旁。

② 选择"插入"选项卡"符号"组"符号"下拉列表中的"其他符号"命令。

③ 在打开的"符号"对话框中找到要输入的生僻字。

（3）页面设置：对 Word 页面进行设置，可以使版面符合我们的要求或更加美观。在 Word 中，页面设置包括纸张大小、页边距、纸张方向、文字方向、分栏、分隔符等内容。

（4）插入文本框：文本框是一种特殊的图形对象，它如同一个容器，可以包含文档中的任何对象，如文本、表格、图形或它们的组合。它可以被置于文档的任何位置，也可以方便地进行缩小、放大等编辑操作，还可以像图形一样设置阴影、边框和三维效果。注意：文本框只能在页面视图下被创建和编辑。文本框按其中文字的方向不同，可分为横排文本框和竖排文本框两类。其创建与编辑的方法相同。

（5）插入艺术字：艺术字是可添加到文档的装饰性文本，在 Word 中，其实质是一种图形。所以，艺术字的插入和编辑与图形的绘制和编辑基本相同，不但可以设置颜色、字体格式、对文本进行变形、使文本适应预设形状或应用渐变填充，还可以设置形状、阴影和三维效果等效果。

（6）插入形状：Word 提供的绘图工具可以为用户绘制多种简单图形。自选图形不仅提供了一些基本形状，例如线条、圆形和矩形，还提供了包括流程图符号和标注在内的各种形状。这些工具集中在"插入"选项卡的"插图"组和"图片工具|格式"选项卡中。

本节任务要求学生主要利用 Word 软件的邮件合并功能来完成年会邀请函的制作。完成效果如

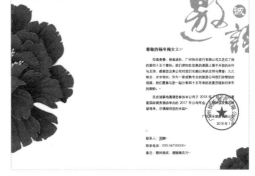

图 2-2 年会邀请函其中一页的效果图

图 2-2、图 2-3 和图 2-4 所示（因年会邀请函和台签页面较多，这里只展示部分页面的效果图）。

图 2-3 邀请函信封标签效果图

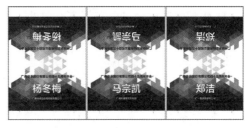

图 2-4 台签部分内页效果图

2.1.2 任务步骤与实施

1. 新建文件"年会邀请函模板 .docx"，将纸张大小设置为宽度 28 厘米、高度 21 厘米。插入素材文件夹中的"邀请函背景 .jpg"图片作为页面背景。

具体操作如下：

① 新建一个空白 Word 文档，将文件命名为"年会邀请函模板 .docx"。

② 单击"布局"选项卡"页面设置"组右下方的"对话框启动器"按钮，选择"纸张"选项卡，修改纸张宽度为 28 厘米、高度为 21 厘米。

③ 将光标定位到文档开头处，单击"插入"选项卡"插图"组中的"图片"按钮，选择素材文件夹中的"邀请函背景 .jpg"图片，单击"插入"按钮。

④ 在"图片工具 | 格式"选项卡"大小"组中将"高度"更改为 21 厘米，在"排列"组中将"自动换行"改为"衬于文字下方"。

⑤ 单击"排列"组中的"对齐"按钮，选择"左右居中"和"上下居中"命令。

2. 插入文本框，设置文本框无填充颜色、无轮廓。把素材文件夹中的"邀请函素材 .txt"文件的所有内容复制粘贴到文本框中。在"联系人：邓"后录入生僻字"翾"。

具体操作如下：

① 将光标定位到页面开始处，单击"插入"选项卡"文本"组中的"文本框"按钮，选择"简单文本框"。把素材文件夹中的"邀请函素材 .txt"文件的所有内容复制粘贴到文本框中。

② 单击"绘图工具 | 格式"选项卡"形状样式"组中的"形状填充"按钮，选择"无填充颜色"。再单击"形状轮廓"按钮，选择"无轮廓"。

③ 将光标定位到"邓"字后面，在"邓"字后输入生僻字偏旁"羽"，选中"羽"字。

④ 单击"插入"选项卡"符号"选项，在下拉列表中选择"其他符号"，找到并选择"翾"，单击"插入"按钮，关闭对话框。

3. 设置文本框文字字体为华文细黑，字号为 11 磅，段后间距为 0.5 行。第 1 段字号为四号，字形为加粗；第 2、3 段首行缩进 2 字符，行距 1.2 倍；第 4、5 段右对齐。设置文本框高度为 13 厘米，宽度为 11 厘米，摆放至页面右下方空白处。

具体操作如下：

① 选择文本框中所有内容，设置字体为华文细黑，字号为 11 磅，段后间距为 0.5 行。

② 选择第 1 段文字，设置字号为四号，字形为加粗。选择第 2、3 段文字，设置首行缩进 2 字符，行距 1.2 倍；选择第 4、5 段文字，设置对齐方式为右对齐。

③ 选择文本框，在"绘图工具 | 格式"选项卡"大小"组中设置文本框高度为 13 厘米，宽度为 11 厘米，摆放至页面右下方空白处。完成效果如图 2-5 所示。

图 2-5　完成效果

4. 绘制一个高度为 4 厘米、宽度为 4 厘米的正圆形，无填充颜色，轮廓颜色为标准色：红色，线条宽 0.1 厘米。再绘制一个高度为 1.4 厘米、宽度为 1.4 厘米的五角形，填充颜色为标准色：红色，无轮廓。插入艺术字"广州快乐旅行有限公司"，艺术字样式选择第一行第一列，字体为宋体、加粗、字号为一号。修改文本填充为标准色：红色，文本轮廓为无轮廓。文字效果为无阴影，跟随路径圆形。高度为 4.3 厘米、宽度为 4.3 厘米，向左旋转 90°。

具体操作如下：

① 单击"插入"选项卡"插图"组中的"形状"按钮，选择椭圆形，在页面中按住【Shift】键拖动鼠标左键绘制圆形。

② 单击"绘图工具 | 格式"选项卡，在"大小"组中设置圆形高度和宽度都为 4 厘米。

③ 单击"绘图工具 | 格式"选项卡"形状样式"组中的"形状填充"按钮，在下拉列表中选

择"无填充",单击"形状轮廓",选择标准色:红色。

④ 再次单击"形状轮廓"按钮,在下拉列表中选择"粗细—其他线条"按钮。打开"设置形状"对话框。在"宽度"选项中输入 0.1 厘米,如图 2-6 所示。

⑤ 单击"插入"选项卡"插图"组中的"形状"按钮,在下拉列表中选择五角星形,在页面中拖动鼠标左键绘制五角星。在"绘图工具丨格式"选项卡"大小"组中设置五角形高度和宽度都为 1.4 厘米,单击"形状填充"按钮,在下拉列表中选择标准色:红色,单击"形状轮廓"按钮,选择"无轮廓"。

⑥ 单击"插入"选项卡"文本"组中的"艺术字"按钮,选择第一行第一列艺术字样式,输入文字"广州快乐旅行社",设置字体为宋体、加粗、一号字。

⑦ 单击"绘图工具丨格式"选项卡,在"艺术字样式"组中设置"文本填充"为标准色:红色,"文本轮廓"为无轮廓。单击"文本效果"按钮,选择选择"阴影"丨"无阴影"。

⑧ 再次单击"文本效果"按钮,选择"转换"丨"跟随路径"丨"圆"。在"大小"组中设置文本框的高和宽都为 4.3 厘米。在"排列"组中选择"旋转"丨"向左旋转90°"。

5.将艺术字和前两个图形居中对齐并组合,将组合的图形放置在信函落款上方。最后保存文件。

具体操作如下:

① 选中艺术字,在"绘图工具丨格式"选项卡中单击两次"排列"组中的"下移一层"按钮,将艺术字层级下移两级。

② 按住【Ctrl】键,单击五角形和圆形,同时选中三个图形。单击"对齐"选项,在下拉列表中选择"垂直居中对齐"。

③ 将鼠标指针放于形状上方,右击弹出快捷菜单,选择"组合"丨"组合"命令,如图 2-7 所示。

图 2-6　线条宽度设置

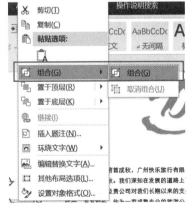

图 2-7　组合形状

④ 将组合形状置于落款上方,单击"保存"按钮。最终效果如图 2-8 所示。

6. 利用"年会邀请函模板 .docx"作为信函主体进行邮件合并,数据源文件为素材文件夹中的"客户资料 .xlsx",在文字"尊敬的"后面插入合并域"客户姓名",在客户名称后插入域,编写规则根据性别列数据分别显示"女士"或"先生"的称谓,合并全部数据得到新文档"年会邀请函内页 .docx"。

具体操作如下:

① 单击"邮件"选项卡"开始邮件合并"组中的"开始邮件合并"按钮,选择"信函"命令,如图 2-9 所示。

② 再单击"开始邮件合并"组中的"选择收件人"按钮,如图 2-10 所示,选择"使用现有

列表…"命令。在打开的"选取数据源"对话框中选择素材文件夹中的"客户资料 .xlsx"文件，单击"打开"按钮。再在"选择表格"对话框中单击"确定"按钮。

图 2-8　效果图

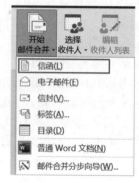

图 2-9　开始邮件合并

③将光标定位到文字"尊敬的"后面，在"编写和插入域"组中单击"插入合并域"按钮，选择"客户姓名"，如图 2-11 所示。

④将光标定位到"客户姓名"域后面，在"编写和插入域"组中单击"规则"按钮，选择"如果…那么…否则"，如图 2-12 所示，打开设置规则对话框。

图 2-10　使用现有列表

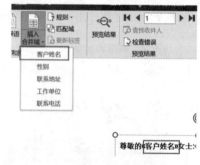

图 2-11　插入合并域

⑤在打开的对话框中，在"域名"选项中选择"性别"，"比较条件"选项选择"等于"，"比较对象"选项中输入"女"，"则插入此文字"选项框中输入"女士"，"否则插入此文字"中输入"先生"，如图 2-13 所示，单击"确定"按钮。

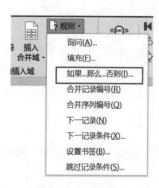

图 2-12　规则

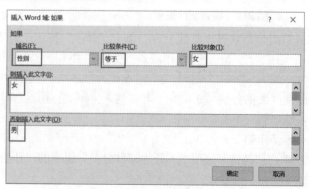

图 2-13　规则设置

⑥ 最后单击"完成"组中的"完成并合并"按钮，选择"编辑单个文档…"，如图 2-14 所示。在打开的"合并到新文档"对话框中选择"全部"，如图 2-15 所示，单击"确定"按钮完成合并。

图 2-14　选择合并方式

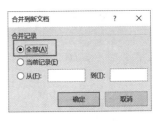

图 2-15　合并全部记录

⑦ 最终得到的数十页信函文档如图 2-16 所示，单击"保存"按钮将文件保存为"年会邀请函内页 .docx"。

图 2-16　合并得到的信函文档

7. 新建文件"邀请函信封标签模板 .docx"，使用该文档创建供应商为"3M/Post-it®North America"，产品编号为"3600-H 3M High Visibility 2″×4″"的贴纸标签主文档。数据源文件为素材文件夹中的"客户资料 .xlsx"文件，在标签第一行插入合并域"联系地址"和"工作单位"；在标签第二行插入"客户姓名"，姓名后显示"女士"或"先生"的称谓，并在其后输入文字"敬启"。设置所有文字内容字体为楷体，字号为三号，字形为加粗，行距为 1.5 倍；"《客户姓名》"域字号为二号，字符间距加宽 2 磅，居中对齐。合并得到新文档"邀请函信封标签 .docx"，最终可通过打印机将标签打印出来粘贴到信封上。

具体操作如下：

① 新建文件"邀请函信封标签模板 .docx"，单击"邮件"选项卡"开始邮件合并"组中的"开始邮件合并"按钮，选择"标签…"，如图 2-17 所示。在弹出的"标签选项"对话框中选择标签供应商为"3M/Post-it®North America"，产品编号为"3600-H 3M High Visibility 2″×4″"的贴纸标签，如图 2-18 所示，单击"确定"按钮，在弹出的对话框中再次单击"确定"按钮，如图 2-19 所示。

② 再单击"开始邮件合并"组中的"选择收件人"按钮，选择"使用现有列表…"命令。在弹出的"选取数据源"对话框中选择素材文件夹中的"客户资料 .xlsx"文件，单击"打开"按钮。再在"选择表格"对话框中单击"确定"按钮打开"邮件合并收件人"对话框，单击"确定"按钮。

③ 将鼠标定位在标签第一行，在"编写和插入域"组中单击"插入合并域"按钮，选择"联系地址"和"工作单位"。在标签第二行插入"客户姓名"，"在客户姓名"域后面插入规则，同第 6 步规则设置相同，在姓名后显示"女士"或"先生"的称谓，最后在后面输入一个"收"字。

图 2-17 邮件合并生成标签

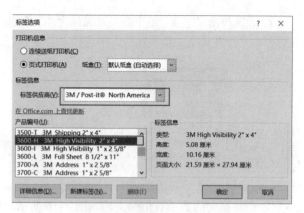

图 2-18 "标签选项"对话框

图 2-19 "邮件合并"对话框

④ 选中所有文字内容，单击"开始"选项卡，在"字体"组中设置文字字号为三号，字形为加粗。再在"段落"选项卡中设置行距为 1.5 倍。再选中"《客户姓名》"，设置其字号为二号，字符间距加宽 2 磅，居中对齐。

⑤ 回到"邮件"选项卡，单击"编写和插入域"组中的"更新标签"按钮，如图 2-20 所示，给所有标签应用内容和格式。

⑥ 最后单击"完成"组中的"完成并合并"按钮，选择"编辑单个文档…"，在打开的"合并到新文档"对话框中选择"全部"并单击"确定"按钮完成合并。效果如图 2-21 所示。

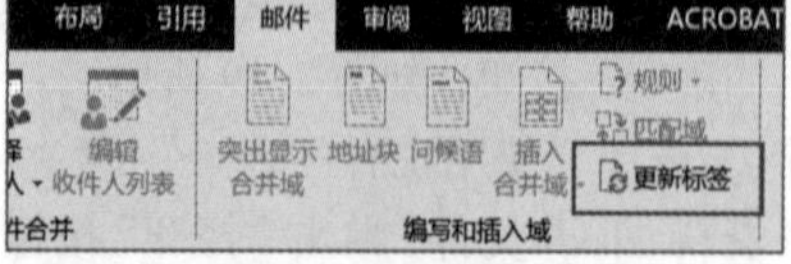

图 2-20 更新标签

图 2-21 标签效果图

⑦ 选择"文件"|"保存"命令，将文件保存为"邀请函信封标签 .docx"。

⑧ 选择"文件"|"打印"命令，观察到标签打印信息，最终可通过打印机将标签打印出来粘贴到信封上。

8. 新建文件"台签模板 .docx"，插入图片"台签背景 .jpg"，修改图片宽度为 21 厘米，衬于文字下方，底端对齐，居中对齐。复制一份副本，垂直翻转，顶端对齐，居中对齐。

具体操作如下：

① 新建文件"台签模板 .docx"，插入素材文件夹中的图片"台签背景 .jpg"。

② 在"图片工具 | 格式"选项卡"大小"组中将"宽度"更改为 21 厘米，在"排列"组中将"自动换行"改为"衬于文字下方"。在"排列"组中设置"对齐"为底端对齐和居中对齐。

③ 复制图片，在"图片工具 | 格式"选项卡"排列"组中，选择"旋转" | "垂直翻转"命令，继续在"排列"组中设置图片"对齐"为"顶端对齐"和"居中对齐"。

9. 绘制文本框，设置文本框无轮廓、无填充。在文本框内输入文字"广州快乐旅行有限公司四十五周年年会"，字体为微软雅黑、二号字。利用"台签模板 .docx"作为信函主体进行邮件合并，数据源文件为素材文件夹中的"客户资料 .xlsx"，在文本框第二行插入合并域"客户姓名"，第三行插入合并域"工作单位"，字体为微软雅黑，大小分别为 72 磅、三号。设置所有文字艺术字快速样式为"填充 – 浅灰色，背景 2，内部阴影"，修改第一行文本填充为标准色深红，客户姓名和工作单位文本填充为白色，所有文字居中对齐。

具体操作如下：

① 单击"插入"选项卡"文本"组中的"文本框"按钮，选择"绘制横排文本框"命令，拖动鼠标左键在页面绘制文本框。

② 单击"绘图工具 | 格式"选项卡"形状样式"组中的"形状填充"按钮，在下拉列表中选择"无填充"，单击"形状轮廓"按钮，选择"无轮廓"。

③ 在文本框中输入文字"广州快乐旅行有限公司四十五周年年会"，设置字体为微软雅黑、二号字。

④ 单击"邮件"选项卡"开始邮件合并"组中的"开始邮件合并"按钮，选择"信函"。单击"选择收件人"按钮，选择"使用现有列表"。在弹出的"选取数据源"对话框中选择素材文件夹中的"客户资料 .xlsx"文件，单击"打开"按钮。再在"选择表格"对话框中单击"确定"按钮。

⑤ 光标定位到第二行，单击"插入合并域"按钮，插入"客户姓名"域。光标定位到第三行，单击"插入合并域"按钮，插入"工作单位"域。

⑥ 选择"客户姓名"和"工作单位"域，设置字体为微软雅黑，大小分别设置为 72 磅、三号。

⑦ 选择全部文字，选择"绘图工具 | 格式"选项卡，在"艺术字样式"组中设置艺术字快速样式为"填充 | 浅灰色，背景 2，内部阴影"。

⑧ 选中第一行文本"广州快乐旅行有限公司四十五周年年会"，在"绘图工具 | 格式"选项卡，在"艺术字样式"组中设置文本文本填充为"深红"，选中第二、三行文本，设置文本填充为"白色，背景 1"。选中所有文本，在"开始"选项卡"段落"组中设置所有文本居中对齐。

10. 绘制一条直线，长度为 15 厘米，粗细为 3 磅，修改为两端白色透明，中间深红色，角度为 0 度的渐变线，放置在姓名下方。水平居中后组合文本框和线条，将组合图形水平居中，复制一份副本，垂直翻转。垂直居中对齐组合对象及下方背景图。合并全部数据得到新文档"台签 .docx"。

具体操作如下：

① 单击"插入"选项卡"插图"组中的"形状"按钮，选择"直线"，按住【Shift】键，在姓名下方绘制一条直线。在"绘图工具 | 格式"选项卡"大小"组中设置直线长 15 厘米，在"形状样式"组"形状轮廓" | "粗细"中设置直线宽度 3 磅。

② 选择直线，右击，选择"设置形状格式"命令，打开"设置形状格式"对话框。

③ 在"线条"列表中选择"渐变线"，删除一个渐变光圈，选择中间渐变光圈，在下方修改位置为"50%"。选择中间渐变光圈，在下方修改光圈颜色为标准色深红。选择左边渐变光圈，

修改颜色为"白色，背景1"。选择左边渐变光圈，修改透明度为100%，如图2-22所示。选择右边渐变光圈，进行域左边渐变光圈同样的操作。

④在"角度"选项框中输入"0"。

⑤选择直线，单击"绘图工具|格式"选项卡，在"排列"组中选择"对齐"|"水平居中"。选择文本框，在"排列"组中选择"对齐"|"水平居中"。

⑥按住【Ctrl】键，同时选中文本框和直线，右击，选择"组合"命令。

⑦复制组合图形，单击"绘图工具|格式"选项卡，在"排列"组中选择"旋转"|"垂直翻转"，并移动到上方图片上。

⑧按【Ctrl】键同时选中组合对象及下方背景图，单击"绘图工具|格式"选项卡，在"排列"组中选择"对齐"|"垂直居中"。

⑨最后单击"邮件"选项卡"完成"组中的"完成并合并"按钮，选择"编辑单个文档…"，在打开的"合并到新文档"对话框中选择"全部"并单击"确定"按钮完成合并。效果如图2-23所示。

⑩选择"文件"|"保存"命令，将文件保存为"台签.docx"。

图2-22　渐变光圈设置

图2-23　台签效果图

2.1.3　难点解析

通过本节课程的学习，我们掌握了邮件合并的操作，并进一步掌握了使用插入形状来绘制年会流程图的操作和技巧。其中，邮件合并是本节的难点内容，这里将针对邮件合并做具体的讲解。

1. 邮件合并

"邮件合并"这个名称最初是在批量处理"邮件文档"时提出的，具体地说，就是在邮件文档（主文档）的固定内容中，合并与发送信息相关的一组通信资料，从而批量生成需要的邮件文档，大大提高工作的效率。"邮件合并"功能除了可以批量处理信函、信封等与邮件相关的文档外，还可以轻松地批量制作标签、工资条、成绩单、准考证、获奖证书等。

邮件合并适用于制作需要量比较大且文档内容遵循一定规律的文件。要求这些文档内容分为固定不变的部分和变化的部分，比如打印信封、寄信人信息是固定不变的，而收信人信息就属于变化的内容，变化的部分由数据表中含有标题行的数据记录表表示。

（1）邮件合并的基本过程

邮件合并的基本过程包括三个步骤，只要理解了这些过程，就可以得心应手地利用邮件合并来完成批量作业。

①建立主文档。主文档是指邮件合并内容中固定不变的部分，如信函中的通用部分、信封

上的落款等。使用邮件合并之前先建立主文档是一个很好的习惯。一方面可以考查预计中的工作是否适合使用邮件合并，另一方面为数据源的建立或选择提供了标准和思路。

② 准备数据源。数据源就是含有标题行的数据记录表，由字段列和记录行构成。字段列规定该列存储的信息，每条记录行存储着一个对象的相应信息。比如图 2-24 就是这样的表，其中包含的字段为"客户姓名""联系地址"等。接下来的每条记录存储着每个客户的相应信息。

客户姓名	联系地址	工作单位	邮政编码	联系电话	电子邮箱
黄翼	广州市广花三路合益西街3号	广州市锦家服装厂	510450	020-36323229	huangsj3423@163.com
关志忠	广州市荔湾区南岸路63号域启大厦1201室	广州市维宝贸易有限公司	510160	020-81275477	weibao@vip.sina.com
贾春月	广州市白云区黄石东路江厦村红星锁厂工业区	广州贵妃时装有限公司	510410	020-86439743	tcfs888@163.com
尚先	广州市天河区黄埔大道中124号	健桥医疗电子有限责任公司	510665	020-85636672	gdjq17@163.com
马宗凯	广州市天河区五山路华南理工大学	广州市蓝鹰贸易发展有限公司	510641	020-85095413	bai_xve@qq.com
郑洁	广州市流花路119号锦汉展览中心	广州市金晔展览有限公司	510160	020-86663460	zhengjie508@163.com
施晓欣	广州市荔湾区芳村浣花路109号东	广州亲亲我有限公司	510375	020-81410737	kellylong001@163.com

图 2-24　数据源示例表（表中数据为虚构）

③ 将数据源合并到主文档中。利用邮件合并工具可以将数据源中的相应字段合并到主文档的固定内容中，得到目标文档，表格中的记录行数决定着主文件生成的份数。整个合并操作过程可以使用"邮件"选项卡上的命令来执行，还可以使用"邮件合并"任务窗格。该任务窗格将分步引导完成这一过程。要使用该任务窗格，请在"邮件"选项卡"开始邮件合并"组中单击"开始邮件合并"按钮，然后选择"邮件合并分步向导"命令，如图 2-25 所示。

（2）邮件合并的操作步骤

① 设置邮件主文档。启动 Word 2016，默认情况下将会打开一个空白文档。在"邮件"选项卡"开始邮件合并"组中单击"开始邮件合并"按钮，选择"信函"命令。

② 选择数据文件。要将信息合并到邮件主文档中，必须将文档连接到地址列表，它也称为数据源或数据文件。如果还没有数据文件，则可在邮件合并过程中创建一个数据文件。在"邮件"选项卡"开始邮件合并"组中单击"选择收件人"按钮，如图 2-26 所示，再执行下列操作之一：

●如果还没有数据文件，请单击"键入新列表"，然后使用打开的表格创建列表。该列表将被保存为可以重复使用的数据库（.mdb）文件。
●如果已有 Microsoft Office Excel 工作表、Microsoft Office Access 数据库或其他类型的数据文件，请单击"使用现有列表"，然后在"选择数据源"对话框中找到所需文件。
●如果要使用 Outlook 中的"联系人"列表，请单击"从 Outlook 联系人中选择"。

③ 调整收件人列表或项列表。在连接到某些数据文件时，你可能并不想将数据文件中所有记录的信息都合并到邮件主文档中。如果数据文件包含没有邮件地址的记录，请在邮件合并中省略这些记录。否则 Word 无法完成合并过程。

要缩小收件人列表或使用数据文件中记录的子集，请在"邮件"选项卡"开始邮件合并"组中单击"编辑收件人列表"按钮，在"邮件合并收件人"对话框中执行操作。

④ 插入和编写域。将邮件主文档连接到地址列表后，即可开始输入邮件的文本并将占位符添加到邮件文档中，这些占位符指明在每封邮件内显示唯一信息的位置。占位符（如地址和问候语）称为"邮件合并"域。Word 中的域与所选数据文件中的列标题对应，如图 2-27 所示。

●数据文件中的列代表信息的类别。添加到邮件主文档中的域是这些类别的占位符。
●数据文件中的行代表信息的记录。在邮件合并时，Word 为每个记录生成一封邮件。

通过在邮件主文档中放置域，即表示你想让特定类别的信息（如姓名或地址）在该位置显示。将邮件合并域插入邮件主文档时，域名始终由书名号《》括起来。这些书名号不在最终邮件中显示。它们只用来帮助你将邮件主文档中的域与常规文字区分开。在合并时，数据文件中第一行的信息替换邮件主文档中的域，以创建第一封邮件。数据文件中第二行的信息替换这些域，以创建第二封邮件，以此类推。

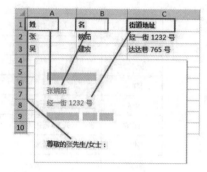

图 2-25　邮件合并分步向导　　　图 2-26　选择收件人　　　图 2-27　数据文件与域对应图

不能手动输入合并域字符《》，也不能使用"插入"选项卡"符号"组中的"符号"命令，必须通过"邮件"选项卡"编写和插入域"组中的按钮插入合并域。

⑤ 预览结果。在邮件主文档中添加域后，即可开始预览合并结果。如果对预览满意，则可完成合并。单击"预览结果"按钮。使用"预览结果"组中的"下一记录"和"上一记录"按钮可以逐页查看每封邮件。通过单击"查找收件人"来预览某个特定文档。

如果有不希望包括的记录，可以单击"邮件"选项卡"开始邮件合并"组中的"编辑收件人列表"按钮，打开"邮件合并收件人"对话框，在此处对列表进行筛选，也可以清除收件人。

⑥ 完成合并。单击如图 2-28 所示的"邮件"选项卡"完成"组中的"完成并合并"按钮，选择"编辑单个文档"命令则可以将所有邮件（或指定的记录）合并到一个新文档里面；选择"打印文档"命令则将可以在打印机上打印合并后的邮件；选择"发送电子邮件"命令则可以将合并后的邮件发送到指定收件人的邮箱。

⑦ 保存邮件主文档。如果以后要重复使用邮件主文档，则可在发送最终邮件前对它进行保存。发送的邮件与邮件主文档是分开的。如果要将邮件主文档用于其他的邮件合并，最好保存邮件主文档。

保存邮件主文档时，也保存了它与数据文件的连接。下次打开邮件主文档时，将弹出对话框提示选择是否要将数据文件中的信息再次合并到邮件主文档中。如图 2-29 所示，如果单击"是"按钮，则文档打开时将包含合并的第一条记录的信息。如果单击"否"按钮，则断开邮件主文档和数据文件之间的连接。邮件主文档将变成标准 Word 文档。域将被第一条记录中的唯一信息替换。

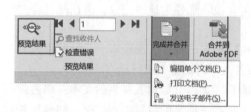

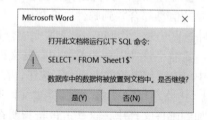

图 2-28　预览结果及合并完成　　　　图 2-29　再次打开邮件主文档对话框

如果想将邮件主文档恢复为普通 Word 文档，则可以单击"邮件"选项卡"开始邮件合并"组中的"开始邮件合并"按钮，然后在下拉列表中选择"普通 Word 文档"命令。

2.2 长文档编辑——制作投标书（1）

2.2.1 任务引导

本单元任务引导卡如表 2-2 所示。

表 2-2 任务引导卡

任务编号	NO.5		
任务名称	制作投标书（1）	计划课时	3 课时
任务目的	本节任务要求学生利用 Word 来完成投标书格式模板长文档的编辑，主要使用的知识点有：文档属性、插入封面、批注和修订、替换、拼写和语法检查、SmartArt 图形、脚注		
任务实现流程	任务引导 → 任务分析 → 编辑投标书 → 教师讲评 → 学生完成长文档的编辑 → 难点解析 → 总结与提高		
配套素材导引	原始文件位置：Office 高级应用 2016\ 素材 \ 第二章 \ 任务 2.2 最终文件位置：Office 高级应用 2016\ 效果 \ 第二章 \ 任务 2.2		

💻 任务分析

对于长文档来说，由于文档较长，批量修改、标题编号都会存在需要统一管理添加的问题长文档通常结构复杂，由多个组成部分，每个部分在页码方面可能有不同要求，还需要目录帮助显示文档结构，便于阅读和查看，同时还能对文档进行拼写和语法检查。利用 Word 样式可以管理好特定文本，便于批量修改，还可以根据样式生成目录、建立目录，便于查阅。而自动添加的多级编号能在文档结构改变时自动变化，避免长文档修改中编号反复的问题。

本节任务要求学生利用 Word 软件为文档添加样式、多级编号、目录等，融合文档属性、替换、拼写和语法检查等知识点，制作投标书，知识点思维导图如图 2-30 所示。

（1）文档属性设置：Word 2016 文档属性包括作者、标题、主题、关键词、类别、状态和备注等项目，关键词属性属于 Word 文档属性之一。用户通过设置 Word 文档属性，有助于管理 Word 文档。

任务2.2导学

任务2.2-1

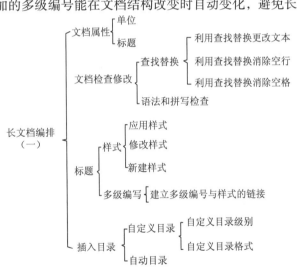
图 2-30 知识点思维导图

任务2.2-2

（2）查找和替换：Word 2016 可以查找和替换文本、格式、分段符、分页符以及字符格式。可以使用通配符和代码来扩展搜索，从而查找包含特定字母或字母组合的单词或短语。还可以使用"定位"命令查找文档中的特定位置。

任务2.2-3

（3）拼写和语法检查：在 Word 中，当用户在输入文档时，拼写检查器可以根据所输入的内容自动检查是否有拼写错误或语法错误。如果有拼写错误，则在拼写错误的单字或字符下面显示红色的波浪线；如果有语法错误，则在错误的词组或句子下面显示蓝色的双实线。

任务2.2-4

（4）样式：用户在对文本进行格式化设置时，经常需要对不同的段落设置相同的格式。针对这种繁杂的重复劳动，Word 提供了样式功能，从而可以大大提高工作效率。另外，对于应用了某样式的多个段落，若修改了样式，这些段落的格式会随之改变，有利于构造大纲和目录等。

（5）多级编号：在写 Word 文档时经常会用到章节标题。对于长文档来说，用 Word 提供的多级标题编号功能来实现添加多级编号的任务，比手动编号效率要高出不少。

（6）目录：当编辑长文档时，如果没有目录会给编辑带来很多不便，因此常常会给长文档添加一个目录。通过目录可以更清晰地了解文章的层次结构。可以在目录上直接按【Ctrl】键单击鼠标左键定位至正文中目录所对应内容处。若对正文的目录结构或内容进行了修改，可在目录处右击，选择"更新域"更新目录。

本任务要求学生利用 Word 软件对文档进行文档属性设置，检查文档是否有拼写和语法错误，并且为文档建立目录。完成效果如图 2-31 所示（因文档页面较多，这里只展示文档的部分效果图）。

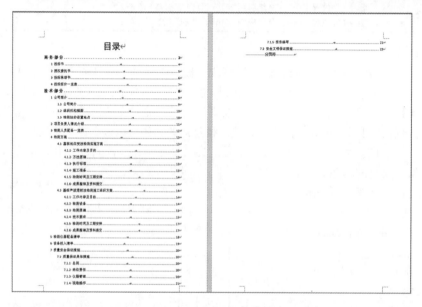

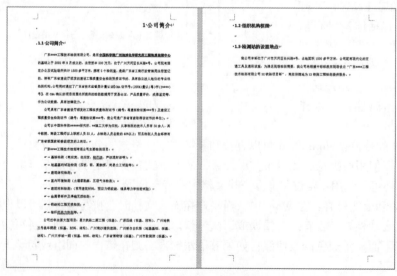

图 2-31　文档部分效果图

2.2.2 任务步骤与实施

1. 打开文件"工程投标书 .docx"。进行页面设置：页边距为上、下 2.5 厘米，左右 3 厘米，装订线 0.5 厘米，纸张大小为 A4。设置文档属性：标题为"××客运工程质量检测工程投标书"，单位为"广东 ****工程技术检测有限公司"。

具体操作如下：

① 打开文件"工程投标书 .docx"。单击"布局"选项卡"页面设置"组中的"对话框启动器"按钮，弹出"页面设置"对话框，选择"页边距"选项卡，设置页边距为上、下 2.5 厘米，左、右 3 厘米，装订线为 0.5 厘米；选择"纸张"选项卡，设置纸张大小为 A4。

② 单击"文件"选项卡的"信息"按钮，可以在弹出的界面中单击"显示所有属性"超链接。在"标题""单位"属性右边的编辑栏内分别输入"××客运工程质量检测工程投标书""广东 ****工程技术检测有限公司"，如图 2-32 所示。

2. 利用"查找和替换"功能，将文档中的"检定"全部替换为"鉴定"。查找"质量保证具体措施"，删除该文本后续所有内容中的空段落和空格。

具体操作如下：

① 将光标定位到文档开头处，单击"开始"选项卡"编辑"组中的"替换"按钮，打开"查找和替换"对话框的"替换"选项卡。

② 在"查找内容"右边的编辑栏中输入"检定"，在"替换为"右边的编辑栏中输入"鉴定"，单击"全部替换"按钮，如图 2-33 所示。在弹出的提示框中单击"确定"按钮完成 5 处替换。关闭"查找和替换"对话框。

图 2-32　设置文档属性

图 2-33　将"检定"替换为"鉴定"

③ 将光标定位到文档开头处，单击"开始"选项卡"编辑"组中的"替换"按钮，打开"查找和替换"对话框的"替换"选项卡，单击"更多"按钮，打开下方选项。

④ 将光标定位到"查找内容"右边的编辑栏中，单击下方"特殊格式"按钮，在其下拉列表框中选择"段落标记 (P)"命令。

⑤ 重复步骤④，再次插入一个"段落标记 (P)"。

⑥ 将光标定位到"替换为"右边的编辑栏中，单击下方"特殊格式"按钮，在其下拉列表框中选择"段落标记 (P)"按钮，如图 2-34 所示。单击"全部替换"按钮，在弹出的提示框中，单击"确定"按钮。再次单击"全部替换"按钮，直到弹出的对话框中显示"完成 0 处替换"为止。

3. 利用"审阅"工具检查文档中的拼写和语法错误，消除文档中红色或绿色的波浪线。

具体操作如下：

① 单击"审阅"选项卡"校对"组中的"拼写和语法"按钮，如图 2-35 所示。

② 在弹出的"拼写和语法"对话框中会显示系统认为有误的文字（红色波浪线代表拼写错误，

蓝色双实线代表语法错误），根据需要选择"忽略""不检查此问题"，若检查有误，直接在其正文处修改即可，如图 2-36 所示。

图 2-34 使用查找和替换删除多余空行

图 2-35 拼写和语法

4. 将所有红色文字应用样式"标题 1"，将所有绿色文字应用样式"标题 2"。

具体操作如下：

① 将光标定位在文档任意一处红色文字中，单击"开始"选项卡"编辑"组的"选择"按钮，选择"选定所有格式类似的文本"命令，如图 2-37 所示，此时文本中所有红色文字都被选取。

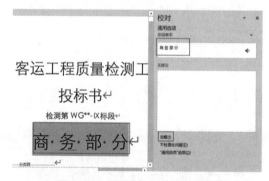

图 2-36 "拼写与语法"对话框

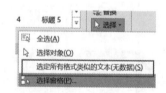

图 2-37 选择文本

② 单击"开始"选项卡"样式"组"快速样式"中的"标题 1"应用该样式，如图 2-38 所示。

③ 将光标定位在文档任意一处绿色文字中，单击"开始"选项卡"编辑"组的"选择"按钮，选择"选定所有格式类似的文本"命令，选取所有绿色文字。单击"开始"选项卡"样式"组"快速样式"中的"标题 2"应用该样式。

5. 修改"标题 1"样式：字体为华文仿宋，小二号，右对齐，段后 1.5 行，段前分页。修改"标题 2"样式：字体为华文细黑，四号，加粗，左对齐，段前段后 0.5 行，1.1 倍行距。

具体操作如下：

① 将光标放至任意一个一级标题处，在"开始"选项卡"样式"组的快速样式库中右击"标题 1"样式，或者在"样式"任务窗格中右击"标题 1"，在弹出的快捷菜单中选择"修改"命令，如图 2-39 所示。

图 2-38 应用 "标题 1" 样式

图 2-39 选择 "修改" 命令

② 在弹出的 "修改样式" 对话框中，把字体修改为华文仿宋，字号修改为小二号。选择 "格式" | "段落"命令，如图 2-40 所示，打开 "段落" 对话框，将段落设置为右对齐，段后 1.5 行，在 "换行和分页" 选项卡中勾选 "段前分页" 复选框。单击 "确定" 按钮，如图 2-41 所示。

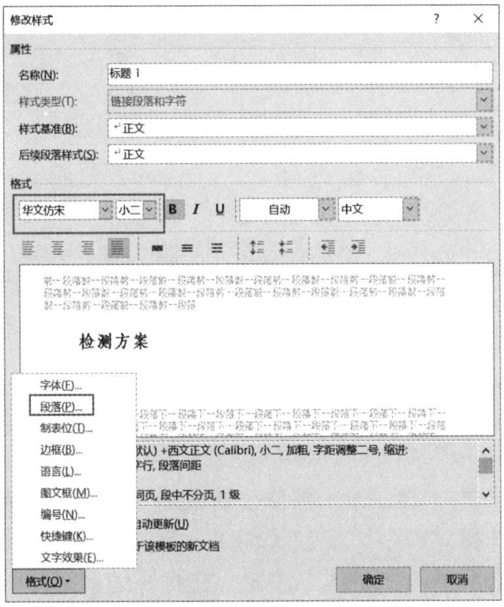

图 2-40 修改标题 1 样式

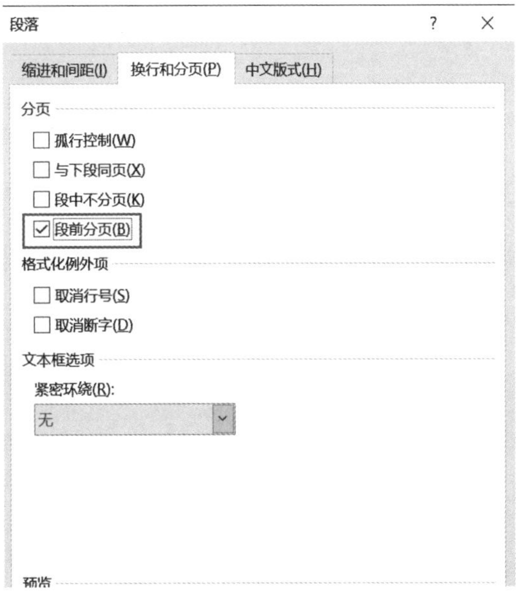

图 2-41 段前分页

③ 将光标放至任意一个二级标题处，在 "开始" 选项卡 "样式" 组的快速样式库中右击 "标题 2" 样式，选择 "修改" 命令。在弹出的 "修改样式" 对话框中，把字体修改为华文细黑，四号，加粗。选择 "格式" | "段落"命令，打开 "段落" 对话框，设置段落格式为左对齐，段前段后 0.5行，1.1 倍行距。单击 "确定" 按钮。

6. 新建"行程提醒"样式，具体要求为：样式基准为正文，中文字体为华文细黑，字号为小四号，加粗。用 "行程提醒" 样式替换原文档中应用了 "明显强调" 样式的文字。

具体操作如下：

① 单击 "开始" 选项卡 "样式" 组右下角的 "对话框启动器" 按钮，打开 "样式" 任务窗格。

② 如图 2-42 所示，在任务窗格中单击 "明显强调" 右侧的下拉按钮，在其下拉列表框中单击 "全选（s）：（无数据）" 命令。

③ 单击 "样式" 任务窗格顶端的 "全部清除" 命令，如图 2-43 所示，此时，被选中的文本格式被全部清除。

④ 继续在任务窗格中单击下方左侧的 "新建样式" 按钮，如图 2-44 所示，弹出 "根据格式设置创建新样式" 对话框。

⑤ 如图 2-45 所示，在"属性"选项组的"名称"文本框中输入"行程提醒"，样式基准为正文，设置字体格式为华文细黑，字号为小四号，加粗。

⑥ 单击"确定"按钮，就可以将新建的"行程提醒"样式替换原文档中应用了"明显强调"样式的文字。

7. 设置文档末尾五段的编号格式。新的编号样式为："一，二，三（简）…"，编号格式为"第一，第二，第三"，编号字体加粗。编号位置：0.8 厘米，文本位置：1.5 厘米。

具体操作如下：

① 选择最后五段文本，单击"开始"|"段落"选项组"多级列表"选项，选择"定义新的多级列表"，打开"定义新多级列表"对话框。

图 2-42　选择"明显强调"样式　　　图 2-43　全部清除　　　图 2-44　新建样式

② 如图 2-46 所示，在"定义新多级列表"对话框中，在"单击要修改的级别"列表框中选择"1"选项，在"此级别的编号样式"下拉列表中选择 "一，二，三（简）…"。在"输入编号的格式"的文本框内"一"前输入"第"字。单击右侧的"字体"按钮，在打开的"字体"对话框中选择"加粗"。在下方设置编号对齐位置输入 0.8 厘米，文本缩进位置输入 1.5 厘米。

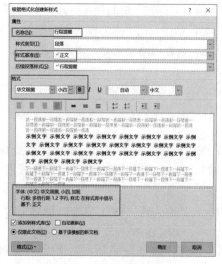
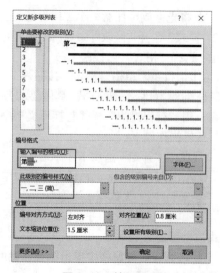

图 2-45　创建新样式　　　　　　　　图 2-46　编号设置

8．按照表 2-3 所示要求，为各级标题设置多级编号。

表 2-3　标题样式与对应的多级编号

样式名称	多级编号	位　　置
标题 1	X（X 的数字格式为 1，2，3…）	左对齐、对齐缩进均为 0 cm、编号之后有空格
标题 2	X.Y（X、Y 的数字格式为 1，2，3…）	左对齐、对齐缩进均为 0 cm、编号之后有空格
标题 3	X.Y.Z（X、Y、Z 的数字格式为 1，2，3…）	左对齐、对齐缩进均为 0 cm、编号之后有空格
标题 4	➢（字体 Wingdings，字符代码 216）	左对齐、对齐缩进均为 0 cm、编号之后有空格

具体操作如下：

① 勾选"视图"选项卡"显示"选项组的"导航窗格"选项，将光标定位到文档出现的第一处标题 1 样式"投标书"处。单击"开始"选项卡"段落"组中的"多级列表"按钮，选择"定义新的多级列表"命令，弹出"定义新多级列表"对话框。

② 在"定义新多级列表"对话框中，在"单击要修改的级别"列表框中选择"1"选项，在"此级别的编号样式"下拉列表中选择"1，2，3，…"（若默认的编号格式符合要求，无须修改）；修改位置信息，"编号对齐方式"为左对齐、对齐位置和文本缩进位置均为 0 cm；单击"更多"按钮，在"将级别链接到样式"下拉列表中选择"标题 1"；在"编号之后"下拉列表中选择"空格"，如图 2-47 所示。

③ 在"单击要修改的级别"列表框中选择"2"选项，编号格式显示为"1.1"则无须修改；修改对齐位置和文本缩进位置均为 0 cm，在"将级别链接到样式"下拉列表中选择"标题 2"，在"编号之后"下拉列表中选择"空格"，如图 2-48 所示。

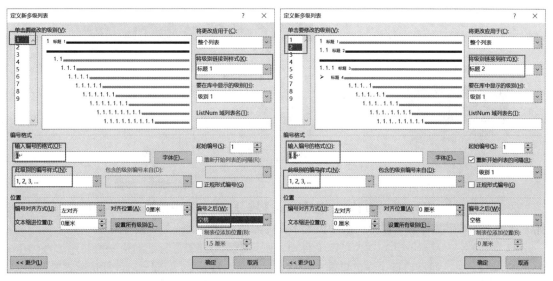

图 2-47　级别 1 编号格式设置　　　　　图 2-48　级别 2 编号格式设置

④ 在"单击要修改的级别"列表框中选择"3"选项，编号格式显示为"1.1.1"则无须修改；修改对齐位置和文本缩进位置均为 0 cm，在"将级别链接到样式"下拉列表中选择"标题 3"，在"编号之后"下拉列表中选择"空格"，如图 2-49 所示。

⑤ 单击"确定"按钮，本题完成效果如图 2-50 所示。若与效果图不同，则重复本步骤再重新设置一遍多级编号。

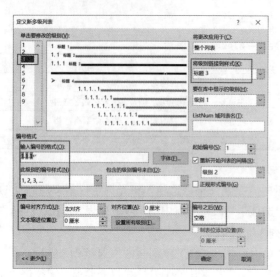

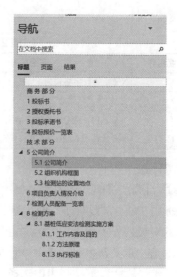

图 2-49　级别 3 编号格式设置　　　　　图 2-50　多级编号完成效果

9. 在文档开头处插入分页符。输入文字"目录"，设置字体为黑体，字号为一号，居中对齐。

具体操作如下：

①将光标定位到首页标题"××客运工程质量检测工程投标书"前，单击"插入"选项卡"页面"组中的"分页"按钮，如图 2-51 所示。

②单击"开始"选项卡"段落"组中的"显示/隐藏编辑标志"按钮，页面中会出现隐藏的分页符标记。将光标定位到第一页分页符前，单击"开始"选项卡"字体"组中的"清除格式"按钮，如图 2-52 所示。

图 2-51　插入分页

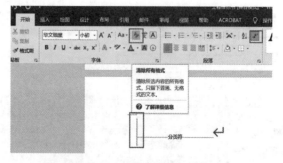

图 2-52　"清除格式"按钮

③将光标定位到第一页分页符前，按【Enter】键分段，在第一段输入文字"目录"，在"开始"选项卡的"字体"和"段落"组中设置字体为黑体，字号为一号，居中对齐。

10. 在文字"目录"下方插入自定义目录，目录级别为四级。标题对应一级目录，标题 1、2、3 对应二、三、四级目录。设置目录 1 样式为：加粗，目录 2、目录 3、目录 4 样式为：宋体，10 磅，1.2 倍行距。

具体操作如下：

①将光标定位到第一页第二段分页符前，单击"引用"选项卡"目录"组的"目录"按钮，选择"自定义目录"命令，如图 2-53 所示，弹出"目录"对话框。

②如图 2-54 所示，在"目录"对话框中，设置显示级别为"2"，单击右下方的"选项"按钮，弹出"目录选项"对话框。

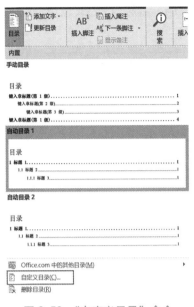

图 2-53 "自定义目录"命令

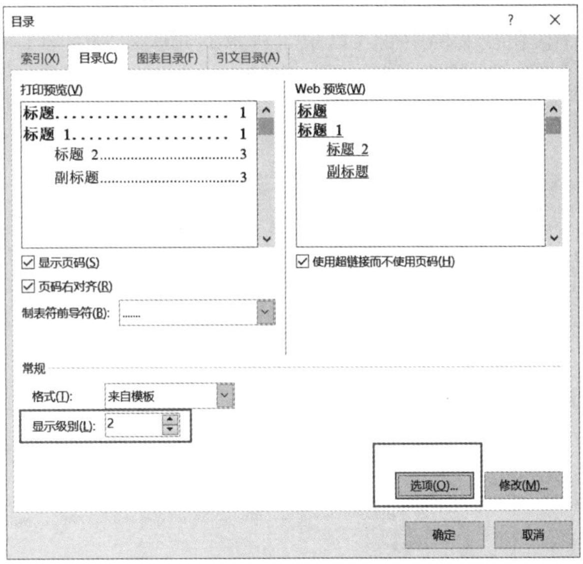

图 2-54 "目录"对话框

③ 如图 2-55 所示，在"目录选项"对话框中，设置标题的目录级别为 1，标题 1、2、3 的目录级别分别为 1、2、3，单击"确定"按钮。

④ 在"目录"对话框中，单击右下方的"修改"按钮，弹出"样式"对话框。

⑤ 如图 2-56 所示，在"样式"对话框中，在"样式"列表框中选择"TOC1"选项，单击"修改"按钮，弹出"修改样式"对话框。

⑥ 如图 2-57 所示，修改"目录 1"样式为：加粗，单击"确定"按钮完成"目录 1"的设置。

图 2-55 "目录选项"对话框

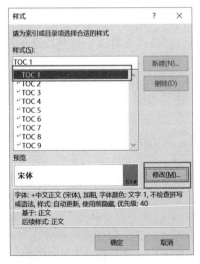

图 2-56 "样式"对话框

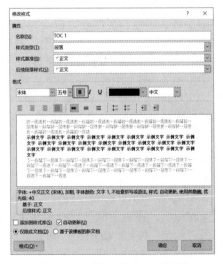

图 2-57 "修改样式"对话框

⑦ 利用同样的方法，修改目录2、目录3、目录4样式为：宋体，10磅，1.2倍行距。最后单击"确定"按钮在文档中插入目录。目录的完成效果如图2-58所示。

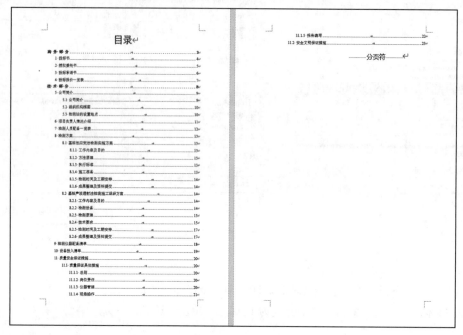

图2-58　目录效果图

2.2.3　难点解析

通过本节课程的学习，学生掌握了长文档的编辑。本节的内容难点较多，其中样式、多级编号是本节的难点内容，这里将针对这两个知识点做具体的讲解。

1. 样式

用户在对文本进行格式化设置时，经常需要对不同的段落设置相同的格式。针对这种繁杂的重复劳动，Word提供了样式功能，可以大大提高工作效率。样式是一组已命名的字符和段落格式设置的组合。根据应用的对象不同，可分为字符样式和段落样式。字符样式包含了字符的格式，如文本的字体、字号和字形等；段落样式则包含了字符和段落的格式及边框、底纹、项目符号和编号等多种格式。另外，对于应用了某样式的多个段落，若修改了样式，这些段落的格式会随之改变，这有利于构造大纲和目录等。

（1）查看和应用样式

Word中存储了大量的标准样式。用户可以在"开始"选项卡中"样式"组中的"样式"列表框中查看当前文本或段落应用的样式，如图2-59所示。

应用样式时，将会同时应用该样式中的所有格式设置。其操作方法为：选择要设置样式的文本或段落，单击"样式"列表框中的样式名称，即可将该样式设置到当前文本或段落中。

如果在"样式"列表框中没有找到需要的样式，可以单击"样式"组右下方的"对话框启动器"按钮，如图2-59所示，打开"样式"窗格，单击该窗格右下角的"选项"按钮，弹出"样式窗格选项"对话框，在对话框"选择要显示的样式"下拉列表中选择"所有样式"，如图2-60所示，单击"确定"按钮，此时，"样式"窗格会显示所有的样式。还可以把某些格式在"样式"窗格中显示出来。例如，在图2-60所示的对话框中"选择显示为样式的格式"组中选中"字体格式"复选框，则在"样式"窗格中可以看到文档中使用的字体格式。

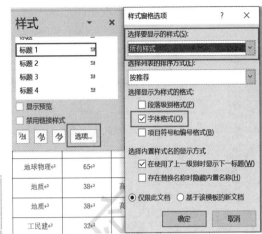

| 图 2-59 "样式"列表框 | 图 2-60　显示所有样式 |

（2）创建新样式

若用户想创建自己的样式，选中已经设置好格式的文本，在"开始"选项卡中"样式"组中的"更改样式"下拉列表中选择"样式集"｜"另存为快速样式集"选项是最简单快速的方法，但这种方法只适合建立段落样式。现在已经很少使用这种方法创建新样式了。

更多的样式创建可以通过"样式"窗格来完成。其操作方法为：单击"样式"组右下方的"对话框启动器"按钮，打开"样式"窗格，单击该窗格左下角的"新建样式（ ⫶ ）"按钮，弹出"根据格式设置创建新样式"对话框，在对话框中设置样式名称、样式类型和样式格式。

通过"根据格式设置创建新样式"对话框来新建样式，需要注意以下几点问题：

● 新建的样式名称不能出现重名。

● 新建样式的样式基准默认为当前光标所在位置的样式，当新样式创建完成后，Word 会自动把新样式应用到光标所在位置的文本段落。例如，光标定位在应用了"标题 1"样式的文字中，然后新建样式，则 Word 会自动把"标题 1"样式的所有格式附加到新样式上，也就是说，新样式已经包含了"标题 1"样式的所有格式。因此，要先把光标定位到需要应用新样式的文字位置，然后再新建样式。

● 如果是新建一个样式，然后把该新样式应用到某种样式的文本，则必须先在"样式"窗格中选择旧样式的所有实例，然后再新建新样式。新样式建立完成后，先在"样式"窗格中单击"全部清除"按钮，清除旧样式的格式，然后再单击新样式，应用新样式的格式。

● 如果只想创建一个新样式，而不需要把该新样式应用到文本中，则单击"样式"窗格左下方的"管理样式"按钮，在弹出的"管理样式"对话框中单击"新建样式"按钮，如图 2-61 所示，然后再创建新样式。通过这种方法创建的样式，如果想要删除时，也只能在"管理样式"对话框中才能删除。

（3）修改样式

在"样式"组中单击右下侧的"显示样式窗口"按钮，在打开的"样式"窗格（或者在"样式"列表框）中右击准备修改的样式，在弹出的快捷菜单中选择"修改"命令，如图 2-62 所示。在打开的"修改样式"对话框中进行修改。

图 2-61　通过"管理样式"对话框新建样式　　　　　　图 2-62　"修改"命令

（4）删除样式

在打开的"样式"窗格中右击准备删除的样式，在弹出的快捷菜单中选择"删除"命令即可。当样式被删除后，应用此样式的段落自动应用"正文"样式。

2. 多级编号

多级列表编号可以清晰地标识出段落之间的层次关系。使用多级编号功能，可以方便地为设置好样式的章标题、节标题、小节标题添加多级编号，形成多级目录的层次结构。多级编号的样式可以设置成数字格式，也可以设置成项目符号。

（1）创建多级编号

当需要为某个文档创建多级编号时，首先，利用 Word 2016 自带的标题样式将目录结构设置好，章标题应用"标题 1"样式，节标题应用"标题 2"样式，小节标题应用"标题 3"样式。然后，将光标定位到章标题文字处，单击"开始"选项卡"段落"组中的"多级列表"按钮，选择"定义新的多级列表"命令，弹出"定义新多级列表"对话框，单击"更多"按钮，进行多级编号设置。

在多级编号设置中，需要注意的事项有：

● "输入编号的格式"文本框中的数字不能直接输入，必须在"包含的级别编号来自"下拉列表中选择，或者在"此级别的编号样式"下拉列表中选择编号样式，这样的数字自带灰色的底纹。如果是直接输入的数字，则该数字没有灰色的底纹，而且该数字不会自动增减。

● 如果需要添加符号或者文字，直接在"输入编号的格式"文本框中输入即可。

● 在"包含的级别编号来自"下拉列表中选择"级别 1""级别 2"等级别时，光标在"输入编号的格式"文本框中的位置决定了多级编号显示的效果。正常的操作是：光标一直定位在"输入编号的格式"文本框内容的最后面，然后，依次在"包含的级别编号来自"下拉列表框中选择"级别 1""级别 2"……。

● "将级别链接到样式"的意思是表示将当前设置的级别编号应用到哪一个样式的文字段落中。

● "对齐位置"是表示编号距离页面左边距的距离。

- "文本缩进位置"是表示文字距离页面左边距的距离。
- 如果选中"正规形式编号"复选框，则会把当前的级别编号的编号格式改为阿拉伯数字，不允许出现除了阿拉伯数字以外的其他符号样式，此时"此级别的编号样式"下拉列表框将不可用。

（2）重新开始列表的间隔

选中"重新开始列表的间隔"复选框，然后从下拉列表中选择相应的级别，可在指定的级别后，重新开始编号。例如，若 3 级标题编号的"重新开始列表的间隔"为 2 级，则效果如图 2-63 左图所示，若 3 级标题编号的"重新开始列表的间隔"为 1 级，则效果如图 2-63 右图所示。

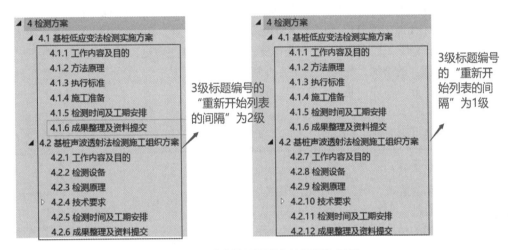

图 2-63　"重新开始列表的间隔"示例

（3）修改多级编号

修改多级编号的操作为：将光标定位到文档的任意一级标题处，单击"开始"选项卡"段落"组中的"多级列表"按钮，选择"定义新的多级列表"命令，弹出"定义新多级列表"对话框，单击"更多"按钮。然后在"定义新多级列表"对话框中，选择要修改的级别，对该级别编号进行修改即可。

（4）取消多级编号

想要取消多级编号时，只需要把光标定位到文档的多级编号处，打开"定义新多级列表"对话框，选择要取消的级别，然后在"将级别链接到样式"下拉列表中选择"无样式"，表示取消该样式的多级编号。如果需要取消整篇文档的多级编号，则在"定义新多级列表"对话框中把每个级别的"将级别链接到样式"下拉列表中选择"无样式"，单击"确定"按钮后，此时，除了当前光标所在位置还有编号外，整篇文档的多级编号都已经取消了，最后，把当前光标所在位置的编号清除即可。

2.3　长文档编辑——制作投标书（2）

2.3.1　任务引导

本单元任务引导卡如表 2-4 所示。

表 2-4　任务引导卡

任务编号	NO.6		
任务名称	制作投标书（2）	计划课时	3 课时
任务目的	本节任务要求学生利用 Word 来完成投标书格式模板长文档的进一步排版，主要使用的知识点有：样式、多级编号、目录、题注、交叉引用、分节、页码、水印		
任务实现流程	任务引导 → 任务分析 → 编辑投标书 → 教师讲评 → 学生完成文档的高级排版 → 难点解析 → 总结与提高		
配套素材导引	原始文件位置：Office 高级应用 2016\ 素材 \ 第二章 \ 任务 2.3 最终文件位置：Office 高级应用 2016\ 效果 \ 第二章 \ 任务 2.3		

任务2.3导学

任务2.3-1

任务2.3-2

任务2.3-3

任务2.3-4

任务2.3-5

💻 任务分析

在日常生活或者工作中，有时候需要对一些较长的文档进行编辑排版，利用 Word 文字处理软件不仅可以进行文字和段落等格式的设置，还能通过插入封面、插入编辑 SmartArt 图形，让文档视觉效果变得更直观突出。题注和交叉引用也能自动匹配，文档中表格图片的增加、删除都不需要再修改题注编号。文档分节后即使是一个文档也可以在各节中设置不同的页眉页脚、页码、水印、页面边框。还可以通过添加脚注和尾注对文档进行补充说明，最后 Word 2016 还提供了保护 Word 文档安全的方法。如果不希望辛苦完成的文档被其他人随意阅读、抄袭、篡改，可以通过文档限制编辑来保护文档。通过本节的学习，将能很好地掌握 Word 中复杂文档的编排方法。知识点思维导图如图 2-64 所示。

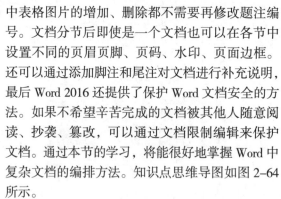

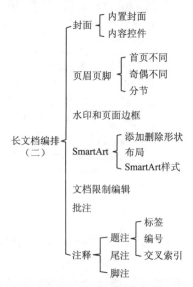

图 2-64　知识点思维导图

（1）封面：在办公文档中，经常需要用到一些封面，有的时候用户可以自己设计，但是如果时间比较紧，没有这么多时间进行设计，就可以利用 Word 2016 中提供的插入封面的功能快速插入封面。

（2）页眉页脚：页眉和页脚位于文档中每个页面的顶部与底部区域，在进行文档编辑时，可以在其中插入文本或图形，如书名、章节名、页码和日期等信息。在文档中可自始至终用同一个页眉或页脚，也可通过设置在文档的不同节里用不同的页眉和页脚。在普通视图方式下，无法进行页眉页脚的编辑，单击"插入"选项卡"页眉和页脚"组中的"页眉"或"页脚"按钮，选择相应选项进入页眉或页脚编辑区，并打开"页眉和页脚工具 设计"选项卡进行设置。

（3）SmartArt 图形：能够直观地表现各种层级关系、附属关系、并列关系或循环关系等常用的关系结构。SmartArt 图形在样式设置、形状修改以及文字美化等方面与图形和艺术字的设置方法完全相同，同时还能在 SmartArt 图形中进行文字添加、结构更改和布局设置等操作。

（4）题注：Word 中题注主要是给图片、图表、表格、公式等内容添加编号，并且可以基于这个 Word 题注形成一个针对性的图片目录，或者表格目录，常见于毕业论文排版或者标书排版中图片、表格相对较多，需要添加题注。

（5）交叉引用：可以为文档中任何带编号的项目、标题、书签、脚注、尾注、公式、图片或表格等创建交叉引用。交叉引用可以将图表、表格等内容与正文内容的说明建立连接关系，方便阅读。

（6）脚注与尾注：在编著书籍或撰写论文时，经常需要对文中的某些内容进行注释说明，或标注出所引用文章的相关信息。而这些注释或引文信息若是直接出现在正文中则会影响文章的整体性，所以可以使用脚注和尾注功能来进行编辑。作为对文本的补充说明，脚注按编号顺序写在文档页面的底部，可以作为文档某处内容的注释；尾注是以列表的形式集中放在文档末尾，列出引文的标题、作者和出版期刊等信息。

本节任务要求学生利用 Word 软件在图片下方和表格上方添加题注，文内使用交叉引用来引用题注标签和编号，分节并在不同节设置页码，添加文字水印、页面边框，插入 SmartArt 图形、脚注、尾注批注等。本节内容难点较多，宜安排 4 课时学习。完成效果如图 2-65、图 2-66 所示（因文档页面较多，这里只展示文档部分页的效果图）。

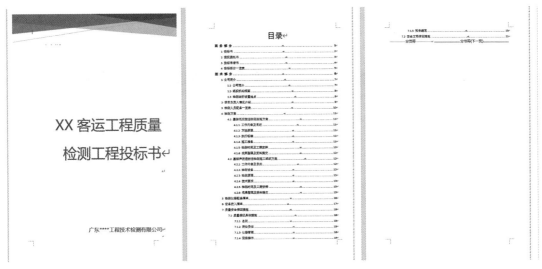

图 2-65　文档部分页效果图（1）

图 2-66　文档部分页效果图（2）

2.3.2 任务步骤与实施

1. 打开文件"工程投标书 .docx",插入封面"平面"。修改封面标题字体为微软雅黑,48 磅。删除副标题、摘要、作者和电子邮件。在下方文本框内插入文档部件"单位",设置该部件的字体为微软雅黑,18 磅。

具体操作如下:

① 打开文件"工程投标书 .docx",将光标定位到文档任意文本处,单击"插入"选项卡"页面"组的"封面"按钮,在下拉列表中选择要使用的封面效果"平面",如图 2-67 所示。

② 选择封面标题,修改封面标题字体为微软雅黑,48 磅。分别选择副标题、摘要、作者和电子邮件控件,在该控件上右击选择相应命令删除该控件。

③ 如图 2-68 所示,选择"插入"选项卡"文档部件"选项,在下拉列表中选择"文档属性"中的"单位"选项。设置该部件的字体为微软雅黑,18 磅

图 2-67 插入封面

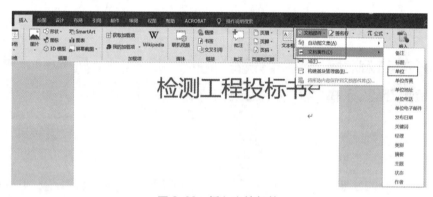

图 2-68 插入文档部件

2. 在第 4 页开头处插入"下一页"分节符,取消第二节首页不同,设置奇偶页不同,取消两节之间的链接。

具体操作如下:

① 将光标定位到第 4 页开头处,单击"布局"选项卡"页面设置"组的"分隔符"按钮,选择"分节符"的"下一页"命令,如图 2-69 所示。

② 单击"插入"选项卡"页眉页脚"组的"页眉"按钮,选择"编辑页眉"命令,进入页眉和页脚的编辑状态。将光标定位到第 2 节页眉处,取消选中"页眉和页脚工具"|"设计"选项卡"选项"组的"首页不同"复选框,选中"奇偶页不同"复选框,如图 2-70 所示。

③ 将光标定位到第 2 节偶数页页眉处,单击"页眉和页脚工具"|"设计"选项卡"导航"组的"链接到前一节"按钮,如图 2-71 所示,此时,右侧"与上一节相同"消失,偶数页眉链接断开。将光标定位到第 2 节偶数页页脚处,单击"页眉和页脚工具 | 设计"选项卡"导航"组的"链接到前一节"按钮,此时,右侧"与上一节相同"消失,偶数页脚链接断开。

④ 将光标定位到第 2 节奇数页页眉处,单击"页眉和页脚工具 | 设计"选项卡"导航"组的"链接到前一节"按钮,此时,右侧"与上一节相同"消失,奇数页眉链接断开。将光标定位到第 2 节奇数页页脚处,单击"页眉和页脚工具 | 设计"选项卡"导航"组的"链接到前一节"按钮,此时,右侧"与上一节相同"消失,奇数页脚链接断开。

图 2-69　插入分节符　　图 2-70　取消首页不同　　　图 2-71　链接到前一节

3. 在第 2 节设置页码格式为起始页码从 1 开始。为第 2 节添加页眉。要求：奇数页的页眉内容为"文档属性"内的"标题"文档部件，偶数页的页眉使用域插入样式中的"标题"样式文本。为第 2 节添加奇偶页脚，页码样式为页面底端的"加粗显示的数字 2"，更新目录的页码。

具体操作如下：

① 如图 2-72 所示，将光标定位到第 2 节页眉处，单击"页眉页脚工具|设计"选项卡，在"页眉页脚"选项组中选择"页码"按钮，在打开的下拉列表中选择"设置页码格式"。

② 如图 2-73 所示，打开"页码格式对话框，设置"起始页码"为 1。

③ 如图 2-74 所示，光标定位至第二节奇数页页眉处。单击"页眉页脚工具|设计"选项卡"插入"选项组的"文档部件"按钮，在下拉列表中选择"文档属性"中的"标题"选项。

④ 如图 2-75 所示，将光标定位至第二节偶数页页眉处，单击"页眉页脚工具|设计"选项卡"插入"选项组的"文档部件"按钮，在下拉列表中选择"域"，打开"域"对话框。

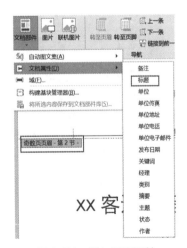

图 2-72　设置页码格式　　图 2-73　设置起始页码　　图 2-74　插入标题属性

⑤ 如图 2-76 所示，在"类别"选项中选择"链接与引用"，在"域名"选项中选择"styleref"，"域属性"选择"标题"。

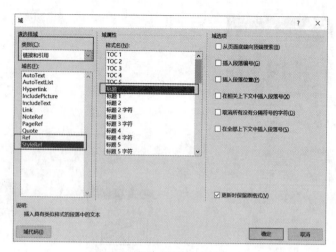

图 2-75　插入域　　　　　　　　　　　　　　图 2-76　域属性设置

⑥ 如图 2-77 所示，光标定位至奇数页页脚处，选择"页眉页脚工具 | 设计"选项卡"页码"选项下"页面底端"按钮，在下拉列表中选择"加粗显示数字 2"。

⑦ 光标定位至偶数页页脚处，选择"页眉页脚工具 | 设计"选项卡"页码"选项下"页面底端"按钮，在下拉列表中选择"加粗显示数字 2"。

⑧ 点击"页眉页脚工具 | 设计"选项卡"关闭页眉页脚按钮"，退出页眉页脚的编辑。

⑨ 光标定位至目录处，右击选择"更新域"。在弹出的"更新目录"对话框中，选择"只更新页码"选项，单击"确定"按钮，完成页码更新，如图 2-78 所示。

4. 为第 2 节添加文字水印"公司绝密"，字体为华文细黑。

具体操作如下：

① 如图 2-79 所示，单击"设计"选项卡，在"页面背景"选项组中选择"水印"选项，在下拉列表中选择"自定义水印"按钮，弹出"水印"对话框。

② 如图 2-80 所示，在"水印"对话框中选择"文字水印"选项，在"文字"选项框中输入"公司绝密"，字体选择"华文细黑"。

图 2-77　插入页码

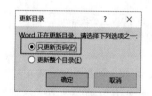

图 2-78　更新页码

图 2-79　自定义水印

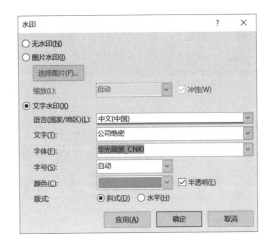

图 2-80　文字水印

③ 单击"插入"选项卡"页眉页脚"组的"页眉"按钮，选择"编辑页眉"命令，进入页眉和页脚的编辑状态，选择第一节的水印，按【Delete】键删除。

5. 在第 1 节添加页面边框，边框效果为右侧双波浪线，颜色为蓝色，个性色 1，页面边框只应用于第 1 节目录。

具体操作如下：

① 将光标定位至第一节的任意位置处，单击"设计"选项卡，在"页面背景"选项组中选择"页面边框"选项，打开"边框和底纹"对话框。

② 如图 2-81 所示，"样式"选项框中选择双波浪线，颜色选择蓝色，个性色 1。在右侧"预览"中分别单击上、下、左三个方向的边框线，只保留添加右侧框线。在右下角"应用于"选项中选择"本节 – 除首页外的所有页"选项，单击"确定"按钮。

6. 定位到"1.2 组织机构框图"。在"1.2 组织机构框图"下的空段落处插入如图 2-82 所示的组织结构图，调整左侧布局。设置组织结构图中的文字字体：华文细黑，字号为 11 磅。SmartArt 样式的文档最佳匹配对象为中等效果。

具体操作如下：

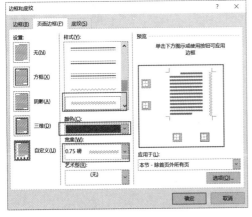

图 2-81　边框设置

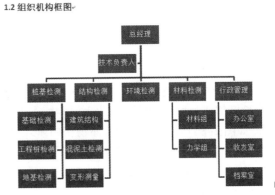

图 2-82　组织机构框图效果图

①单击"视图"选项卡，在"显示"选项组中单击"导航窗格"选项，打开左侧导航窗格，在导航窗格中单击"1.2 组织机构框图"定位至 1.2 节。

②将光标定位到文字下方空白段落处，单击"插入"选项卡"插图"组的"SmartArt"按钮，打开"选择 SmartArt 图形"对话框，如图 2-83 所示在对话框左侧选择"层次结构"，右侧的样式列表框中选择"层次结构图"，单击"确定"按钮。

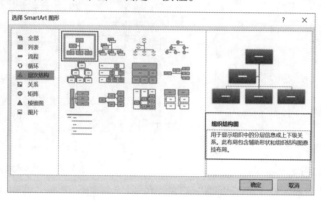

图 2-83　插入 SmarArt 图形

③如图 2-84 所示参照效果图，单击选择任意一个二级形状，在"SmartArt 工具 | 设计"选项卡"创建图形"组中，选择"添加形状"选项下的"在前面添加"或"在后面添加"按钮，为二级形状添加两个同级别形状。

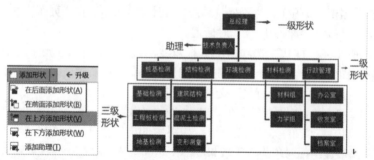

图 2-84　添加形状

④选择最左侧二级形状，在"SmartArt 工具 | 设计"选项卡"创建图形"组中选择"布局"选项下的"左悬挂"，如图 2-85所示。

⑤再次单击"添加形状"选项下的"在下面添加"按钮，为二级形状添加 3 个三级形状。用同样的方法为第二个二级形状添加 3 个左侧悬挂的三级形状；为第二个和第三个二级形状分别添加 2 个和 3 个右悬挂的三级形状。

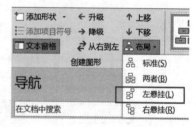

图 2-85　设置布局

⑥如图 2-86 所示，在左侧文本窗格中输入相应的文字，并选择文字，设置字体为：华文细黑，字号为 11 磅。

7. 定位到"第一条 依据下面的顺序，完成检测报告"，在文字后生成空段落，并插入 SmartArt 图形"图片条纹"。将"第一条 依据下面的顺序，完成检测报告"下的文字内容移动到 SmartArt 图形的文字编辑框中。删除多余的图形。设置图像中的文字字体为华文细黑，字号为 9 磅。在图片区域依次插入图片"1.png""2.png"…"8.png"。

 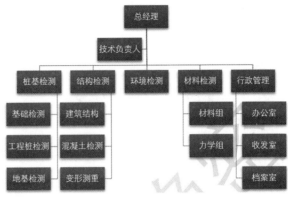

图 2-86　输入文字

具体操作如下：

① 在"导航"窗格中查找文字"第一条 依据下面的顺序，完成检测报告"。按回车键生成空段落。

② 单击"插入"选项卡"插图"组的"SmartArt"按钮，打开"选择 SmartArt 图形"对话框，如图 2-87 所示在对话框左侧选择"图片"，右侧的样式列表中选择"图片条纹"，单击"确定"按钮。

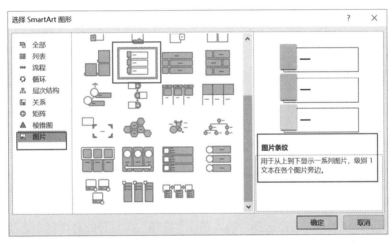

图 2-87　插入"图片条纹"SmartArt 图形

③ 选择"第一条 依据下面的顺序，完成检测报告"下的文字内容，剪切粘贴至 SmartArt 图形的文字编辑框中

④ 选择多余的图形，按【Delete】键将其删除。选择文字，设置字体为华文细黑，字号为 9 磅。

⑤ 如图 2-88 所示，依次单击插入图片按钮，插入素材中的图片"1.png""2.png"…"8.png"。

8. 在"4 检测方案"中为图片和表格添加题注，图片的题注位置在图片下方，题注标签为"图"，编号格式为"1.2.3…"，表格的题注位置在表格上方，题注标签为"表"，编号格式为"1.2.3…"。并在文字中"如所示"区域的"如"字后依序添加题注标签及编号作为交叉引用。

具体操作如下：

① 如图 2-89 所示，单击选择"4 检测方案"中的图片，右击选择"插入题注"，打开"题注"对话框。

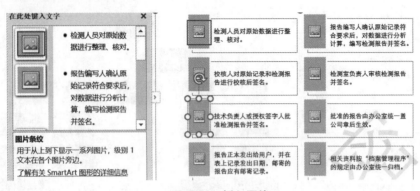

图 2-88　插入图片

② 如图 2-90 所示，在"位置"选项框中选择"所选项目下方"。

图 2-89　插入题注

图 2-90　"题注"对话框

③ 单击"新建标签"按钮，打开"新建标签"对话框，如图 2-91 所示，输入"图"，单击"确定"按钮返回。

④ 单击"编号"按钮，打开"题注编号"对话框，在"格式"选项框中选择"1.2.3…"，如图 2-92 所示。单击"确定"按钮，将题注内容移动到题注标号后。

⑤ 单击选择第二张图片，右击选择"插入题注"按钮，在打开的对话框中直接单击"确定"按钮。选择第三张图片，右击选择"插入题注"，在打开的对话框中直接单击"确定"按钮。

⑥ 单击选择"4 检测方案"中的表格，右击选择"插入题注"，打开"题注"对话框。

⑦ 在"位置"选项框中选择"所选项目上方"，单击"新建标签"按钮，打开"新建标签"对话框，输入"表"，单击"编号"按钮，"格式"选项框选择"1.2.3…"，将题注内容移动到题注标号后，单击"确定"按钮。

⑧ 将光标定位至图 1 上方段落的"如"字后面，选择"插入"选项卡"链接"选项组的"交叉引用"按钮，打开"交叉引用"对话框。如图 2-93 所示，在"交叉引用"对话框中，"引用类型"选择"图"，"引用一个题注"选择"图 1 监测点位置图"，引用内容选择"标签及编号"，单击"插入"按钮。

⑨ 将光标分别放在图 2、图 3 的"如"字后面，单击"插入"选项卡"链接"选项组的"交叉引用"按钮，打开"交叉引用"对话框。在"引用一个题注"选项中分别选择图 2 和图 3 两个选项，其他选项不变，单击"插入"按钮。

图 2-91　新建标签　　　　图 2-92　题注编号　　　　　图 2-93　交叉引用

⑩将光标分别放在表1上方的"如"字后面，单击"插入"选项卡"链接"选项组的"交叉引用"按钮，打开"交叉引用"对话框。"引用类型"选择"表"，"引用一个题注"选择"表1"，"引用内容"选择"仅标签和编号"，单击"插入"按钮。

9. 在文档标题"7 质量安全保证措施"后面插入尾注，位置：文档结尾。内容："本条例的检查、监督部门为公司质检室，解释权归质检室所有。"，尾注字号为9磅。在"第一条 依据下面的顺序，完成检测报告"后插入脚注，位置：页面底端。编号格式为"a，b，c⋯"，内容为：当需要按"允许偏离管理程序""复检程序"等的规定进行处理时，应按相关规定进行处理。

具体操作如下：

① 在左侧导航栏中选择"7 质量安全保证措施"，并将光标定位至正文相应位置后。选择"引用"选项卡"脚注"选项组"插入尾注"按钮，如图 2-94 所示。

② 光标自动跳至文档尾部，输入尾注内容"本条例的检查、监督部门为公司质检室，解释权归质检室所有。"，设置字号为9磅。

图 2-94　插入尾注

③ 在左侧导航窗格中将光标定位至 7.1.5 节，并将光标放至"第一条 依据下面的顺序⋯⋯"后，单击"引用"选项卡"脚注"组的"对话框启动器"按钮，打开"脚注和尾注"对话框。

④ 在"脚注和尾注"对话框中，在"位置"复选框中选择"脚注"选项，在"编号格式"选项中选择"a，b，c⋯"，如图 2-95 所示。

⑤ 单击"确定"按钮后，光标自动定位至页面底端，输入脚注内容：当需要按"允许偏离管理程序"、"复检程序"等的规定进行处理时，应按相关规定进行处理。

10. 为文档添加限制编辑，只允许在文档中进行"批注"的编辑，并使用密码启动强制保护，密码设置为123。

具体操作如下：

①打开"审阅"选项卡，在"保护"选项组中选择"限制编辑"选项。

② 在打开的"限制编辑"对话框中，如图 2-96 所示，勾选"仅允许在文档中进行此类型的编辑"，在下方选项中选择"批注"。

③ 单击"是，启动强制保护"按钮，在打开的对话框中输入新密码和确认密码"123"。如图 2-97 所示。

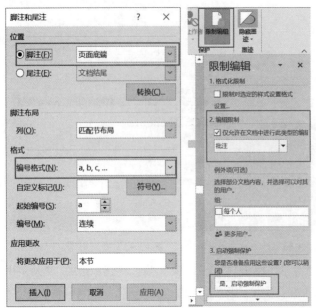

图 2-95　插入脚注　　　　图 2-96　限制编辑　　　　图 2-97　启动强制保护

11. 选中"检测人员配备一览表"，插入批注"请与相关人员再次确定后定稿"。

具体操作如下：

① 在左侧导航栏中选择定位至"3 检测人员配备一览表"，单击"审阅"选项卡"批注"选项组"新建批注"按钮。

② 在文本框中输入批注内容"请与相关人员再次确定后定稿"，如图 2-98 所示。

图 2-98　插入批注

2.3.3　难点解析

通过本节课程的学习，我们掌握了文档属性、插入封面、分隔符、页眉页脚、水印和页面边框、SmartArt 图形、文档限制编辑、脚注、尾注、题注、批注、交叉引用等知识点的操作。本节的内容难点较多，其中 SmartArt 图形、分隔符、页眉页脚是本节的难点内容，这里将针对这三个知识点做具体的讲解。

1. SmartArt 图形

SmartArt 是 Microsoft Office 2007 新加入的特性，在 Microsoft Office 2016 中提供了更多样式，可以通过更改形状或文本填充、添加效果（如阴影、反射、发光或柔化边缘）或添加三维效果（如凹凸或旋转）来更改 SmartArt 图形的外观。SmartArt 图形是信息和观点的视觉表示形式，可以通过从多种不同布局中进行选择来创建，从而快速、轻松、有效地传达信息。SmartArt 图形可以在 Excel、Outlook、PowerPoint 和 Word 中创建，并且可以在整个 Office 中使用。

SmartArt 图形是信息和观点的可视表示形式，而图表是数字值或数据的可视图示。一般来说，SmartArt 图形是为文本设计的，而图表是为数字设计的。在将包含 SmartArt 图形的文档保存为 Word 97-2003 格式时，SmartArt 图形将被转换为静态图像。用户将无法编辑图形内的文字、更改其布局或更改其普通外观。如果以后将该文档转换为 Word 2016 文件格式，并且没有在之前的版本中对图像进行任何更改，则图形将变回 SmartArt 对象。

（1）版式选择

如图 2-99 所示，为 SmartArt 图形选择版式时，首先需要确定传达什么信息以及是否希望信息以某种特定方式显示。在选择 SmartArt 图形时左侧有类别，如"流程"、"层次结构"或"关系"，并且每种类别包含几种不同版式。由于能够快速轻松地切换布局，因此在找到最适合消息的图形之前，可以尽可能多地尝试不同的布局。

表 2-6 列出了 SmartArt 图形的类别，以及最适合每种类别表现的数据类型。

图 2-99　选择 SmartArt 图形

表 2-6　SmartArt 图形的类别及适宜表现数据

类别	适宜表现数据
列表	显示无序信息
流程	在流程或时间线中显示步骤
循环	显示连续的流程
层次结构	创建组织结构图、显示决策树
关系	对连接进行图解
棱锥图	显示与顶部或底部最大一部分之间的比例关系
图片	使用图片传达或强调内容
矩阵	显示各部分如何与整体关联

（2）"文本"窗格

使用"文本"窗格输入和编辑在 SmartArt 图形中显示的文本。"文本"窗格显示在 SmartArt 图形的左侧。在"文本"窗格中添加和编辑内容时，SmartArt 图形会自动更新，即根据需要添加或删除形状。

"文本"窗格与大纲或项目符号列表类似，将信息直接映射到 SmartArt 图形。每个 SmartArt 图形定义了它自己在"文本"窗格中的项目符号与 SmartArt 图形中的一组形状之间的映射。根据所选的版式，"文本"窗格中的每个项目符号在 SmartArt 图形中将表示为一个新的形状或某个形状中的一个项目符号。如图 2-100 所示，文本窗格和形状对应显示。

图 2-100　文本窗格级别

要在"文本"窗格中新建一行带有项目符号的文本，请按【Enter】键。要在"文本"窗格中降低文本的级别，请选择该文本，然后在"SmartArt 工具 | 设计"选项卡上，单击"降级"。要逆向改变，请单击"升级"。还可以在"文本"窗格中按【Tab】键进行降级，按【Shift+Tab】组合键进行升级。

创建 SmartArt 图形时，SmartArt 图形及其"文本"窗格由占位符文本填充，可以使用自己的信息替换这些占位符文本。在"文本"窗格顶部，可以编辑将在 SmartArt 图形中显示的文本。在"文本"窗格底部，可以阅读有关该 SmartArt 图形的说明。

在包含固定数量的形状的 SmartArt 图形中，如图 2-101 所示，"文本"窗格中的部分文本只会显示在 SmartArt 图形中。不显示的文本、图片或其他内容在"文本"窗格中以红色 × 标识。如果切换到其他布局，此内容仍可用，但如果保留并关闭此同一布局，则不会保存该信息。

如果使用带有"助理"形状的组织结构图布局，如图 2-102 所示，则注意这一行的项目符号与其他级别不同，用于指示该"助理"形状。

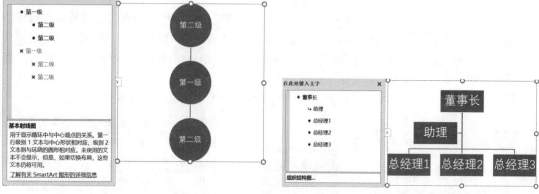

图 2-101　SmartArt 图形固定形状数量　　　　　　　图 2-102　助理形状

通过向"文本"窗格中的文本应用格式，可以将字符格式（如字体、字号、加粗、斜体和下画线）应用于 SmartArt 图形中的文本，并将反映在 SmartArt 图形中。一个形状中的字号如果因为添加了更多文本而缩小，SmartArt 图形其他形状中的所有其他文本也会同步缩小，以保持 SmartArt 图形外观一致且专业。

（3）SmartArt 图形的形状修改

单击要向其添加另一个形状的 SmartArt 图形，在"SmartArt 工具 | 设计"选项卡上，在"创建图形"组中单击"添加形状"旁边的箭头，如图 2-103 所示。如果要在所选形状之后插入一个同级别的形状，请单击"在后面添加形状"；如果要在所选形状之前插入一个同级别的形状，请单击"在前面添加形状"；如果要在所选形状上方插入一个高一级别的形状，请单击"在上方添加形状"；如果要在所选形状之前插入一个低一级别的形状，请单击"在下方添加形状"，如图 2-104 所示。

图 2-103　创建图形组

图 2-104　添加形状命令

> **注意：**
>
> 若要从"文本"窗格中添加形状，请单击现有形状，将光标移至要添加形状的文本所在位置的前面或后面，然后按【Enter】键。
>
> 若要从 SmartArt 图形中删除形状，请单击要删除的形状，然后按【Delete】键。若要删除整个 SmartArt 图形，请单击 SmartArt 图形的边框，然后按【Delete】键。

在"创建图形"组中，选择"从右向左"和"从左向右"可以改变 SmartArt 图形的排列方向，选择"布局"可以更改所选形状附属形状的排列方式。

（4）SmartArt 图形的样式、颜色和效果

在"SmartArt 工具 | 设计"选项卡上，有两个用于快速更改 SmartArt 图形外观的库，它们分别为"更改颜色"和"SmartArt 样式"。将鼠标指针停留在其中任意一个库中的缩略图上时，在

实际应用之前便可以预览相应 SmartArt 样式或颜色变化对 SmartArt 图形产生的影响。

"更改颜色"为 SmartArt 图形提供了各种不同的颜色选项，每个选项可以用不同方式将一种或多种主题颜色应用于 SmartArt 图形中的形状。

"SmartArt 样式"包括形状填充、边距、阴影、线条样式、渐变和三维透视，可应用于整个 SmartArt 图形。还可以对 SmartArt 图形中的一个或多个形状应用单独的形状样式。

SmartArt 图形的所有部分几乎都可自定义。如果 SmartArt 样式库中没有所需的填充、线条和效果的组合，则可以应用单独的形状样式或完全自定义的形状，也可以移动形状并调整其大小。在"SmartArt 工具 | 格式"选项卡上，可以找到大多数自定义选项。即使在自定义 SmartArt 图形以后，仍然可以更改为其他版式，并将保留大多数自定义设置。要清除所格式并重新开始，请在"设计"选项卡的"重置"组中单击"重设图形"。

2. 分隔符

（1）分页符

当到达页面末尾时，Word 会自动插入分页符。如果想要在其他位置分页，可以插入手动分页符。

① 插入分页符。单击要开始新页的位置，在"插入"选项卡上的"页面"组中，单击"分页"，如图 2-105 所示。

② 删除分页符。Word 自动插入的分页符不能删除，但可以删除手动插入的任何分页符。

如果打开"显示 / 隐藏编辑标记"，则查找和删除分节符要容易得多。单击"开始"选项卡，然后在"段落"组中单击"显示 / 隐藏编辑标记"以显示分节符和段落标记，如图 2-106 所示。通过单击虚线旁边的空白，如图 2-107 所示选择分页符，按【Delete】键可以直接删除。

图 2-105　"页面"组　　　　图 2-106　显示 / 隐藏编辑标记

图 2-107　选取分页符

（2）分节符

单击要开始新节的位置，单击"布局"选项卡"页面设置"组中的"分隔符"按钮，如图 2-108 所示，在下拉列表中选择要添加的分节符。分节符的类型如下：

● "下一页"分节符：表示会在下一页上开始新节，如图 2-109 左图效果、

● "连续"分节符：表示会在同一页上开始新节。当要更改格式设置时，连续分节符非常有用，例如可以更改栏数，而不需要开始新页面，如图 2-109 中图效果。

● "偶数页"或"奇数页"分节符：表示可在下一个偶数页或奇数页开始新节。如果希望文档各章从奇数页开始，可使用"奇数页"分节符，如图 2-109 右图效果。

图 2-108　"分隔符"按钮

图 2-109　分页符效果图

可以使用节在文档的不同页上进行其他格式更改，其中包括：纸张大小或方向、页眉和页脚、水印、页码编号、行号、脚注和尾注编号。

（3）分栏符

要将章节的布局更改为多栏，请依次单击"布局"|"分栏"和所需的分栏数。

例如，可以添加"连续"分节符，然后将单栏页面的一部分设置为双栏页面，效果如图 2-110 所示。

分节符就象一道篱笆，将栏格式设置围起来。但如果删除分节符，该分节符上方的文本将成为该分节符下方节的一部分，并且前者的格式设置与后者相同。

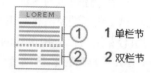

1 单栏节

2 双栏节

图 2-110 分栏符和分节符结合效果

3. 页眉和页脚

为使文档更具可读性和完整性，通常会在文档不同页面的上方和下方设置一些信息，可以是文字信息、图片信息、页码信息等。为了更好地在页眉页脚区域显示更多有价值的信息，还可以对文档按照奇数页和偶数页来设置不同的页眉和页脚的内容。

对文档进行页眉和页脚设置时，需要注意的事项有：

（1）页眉和页脚编辑状态

将光标定位到页面的页眉（或页脚）处，双击即可进入页眉和页脚编辑状态。也可以通过单击"插入"选项卡"页眉和页脚"组的"页眉"（或"页脚"）按钮，在下拉列表中选择一种内置的格式或"编辑页眉"（或"编辑页脚"）命令，即可进入页眉和页脚编辑状态。此时，Word 会出现"页眉和页脚工具|设计"选项卡，如图 2-111 所示。所以，当看到"页眉和页脚工具|设计"选项卡存在时，表示当前处于页眉和页脚编辑状态。

页眉和页脚编辑状态和正文编辑状态是不能同时出现的，两者类似于两张纸叠放的关系，任何时候只能处于其中一种的编辑状态中。如果要退出页眉和页脚编辑状态，可以在图 2-111 所示的"页眉和页脚工具|设计"选项卡中单击"关闭"组的"关闭页眉和页脚"按钮，也可以直接双击任一处文档正文部分，即可关闭页眉和页脚编辑状态，回到正文编辑状态中。

图 2-111 "页眉和页脚工具|设计"选项卡

（2）页眉和页脚的内容

页眉和页脚处的内容可以是文字信息、页码信息、图片信息等。例如在页面中插入的图片水印或文字水印，其原理为页眉和页脚编辑状态下插入置于文档正文位置的图片或者艺术字。

如果文档分成几节（通过使用分节符分节），当某一节想要单独设置该页眉或页脚内容时，需要断开该节页眉或页脚与上一节的链接。断开与上一节相同链接的操作为：在如图 2-111 所示的"页眉和页脚工具|设计"选项卡中，单击"导航"组中的"链接到前一节"按钮，如果文字"与上一节相同"消失，则表示链接断开。然后可以设置与上一节不同的页眉（或页脚）内容。如果文字"与上一节相同"没有消失，则表示当前节使用与上一节相同的页眉（或页脚）内容，此时修改页眉（或页脚）内容，会发现上一节的页眉（或页脚）内容也做了同样的修改。

例如，把有封面、目录和正文页的"工程投标书.docx"文档分为 2 节，封面目录页为第 1 节，正文页为第 2 节，并分别设置不同的页眉和页脚信息。要求如下：封面目录页没有页眉和页脚。

正文页页眉内容为"正文"，页脚设置页码，居中对齐，页码格式为"A、B、C…"。实现过程
如下：

①插入分节符。在正文开头"××客运工程质量检测工程投标书"文字前再次插入分节符"下
一页"。打开"显示 / 隐藏编辑标记"，此时，可以在目录页和正文页看到如图 2-112 所示的分
节符，保证目录页和正文页各有一个分节符，如果有多余的分节符，请删除。

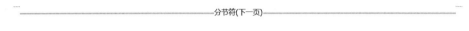

图 2-112　分节符（下一页）

②进入页眉和页脚编辑状态，把光标定位到正文页页眉处，如图 2-113 所示，会在页眉右
边看到文字"与上一节相同"，单击"页眉和页脚工具 | 设计"选项卡"导航"组中的"链接到
前一节"按钮，此时，文字"与上一节相同"消失，表示链接断开。然后，输入页眉文字"正文"，
效果如图 2-114 所示。

图 2-113　光标定位到目录页页眉处

图 2-114　目录页页眉

③将光标定位到第 2 节目录页页脚处，单击"导航"组中的"链接到前一节"按钮，此时，
文字"与上一节相同"消失，表示链接断开。然后在"插入"组单击"页码"按钮，在下拉列
表中选择"页面底端" | "普通数字 1"，插入"普通数字"的页码，如图 2-115 所示。在打开的"页
码格式"对话框中设置页码格式为"A、B、C…"，如图 2-116 所示。最后设置页码居中对齐，
效果如图 2-117 所示。

如果页脚没有断开与上一节的链接，文字"与上一节相同"并没有消失，在这种状态下插入
页码，若会看到上一节封面页的页脚也会插入页码，而我们需要的效果是封面、目录页没有页脚。
修改的方法为：将光标定位到第 2 节目录页页脚处，单击"链接到前一节"按钮，此时，文字"与
上一节相同"消失，表示链接断开；然后按两次【Delete】键删除第 1 节封面、目录页页脚的页码。

（3）首页不同

在"页眉和页脚工具 | 设计"选项卡中，如果勾选了"首页不同"复选框，表示文档首页的
页眉和页脚是独立的，可以设置成和文档其他页面不一样的页眉和页脚。如果文档有分节，则
每一节都可以设置"首页不同"。

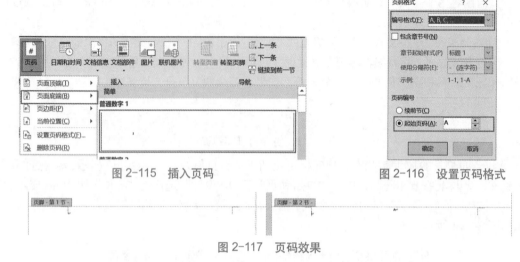

图 2-115 插入页码

图 2-116 设置页码格式

图 2-117 页码效果

（4）奇偶页不同

在"页眉和页脚工具 | 设计"选项卡中，如果勾选了"奇偶页不同"复选框，则文档可以分别设置奇数页、偶数页的页眉和页脚。如果文档有分节，则文档中每一节都会同时出现奇数页和偶数页，此时，每一节的奇数页页眉、奇数页页脚、偶数页页眉、偶数页页脚是彼此独立的。只需要断开"与上一节相同"的链接，都可以分别设置成不一样的页眉或页脚。

（5）删除页眉或页脚

用户可以在页眉和页脚编辑状态下删除不需要的页眉或页脚内容。如果是删除整篇文档的页眉（或页脚）内容，可以单击"插入"选项卡"页眉和页脚"组的"页眉"（或"页脚"）按钮，在下拉列表中选择"删除页眉"（或"删除页脚"）命令。

2.4 相关知识点拓展

2.4.1 域

1. 域的认识

域

在 Word 界面插入的页码、书签、超链接、目录、索引等一切可能发生变化的内容，它们的本质都是域。掌握了域的基本操作，可以更加灵活地使用 Word 提供的自动化功能。在 Word 中，打开"插入"选项卡，单击"文档部件"的"域"，在"域"的功能对话框中可以看到有全部、编号、等式和公式等多种类别。通过选择这些类别，可以使用域来进行自动更新的相关功能，包括公式计算、变化的时间日期、邮件合并等。

域可以在无须人工干预的条件下自动完成任务。例如编排文档页码并统计总页数；按不同格式插入日期和时间并更新；通过链接与引用在活动文档中插入其他文档；自动编制目录、关键词索引、图表目录；实现邮件的自动合并与打印；创建标准格式分数、为汉字加注拼音；等等。

为了能够清楚地区分文档中哪些内容是域，可以通过

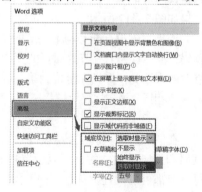

图 2-118 设置域底纹

图 2-118 所示设置，让域的灰色底纹始在不将光标插入点定位到域内时终显示出来。

2. 域代码的组成结构

域代码语法形式为：{ 域名称 指令 可选开关 }

- 域名称：该名称显示在"域"对话框的域名称列表中。
- 指令：这些指令是用于特定域的任何指令或变量。并非所有域都有参数，在某些域中，参数为可选项，而非必选项。
- 可选开关：这些开关用于特定域的任何可选设置。并非所有域都设有可用开关，控制域结果格式设置的域除外。

形如"{Seq Identifier [Bookmark] [Switches]}"的关系式，在 Word 中称为"域代码"。其中含：

- 域特征字符：即包含域代码的大括号"{}"，不过它不能使用键盘直接输入，需要按下【Ctrl+F9】组合键输入域特征字符。
- 域名称：上式中的"Seq"，即被称为"Seq 域"。
- 域指令和开关：设定域工作的指令或开关。例如上式中的"Identifier"和"Bookmark"，前者是为要编号的一系列项目指定的名称，后者可以加入书签来引用文档中其他位置的项目。"Switches"称为可选的开关，域通常有一个或多个可选的开关。开关与开关之间使用空格进行分隔。
- 域结果：即域的显示结果，类似函数运算以后得到的值。

3. 插入域

在文档中插入域的方法有两种：① 使用"域"对话框插入域，如图 2-119 所示；② 手动输入代码，如图 2-120 所示。

图 2-119　使用"域"对话框插入域　　　　图 2-120　手动输入域代码

手动输入域代码需要注意以下事项：

- 域特征字符 { } 必须通过按【Ctrl+F9】组合键输入。
- 域名可以不区分大小写。
- 在域特征字符的大括号内的内侧各保留一个空格。
- 域名与其开关或属性之间必须保留一个空格。
- 域开关与选项参数之间必须保留一个空格。
- 如果参数中包含有空格，必须使用英文双引号将该参数括起来。
- 如果参数中包含文字，须用英文单引号将文字括起来。

- 输入路径时，必须使用双反斜线"\\"作为路径的分隔符。
- 域代码中包含的逗号、括号、引号等符号，必须在英文状态下输入。
- 无论域代码有多长，都不能强制换行。

4. 修改域代码

当需要对域代码进行修改时，需要先将文档中的域结果切换到域代码状态，其方法主要有以下几种：

- 按【Alt+F9】组合键，将显示文档中所有域的域代码。
- 将光标插入点定位到需要显示域代码的域结果内，按下【Shift+F9】组合键。
- 将光标插入点定位到需要显示域代码的域结果内，右击，在弹出的快捷菜单中单击"切换域代码"命令。
- 按【Shift+F9】组合键对选中范围内的域在域结果与域代码之间切换。
- 按【Alt+F9】组合键对所有的域在域结果与域代码之间切换。

5. 域的更新及禁止更新

域的最大优势就是可以更新。更新域是为了即时对文档中的可变内容进行反馈，从而得到最新的、正确的结果。为了避免某些域在不知情的情况下被意外更新，也可以禁止这些域的更新功能。域的更新功能键如下：

- 【F9】：对选中范围的域进行更新。如果只是将光标插入点定位在某个域内，则只更新该域。
- 【Shift+F9】：在域代码及其结果间进行切换。
- 【Ctrl+Shift+F9】：将选中范围内的域结果转换为普通文本。
- 【Ctrl+F1】：锁定某个域，防止修改当前的域结果。
- 【Ctrl+Shift+F11】：解除某个域的锁定，允许对该域进行更新。

6. 设置双栏页码

在文档排版过程中，有时需要在一个双栏的页面中添加两个页码，即一个页面中含有两个页码，效果如图 2-121 所示。要想实现这样的效果，需要依靠 Page 域来完成，方法如下：

<table>
<tr><td>群热情洋溢的、以国家民族为已任的青年学生，其中就有她以前见过的卢嘉川。与他们的交往中，道静复活了她的青春，她明白了很多现实的事情，也对马克思主义社会科</td><td>道静选择了离家出走。然而，在整个社会的黑暗中，她想寻求自由生活的幻想很快破灭。去北戴河投亲不遇，走投无路的她被小学校长余敬唐收留，却不曾想又落入了新的陷阱</td></tr>
<tr><td>第 1 页</td><td>第 2 页</td></tr>
</table>

图 2-121 双栏页码效果

① 打开文档，双击页脚进入页眉页脚状态，按【Ctrl+F9】组合键插入域大括号 { }。

② 在大括号内输入域代码 ={page}*2-1，注意 page 域的大括号依然需要通过【Ctrl+F9】组合键插入，然后直接按【Alt+F9】组合键更新域即得到左栏页码 1。

③ 将鼠标光标定位到页脚中间位置，输入域代码 {={page}*2}，然后按【Alt+F9】组合键更新域即得到右栏页码 2。如需要显示更丰富的效果，可以在域代码前后添加文字，如图 2-122 所示。

图 2-122 域代码设置

④ 选择页码，单击"开始"选项卡"段落"组中的"居中"按钮，将页码居中显示。

2.4.2　模板

1. 模板的概念

模板是所有 Word 文档的起点，基于同一模板创建出的多个文档包含了统一的页面格式、样式甚至是内容。因此，模板在批量创建相同格式的文档方面具有极大的优势。

模板与普通文档主要有两个方面的区别：

① 文档格式：文档扩展名的第 3 个字母是 t，则该文档是模板文档，如 .dotx、.dotm；文档扩展名的第 3 个字母是 c，则该文档是普通文档，如 .docx。

② 功能和用法：模板用于批量生成与模板具有相同格式的数个普通文档；普通文档则是实实在在供用户直接使用的文档。

2. 查看文档使用的模板

查看文档使用的模板，方法有以下两种：

① 通过"资源管理器"查看，如图 2-123 所示。

② 通过"开发工具"选项卡查看，如图 2-124 所示。

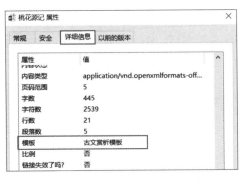

图 2-123　通过"资源管理器"查看

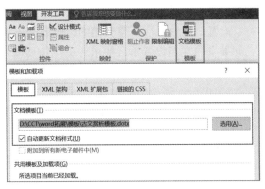

图 2-124　通过"开发工具"选项卡查看

3. 创建模板

模板的创建过程非常简单，只需先创建一个普通文档，然后在该文档中设置页面版式、创建样式等操作后，将其保存为模板文件类型，如图 2-125 所示。

创建好模板后，就可以基于新模板创建任意数量的文档了。基于某个模板创建文档后，对文档中的某个样式进行了修改，如果希望以后基于该模板创建新文档时直接使用这个新样式，则可以将文档中的修改结果保存到模板中。

4. 应用模板

应用模板的方法有：

① 双击模板文件会基于该模板创建新文档，再输入文字内容，应用相应样式即可。

② 打开已有文档后在"开发工具"选项卡"模块"组中单击"文档模板"打开"模板和加载项"对话框，如图 2-126 所示设置选用文档模板，并自动更新文档样式，确定后再应用相应样式即可。

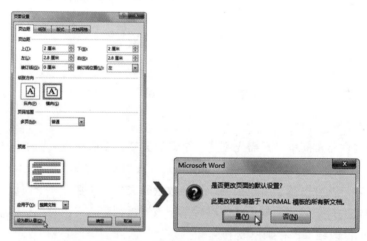

图 2-125　创建模板流程

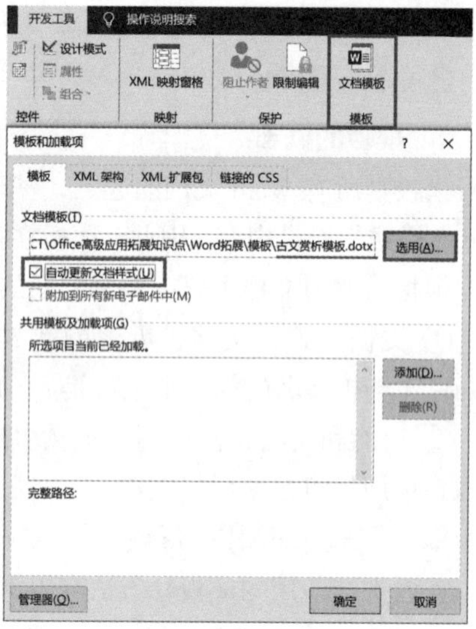

图 2-126　"模板和加载项"对话框

5. 更改 Normal. dotm 模板设置

新建空白文档时，它们默认使用的模板是 Normal 模板。初学者有时候会不小心修改模板中的一些设置，导致每次新建文档的时候就会出现非常奇怪的效果，可以自行再把它修改回来。

如果空白文档设置不合要求，可以按要求修改好 Word 页面后，在"页面设置"对话框的左下角单击"设为默认值"按钮，会提示此更改将影响到基于 Normal 模板的所有新文档，就可以改变 Normal.dotm 模板中的设置了，如图 2-127 所示。

图 2-127　更改 Normal.dotm 模板

2.4.3　主控文档与链接子文档

1. 主控文档

使用 Word 提供的主控文档功能可以将长文档拆分成多个子文档进行处理，从而提高文档的编辑效率。

主控文档是子文档的一个"容器"，包含一系列相关子文档，并以超链接方式显示这些子文档，从而为用户组织和维护长文档提供便利。每一个子文档都是独立存在

主控文档与链接子文档

于磁盘中的文档，它们可以在主控文档中打开，受主控文档控制，也可以单独打开。使用主控文档将长文档分成较小的、更易于管理的子文档，从而便于组织和维护。在工作组中，可以将主控文档保存在网络上，并将文档划分为独立的子文档，从而共享文档的所有权。

2. 创建主控文档

创建主控文档之前，要先确保主控文档与子文档的页面布局相同、使用的样式和模板相同。下面举例说明如何进行创建主控文档。

① 新建主控文档，切换到大纲视图，单击"大纲显示"选项卡"主控文档"组的"显示文档"按钮，将"主控文档"组显示完整。

② 单击"大纲显示"选项卡"主控文档"组的"插入"按钮，如图 2-128 所示，在打开的"插入子文档"对话框中添加子文档，继续插入新的子文档。

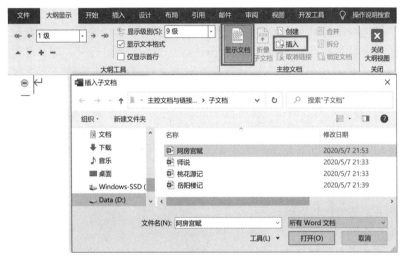

图 2-128　插入子文档

③ 插入完毕后，可以关闭大纲视图回到页面中。现在可以看到页面的基本内容。如果有多余的分节符，可以删除掉，单击保存关闭。如果再次打开主控文档，就会发现子文档已经全部变成超链接的形式，如图 2-129 所示。

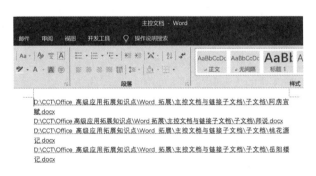

图 2-129　关闭后再次打开的主控文档

④ 如果想再次查看文档内容，可以通过大纲视图下的"展开子文档"按钮，再关闭大纲视图就可以看到内容了，如图 2-130 所示。

⑤ 在主控文档修改的同时，子文档自动更新。而子文档修改时，主控文档的内容也会修改。

如果担心这种修改不好控制，可以在视图大纲中对一些子文档进行锁定或者取消链接。锁定文档后，主控文档的修改不会影响到子文档。取消链接之后，子文档的内容会复制到主控文档中。此时，主控文档就不再是链接的形式，修改也不会影响到子文档了，如图 2-131 所示。

图 2-130　展开子文档

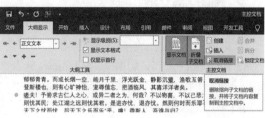

图 2-131　取消子文档链接

3. 其他主控文档操作

在对主控文档进行编辑时，为了避免由于错误操作而对子文档进行意外的修改，可以将指定的子文档设置为锁定状态。当不再需要将某部分内容作为子文档进行处理时，可以将其还原为正文。当某个子文档不再有用时，应该及时在主控文档中删除对应的超链接，从而避免带来不必要的混乱。也可以将普通文档按文本级别拆分为主控文档和子文档的模式。选定要拆分为子文档的标题和文本。注意选定内容的第一个标题必须是每个子文档开头要使用的标题级别。单击"大纲"工具栏中的"创建子文档"按钮，原文档将变为主控文档，并根据选定的内容创建子文档。

使用主控文档时要注意以下几点：

（1）做好备份

利用这种方法汇总文档前，最好做好文档备份。因为主控文档修改会牵涉子文档，在操作经验尚缺的情况下，备份比较保险。

（2）统一文档类型

如果主控文档和子文档都是统一版本 Word 制作的，一般没什么问题。如果版本不同，容易报错。

（3）不要随意挪动

因为主控文档记录的是子文档的路径，所以不要随意挪动子文档的位置。

2.4.4　审阅

审阅修订

Word 的"审阅"选项卡各项可以方便我们对文档进行各种统计修改批注，但是很多人只知道审阅的基本用法，例如字数统计、简繁转换，一些独特实用的审阅功能则被忽略了。比如某一文档被反复修改多次，以至于到最后搞不清到底改了哪些细节。再比如跨语言跨区域的人使用文档，如何打通不同语言关。这些我们都可以通过审阅功能来解决。

1. 翻译

如果文档含有其他文字，或者审阅批注文档的人来自不同的地方，他们可能会使用不同的语言，如简体汉字、繁体汉字、英文等，这时有可能会造成阅读障碍。Word 审阅提供了翻译转换工具，可以帮助我们打通语言关。

选中下列英文之后，单击"审阅"选项卡中的"翻译"按钮，选择"翻译所选文字"，如图 2-132 所示，软件提示将会将内容以安全格式发送出去，确定继续后即可在右侧打开信息窗格，如图 2-133 所示，给出翻译信息。在这个窗格中，可以为几十种不同的语言进行互译。

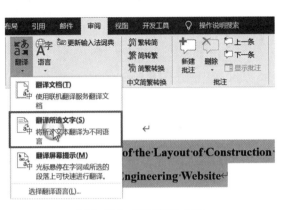

图 2-132　翻译所选文字

图 2-133　翻译结果

2. 批注

批注通常是其他人对于文档修改意见的批示，将批注附加到文档的特定部分可使反馈意见更清晰。如果其他人对文档进行了批注，也可以回复他们的批注。使用"批注"组的"上一条"、"下一条"命令可以查看文档中的不同批注。

若要答复批注，转到批注，然后选择"答复"，如图 2-134 所示。

若要删除批注，右击批注，选择"删除批注"即可删除。若要删除文档中的所有批注，转到"审阅"选项卡，选择"删除文档中的所有批注"，如图 2-135 所示。

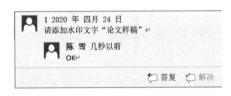

图 2-134　答复批注

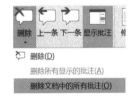

图 2-135　删除文档中的所有批注

3. 修订

Word 提供了文档修订功能，如图 2-136 所示。在打开修订功能的情况下，将会自动跟踪对文档的所有更改，包括插入、删除和格式更改，并对更改的内容做出标记。

若要打开或关闭"修订"，单击"审阅"选项卡的"修订"按钮。打开"修订"时，删除的内容标记有删除线，添加的内容标记有下画线，不同作者的更改用不同的颜色表示。关闭"修订"时，Word 停止更改，但彩色的下画线和删除线仍然存在于文档中。

打印时可以选择隐藏修订和批注。隐藏修订不会删除文档中的修订。若要删除文档中的标记，必须使用"修订"组中的"接受"和"拒绝"命令。若要一次性接受或拒绝所有修订，请单击"接受"或"拒绝"按钮上的箭头，然后选择"接受所有修订"或"拒绝所有修订"。

4. 比较

有些重要的文档，比如签订的合同，可能会被多个人做过多次的审阅批改，以至于到最后自己都弄不清到底哪些地方被改过了，这时审阅的"比较"功能就派上用场了。

首先将审阅前后的文档分别保存，比如一个存为"审阅前"，一个存为"审阅后"。然后在

Word 中，切换到"审阅"选项卡，单击工具栏上的"比较"，从下拉菜单中选择"比较"打开"比较文档"对话框，如图 2–137 所示。单击"原文档"右侧下拉按钮，可以直接选择最近编辑的文档，也可以单击其后的文件夹图标，浏览选择其他文档。同样方法选择修订后的文档。单击左下方"更多"按钮展开对话框，还可以设置各种不同的比较选项。注意，这一功能不止能比较文字的修改，对于格式设置、页眉页脚等的变化，同样也能检测出来。

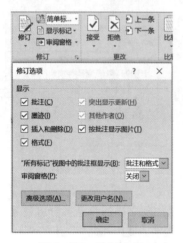

图 2-136　修订选项

图 2-137　"比较文档"对话框

确定后会提示将修订视为已接受，如图 2–138 所示。接受后将同时出现如图 2–139 所示三个文档，右侧分别为原文档及修订的文档，中间则是比较文档，它通过红色粗线显示修改的大致位置。左侧则显示具体的修改内容，双击某一项，则可以精确定位到文档中修改的位置点。

图 2-138　接受修订提示

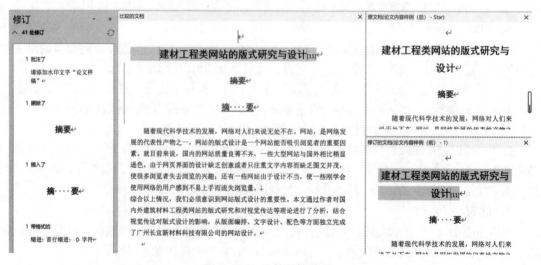

图 2-139　比较后的页面

第 3 章

Excel 2016 基础应用

Excel 基本编辑 ——游客数据编辑	🖥 工作表的编辑
	🖥 数据的选取
	🖥 数据编辑
	🖥 行列编辑
	🖥 单元格格式与表格样式
	🖥 数字格式
	🖥 自动填充
数据简单计算与统计 ——游客数据分析	🖥 数据引用
	🖥 公式
	🖥 函数
	🖥 Excel 照相机
	🖥 排序
	🖥 自动筛选
	🖥 页面设置
迷你图与图表编辑 ——游客数据图	🖥 迷你图的插入与编辑
	🖥 图表的插入与编辑
	🖥 艺术字的插入与编辑
	🖥 形状的绘制与编辑

3.1 \\\\\\ Excel 基本编辑——游客数据编辑

3.1.1 任务引导

本单元任务引导卡如表 3-1 所示。

表 3-1　任务引导卡

任务编号	NO. 7		
任务名称	游客数据编辑	计划课时	2 课时
任务目的	通过对 201N 年来华入境游客数据表进行数据编辑，熟练掌握工作表的编辑（新建、复制、移动、重命名、更改标签颜色），数据的选取，数据编辑（录入、移动、复制、粘贴、清除），行列编辑（插入、删除、行高列宽设置），单元格格式与表格样式，数字格式，自动填充等知识点		
任务实现流程	任务引导 → 任务分析 → 编辑 201N 年来华入境游客数据表 → 教师讲评 → 学生完成数据编辑 → 难点解析 → 总结与提高		
配套素材导引	原始文件位置：Office 高级应用 2016\ 素材 \ 第三章 \ 任务 3.1 最终文件位置：Office 高级应用 2016\ 效果 \ 第三章 \ 任务 3.1		

任务3.1导学

任务3.1-1

任务3.1-2

任务3.1-3

任务3.1-4

💻 **任务分析**

某旅游公司想要对一年内的来华入境游客数据进行分析，方便制订新的营销策略。这些数据由不同的员工负责，现在需要对两个文件的多张工作表进行整合，修改表格结构，规范数据形式，进行适当的美化，最终得到美观大方、一目了然的数据表。

本节任务要求学生利用 Excel 的基本编辑功能完成"201N 年来华入境游客数据表"文件的数据编辑。知识点思维导图如图 3-1 所示。

1. 工作簿、工作表和单元格的概念

一个 Excel 文档（即工作簿）由多个编辑页面（即工作表）组成，而每张编辑页面又由多行多列形成的大量方格（即单元格）组成。掌握工作簿、工作表和单元格的概念熟练使用 Excel 非常重要。

（1）工作簿

所谓工作簿就是指在 Excel 中用来保存并处理数据的文件，即一个 Excel 文档，它的扩展名为".xlsx"。通常在启动 Excel 后，系统会自动建立一个新的工作簿，默认名称为"book1.xlsx"。

（2）工作表

工作簿中的每一张二维表格称为工作表，由行号、列标和网格线组成。在操作系统支持的情况下一个工作簿中可以建立无数个工作表。每张工作表都有一个名称，显示在工作表标签上。默认情况下一个工作簿会自动创建三张工作表，并命名为 Sheet1、Sheet2、和 Sheet3，用户可以根据需要增加或删除工作表。

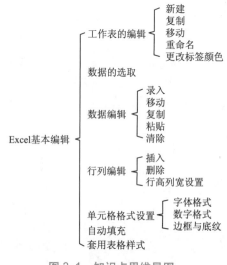

图 3-1　知识点思维导图

工作表是一个由 1 048 576 行和 16 384 列组成的表格。位于其左侧区域的灰色编号为各行的行号，自上而下从 1~1 048 576，共 1 048 576 行；位于其上方的灰色字母为各列的列标，由左到右分别是"A""B"…"Z""AA""AB"…"ZZ""AAA"…"XFD"，共 16 384 列。

（3）单元格

工作表的各行与各列交叉形成的区域就是单元格，它是工作表的最小单位，也是 Excel 用于数据存储或公式计算的最小单位。一张工作表最多可包含 1 048 576 × 16 384 个单元格。在 Excel 中，通常用"列标行号"来表示某单元格，也被称为单元格地址或单元格名称，如"A3"表示该工作表中第 1 列第 3 行的单元格。

若某单元格周围显示为黑色粗线，则被称为活动单元格或当前单元格，表示当前显示、输入或修改的内容都会在该单元格中。此时，其行号、列标会突出显示，该单元格的名称也会出现在上方"名称"框中。

2. 工作表的编辑

对工作簿中包含的工作表进行操作，在操作前必须先选定工作表。单击工作簿中的"Sheet1"工作表标签，选定该工作表，此时工作表标签呈白底且突出显示，此工作表成为当前工作表。当前工作表标签的背景颜色都为白色，只有选择其他工作表后，添加了工作表标签颜色的颜色才会显示出来。如果要选定多个不相邻的工作表，可以按【Ctrl】键同时单击所要选的工作表。

右击工作表标签，在弹出的快捷菜单中选择相应的命令，对工作表进行编辑，如图 3-2 所示。

图 3-2　右击工作表标签快捷菜单

3. 数据的选取

在 Excel 中可以选择一个或多个单元格、行和列的单元格内容。注意：如果工作表处于受保护状态，可能无法在工作表中选择单元格或其内容。

如果要选择一个单元格，只需单击单元格以将其选中。若要选择区域，请选择一个单元格，然后按住鼠标左键，将鼠标拖动到其他单元格上，或使用【Shift+箭头键】组合键以选择该区域。若要选择不相邻的单元格和单元格区域，按住【Ctrl】并选择这些单元格。选择顶部的字母可选中整列。选择行号以选中整行。若要选择不相邻的行或列，按住【Ctrl】并选择行号或列号。如果要选择整个工作表，按【Ctrl+A】组合键。

4. 数据编辑

（1）输入数据

在单元格中输入数据有多种方法。例如，可以通过手工单个输入，可以利用 Excel 提供的系统功能在单元格中自动填充数据或在多张工作表中输入相同数据，还可以在相关的单元格或区域之间建立公式或引用函数，完成计算结果数据的输入。在 Excel 中，数据根据性质不同可分为数值型数据、文本型数据、日期型数据和逻辑型数据等几种。

在单元格中输入数据的方法有以下 3 种：

●单击要输入数据的单元格，使其成为活动单元格，直接输入数据。

●单击要输入数据的单元格，在编辑栏中输入数据。

●双击已经输入数据的单元格，可实现内容的重新编辑。

（2）删除单元格和清除单元格

删除单元格与清除单元格是不同的，删除单元格不但删除了单元格中的内容、格式和批注，还删除了单元格本身，而清除单元格只是删除了单元格的内容（包括公式和数据）、格式或批注，清除后的单元格仍然保留在工作表中。

（3）复制单元格

选中需要复制的单元区域，单击"开始"选项卡"剪贴板"组中的"复制"按钮（如是移动则单击"剪切"按钮），然后在目标单元格区域，单击"剪贴板"组中的"粘贴"按钮下面的下拉按钮，在下拉菜单中选择需要粘贴的命令。如果选择"选择性粘贴"命令，会弹出"选择性粘贴"对话框，进行相应的设置选择，单击"确定"按钮完成设置。直接按【Ctrl+V】组合键粘贴可以得到和源数据一样的数据。

5. 行列编辑

选中需要操作的单元格位置，单击"开始"选项卡"单元格"组中的"插入"按钮，在下拉菜单中选择"插入单元格"命令，在"插入"对话框中选择相应命令后，单击"确定"按钮，完成插入操作（行、列的操作类似不再复述），如图 3-3 所示。

选中需要操作的行号（或列号），单击"开始"选项卡"单元格"组中的"格式"按钮，在下拉菜单中选择"行高"命令（或"列宽"命令），弹出"行高"对话框（或"列宽"对话框）如图 3-4 所示，输入行高值，单击"确定"按钮，完成行高或列宽设置。

图 3-3　插入单元格

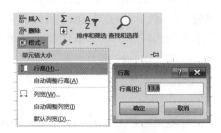

图 3-4　行高设置

在图 3-4 所示的下拉菜单中选择"自动调整行高"命令（或"自动调整列宽"命令），系统会根据行（或列）里面的数据调整到最合适的高（或宽）。也可以直接用鼠标拖动行号间或列号间的分隔线即可粗略设置列宽或行高。

6. 单元格格式设置

选中需要进行格式设置的单元区域，在"开始"选项卡的"字体""对齐方式""数字""样式"组中单击命令按钮进行相对应的设置，如图 3-5 所示。或者选中需要进行格式设置的单元区域，右击，在快捷菜单中选择"设置单元格格式"命令，打开"设置单元格格式"对话框，如图 3-6 所示，选择对应的选项卡进行格式设置。

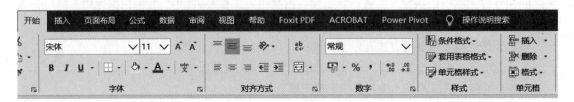

图 3-5　"开始"选项卡

7. 自动填充

通过 Excel 的自动填充数据功能可以为有规律的数据输入提供极大的便利。直接拖动填充柄可将相同的数据复制到鼠标经过的单元格里，松开鼠标左键，单击"自动填充选项"按钮，打开"自动填充选项"下拉列表，选择命令。详细的自动填充操作在本节难点解析里有详细说明。

图 3-6　"设置单元格格式"对话框

图 3-7　"自动填充选项"下拉列表

8. 套用表格样式

选中需要进行格式设置的单元格区域，在如图 3-5 所示的"开始"选项卡"样式"组中单击"套用表格样式"按钮，在弹出的下拉选择中选择合适的表格样式，就可以直接应用该表格样式。

本节任务要求学生利用 Excel 的基本编辑完成"201N 年来华入境游客数据表"文件的数据编辑。各操作完成效果如图 3-8、图 3-9、图 3-10 和图 3-11 所示（因工作表中数据较多，部分效果截图只展示部分数据）。

图 3-8　"按年龄分析"工作表完成效果

图 3-9　"按性别分析"工作表完成效果

图 3-10 "按目的分析"工作表完成效果

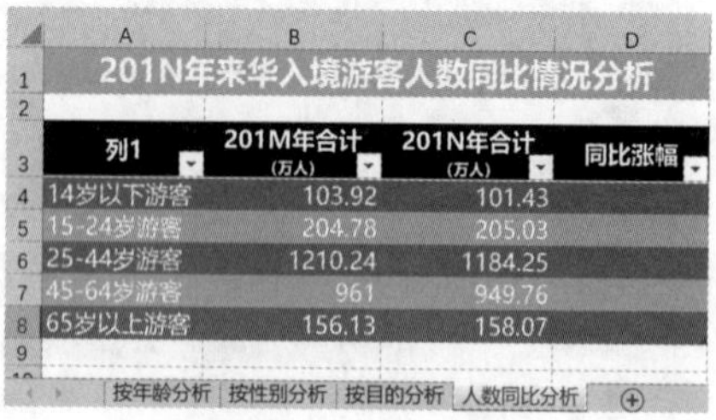

图 3-11 "人数同比分析"工作表完成效果

3.1.2 任务步骤与实施

1. 工作表重命名、删除

打开文件"201N年来华入境游客数据表.xlsx"，将"Sheet1"工作表的名称改为"按年龄分析"，删除"Sheet2"工作表。

具体操作如下：

① 双击打开文件"201N年来华入境游客数据表.xlsx"。或使用 Windows 开始菜单：选择"开始"|"所有程序"|"Excel"命令打开 Excel 界面，在左边菜单单击 "打开"按钮，然后再选择要打开的文件。

② 双击文件左下角的工作表标签"Sheet1"，使其反白显示，输入工作表名称"按年龄分析"，或在工作表标签上右击选择"重命名"命令，再输入工作表名称。

③ 如图 3-12 所示在工作表标签"Sheet2"上右击选择"删除"命令，或如图 3-13 所示单击"开始"选项卡"单元格"组中的"删除"按钮，在下拉菜单中选择"删除工作表"命令。如果要删除的工作表中有数据时，将出现"警告"对话框，单击"删除"按钮，即可删除当前工作表。

图 3-12 右键删除工作表

图 3-13 删除工作表命令

2. 工作表复制

打开文件"201N年来华入境亚洲游客数据取样表.xlsx"，将"按目的分析"工作表复制到"201N年游客数据表.xlsx"的工作表末尾，关闭文件"201N年亚洲游客数据取样表.xlsx"。

具体操作如下：

① 双击打开文件"201N年来华入境亚洲游客数据取样表.xlsx"，在工作表标签"按目的分析"

上右击选择"移动或复制…"命令，如图 3-14 所示，打开"移动或复制工作表"对话框，如图 3-15 所示在"将选定工作表移至工作薄："中选择文件"201N 年来华入境游客数据表 .xlsx"，在"下列选定工作表之前："选择"（移至最后）"，勾选"建立副本"复选框，最后单击"确定"按钮。

图 3-14　工作表右键菜单

图 3-15　建立副本选项

② 光标移至任务栏，在 Excel 图标上停留，如图 3-16 所示弹出文件缩略窗口之后单击文件"201N 年来华入境亚洲游客数据取样表 .xlsx"右侧的"关闭"按钮关闭文件。

图 3-16　关闭文件

3. 数据编辑

在"按年龄分析"工作表后新建工作表"按性别分析"，将"按年龄分析"工作表 A2:A43、J2:J43 单元格区域复制粘贴至"按性别分析"工作表 A3 单元格，互换区域和国别列的位置。将"按年龄分析"工作表 H2:I43 单元格区域剪切粘贴至"按性别分析"工作表 C3 单元格。

在"按目的分析"工作表后新建工作表"人数同比分析"，将"按目的分析"工作表 J12 单元格复制粘贴至"人数同比分析"工作表 A1 单元格，将"按目的分析"工作表 J14:O17 单元格区域转置复制粘贴至"人数同比分析"工作表 A3 单元格。将工作表"人数同比分析"标签颜色设置为标准色：橙色，清除"按目的分析"工作表 J12:N17 单元格区域。

具体操作如下：

① 单击"按年龄分析"工作表标签，单击文件左下角的工作表标签"按目的分析"右侧"新工作表"按钮，插入新工作表。双击工作表标签，使其反白显示，输入工作表名称"按性别分析"。

② 选择"按年龄分析"工作表 A2:A43 单元格区域，再按住【Ctrl】键拖动选择 J2:J43 单元格区域，使用【Ctrl+C】组合键或单击"开始"选项卡"剪贴板"组中的"复制"按钮进行复制，然后选择"按性别分析"工作表 A3 单元格，使用【Ctrl+V】组合键或单击"开始"选项卡"剪贴板"组中的"粘贴"按钮进行粘贴。

③ 单击任意空白单元格，取消选择；选择"按性别分析"工作表 B3:B44 单元格区域，使用

【Ctrl+X】组合键或右击选择"剪切"命令，然后选择 A3 单元格，右击，选择"插入剪切的单元格"命令。

④ 再次选择"按年龄分析"工作表 H2:I43 单元格区域，剪切，然后选择"按性别分析"工作表 C3 单元格，使用【Ctrl+V】组合键粘贴。

⑤ 单击"按目的分析"工作表标签，单击文件左下角的工作表标签"按目的分析"右侧"新工作表"按钮，插入新工作表。双击工作表标签，使其反白显示，输入工作表名称"人数同比分析"。

⑥ 选择"按目的分析"工作表 J12 单元格，复制，然后选择"人数同比分析"工作表 A1 单元格，使用【Ctrl+V】组合键粘贴。

⑦ 再次选择"按目的分析"工作表 J14:O17 单元格区域，复制，然后选择"人数同比分析"工作表 A3 单元格，如图 3-17 所示，右击并选择"粘贴选项"|"转置"命令，或如图 3-18 所示打开"选择性粘贴"对话框，勾选"转置"复选框。转置复制后的表格如图 3-19 所示。

图 3-17　右键菜单命令

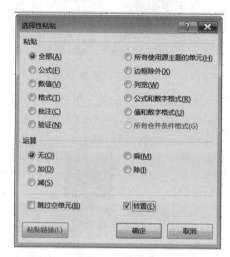

图 3-18　对话框命令

⑧ 在"人数同比分析"工作表标签上右击并选择"工作表标签颜色"命令，如图 3-20 所示，在子菜单中选择"标准色：橙色"。

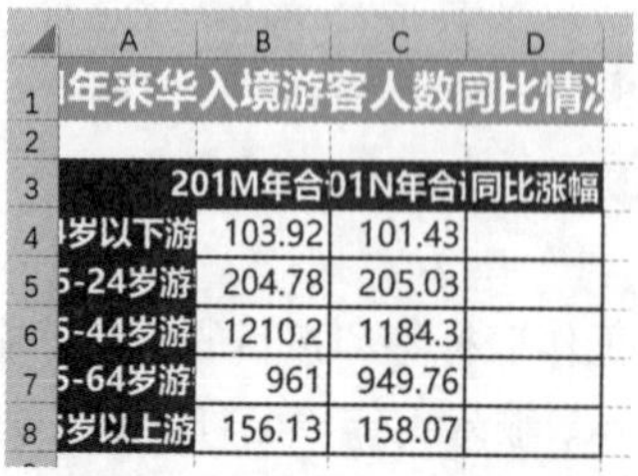

图 3-19　转置复制效果图

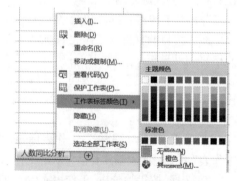

图 3-20　更改工作表标签颜色

⑨ 选择"按目的分析"工作表 J12:O17 单元格区域，单击"开始"选项卡"编辑"组中的"清除"按钮，如图 3-21 所示，在下拉菜单中选择"全部清除"命令。

4. 行列数据操作

在"按年龄分析"工作表中删除 B 列，在第 2 行前插入一行。将"区域"列的数据移动至表格第一列，在 H3:J3 分别输入列标题文本"人数总和"、"人数排名"和"分布图"。

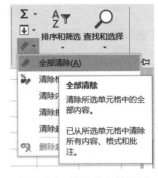

图 3-21　清除单元格区域

具体操作如下：

① 选择"按年龄分析"工作表，单击列号 B 选择 B 列，右击并选择"删除"命令，或单击"开始"选项卡"单元格"组中的"删除"按钮，在下拉菜单中选择"删除工作表列"命令。

② 单击行号 2 选择第 2 行，右击并选择"插入"命令，或单击"开始"选项卡"单元格"组中的"插入"按钮，在下拉菜单中选择"插入工作表行"命令。

③ 选择 I3:I44 单元格区域，使用【Ctrl+X】组合键或单击"开始"选项卡"剪贴板"组中的"剪切"按钮进行剪切，然后如图 3-22 所示，选择 A3 单元格，右击并选择"插入剪切的单元格"命令。

④ 在 H3:J3 分别输入列标题文本"人数总和"、"人数排名"和"分布图"。

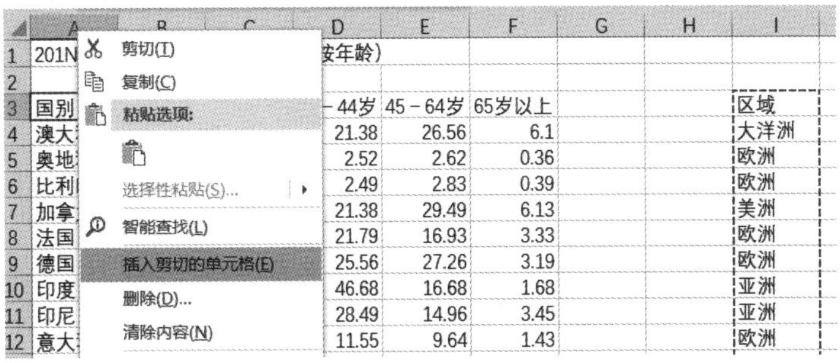

图 3-22　插入剪切的单元格

5. 单元格区域 1 格式设置

将"按年龄分析"工作表 A1:J1 单元格区域合并后居中。再设置该单元区域字体为"微软雅黑"，字号：20，文字加粗，字体颜色：白色，背景 1，背景填充颜色为标准色：深红。设置第 1 行行高为 40。

具体操作如下：

① 选择"按年龄分析"工作表 A1:J1 单元格区域，如图 3-23 所示在"开始"选项卡"对齐方式"组中单击"合并后居中"按钮，使单元格区域合并为一个单元格且文字对齐方式居中。

② 在"字体"组中设置字体为"微软雅黑"，字号：20，单击"加粗"按钮，在"字体颜色"下拉菜单中选择"主题颜色：白色，背景 1"，在"填充颜色"下拉菜单中选择"标准色：深红"。

图 3-23　选项卡设置字体和对齐方式

③ 单击行号 1 选择第 1 行，右击并选择"行高"命令，如图 3-24 所示，打开"行高"对话框。在"行高："中输入 40，单击"确定"按钮。设置完后效果如图 3-25 所示。

图 3-24　设置行高

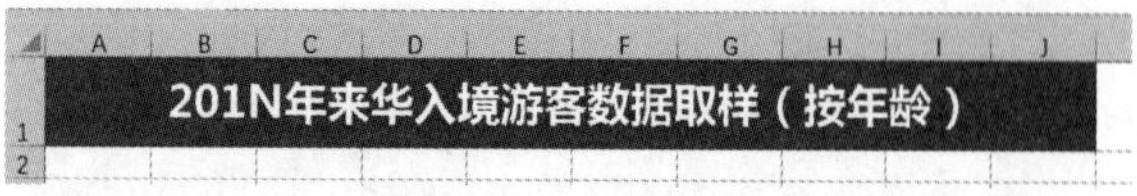

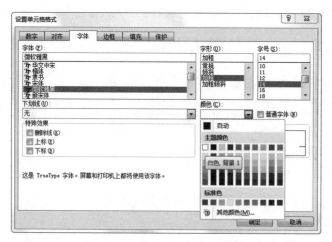

图 3-25　第 5 步完成效果图

6. 单元格区域 2 格式设置

设置"按年龄分析"工作表 A3:J3 单元格区域字体为"微软雅黑"，字号：14，字体颜色：白色，背景 1，文字加粗，文字居中对齐，背景填充颜色为自定义 RGB 色，红色 82、绿色 101、蓝色 115；设置第 3 行行高为 25。

具体操作如下：

① 选择"按年龄分析"工作表 A3:J3 单元格区域，单击"开始"选项卡"字体"组的"对话框启动器"按钮打开"设置单元格格式"对话框。

② 在"字体"选项卡，设置字体为"微软雅黑"，字形：加粗，字号：14，在"颜色"下拉菜单中选择"主题颜色：白色，背景 1"，如图 3-26 所示。

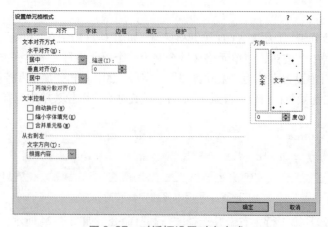

图 3-26　对话框设置字体格式

③ 单击"对齐"选项卡，如图 3-27 所示在"水平对齐"下拉列表中选择"居中"。

图 3-27　对话框设置对齐方式

④ 如图 3-28 所示单击"填充"选项卡，单击"其他颜色…"按钮打开"颜色"对话框。选择"自定义"选项卡，设置"颜色模式"为 RGB，红色：82、绿色：101、蓝色：115。

⑤ 单击行号 3 选择第 3 行，如图 3-29 所示单击"开始"选项卡"单元格"组的"格式"按钮，在子菜单中选择"行高"命令，打开"行高"对话框，在"行高"文本框中输入 25，单击"确定"按钮完成行高调整。设置完后效果如图 3-30 所示。

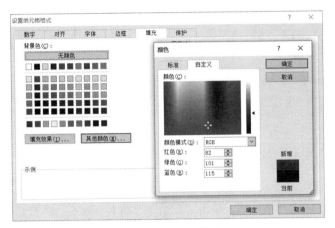

图 3-28　对话框设置填充颜色　　　　　　　　图 3-29　选项卡设置行高

| 3 | 区域 | 国别 | 4岁以下 | 5 - 24 | 5 - 44 | 5 - 64 | 5岁以上 | 人数总和 | 人数排名 | 分布图 |

图 3-30　第 6 步完成效果图

7. 单元格区域 3 格式设置

设置"按年龄分析"工作表 A4:J4 单元格区域字体为"微软雅黑"，字号：12，字体颜色为标准色：深红，文字居中对齐；

A5:J5 单元格区域字体为"微软雅黑"，字号：12，字体颜色为主题颜色：蓝色，个性色 1，深色 50%，文字居中对齐。

具体操作如下：

① 选中 A4:J4 单元格区域，在"字体"组中设置字体为"微软雅黑"，字号：12，在"字体颜色"下拉菜单中选择"标准色：深红"；在"对齐方式"组中单击"居中"按钮。

② 选中 A5:J5 单元格区域，在"字体"组中设置字体为"微软雅黑"，字号：12，在"字体颜色"下拉菜单中选择"主题颜色：蓝色，个性色 1，深色 50%"；在"对齐方式"组中单击"居中"按钮。

8. 格式刷或选择性粘贴进行格式复制

将 A4:J5 单元格区域格式复制到 A6:J44 单元格区域，设置 A:I 列列宽为 12，J 列列宽为 15。

具体操作如下：

① 选中 A4:J5 单元格区域，在"开始"选项卡"剪贴板"组中单击"格式刷"按钮，再拖动选中 A6:J44 单元格区域。

② 拖动选择列号 A:I，右击选择"列宽"命令，打开"列宽"对话框，输入列宽值 12。选中 J 列，右击选择"列宽"命令，打开"列宽"对话框，输入列宽值 15。效果如图 3-31 所示。

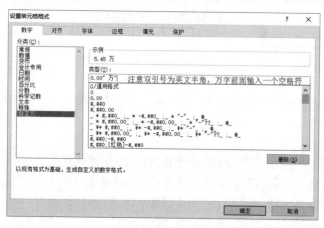

201N年来华入境游客数据取样（按年龄）									
区域	国别	14岁以下	15 - 24岁	25 - 44岁	45 - 64岁	65岁以上	人数总和	人数排名	分布图
大洋洲	澳大利亚	5.45	4.24	21.38	26.56	6.1			
欧洲	奥地利	0.2	0.38	2.52	2.62	0.36			
欧洲	比利时	0.33	0.48	2.49	2.83	0.39			
美洲	加拿大	6.09	4.89	21.38	29.49	6.13			
欧洲	法国	2.74	3.91	21.79	16.93	3.33			
欧洲	德国	2.45	3.88	25.56	27.26	3.19			
亚洲	印度	2	6.02	46.68	16.68	1.68			
亚洲	印尼	1.66	5.92	28.49	14.96	3.45			
欧洲	意大利	0.59	1.41	11.55	9.64	1.43			
亚洲	日本	9.33	7.45	95.99	115.67	21.33			
亚洲	哈萨克斯坦	1.06	2.78	12.24	7.42	0.65			
亚洲	韩国	17.14	30.02	167.38	192.65	37.24			
亚洲	朝鲜	0.12	1.32	7.24	9.97	0.19			
亚洲	吉尔吉斯斯坦	0.07	0.57	2.38	1.3	0.05			
亚洲	马来西亚	4.23	7.42	47.83	39.93	8.13			
美洲	墨西哥	0.27	0.7	3.59	2.4	0.26			
亚洲	蒙古	3.76	8.18	60.39	28.09	1			

图 3-31　第 8 步完成效果图

9. 数字格式设置

设置"按年龄分析"工作表 C4:H44 单元格区域数字格式为保留两位小数位数，数字后添加空格和文字"万"，文本右对齐。

具体操作如下：

① 选中"按年龄分析"工作表 C4:H44 单元格区域，单击"开始"选项卡"数字"组的"对话框启动器"按钮，打开"设置单元格格式"对话框。在"数字"选项卡的"分类"列表框中选择"自定义"，在"类型"中如图 3-32 所示输入"0.00" 万""（注意双引号为英文半角，万字前面输入一个空格符），单击"确定"按钮完成设置。

图 3-32　数字格式设置

② 在"对齐方式"组中单击"右对齐"按钮。

10. 表格框线设置

设置"按年龄分析"工作表 A3:J44 单元格区域边框：外边框和内部竖线为粗实线，框线颜色为自定义 RGB 色，红色 82、绿色 101、蓝色 115（最近使用的颜色：蓝 – 灰）；无内部横线。

具体操作如下：

① 选中"按年龄分析"工作表 A3:J44 单元格区域，单击"开始"选项卡"字体"组的"对话框启动器"按钮，打开"设置单元格格式"对话框。单击"边框"选项卡，如图 3-33 所示在"样式"列表框中选择右侧倒数第二种线条样式，在"颜色"下拉框"最近使用的颜色"中选择"蓝 – 灰"。单击"预置"组的第二个按钮"外边框"，再单击"内部竖框线"按钮，注意观察预览草图，

设置如图 3-33 所示，单击"确定"按钮，设置效果如图 3-8 所示。

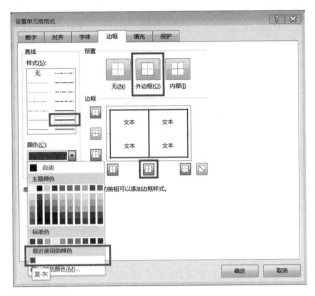

图 3-33　边框设置

11. 跨列居中，套用表格样式

在"按性别分析"工作表 A1 单元格内输入文字"201N 年来华入境游客数据取样（按性别）"，设置 A1:D1 单元格区域跨列居中，设置 A:D 列列宽为 12。为 A3:D44 单元格区域套用表格格式"褐色，表样式深色 3"，将表格转换为普通区域。

具体操作如下：

① 单击"按性别分析"工作表标签，在 A1 单元格输入文字"201N 年来华入境游客数据取样（按性别）"，选中 A1:D1 单元格区域，单击"开始"选项卡"字体"组的"对话框启动器"按钮，打开"设置单元格格式"对话框。单击"对齐"选项卡，如图 3-34 所示在"水平对齐"列表框中选择"跨列居中"。

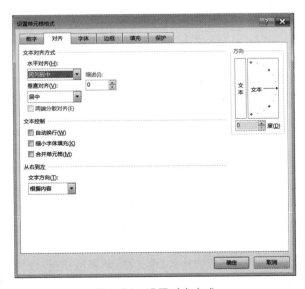

图 3-34　设置对齐方式

②拖动选择列号 A:D，右击选择"列宽"命令，打开"列宽"对话框，输入列宽值 12。

③选中 A3:D44 单元格区域，单击"开始"选项卡"样式"组中的"套用表格格式"按钮，在样式表中，如图 3-35 所示选择"深色"分类中的"褐色，表样式深色 3"样式，在弹出的"套用表格式"对话框中单击"确定"按钮。如图 3-36 所示单击"表格工具 | 设计"选项卡"工具"组中的"转换为区域"按钮，在弹出的对话框中单击"是"按钮，将表格转换为普通区域。本步骤完成效果如图 3-9 所示。

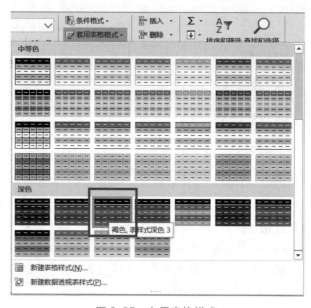

图 3-35　套用表格样式

图 3-36　设置转换为区域

12. 自动填充

在"按目的分析"工作表 A 列前插入一列，将 A1:H1 单元格区域合并后居中。在 A3 单元格输入列标题"编号"，设置 A4:A18 单元格区域的数据格式为文本，并使用自动填充功能输入编号："001,002,003,…,015"，将 B3:B18 单元格区域格式复制到 A3:A18 单元格区域。

具体操作如下：

①选中"按目的分析"工作表 A 列的列号，右击选择"插入"命令，或单击"开始"选项卡"单元格"组中的"插入"按钮，选择"插入工作表列"命令即可。选中 A1:H1 单元格区域，在"开始"选项卡"对齐方式"组中单击"合并后居中"按钮。

②在 A3 单元格输入列标题"编号"，选中 A4:A18 单元格区域，在"开始"选项卡"数字"组中的"数字格式"下拉列表中选择"文本"。

③在 A4 单元格中输入"001"，然后选中 A4 单元格，将鼠标移至单元格右下角填充柄位置（单元格右下角的黑色小方块），当鼠标指针由➕变为✚字形时，按下鼠标左键向下拖动至"A18"

单元格，填充编号由"001"至"015"。

④ 选中 B3:B18 单元格区域，在"开始"选项卡"剪贴板"组中单击"格式刷"按钮，再拖动选中 A3:A18 单元格区域。效果如图 3-37 所示。

编号	国别	观光休闲	会议商务	探亲访友	服务员工	其他	人数总和
		201N年来华入境亚洲游客数据取样（按目的）					
001	韩国	202.24	110.58	3.43	40.67	87.51	
002	日本	39.28	77.81	5.35	11.71	115.62	
003	马来西亚	64.2	15.82	1.39	9.57	16.56	
004	蒙古	6.03	10.38	0.04	22.21	62.76	
005	菲律宾	19.34	3.22	0.27	67.68	9.89	
006	新加坡	24.55	20.33	5.23	6.78	33.64	
007	印度	16.53	19.8	0.34	17.08	19.31	
008	泰国	35.28	4.21	0.27	17.28	7.12	
009	印尼	31.28	2.01	0.37	14.54	5.38	
010	哈萨克斯坦	12.24	1.63	0.58	5.37	4.33	
011	朝鲜	0.15	2.59	0.01	9.42	6.67	
012	巴基斯坦	2.82	3.63	0.09	0.82	3.95	
013	斯里兰卡	0.58	1.49	0.02	2.34	1.38	
014	尼泊尔	1.44	0.91	0.04	0.77	1.83	
015	吉尔吉斯斯	1.63	0.14	0.03	2.08	0.49	

图 3-37　第 12 步完成效果图

13. 清除格式及套用表格样式、手动换行

清除"人数同比分析"工作表 A3:D8 单元格区域的格式，为该区域套用表格格式"深黄，表样式深色 5"，再设置该单元区域字体为"微软雅黑"，字号：12。在 B3 和 C3 单元格文本后输入换行符，再输入文本"（万人）"，并设置新输入的文本字号为 8。列标题文字居中对齐，自动调整 A1:D8 单元格区域的行高和列宽。保存文件。

具体操作如下：

① 单击"人数同比分析"工作表，选中 A3:D8 单元格区域，单击"开始"选项卡"编辑"组中的"清除"按钮，在子菜单中选择"清除格式"命令，如图 3-38 所示。

② 单击"开始"选项卡"样式"组中的"套用表格格式"按钮，在样式表中，如图 3-39 所示选择"深色"分类中的"深黄，表样式深色 5"样式，在弹出的"套用表格式"对话框中单击"确定"按钮。

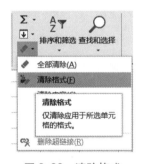

图 3-38　清除格式

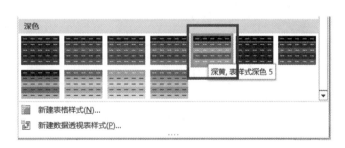

图 3-39　表格样式设置

③ 在"开始"选项卡"字体"组中设置字体为"微软雅黑"，字号：12。

④ 选中 B3 单元格，单击编辑栏右边的箭头，单击定位光标至编辑栏文字末尾处，按【Alt+Enter】组合键输入换行符，再输入文本"（万人）"，如图 3-40 所示拖动鼠标选中输入的文本，在"开始"选项卡"字体"组中设置字号为 8，单击"输入"按钮完成输入。用同样的方法在 C3 单元格完成输入。

⑤ 选中 A3:D3 单元格区域，在"开始"选项卡"对齐方式"组中单击"居中"按钮，

⑥ 选中 A3:D8 单元格区域，单击"开始"选项卡在"单元格"组中单击"格式"按钮，在子菜单中，选择"自动调整行高"和"自动调整列宽"命令，如图 3-41 所示。

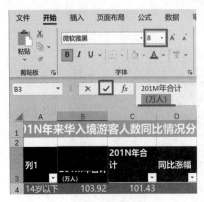

图 3-40　文本换行输入

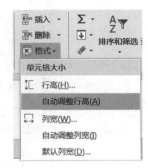

图 3-41　自动调整行高列宽

⑦ 单击工具栏的"保存"按钮 ■ 保存文件。

3.1.3　难点解析

通过本节课程的学习，学生掌握了表格的基本编辑方法和使用技巧。其中，数据选取、数字格式和自动填充是本节的难点内容，这里将针对这三个知识点做具体的讲解。

1. 数据选取

在 Excel 中可以选择一个或多个单元格、行和列的单元格内容。注意：如果工作表处于受保护状态，可能无法在工作表中选择单元格或其内容。数据选取方法如表 3-2 所示。

表 3-2　数据选取方法

选 取 数 据	选 取 方 法
单个单元格	左键单击选取
连续单元格区域	先选中第 1 个单元格，按下鼠标左键，拖动鼠标到最后 1 个需要被选择的单元格，松开鼠标。或先选中第 1 个单元格，按下【Shift】键不放开，用鼠标选取最后 1 个单元格
不连续单元格区域	先选中第 1 个单元格或区域，按下【Ctrl】键不放开，用鼠标选取其他各区域，全部不连续区域选取后松开【Ctrl】键，在名称框中显示的是最第 1 个被选择的单元格的地址
某一行或某一列	鼠标左键单击对应的列标或行号
多行或多列	选取方法与连续单元格区域和非连续单元格区域的选取方式类似，选取的对象为列标或行号
整张工作表	单击第 1 行行号上方和第 1 列列标左侧的小方块即可

2. 数字格式

在 Excel 中，数据根据性质不同可分为数值型数据、文本型数据、日期型数据和逻辑型数据等几种。各种数据的输入方法大致相同：在选定的单元格中输入所需数据，再用【Enter】键或编辑栏上的"输入"按钮确认输入；或用【Esc】键或编辑栏上的"取消"按钮取消输入，但不同类型的数据也有各自的特性。

（1）数值型数据

数值型数据由数字、正负号和小数点等构成，在单元格中默认为右对齐，列宽不够时显示为 # 以防止数据被看错。

（2）文本型数据

文本型数据由字母、符号和数字等构成，在单元格中默认为左对齐，需要注意：

① 纯数字式文本数据：许多数字在使用时不再代表数量的大小，而是用于表示事物的特征和属性，如身份证号码，这些数据就是由数字构成的文本数据。在输入时应先设置单元格数字格式为文本型或输入"'"再输入数字，如"'3277654"（在单元格内单引号不会显示出来）。

② 单元格内文本换行：在 Excel 中，按【Enter】键表示确认输入，所以若要在同一个单元格内换行应使用"自动换行"按钮或按【Alt + Enter】组合键。使用按钮是"软"换行，只有该单元格的列宽不够显示单元格中的内容，才将内容以多行来显示。而组合键是"硬"换行，无论将列调整到多宽，该单元格总是将组合键后开始的内容另起一行显示。

（3）时间日期型数据

时间日期型数据默认为"yy-mm-dd hh:mm"格式，在单元格中默认为右对齐。在处理过程中，系统也把它作为一种特殊的数值。

（4）逻辑型数据

逻辑型数据只有两个值"TRUE"（真）、"FALSE"（假），在单元格中默认为居中对齐。

（5）内置数字格式

可以使用"开始"选项卡的"数字"组按钮和常规下拉框对单元格中的数字进行格式化。Excel 会对单元格自动应用一种内部数字格式。

（6）自定义数字格式

自定义数字格式能够随心所欲地显示单元格数值，只要掌握了它的规则，就很容易用格式代码来创建自定义数字格式，如表 3-3 所示。

表 3-3　自定义数字格式常用代码表

数字格式代码	说　　明
G/ 通用格式	不设置任何格式，按原始输入的数值显示
#	数字占位符，只显示有意义的数字，不显示无意义的 0
.	小数点
,	千位分隔符
E	科学计数符号
\	在格式中显示下一个字符
" "	显示双引号内的字符

显示为	原始数值	自定义格式代码
MU5653	5653	"MU"0000
USD1,235M	1234567890	"USD"#,##0,,"M"
人民币1,235百万	1234567890	"人民币"#,##0,,"百万"

3.　自动填充

通过 Excel 的自动填充数据功能可以为有规律的数据输入提供极大的便利。

（1）填充相同的数据

对于不含数字的纯文本，直接拖动填充柄即可将相同的数据复制到鼠标经过的单元格里。

对于含有数字的文本，按住【Ctrl】键再拖动填充柄即可。

（2）按等差序列直接填充数据

对于含有数字的文本，直接拖动填充柄即可使文本不变，数字按自然数序列填充。

对于数值数据，Excel 能预测填充趋势，然后按预测等差趋势自动填充数据。

（3）利用菜单命令填充数据

选定序列初始值，按住鼠标右键拖动填充柄，在松开鼠标后，会弹出快捷菜单，包括"复制单元格""填充序列""值填充格式""不带格式填充""等差序列""等比序列""序列"等命令，单击选择即可。

单击"开始"选项卡中"编辑"组中的"填充"按钮，在下拉列表中有"向下""向右""向上""向左""两端对齐""序列"等选项，选择不同的命令可以将内容填充至不同位置的单元格中。如图 3-42、图 3-43 所示为使用"序列"选项填充序列的设置图。

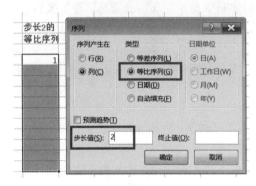

图 3-42　等比序列填充图　　　　　　　　图 3-43　日期序列填充图

（4）采用自定义序列自动填充数据

虽然 Excel 自带有一些填充序列，如"星期一"到"星期日"等，但用户也可以通过工作表中现有的数据项或自己输入一些新的数据项来创建自定义序列。其操作为：单击"开始"选项卡中"编辑"组中的"排序和筛选"按钮，在"排序和筛选"下拉列表中选择"自定义排序"选项。

在选择"自定义排序"选项后，弹出"排序"对话框，在"次序"下拉列表框中选择"自定义序列"选项，在"自定义序列"对话框中输入序列，以回车分隔序列，单击"添加"按钮将序列添加，如图 3-44 所示。单击"确定"按钮返回，最后单击"取消"按钮。

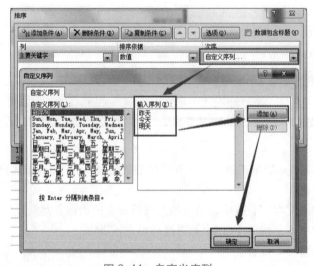

图 3-44　自定义序列

3.2 \\\ 数据简单计算与统计——游客数据分析

3.2.1 任务引导

本单元任务引导卡如表 3-4 所示。

表 3-4　任务引导卡

任务编号	NO. 8		
任务名称	游客数据分析	**计划课时**	2 课时
任务目的	通过对 201N 年来华入境游客数据表的数据进行简单的计算和统计，熟练掌握不同的数据引用方式、公式的概念和语法规则、函数的概念、简单函数的使用（SUM、MAX、MIN、AVERAGE、RANK.EQ）、排序、自动筛选、页面设置等知识点		
任务实现流程	任务引导 → 任务分析 → 编辑 201N 年来华入境游客数据表 → 教师讲评 → 学生完成表格制作 → 难点解析 → 总结与提高		
配套素材导引	原始文件位置：Office 高级应用 2016\ 素材 \ 第三章 \ 任务 3.2 最终文件位置：Office 高级应用 2016\ 效果 \ 第三章 \ 任务 3.2		

🖥 任务分析

得到基础数据的工作表后，为了探索数据后的隐藏信息，发掘数据价值，需要对数据进行简单的统计。我们将通过运算符和函数来编写公式，计算出一些必要数值。还会通过排序和自动筛选来对数据进行整理分析，最终让所收集的数值信息以新的方式加以利用。

本节任务要求学生利用简单的计算和统计方法对"201N 年来华入境游客数据表"文件中的数据进行处理。知识点思维导图如图 3-45 所示。

数据简单计算与统计
- 数据引用：相对引用、绝对引用、定义名称
- 公式
- 函数
- 简单函数的使用
  - 求和函数：SUM、SUMIF
  - 最大值函数：MAX
  - 最小值函数：MIN
  - 平均值函数：AVERAGE
  - 排名函数：RANKEQ
- 删除重复项
- 照相机
- 排序
- 自动筛选
- 页面设置

图 3-45　知识点思维导图

任务3.2导学

任务3.2-1

任务3.2-2

任务3.2-3

任务3.2-4

1. 数据引用

数据引用是指对工作表中的单元格或单元格区域的引用，它可以在公式中使用，以便 Microsoft Office Excel 可以找到需要公式计算的值或数据。通过引用，可以在公式中使用同一工作表不同单元格区域的数据，或者在多个公式中使用同一单元格的数值。还可以引用同一工作簿不同工作表的单元格、不同工作簿的单元格、甚至其他应用程序中的数据。

公式和函数经常会用到单元格的引用。Excel 中的引用有以下几种：相对引用、绝对引用、混合引用、三维引用。

在工作表中进行操作时，如果不想使用 Excel 默认的单元格名称，可以为其自行定义一个名称，从而使得在公式中引用该单元格时更加直观，也易于记忆。当公式或函数中引用了该名称时，就相当于引用了这个区域的所有单元格。

2. 公式和函数

公式是对工作表中的值执行计算的等式，它可以对工作表中的数据进行加、减、乘、除、比较和合并等运算，类似于数学中的一个表达式。

函数是 Excel 根据各种需要，预先设计好的运算公式，它们使用一些称为参数的特定数值按特定的顺序或结构进行计算，可让用户节省自行设计公式的时间。其中，进行运算的数据称为函数参数，返回的计算值称为函数结果。Excel 提供了不同种类的函数，包括：财务函数、日期与时间函数、统计函数、数学与三角函数、逻辑函数、文本函数、查找与引用函数、数据库函数、信息函数等。

3．照相机

Excel 照相机可以把 Excel 的一部分内容照下来，然后把照片粘贴到需要的地方去。Excel 照相机功能最神奇的地方在于，用照相机功能截的图是动态的，在原来单元格区域内更改数据，图片上的内容也会跟着改变。例如：在 Sheet2 中做了数据更改，Sheet1 中的截图也会同步发生变化。虽然将单元格区域直接复制粘贴为图片也可以达到同样的目的，但如果单元格中的数据需频繁变更修正，还是用照相机功能方便一点。

4. 排序

排序是数据分析的基本功能之一。建立数据清单时，各记录按照输入的先后次序排列，但是，当直接从数据清单中查找需要的信息时就很不方便。为了方便查找数据，往往需要对数据进行排序。排序是指依据某列或某几列的数据顺序，重新调整各数据行的位置。数据顺序可以是从小到大，即升序；也可以是从大到小，即降序。

5. 自动筛选

筛选数据，就是在数据库中查找满足条件的记录，它是一种用于查找数据的快速方法。使用“筛选”功能可在数据清单中显示满足条件的数据行，而不满足条件的数据行则被暂时隐藏但并非被删除。对记录进行筛选有两种方式：“自动筛选”和“高级筛选”。使用筛选功能可从大量的数据中检索到所需的信息，取消筛选之后，所有数据都会重新出现，与筛选之前不差分毫。

通过筛选工作表中的信息，可以快速查找数值。可以筛选一个或多个数据列。利用筛选功能不但可以控制要显示的内容，还能控制要排除的内容。既可以基于从列表中做出的选择进行筛选，也可以创建仅用来限定要显示的数据。在筛选数据时，如果一个或多个列中的数值不能满足筛选条件，整行数据都会隐藏起来。用户可以按数字值或文本值筛选，或按单元格颜色筛选那些设置了背景色或文本颜色的单元格。

自动筛选功能通过筛选按钮进行简单条件的数据筛选。

本节任务要求学生利用 Excel 中简单的计算和统计方法对“201N 年来华入境游客数据表”文件中的数据进行处理，完成效果如图 3-46、图 3-48、图 3-49 和图 3-50 所示（因工作表中数据较多，部分效果截图只展示部分数据）。

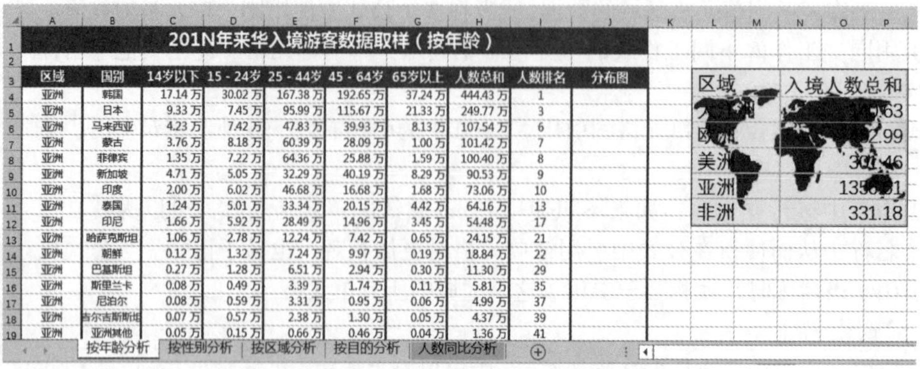

201N年来华入境游客数据取样（按年龄）

区域	国别	14岁以下	15 - 24岁	25 - 44岁	45 - 64岁	65岁以上	人数总和	人数排名	分布图
亚洲	韩国	17.14 万	30.02 万	167.38 万	192.65 万	37.24 万	444.43 万	1	
亚洲	日本	9.33 万	7.45 万	95.99 万	115.67 万	21.33 万	249.77 万	3	
亚洲	马来西亚	4.23 万	7.42 万	47.83 万	39.93 万	8.13 万	107.54 万	6	
亚洲	蒙古	3.76 万	8.18 万	60.39 万	28.09 万	1.00 万	101.42 万	7	
亚洲	菲律宾	1.35 万	7.22 万	64.36 万	25.88 万	1.59 万	100.40 万	8	
亚洲	新加坡	4.71 万	5.05 万	32.29 万	40.19 万	8.29 万	90.53 万	9	
亚洲	印度	2.00 万	6.02 万	46.68 万	16.68 万	1.68 万	73.06 万	10	
亚洲	泰国	1.24 万	5.01 万	33.34 万	20.15 万	4.42 万	64.16 万	13	
亚洲	印尼	1.66 万	5.92 万	28.49 万	14.96 万	3.45 万	54.48 万	17	
亚洲	哈萨克斯坦	1.06 万	2.78 万	12.24 万	7.42 万	0.65 万	24.15 万	21	
亚洲	朝鲜	0.12 万	1.32 万	7.24 万	9.97 万	0.19 万	18.84 万	22	
亚洲	巴基斯坦	0.27 万	1.28 万	6.51 万	2.94 万	0.30 万	11.30 万	29	
亚洲	斯里兰卡	0.08 万	0.49 万	3.39 万	1.74 万	0.11 万	5.81 万	35	
亚洲	尼泊尔	0.08 万	0.59 万	3.31 万	0.95 万	0.06 万	4.99 万	37	
亚洲	吉尔吉斯斯坦	0.07 万	0.57 万	2.38 万	1.30 万	0.05 万	4.37 万	39	
亚洲	亚洲其他	0.05 万	0.15 万	0.66 万	0.46 万	0.04 万	1.36 万	41	

区域	入境人数总和
美洲	
亚洲	
非洲	331.18

图 3-46 “按年龄分析”工作表完成效果

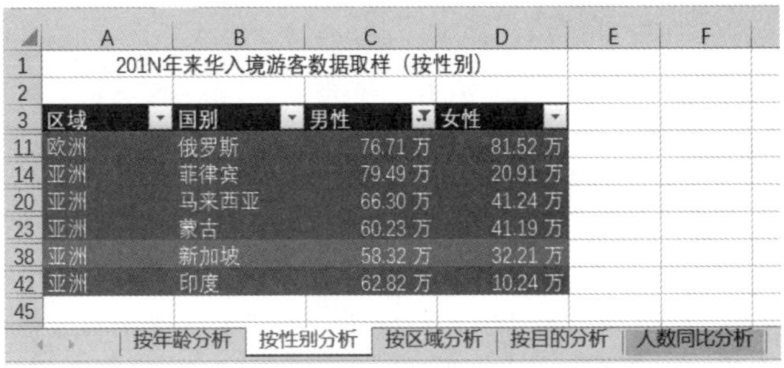

201N年来华入境游客数据取样（按性别）

区域	国别	男性	女性
欧洲	俄罗斯	76.71 万	81.52 万
亚洲	菲律宾	79.49 万	20.91 万
亚洲	马来西亚	66.30 万	41.24 万
亚洲	蒙古	60.23 万	41.19 万
亚洲	新加坡	58.32 万	32.21 万
亚洲	印度	62.82 万	10.24 万

按年龄分析 | 按性别分析 | 按区域分析 | 按目的分析 | 人数同比分析

图 3-47 “按性别分析”工作表完成效果

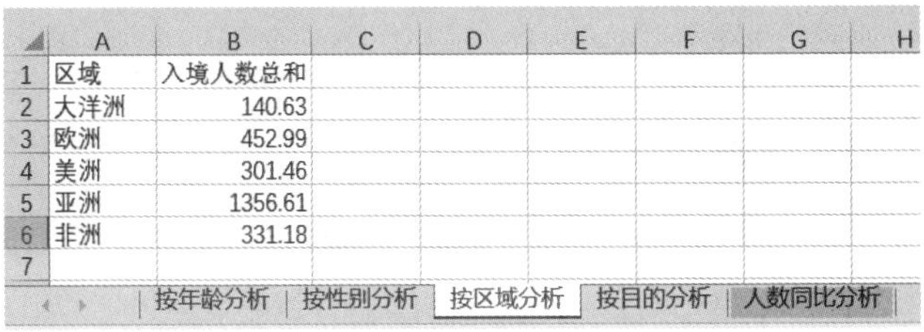

区域	入境人数总和
大洋洲	140.63
欧洲	452.99
美洲	301.46
亚洲	1356.61
非洲	331.18

按年龄分析 | 按性别分析 | 按区域分析 | 按目的分析 | 人数同比分析

图 3-48 “按区域分析”工作表完成效果

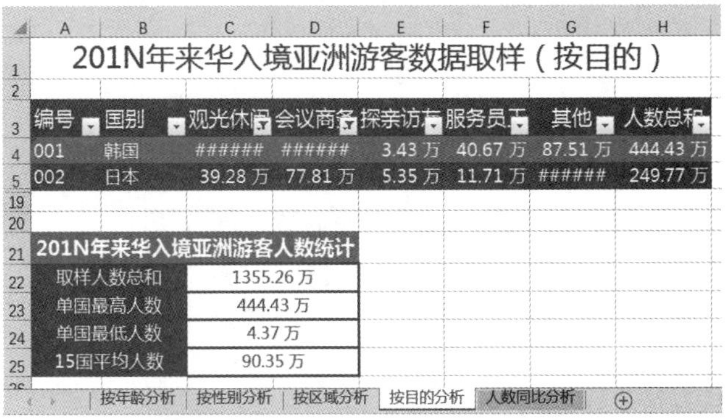

201N年来华入境亚洲游客数据取样（按目的）

编号	国别	观光休闲	会议商务	探亲访友	服务员工	其他	人数总和
001	韩国	######	######	3.43 万	40.67 万	87.51 万	444.43 万
002	日本	39.28 万	77.81 万	5.35 万	11.71 万	######	249.77 万

201N年来华入境亚洲游客人数统计	
取样人数总和	1355.26 万
单国最高人数	444.43 万
单国最低人数	4.37 万
15国平均人数	90.35 万

按年龄分析 | 按性别分析 | 按区域分析 | 按目的分析 | 人数同比分析

图 3-49 “按目的分析”工作表完成效果

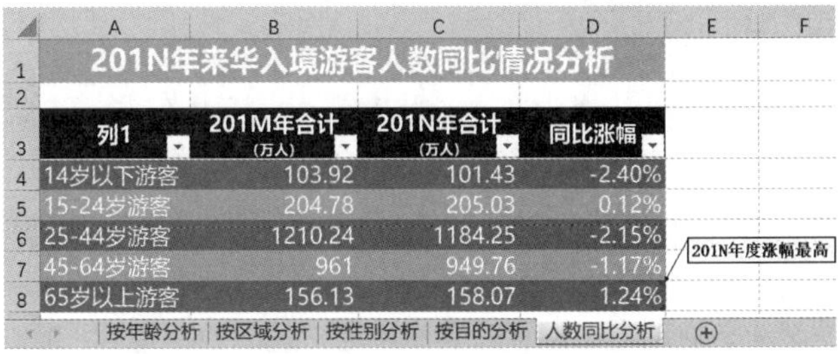

201N年来华入境游客人数同比情况分析

列1	201M年合计（万人）	201N年合计（万人）	同比涨幅
14岁以下游客	103.92	101.43	-2.40%
15-24岁游客	204.78	205.03	0.12%
25-44岁游客	1210.24	1184.25	-2.15%
45-64岁游客	961	949.76	-1.17%
65岁以上游客	156.13	158.07	1.24%

201N年度涨幅最高

按年龄分析 | 按区域分析 | 按性别分析 | 按目的分析 | 人数同比分析

图 3-50 “人数同比分析”工作表完成效果

3.2.2 任务步骤与实施

1. 加法运算符计算人数总和

打开文件“201N 年来华入境游客数据表 .xlsx”，在“按目的分析”工作表 H4:H18 单元格区域使用公式计算出人数总和，计算结果进行不带格式填充。设置 C4:H18 单元格区域数字格式为保留两位小数位数，数字后添加空格和文字"万"。

具体操作如下：

① 打开文件"201N 年来华入境游客数据表 .xlsx"，选定"按目的分析"工作表 H4 单元格。

② 将光标定位在编辑栏，输入等号 =，再单击 C4 单元格，使编辑栏中出现 C4 单元格的名称，再输入加号 +，继续单击 D4 单元格，使编辑栏中出现 D4 单元格的名称，要注意输入的符号都为半角英文符号。再输入加号 +，单击 E4 单元格，再输入加号 +，单击 F4 单元格，再输入加号 +，单击 G4 单元格，最后单击编辑栏上的"输入"按钮，完成公式输入。最终在编辑栏输入的公式为"=C4+D4+E4+F4+G4"，效果如图 3-51 所示。

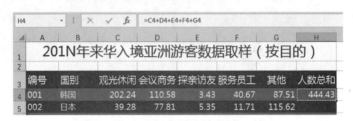

图 3-51　使用加法运算符计算效果

③ 选中 H4 单元格，将鼠标移至单元格右下角填充柄位置，当鼠标指针由✛变为✚字形时，按下鼠标左键向下拖动至 H18 单元格填充复制公式。填充完毕后在单元格区域右下角出现"自动填充选项"，选择"不带格式填充"，如图 3-52 所示。

图 3-52　公式的自动填充

④ 选中 C4:H18 单元格区域，单击"开始"选项卡"数字"组的"对话框启动器"按钮，打开"设置单元格格式"对话框。在"数字"选项卡的"分类"列表框中选择"自定义"，将"类型"下方选择框右侧的滚动条拖动至末尾，选取曾经定义过的数字格式；0.00"万"，单击"确定"按钮完成设置。

2. 自动求和组函数计算总和、最大值、最小值、平均值

在"按目的分析"工作表 C22:C25 单元格区域使用函数计算出取样人数总和、单国最高人数、单国最低人数、15 国平均人数（提示：分别使用函数 SUM、MAX、MIN、AVERAGE），数字格式与 C4:H18 单元格区域相同。

具体操作如下：

① 选定 C22 单元格；选择"公式"选项卡，单击"函数库"组中的"自动求和"按钮，选择求和函数，如图 3-53 所示。

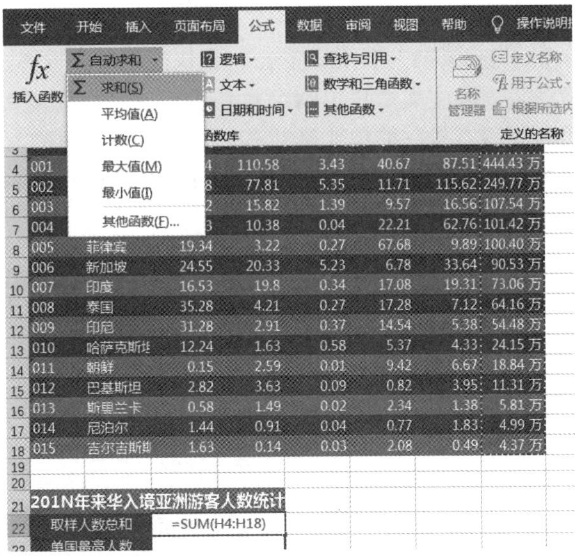

② 选取函数后，电脑会自动给出函数参数，并选取函数参数使其显示为黑色底色。直接在文档中拖动选择单元格区域 H4:H18，替换错误的函数参数。最后单击编辑栏上的"输入"按钮，完成公式输入。最终在编辑栏输入的公式为"=SUM(H4:H18)"。

③ 选定 C23 单元格；选择"公式"选项卡，单击"函数库"组"自动求和"按钮中的"最大值"按钮，在文档中拖动选择单元格区域 H4:H18 作为函数参数，最后单击编辑栏上的"输入"按钮。最终在编辑栏输入的公式为"=MAX(H4:H18)"。

④ 选定 C24 单元格；选择"公式"选项卡，单击"函数库"组"自动求和"按钮中的"最小值"按钮，在文档中拖动选择单元格区域 H4:H18 作为函数参数，最后单击编辑栏上的"输入"按钮。最终在编辑栏输入的公式为"=MIN(H4:H18)"。

⑤ 选定 C25 单元格；选择"公式"选项卡，单击"函数库"组"自动求和"按钮中的"平均值"按钮，在文档中拖动选择单元格区域 H4:H18 作为函数参数，最后单击编辑栏上的"输入"按钮。最终在编辑栏输入的公式为"=AVERAGE(H4:H18)"。

⑥ 选中 C22:C25 单元格区域，按照上一步骤最后一小步同样的方法进行设置。最后的效果如图 3-49 所示。

3. 套用样式表格中计算人数同比增涨幅度、添加批注

选择"人数同比分析"工作表，在 D4:D7 单元格区域使用公式计算相对于 201M 年的人数同比增涨幅度，数字格式为百分比，保留两位小数位数。为涨幅最高的单元格添加批注，批注的内容为"201N 年度涨幅最高"，调整批注大小位置，并设置始终显示。

具体操作如下：

① 打开"人数同比分析"工作表，选择 D4 单元格，将光标定位在编辑栏，输入等号 =，再输入左括号 (，单击 C4，单元格，由于此表格套用表格格式，出现的并不是 C4，而是 [@[201N 年合计（万人）]]。再输入减号 -，单击 B4 单元格后输入右括号)，再输入除号 /，单击 B4 单元格，最后单击编辑栏上的"输入"按钮，完成公式输入。

② 套用表格格式的表格会自动创建计算列，因此不需要复制填充公式。最终在编辑栏输入的公式为"=([@[201N 年合计（万人）]]-[@[201M 年合计（万人）]])/[@[201M 年合计（万人）]]"，效果如图 3-54 所示。

③ 选取 D4:D8 单元格区域，单击"开始"

图 3-53 使用求和函数计算

图 3-54 计算同比涨幅公式效果图

选项卡"数字"组"数字格式"下三角按钮,选取"百分比"完成设置。

④ 选中 D8 单元格,右击,在快捷菜单中选择"插入批注"命令,删除掉批注框中的文本内容,输入批注文本"201N年度涨幅最高"。完成文本输入后,单击批注框外部的工作表区域,可以发现有批注的单元格的右上角有一个红色的三角符号,可以移动鼠标指针到该符号上面查看批注。通过"审阅"选项卡"批注"组"显示所有批注"命令让批注一直显示,如图 3-55 所示,调整批注大小位置。

图 3-55 批注设置

4. 使用函数计算总和、排名

选择"按年龄分析"工作表,在 H4:H44 单元格区域使用函数计算人数总和,在 I4:I44 单元格区域使用函数计算各国入境人数排名(提示:分别使用函数 SUM、统计类函数 RANK.EQ)。

具体操作如下:

① 单击"按年龄分析"工作表标签,选定 H4 单元格;单击编辑栏上"插入函数"按钮,或者选择"公式"选项卡,单击"函数库"组中的"插入函数"按钮打开"插入函数"对话框。在"搜索函数"文本框输入"SUM",单击"转到"按钮搜索函数,在"选择函数"框中看到 SUM 函数并选择 SUM 函数,如图 3-56 所示,单击"确定"按钮打开"函数参数"对话框。

② 在 SUM 函数的"函数参数"对话框中,确定 Number1 参数设置为"C4:G4",如图 3-57 所示,单击"确定"按钮。最后填充复制公式至 H44 单元格,"自动填充选项"设置为"不带格式填充"。

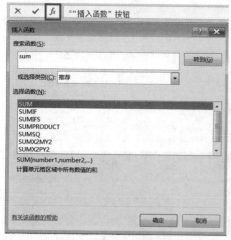

图 3-56 搜索函数

图 3-57 SUM 函数参数设置

③ 选定 I4 单元格，选择"公式"选项卡单击"函数库"组中的"其他函数"按钮，在子菜单中选择"统计"，再选择"RANK.EQ"函数打开"函数参数"对话框，如图 3-58 所示。

④ 在 RANK.EQ 函数的"函数参数"对话框中，将光标置于 Number 参数框中，单击 H4 单元格；再将光标置于 Ref 参数框中，选择 H4:H44 单元格区域，按下【F4】键，使 H4:H44 变为绝对引用状态 $H$4:$H$44，最后将光标置于 Order 参数框中，输入 0，如图 3-59 所示；最后单击"确定"按钮。

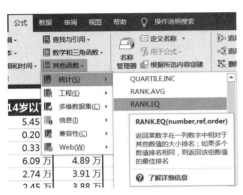

图 3-58 选项卡选取函数

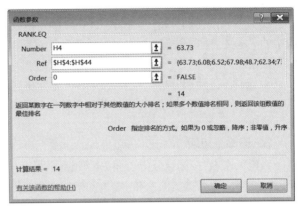

图 3-59 RANK.EQ 函数参数设置

⑤ 填充复制公式至 I44 单元格，"自动填充选项"设置为"不带格式填充"，完成效果如图 3-60 所示。

区域	国别	14岁以下	15 - 24岁	25 - 44岁	45 - 64岁	65岁以上	人数总和	人数排名	分布图
大洋洲	澳大利亚	5.45 万	4.24 万	21.38 万	26.56 万	6.10 万	63.73 万	14	
欧洲	奥地利	0.20 万	0.38 万	2.52 万	2.62 万	0.36 万	6.08 万	34	
欧洲	比利时	0.33 万	0.48 万	2.49 万	2.83 万	0.39 万	6.52 万	33	
美洲	加拿大	6.09 万	4.89 万	21.38 万	29.49 万	6.13 万	67.98 万	11	
欧洲	法国	2.74 万	3.91 万	21.79 万	16.93 万	3.33 万	48.70 万	18	
欧洲	德国	2.45 万	3.88 万	25.56 万	27.26 万	3.19 万	62.34 万	15	
亚洲	印度	2.00 万	6.02 万	46.68 万	16.68 万	1.68 万	73.06 万	10	
亚洲	印尼	1.66 万	5.92 万	28.49 万	14.96 万	3.45 万	54.48 万	17	
欧洲	意大利	0.59 万	1.41 万	11.55 万	9.64 万	1.43 万	24.62 万	20	
亚洲	日本	9.33 万	7.45 万	95.99 万	115.67 万	21.33 万	249.77 万	3	
亚洲	哈萨克斯坦	1.06 万	2.78 万	12.24 万	7.42 万	0.65 万	24.15 万	21	
亚洲	韩国	17.14 万	30.02 万	167.38 万	192.65 万	37.24 万	444.43 万	1	
亚洲	朝鲜	0.12 万	1.32 万	7.24 万	9.97 万	0.19 万	18.84 万	22	
亚洲	吉尔吉斯斯坦	0.07 万	0.57 万	2.38 万	1.30 万	0.05 万	4.37 万	39	
亚洲	马来西亚	4.23 万	7.42 万	47.83 万	39.93 万	8.13 万	107.54 万	6	
美洲	墨西哥	0.27 万	0.70 万	3.59 万	2.00 万	0.26 万	6.82 万	31	
亚洲	蒙古	3.76 万	8.18 万	60.39 万	28.09 万	1.00 万	101.42 万	7	
亚洲	尼泊尔	0.08 万	0.59 万	3.31 万	0.95 万	0.06 万	4.99 万	37	

图 3-60 第 5 步完成效果图

5. 定义名称

将"按年龄分析"工作表 A4:A44 单元格区域定义名称为"区域"，H4:H44 单元格区域定义名称为"人数总和"。将"按性别分析"工作表 C4:C44 单元格区域定义名称为"男性人数"，D4:D44 单元格区域定义名称为"女性人数"。

具体操作如下：

① 选择"按年龄分析"工作表 A4:A44 单元格区域，选择"公式"选项卡，如图 3-61 所示单击"定义的名称"组中的"定义名称"按钮，打开"新建名称"对话框，在"名称"处输入"区域"，单击"确定"按钮。

② 选择"按年龄分析"工作表 H4:H44 单元格区域，选择"公式"选项卡，单击"定义的名称"组中的"定义名称"按钮，打开"新建名称"对话框，在"名称"处输入"人数总和"，单击"确定"按钮。

③ 选择"按性别分析"工作表 C4:C44 单元格区域，选择"公式"选项卡，单击"定义的名称"组中的"定义名称"按钮，打开"新建名称"对话框，在"名称"处输入"男性人数"，单击"确定"按钮。

④ 选择"按性别分析"工作表 D4:D44 单元格区域，选择"公式"选项卡，单击"定义的名称"组中的"定义名称"按钮，打开"新建名称"对话框，在"名称"处输入"女性人数"，单击"确定"按钮。

6. 删除重复项

新建工作表"按区域分析"，将"按年龄分析"工作表 A3:A44 单元格区域复制至该表 A1 单元格，删除区域列的所有重复项，在 B1 单元格输入列标题"入境人数总和"。

具体操作如下：

① 单击工作表标签"人数同比分析"右侧的"新工作表"按钮，插入新工作表。双击工作表标签，使其反白显示，输入工作表名称"按区域分析"。

② 选择"按年龄分析"工作表 A3:A44 单元格区域，复制，选择"按区域分析"工作表 A1 单元格，右击并选择"粘贴选项"|"值"命令；选择"数据"选项卡，如图 3-62 所示单击"数据工具"组中的"删除重复值"按钮，在打开的"删除重复值"对话框单击"确定"按钮，在打开的对话框中再次单击"确定"按钮。在 B1 单元格输入列标题"入境人数总和"，自动调整 B 列的列宽。

图 3-61　定义名称

图 3-62　删除重复值

7. 使用函数计算各区域入境人数总和

在"按区域分析"工作表的 B2:B6 单元格区域使用 SUMIF 函数调用"按年龄分析"工作表定义名称的数据计算各区域入境人数总和。

具体操作如下：

① 选择"按区域分析"工作表 B2 单元格，单击编辑栏上"插入函数"按钮，打开"插入函数"对话框。在"搜索函数"文本框输入"SUMIF"，单击"转到"按钮搜索函数，在"选择函数"框中看到 SUMIF 函数并选择 SUMIF 函数，然后单击"确定"按钮打开"函数参数"对话框。

② 在 SUMIF 函数的"函数参数"对话框中，如图 3-63 所示，Range 参数设置为"区域"，Criteria 参数设置为"A2"，Sum_range 参数设置为"人数总和"，单击"确定"按钮。最后填充复制公式至 B6 单元格。完成效果如图 3-48 所示。

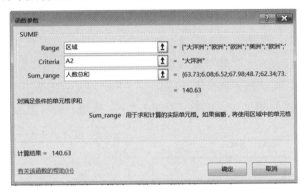

图 3-63　SUMIF 函数参数设置

8. 使用照相机复制关联表格数据

在插入选项卡添加"照相机"组，加入"照相机"功能按钮，使用"照相机"功能为"按区域分析"工作表的 A1:B6 单元格区域照相，"照相机"得到的图片放置在"按年龄分析"工作表的 L3 单元格区域起始的位置，调整图片宽度延伸至 P 列，将"五洲.jpg"设置为图片背景。

具体操作如下：

① 选择"文件"选项卡，如图 3-64 所示单击左边的"选项"按钮，在打开的"Excel 选项"对话框单击"自定义功能区"按钮，在"主选项卡"中选择"插入"，单击"新建组"按钮。

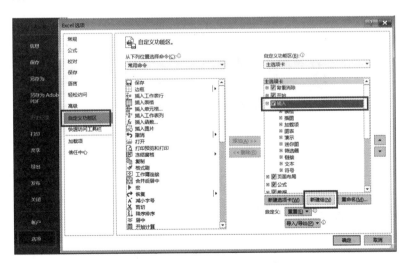

图 3-64　"Excel 选项"对话框

② 如图 3-65 所示，右击"新建组（自定义）"并选择"重命名"命令，在打开的"重命名"对话框中，修改"显示名称"为"照相机"，单击"确定"按钮。

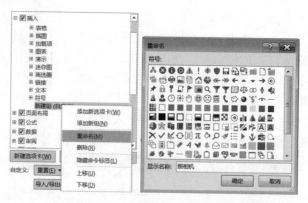

图 3-65　重命名为"照相机"

③ 如图 3-66 所示，在"从下列位置选择命令"下拉列表中选择"不在功能区中的命令"，在下方的列表框中选择"照相机"，单击"添加（A）"按钮，最后单击"确定"按钮。

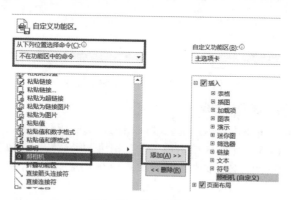

图 3-66　添加照相机

④ 选择"按区域分析"工作表 A1:B6 单元格区域，选择"插入"选项卡，如图 3-67 所示，单击最右边的"照相机"组的"照相机"按钮，单击"按年龄分析"工作表标签，单击 L3 单元格，调整图片宽度延伸至 P 列。

图 3-67　选择"照相机"

⑤ 右击图片并选择"设置图片格式"命令，如图 3-68 所示，选择"填充与线条"项，选择"填充"为"图片或纹理填充"，单击"插入"按钮，在打开的对话框中选择"从文件"，在"插入图片"对话框中选择素材图片"五洲 .jpg"。

9. 单一关键字排序

选择"按性别分析"工作表，按照"国别"列升序排序。

具体操作如下：

① 单击"按性别分析"工作表标签，选择"国别"列任意一个数据单元格，然后选择"数据"选项卡，单击"排序与筛选"组的"升序"按钮，如图 3-69 所示。

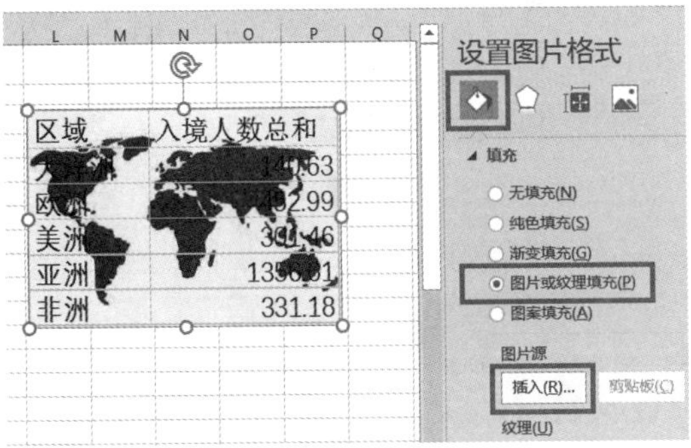

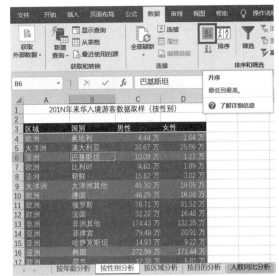

图 3-68 设置图片格式

图 3-69 选择升序进行排序

10. 多个关键字自定义序列排序

对"按年龄分析"工作表进行排序。主要关键字：区域，按照"亚洲、大洋洲、欧洲、美洲、非洲"的序列排序；次要关键字：人数总和，降序。排序后按照原表格格式恢复。

具体操作如下：

① 单击"按年龄分析"工作表标签，选择数据清单中的任意一个数据单元格，然后选择"数据"选项卡，单击"排序与筛选"组的"排序"按钮，打开"排序"对话框。

② 在"排序"对话框中，在"主要关键字"下拉列表框中选择"区域"，在对应的"次序"下拉列表中选择"自定义序列"，弹出"自定义序列"对话框。如图 3-70 所示在"输入序列"文本框中输入"亚洲"，回车后输入"大洋洲"，按此方法输入所有序列，单击"添加"按钮，最后单击"确定"按钮。

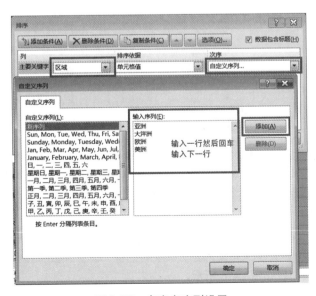

图 3-70 自定义序列设置

③ 单击"添加条件"按钮，如图 3-71 所示在"次要关键字"下拉列表中选择"人数总和"，在对应的"次序"下拉列表中选择"降序"，最后单击"确定"按钮。排序后的工作表，如图 3-72 所示。

图 3-71　排序关键字设置

区域	国别	14岁以下	15 - 24岁	25 - 44岁	45 - 64岁	65岁以上	人数总和	人数排名	分布图
亚洲	韩国	17.14万	30.02万	167.38万	192.65万	37.24万	444.43万	1	
亚洲	日本	9.33万	7.45万	95.99万	115.67万	21.33万	249.77万	3	
亚洲	马来西亚	4.23万	7.42万	47.83万	39.93万	8.13万	107.54万	6	
亚洲	蒙古	3.76万	8.18万	60.39万	28.09万	1.00万	101.42万	7	
亚洲	菲律宾	1.35万	7.22万	64.36万	25.88万	1.59万	100.40万	8	
亚洲	新加坡	4.71万	5.05万	32.29万	40.19万	8.29万	90.53万	9	
亚洲	印度	2.00万	6.02万	46.68万	16.68万	1.68万	73.06万	10	
亚洲	泰国	1.24万	5.01万	33.34万	20.15万	4.42万	64.16万	13	
亚洲	印尼	1.66万	5.92万	28.49万	14.96万	3.45万	54.48万	17	
亚洲	哈萨克斯坦	1.06万	2.78万	12.24万	7.42万	0.65万	24.15万	21	
亚洲	朝鲜	0.12万	1.32万	7.24万	9.97万	0.19万	18.84万	22	
亚洲	巴基斯坦	0.27万	1.28万	6.51万	2.94万	0.30万	11.30万	29	
亚洲	斯里兰卡	0.08万	0.49万	3.39万	1.74万	0.11万	5.81万	35	
亚洲	尼泊尔	0.08万	0.59万	3.31万	0.95万	0.06万	4.99万	37	
亚洲	吉尔吉斯斯坦	0.07万	0.57万	2.38万	1.30万	0.05万	4.37万	39	
亚洲	亚洲其他	0.05万	0.15万	0.66万	0.46万	0.04万	1.36万	41	
大洋洲	大洋洲其他	1.51万	6.06万	34.24万	20.52万	2.02万	64.35万	12	
大洋洲	澳大利亚	5.45万	4.24万	21.38万	26.56万	6.10万	63.73万	14	
大洋洲	新西兰	1.45万	0.90万	4.05万	5.19万	0.96万	12.55万	27	
欧洲	俄罗斯	4.73万	15.31万	72.68万	58.49万	7.02万	158.23万	5	
欧洲	德国	2.45万	3.88万	25.56万	27.26万	3.19万	62.34万	15	
欧洲	英国	2.66万	3.97万	22.21万	24.53万	4.59万	57.96万	16	

201N年来华入境游客数据取样（按年龄）

按年龄分析　按性别分析　按区域分析　按目的分析　人数同比分析

图 3-72　第 10 步完成效果图

11. 自动筛选（1）

在"按性别分析"工作表中自动筛选出亚洲和欧洲来华入境男性人数在 50 万至 100 万之间的国家数据。

具体操作如下：

① 选择"按性别分析"工作表中的任意一个数据单元格，然后选择"数据"选项卡，单击"排序与筛选"组的"筛选"按钮，表格列标题右侧出现下拉按钮可以设置自动筛选条件。

② 单击"区域"右侧的下拉按钮，打开下拉菜单。如图 3-73 所示单击取消"大洋洲"、"非洲"和"美洲"的选取，最后单击"确定"按钮。

③ 单击"男性"右侧的下拉按钮，打开下拉菜单。如图 3-74 和图 3-75 所示单击"数字筛选"，再选取"介于"命令打开"自定义自动筛选方式"对话框，设置人数总和大于 100，最后单击"确定"按钮。筛选后的工作表如图 3-76 所示。

图 3-73　勾选筛选项

图 3-74　数字筛选条件

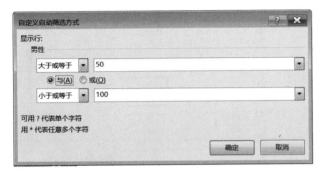

图 3-75　自定义自动筛选方式

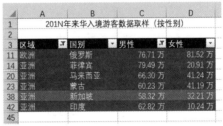

图 3-76　第 11 步完成效果图

12. 自动筛选（2）

在"按目的分析"工作表中自动筛选出观光休闲人数前五位的国家中会议商务人数高于平均值的国家数据。

具体操作如下：

① 选择"按目的分析"工作表中的任意一个数据单元格，然后选择"数据"选项卡，单击"排序与筛选"组的"筛选"按钮，表格列标题右侧出现下拉按钮可以设置自动筛选条件。

② 单击"观光休闲"右侧的下拉按钮，打开下拉菜单。如图 3-77 所示选取"前 10 项"，打开"自动筛选前 10 个"对话框。在对话框中设置显示最大的 5 项，最后单击"确定"按钮。

③ 单击"会议商务"右侧的下拉按钮，打开下拉菜单选取"高于平均值"。筛选后的工作表如图 3-78 所示。

图 3-77　自动筛选最大值项

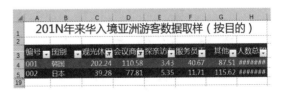

图 3-78　第 12 步完成效果图

13. 页面设置

打开"按年龄分析"工作表，进行页面设置：纸张为 A4，纸张方向为横向，上下页边距为 2.5，居中方式为水平居中，设置页眉居中为"201N 年来华入境游客数据取样"，页脚左侧为数据表名称，右侧为当前日期；设置打印区域为 A3:I44，顶端标题行为第三行。通过打印预览查看设置效果。保存文件。

具体操作如下：

① 打开"按年龄分析"工作表，单击选择"页面布局"选项卡。在"页面设置"组单击右下角的"对话框快速启动器"按钮，打开"页面设置"对话框。

② 在"页面"选项卡中设置：纸张大小为 A4，纸张方向为横向，如图 3-79 所示。

③ 在"页边距"选项卡中设置：上下页边距为 2.5，居中方式勾选"水平"选项，如图 3-80 所示。

图 3-79　纸张设置

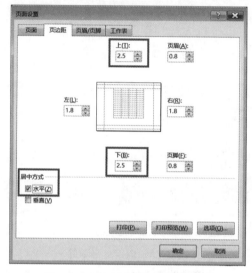

图 3-80　页边距和居中方式设置

④ 在"页眉/页脚"选项卡中设置：单击"自定义页眉"按钮，打开"页眉"对话框，在"中部"内输入文字"201N 年来华入境游客数据取样"，单击"确定"按钮。单击"自定义页脚"按钮，在"页脚"对话框中"左部"内单击"插入数据表名称"按钮，"右部"内单击"插入日期"按钮，如图 3-81 所示，单击"确定"按钮完成页脚设置。设置好的页眉页脚如图 3-82 所示。

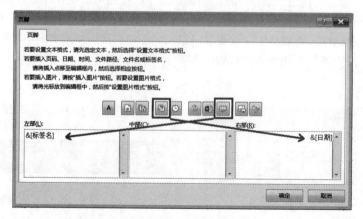

图 3-81　页脚设置

⑤ 在"工作表"选项卡中单击"打印区域"右侧按钮，选取 A3:I44，单击"顶端标题行"右侧按钮，选取第三行，设置好的"页面设置"对话框如图 3-83 所示。单击"确定"按钮。

图 3-82　页眉页脚设置效果

图 3-83　打印区域和打印标题行设置

⑥ 选取"文件"选项卡单击"打印"命令，预览效果如图 3-84 所示。

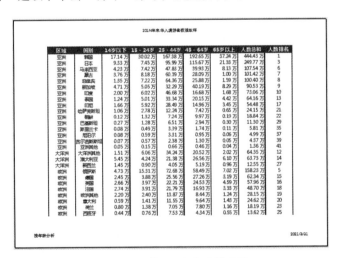

图 3-84　第 13 步完成效果图

3.2.3　难点解析

通过本节课程的学习，学生掌握了数据的简单计算与统计方法。其中，数据引用、公式和函数是本节的难点内容，这里将针对这三个知识点做具体的讲解。

1. 数据引用

数据引用是指对工作表中的单元格或单元格区域的引用，它可以在公式中使用，以便 Excel 可以找到需要公式计算的值或数据。通过引用，可以在公式中使用同一工作表不同单元格区域的数据，或者在多个公式中使用同一单元格的数值。还可以引用同一工作簿不同工作表的单元格、不同工作簿的单元格，甚至其他应用程序中的数据。

公式和函数经常会用到单元格的引用，Excel 中的引用有以下几种：

（1）相对引用

相对引用是指在复制或移动公式或函数时，参数单元格地址会随着结果单元格地址的改变而产生相应变化的地址引用方式，其格式为“列标行号”。如图 3-85 所示在计算奖金提成时公式中的 C4 就会随着公式自动填充变为 C5、C6 等，追踪被引用的单元格可以看到 C4 作为相对引用单元格发生的变化。

（2）绝对引用

绝对引用是指在复制或移动公式或函数时，参数单元格地址不会随着结果单元格地址的改变而产生任何变化的地址引用方式，其格式为“$ 列标 $ 行号”。如图 3-86 所示在计算人民币奖金时公式中的 D4 是每个人的奖金提成，为相对引用。而 C21 为汇率值，每个公式计算时都需要乘以这个固定值，因此 $C$21 进行绝对引用。追踪被引用的单元格可以看到在公式复制的过程中奖金提成列的数据在变化，而 $C$21 作为绝对引用单元格没有变化。相对引用、绝对引用和混合引用可以使用【F4】键切换。

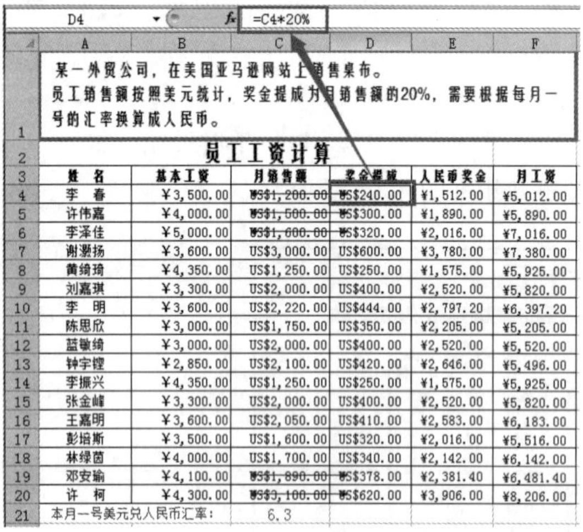

D4 =C4*20%

某一外贸公司，在美国亚马逊网站上销售桌布。
员工销售额按照美元统计，奖金提成为月销售额的20%，需要根据每月一号的汇率换算成人民币。

员工工资计算

姓　名	基本工资	月销售额	奖金提成	人民币奖金	月工资
李　春	¥3,500.00	US$1,200.00	US$240.00	¥1,512.00	¥5,012.00
许伟嘉	¥4,000.00	US$1,500.00	US$300.00	¥1,890.00	¥5,890.00
李泽佳	¥5,000.00	US$1,600.00	US$320.00	¥2,016.00	¥7,016.00
谢灏扬	¥3,600.00	US$3,000.00	US$600.00	¥3,780.00	¥7,380.00
黄绮琦	¥4,350.00	US$1,250.00	US$250.00	¥1,575.00	¥5,925.00
刘嘉琪	¥3,300.00	US$2,000.00	US$400.00	¥2,520.00	¥5,820.00
李　明	¥3,600.00	US$2,220.00	US$444.00	¥2,797.20	¥6,397.20
陈思欣	¥3,000.00	US$1,750.00	US$350.00	¥2,205.00	¥5,205.00
蓝敏绮	¥3,000.00	US$2,000.00	US$400.00	¥2,520.00	¥5,520.00
钟宇铿	¥2,850.00	US$2,100.00	US$420.00	¥2,646.00	¥5,496.00
李振兴	¥4,350.00	US$1,250.00	US$250.00	¥1,575.00	¥5,925.00
张金峰	¥3,300.00	US$2,000.00	US$400.00	¥2,520.00	¥5,820.00
王嘉明	¥3,600.00	US$2,050.00	US$410.00	¥2,583.00	¥6,183.00
彭培斯	¥3,500.00	US$1,600.00	US$320.00	¥2,016.00	¥5,516.00
林绿茵	¥4,000.00	US$1,700.00	US$340.00	¥2,142.00	¥6,142.00
邓安瑜	¥4,100.00	US$1,890.00	US$378.00	¥2,381.40	¥6,481.40
许　柯	¥4,300.00	US$3,100.00	US$620.00	¥3,906.00	¥8,206.00
本月一号美元兑人民币汇率：		6.3			

图 3-85　相对引用

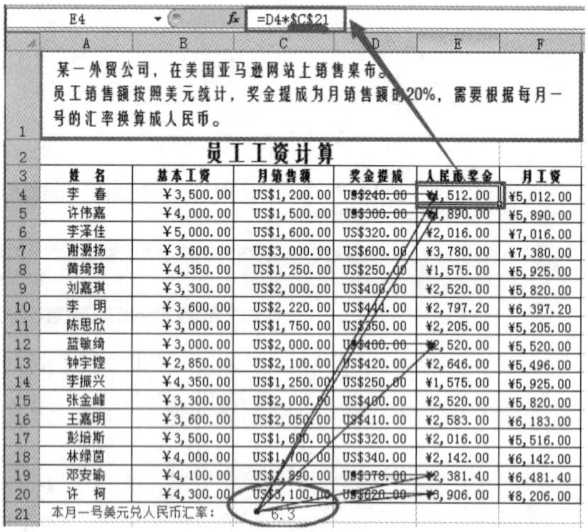

E4 =D4*$C$21

某一外贸公司，在美国亚马逊网站上销售桌布。
员工销售额按照美元统计，奖金提成为月销售额的20%，需要根据每月一号的汇率换算成人民币。

员工工资计算

姓　名	基本工资	月销售额	奖金提成	人民币奖金	月工资
李　春	¥3,500.00	US$1,200.00	US$240.00	¥1,512.00	¥5,012.00
许伟嘉	¥4,000.00	US$1,500.00	US$300.00	¥1,890.00	¥5,890.00
李泽佳	¥5,000.00	US$1,600.00	US$320.00	¥2,016.00	¥7,016.00
谢灏扬	¥3,600.00	US$3,000.00	US$600.00	¥3,780.00	¥7,380.00
黄绮琦	¥4,350.00	US$1,250.00	US$250.00	¥1,575.00	¥5,925.00
刘嘉琪	¥3,300.00	US$2,000.00	US$400.00	¥2,520.00	¥5,820.00
李　明	¥3,600.00	US$2,220.00	US$444.00	¥2,797.20	¥6,397.20
陈思欣	¥3,000.00	US$1,750.00	US$350.00	¥2,205.00	¥5,205.00
蓝敏绮	¥3,000.00	US$2,000.00	US$400.00	¥2,520.00	¥5,520.00
钟宇铿	¥2,850.00	US$2,100.00	US$420.00	¥2,646.00	¥5,496.00
李振兴	¥4,350.00	US$1,250.00	US$250.00	¥1,575.00	¥5,925.00
张金峰	¥3,300.00	US$2,000.00	US$400.00	¥2,520.00	¥5,820.00
王嘉明	¥3,600.00	US$2,050.00	US$410.00	¥2,583.00	¥6,183.00
彭培斯	¥3,500.00	US$1,600.00	US$320.00	¥2,016.00	¥5,516.00
林绿茵	¥4,000.00	US$1,700.00	US$340.00	¥2,142.00	¥6,142.00
邓安瑜	¥4,100.00	US$1,890.00	US$378.00	¥2,381.40	¥6,481.40
许　柯	¥4,300.00	US$3,100.00	US$620.00	¥3,906.00	¥8,206.00
本月一号美元兑人民币汇率：		6.3			

图 3-86　绝对引用

如图 3-87 所示观察这张表格计算所使用的公式时，不难发现使用相对引用的单元格在公式填充后发生的变化，而绝对引用单元格一直固定不变。此处使用绝对引用而不是使用常量参与运算，好处在于汇率数值变化时，直接修改 C21 的数值内容而不需要每月都修改公式，公式计算结果可以自动更新。

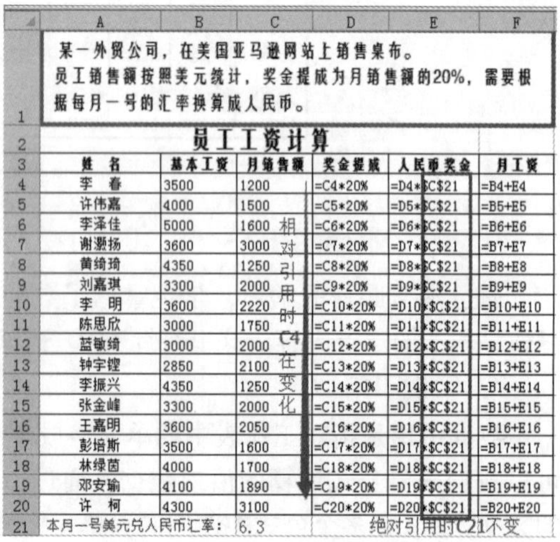

某一外贸公司，在美国亚马逊网站上销售桌布。
员工销售额按照美元统计，奖金提成为月销售额的20%，需要根据每月一号的汇率换算成人民币。

员工工资计算

姓　名	基本工资	月销售额	奖金提成	人民币奖金	月工资
李　春	3500	1200	=C4*20%	=D4*$C$21	=B4+E4
许伟嘉	4000	1500	=C5*20%	=D5*$C$21	=B5+E5
李泽佳	5000	1600	=C6*20%	=D6*$C$21	=B6+E6
谢灏扬	3600	3000	=C7*20%	=D7*$C$21	=B7+E7
黄绮琦	4350	1250	=C8*20%	=D8*$C$21	=B8+E8
刘嘉琪	3300	2000	=C9*20%	=D9*$C$21	=B9+E9
李　明	3600	2220	=C10*20%	=D10*$C$21	=B10+E10
陈思欣	3000	1750	=C11*20%	=D11*$C$21	=B11+E11
蓝敏绮	3000	2000	=C12*20%	=D12*$C$21	=B12+E12
钟宇铿	2850	2100	=C13*20%	=D13*$C$21	=B13+E13
李振兴	4350	1250	=C14*20%	=D14*$C$21	=B14+E14
张金峰	3300	2000	=C15*20%	=D15*$C$21	=B15+E15
王嘉明	3600	2050	=C16*20%	=D16*$C$21	=B16+E16
彭培斯	3500	1600	=C17*20%	=D17*$C$21	=B17+E17
林绿茵	4000	1700	=C18*20%	=D18*$C$21	=B18+E18
邓安瑜	4100	1890	=C19*20%	=D19*$C$21	=B19+E19
许　柯	4300	3100	=C20*20%	=D20*$C$21	=B20+E20
本月一号美元兑人民币汇率：		6.3			

图 3-87　引用在公式填充后的变化

（3）混合引用

混合引用是指在单元格引用的两个部分（列标和行号）中，一部分是相对引用，另一部分是绝对引用的地址引用方式，其格式为“列标 $ 行号”或“$ 列标行号”，如图 3-88 所示中的乘法口诀表就是混合引用示例。

編輯欄：B2　　　=B$1&"*"&$A2&"="&$B$1*$A2

向右和向下填充

	A	B	C	D	E	F	G	H	9
1		1	2	3	4	5	6	7	8	9
2	1	1*1=1	2*1=2	3*1=3	4*1=4	5*1=5	6*1=6	7*1=7	8*1=8	9*1=9
3	2	1*2=2	2*2=4	3*2=6	4*2=8	5*2=10	6*2=12	7*2=14	8*2=16	9*2=18
4	3	1*3=3	2*3=6	3*3=9	4*3=12	5*3=15	6*3=18	7*3=21	8*3=24	9*3=27
5	4	1*4=4	2*4=8	3*4=12	4*4=16	5*4=20	6*4=24	7*4=28	8*4=32	9*4=36
6	5	1*5=5	2*5=10	3*5=15	4*5=20	5*5=25	6*5=30	7*5=35	8*5=40	9*5=45
7	6	1*6=6	2*6=12	3*6=18	4*6=24	5*6=30	6*6=36	7*6=42	8*6=48	9*6=54
8	7	1*7=7	2*7=14	3*7=21	4*7=28	5*7=35	6*7=42	7*7=49	8*7=56	9*7=63
9	8	1*8=8	2*8=16	3*8=24	4*8=32	5*8=40	6*8=48	7*8=56	8*8=64	9*8=72
10	9	1*9=9	2*9=18	3*9=27	4*9=36	5*9=45	6*9=54	7*9=63	8*9=72	9*9=81

图 3-88　混合引用示例

（4）三维引用

如果要分析同一工作簿中多个工作表上的相同单元格或单元格区域中的数据，请使用三维引用。三维引用是指在一张工作表中引用另一张工作表的某单元格时的地址引用方式，其格式为"工作表标签名！单元格地址"，如 Sheet1!A5 表示引用工作表 Sheet1 的 A5 单元格。

（5）名称的引用

在工作表中进行操作时，如果不想使用 Excel 默认的单元格名称，可以为其自行定义一个名称，从而使得在公式中引用该单元格时更加直观，也易于记忆。当公式或函数中引用了该名称时，就相当于引用了这个区域的所有单元格。

在给单元格区域命名时要遵循以下原则：

① 名称由字母、汉字、数字、下画线和小数点组成，且第一个字符不能是数字或小数点。

② 名称不能与单元格名称相同，即不能是 A5、D7 等。

③ 名称最多可包含 255 个字符，且不区分大小写。

为单元格或单元格区域命名的操作方法为：选定需要命名的单元格区域，在编辑栏左端的"名称框"中输入该区域名称，并按【Enter】键确认。或选定的单元格区域在"公式"选项卡中选择"定义名称"命令，在弹出的"新建名称"对话框中的"名称"文本框输入名称即可。

如图 3-89 所示，F4:F20 单元格区域被命名为"月工资"，计算最高、最低、平均月工资时公式引用参数"月工资"就相当于引用了 F4:F20 单元格区域，效果如图 3-90 所示。

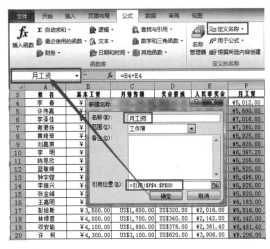

图 3-89　单元格区域的命名示例

H	I	J
最高月工资	最低月工资	平均月工资
=MAX(月工资)	=MIN(月工资)	=AVERAGE(月工资)

图 3-90　使用名称作为参数计算

2. 公式

公式是对工作表中的值执行计算的等式，它可以对工作表中的数据进行加、减、乘、除、比较和合并等运算，类似于数学中的一个表达式。

公式按特定顺序计算值。Excel 中的公式始终以等号（=）开头。Excel 会将等号后面的字符解释为公式。等号后面是要计算的元素（即操作数），如常量或单元格引用。它们由计算运算符分隔，公式中计算所需的所有符号都应是英文半角符号。Excel 按照公式中每个运算符的优先级别按照顺序计算公式。如图 3-91 所示，该公式是将单元格 B4 中的数值加上 25，再除以单元格 D5、E5 和 F5 中数值的和。

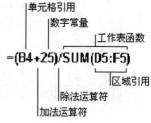

图 3-91 公式示例

（1）公式的运算符

运算符用于指定要对公式中的元素执行的计算类型。计算时有一个默认的次序（遵循一般的数学规则），但可以使用括号更改该计算次序。

① 算术运算符：若要进行基本的数学运算（如加法、减法、乘法或除法）、合并数字以及生成数值结果，请使用表 3-5 所示算术运算符。

表 3-5 算术运算符

算术运算符	含 义	示 例
+（加号）	加法	3+3
-（减号）	减法 负数	3-1 -1
*（星号）	乘法	3*3
/（正斜杠）	除法	3/3
%（百分号）	百分比	20%
^（脱字号）	乘方	3^2

② 比较运算符：可以使用表 3-6 所示运算符比较两个值。当使用这些运算符比较两个值时，结果为逻辑值 TRUE 或 FALSE。

表 3-6 比较运算符

比较运算符	含 义	示 例
=（等号）	等于	A1=B1
>（大于号）	大于	A1>B1
<（小于号）	小于	A1<B1
>=（大于等于号）	大于或等于	A1>=B1
<=（小于等于号）	小于或等于	A1<=B1
<>（不等号）	不等于	A1<>B1

③ 文本连接运算符：可以使用与号（&）连接（联接）一个或多个文本字符串，以生成一段文本，如表 3-7 所示。

表 3-7 文本连接运算符

文本运算符	含 义	示 例
&（与号）	将两个值连接（或串联）起来产生一个连续的文本值	"North"&"wind" 的结果为 "Northwind"

④ 引用运算符：可以使用表 3-8 所示运算符对单元格区域进行合并计算。

表 3-8 引用运算符

引用运算符	含 义	示 例
:（冒号）	区域运算符，生成一个对两个引用之间所有单元格的引用（包括这两个引用）	B5:B15
,（逗号）	联合运算符，将多个引用合并为一个引用	SUM(B5:B15,D5:D15)
（空格）	交集运算符，生成一个对两个引用中共有单元格的引用	B7:D7 C6:C8

⑤ 运算符优先级：如果一个公式中有若干个运算符，Excel 将按表 3-9 所示中的次序进行计算。如果一个公式中的若干个运算符具有相同的优先顺序（例如，如果一个公式中既有乘号又有除号），则 Excel 将从左到右计算各运算符。若要更改求值的顺序，要将公式中要先计算的部分用括号括起来。

表 3-9 运算符优先级

运 算 符	说 明
:（冒号），（逗号）	引用运算符
–	负数（如 -1）
%	百分比
^	乘方
* 和 /	乘和除
+ 和 –	加和减
&	连接两个文本字符串（串连）
= < > <= >= <>	比较运算符

（2）公式的创建

创建公式类似于一般文本的输入，只是必须以"="作为开头，然后是表达式，且公式中所有的符号都应是英文半角符号。其操作步骤如下：

① 单击要输入公式的单元格。

② 在单元格或编辑栏中输入"="。

③ 输入公式，按【Enter】键或单击编辑栏左侧的"输入"按钮进行确认。

公式输入完毕后，结果单元格中只显示公式运算结果，若需查看或修改公式，可以双击单元格或在编辑栏中完成操作。移动公式时，公式中的单元格引用不会发生改变；复制公式时，单元格内的绝对引用也不会发生改变，但相对引用会随着结果单元格的位置变化而变化。

3. 函数

函数是 Excel 根据各种需要，预先设计好的运算公式，它们使用参数按特定的顺序或结构进行计算。其中，进行运算的数据称为函数参数，返回的计算值称为函数结果。Excel 提供了不同种类的函数，包括财务函数、日期与时间函数、统计函数、数学与三角函数、逻辑函数、文本函数、查找与引用函数、数据库函数、信息函数等。

（1）函数的格式

Excel 每个函数都包含三个部分：函数名称、参数和小括号。基本格式为：函数名称 (参数 1, 参数 2, 参数 3,…)。其中，函数名称是每一个函数的唯一标志，代表了该函数的功能；参数可以是数字、文本、逻辑值、单元格引用、名称甚至其他公式或函数等，也有函数没有参数。函数的一般格式如图 3-92 所示。

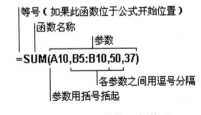

图 3-92 函数的一般格式

（2）函数的调用

函数也是公式的一种，所以输入函数时，也必须以等号"="开头，用户使用函数的方法有两种。一种是在单元格或编辑栏中直接输入函数，另一种方法是选择 Excel 提供的各种"插入函数"功能调用函数。

如图 3-93 所示在"插入函数"对话框和"函数参数"对话框左下角都有"有关该函数的帮助"命令，可以通过该命令打开帮助，查看函数语法，有部分函数在帮助最后提供示例，可以帮助用户通过示例了解函数参数的用法。对话框中还包含函数功能的介绍和函数参数的介绍，认真阅读相关介绍可以更好地避免函数参数的格式错误。

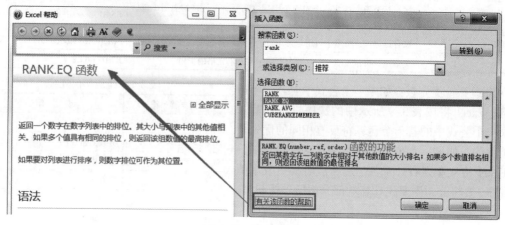

图 3-93　函数帮助

3.3　迷你图与图表编辑——游客数据图

3.3.1　任务引导

本单元任务引导卡如表 3-10 所示。

表 3-10　任务引导卡

任务编号	NO. 9		
任务名称	游客数据图	计划课时	2 课时
任务目的	通过让"201N 年来华入境游客数据表"中的数据图形化显示，熟练掌握迷你图的插入与编辑、图表的插入与编辑、艺术字的插入与编辑、形状的绘制与编辑等知识点		
任务实现流程	任务引导 → 任务分析 → 编辑 201N 年来华入境游客数据图表 → 教师讲评 → 学生完成表格制作 → 难点解析 → 总结与提高		
配套素材导引	原始文件位置：Office 高级应用 2016\ 素材 \ 第三章 \ 任务 3.3 最终文件位置：Office 高级应用 2016\ 效果 \ 第三章 \ 任务 3.3		

任务3.3导学

任务3.3–1

🖥 **任务分析**

企业在日常办公事务中用数据、图表说话已经蔚然成风。数据图表以其直观形象的优点，能一目了然地反映行业内在规律，在较小的空间里承载较多的信息，因此有"字不如表，表不如图"的说法。这里将通过迷你图与图表对上一节统计出的数据进行更直观的呈现。

本节任务要求学生让"201N 年来华入境游客数据表"中的数据图形化显示。知识点思维导图如图 3-94 所示。

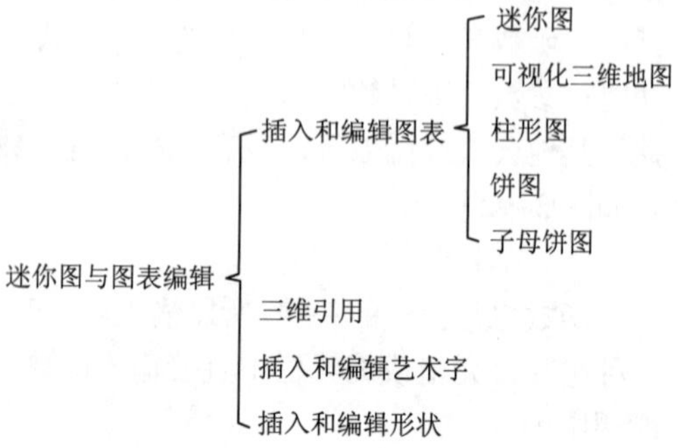

图 3-94　知识点思维导图

1. 图表

在 Microsoft Excel 中，图表是指将工作表中的数据用图形表示出来。图表可以使数据更加有趣、吸引人、易于阅读和评价。它们也可以帮助我们分析和比较数据。

当基于工作表选定区域建立图表时，Microsoft Excel 使用来自工作表的值，并将其当作数据点在图表上显示。数据点用条形、线条、柱形、切片、点及其他形状表示。这些形状称作数据标示。建立了图表后，我们可以通过增加图表项，如数据标记，图例、标题、文字、趋势线、误差线及网格线来美化图表及强调某些信息。大多数图表项可被移动或调整大小。我们也可以用图案、颜色、对齐、字体及其他格式属性来设置这些图表项的格式。

本节任务要求学生利用迷你图和图表以图形直观展现各国各年龄段入境游客的分布情况、201N 年入境游客占比情况分析和连续两年入境人数对比情况分析，完成效果如图 3-95、图 3-96、 图 3-97 和图 3-98 所示（因工作表中数据较多，部分效果截图只展示部分数据）。

任务3.3-2

任务3.3-3

任务3.3-4

任务3.3-5

区域	国别	14岁以下	15 - 24岁	25 - 44岁	45 - 64岁	65岁以上	人数总和	人数排名	分布图
				201N年来华入境游客数据取样（按年龄）					
亚洲	韩国	17.14 万	30.02 万	167.38 万	192.65 万	37.24 万	444.43 万	1	
亚洲	日本	9.33 万	7.45 万	95.99 万	115.67 万	21.33 万	249.77 万	3	
亚洲	马来西亚	4.23 万	7.42 万	47.83 万	39.93 万	8.13 万	107.54 万	6	
亚洲	蒙古	3.76 万	8.18 万	60.39 万	28.09 万	1.00 万	101.42 万	7	
亚洲	菲律宾	1.35 万	7.22 万	64.36 万	25.88 万	1.59 万	100.40 万	8	
亚洲	新加坡	4.71 万	5.05 万	32.29 万	40.19 万	8.29 万	90.53 万	9	
亚洲	印度	2.00 万	6.02 万	46.68 万	16.68 万	1.68 万	73.06 万	10	
亚洲	泰国	1.24 万	5.01 万	33.34 万	20.15 万	4.42 万	64.16 万	13	
亚洲	印尼	1.66 万	5.92 万	28.49 万	14.96 万	3.45 万	54.48 万	17	
亚洲	哈萨克斯坦	1.06 万	2.78 万	12.24 万	7.42 万	0.65 万	24.15 万	21	
亚洲	朝鲜	0.12 万	1.32 万	7.24 万	9.97 万	0.19 万	18.84 万	22	
亚洲	巴基斯坦	0.27 万	1.28 万	6.51 万	2.94 万	0.30 万	11.30 万	29	
亚洲	斯里兰卡	0.08 万	0.49 万	3.39 万	1.74 万	0.11 万	5.81 万	35	
亚洲	尼泊尔	0.08 万	0.59 万	3.31 万	0.95 万	0.06 万	4.99 万	37	
亚洲	吉尔吉斯斯坦	0.07 万	0.57 万	2.38 万	1.30 万	0.05 万	4.37 万	39	
亚洲	亚洲其他	0.05 万	0.15 万	0.66 万	0.46 万	0.04 万	1.36 万	41	
大洋洲	大洋洲其他	1.51 万	6.06 万	34.24 万	20.52 万	2.02 万	64.35 万	12	
大洋洲	澳大利亚	5.45 万	4.24 万	21.38 万	26.56 万	6.10 万	63.73 万	14	
大洋洲	新西兰	1.45 万	0.90 万	4.05 万	5.19 万	0.96 万	12.55 万	27	
欧洲	俄罗斯	4.73 万	15.31 万	72.68 万	58.49 万	7.02 万	158.23 万	5	
欧洲	德国	2.45 万	3.88 万	25.56 万	27.26 万	3.19 万	62.34 万	15	
欧洲	英国	2.66 万	3.97 万	22.21 万	24.53 万	4.59 万	57.96 万	16	

按年龄分析 | 按区域分析 | 按性别分析 | 按目的分析 | 人数同比分析 | 人数同比…

图 3-95 "按年龄分析"工作表完成效果

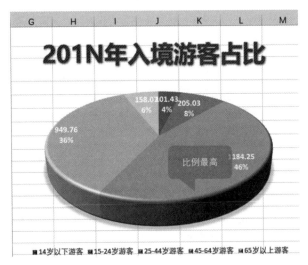

图 3-96 "人数同比分析"工作表图表完成效果

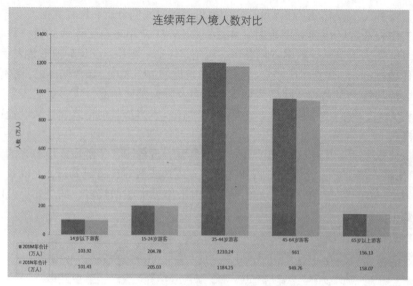

图 3-97 "人数同比分析图"工作表完成效果

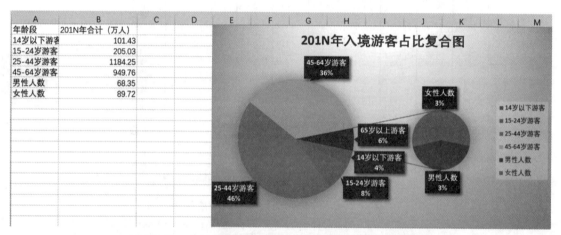

图 3-98 "入境游客占比复合图"工作表图表完成效果

3.3.2 任务步骤与实施

1. 创建和编辑迷你图

打开文件"201N 年来华入境游客数据表 .xlsx"。使用各年龄段数据在 J4:J44 单元格区域生成柱形迷你图，迷你图"高点"用"标准色：深红"标记。

具体操作如下：

① 打开文件"201N 年来华入境游客数据表 .xlsx"，选择"按年龄分析"工作表 J4 单元格，单击"插入"选项卡"迷你图"组中的"柱形"按钮，在"创建迷你图"对话框中选取数据范围为 C4:G4，如图 3-99 所示，单击"确定"按钮得到迷你图。在"迷你图工具"的"设计"选项卡中勾选"显示"组的"高点"，在"样式"组"标记颜色"下拉菜单中选择"高点"，设置颜色为"标准色：深红"，如图 3-100 所示。

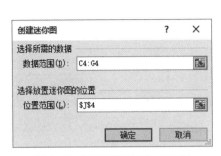

图 3-99 "创建迷你图"对话框

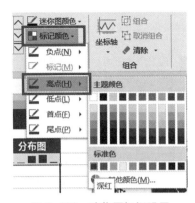

图 3-100 迷你图标记设置

② 填充复制迷你图至 J44 单元格，"自动填充选项"设置为"不带格式填充"，完成效果如图 3-95 所示。

2. 创建和编辑可视化三维地图

在"按目的分析"工作表中取消自动筛选，选择 B3:H18 单元格区域生成三维地图，位置为国别，高度为人数总和，可视化效果为气泡图，设置主题为辐射，场景持续时间为 3 秒，切换效果为旋转地球，播放演示再关闭可视化。

具体操作如下：

① 选择"按目的分析"工作表标签，单击"数据"选项卡"排序和筛选"组中的"筛选"按钮，取消自动筛选。

② 选择 B3:H18 单元格区域，选择"插入"选项卡，单击"演示"组的"三维地图"按钮，如图 3-101 所示，打开三维地图。

③ 在"位置"处选择"国别"，在"高度"处单击"添加字段"按钮选择"人数总和"，单击"将可视化效果为气泡图"按钮，如图 3-102 所示。

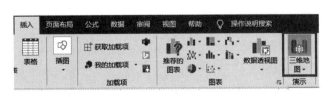

图 3-101 打开三维地图

图 3-102 设置三维地图的位置和高度

④ 单击"开始"选项卡"场景"组中的"主题"按钮，选择"辐射"，如图 3-103 所示。单击"开始"选项卡"场景"组中的"场景选项"按钮，在"场景选项"对话框中设置场景持续时间为 3 秒，切换效果为旋转地球，如图 3-104 所示，关闭"场景选项"对话框。

图 3-103　设置主题为辐射　　　　　　　　图 3-104　场景选项设置

⑤ 单击"开始"选项卡"演示"组中的"播放演示"按钮，查看播放演示效果，按【ESC】键退出播放演示。单击"文件"选项卡，选择"关闭"命令，关闭三维地图。

3. 创建簇状柱形图

打开"人数同比分析"工作表，根据 A3:C8 单元格区域的数据，建立簇状柱形图以显示201M 年和 201N 年入境人数的对比情况。图表放置于新工作表"人数同比分析图"中，工作表置于最后。

具体操作如下：

① 单击"人数同比分析"工作表标签，选择 A3:C8 单元格区域。选择"插入"选项卡，单击"图表"组的"插入柱形图或条形图"按钮，选择"二维柱形图"的"簇状柱形图"，如图 3-105 所示，建立图表。

图 3-105　插入图表

② 单击图表，选择"图表工具"的"设计"选项卡，单击"位置"组的"移动图表"按钮。在"移动图表"对话框中，选择放置图表的位置为"新工作表"，名称命名为"人数同比分析图"，如图 3-106 所示，单击"确定"按钮。

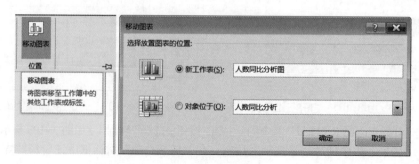

图 3-106　移动图表

③ 鼠标移动至"人数同比分析图"工作表名称上方，按下鼠标左键不放拖动鼠标，这时鼠标所指定位置出现一个图标"□"，同时在"人数同比分析图"左上角也出现一个小三角形。如图 3-107 所示拖动鼠标使小三角形指到工作表"人数同比分析"后面，松开左键，则把"人数同比分析图"移动到了最后。

图 3-107　移动工作表

4. 设置图表布局、样式、标题

设置图表布局为"布局 5"，图表样式为"样式 11"，图表快速颜色为"彩色调色板 3"。录入图表标题"连续两年入境人数对比"，纵坐标轴标题"人数（万人）"。

具体操作如下：

① 单击"人数同比分析图"工作表标签，单击图表区域。单击"图表工具"的"设计"选项卡"图表布局"组中的"快速布局"按钮，选择"布局 5"，如图 3-108 所示；单击"图表样式"组中的"更改颜色"按钮，选择"彩色调色板 3"；在"图表样式"中选择"样式 11"。

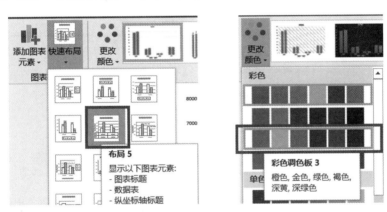

图 3-108　图表布局和更改颜色

② 单击图表标题，输入图表标题"连续两年入境人数对比"，再将光标定位在坐标轴标题，输入纵坐标轴标题"人数（万人）"。

5. 设置坐标轴、模拟运算表、数据系列

设置纵坐标轴的最小值为 0、最大值为 1 400，主要刻度单位为 200，次要刻度单位为 40。刻度线主要类型为"交叉"，设置模拟运算表没有垂直边框线，设置数据系列的"分类间距"为"100%"。

具体操作如下：

① 选择"图表工具"的"格式"选项卡，单击"形状样式"组的"对话框启动器"按钮打开"设置形状格式"任务窗格。单击"图表选项"按钮，选择"垂直（值）轴"项，如图 3-109 所示。

② 单击"坐标轴选项"按钮，打开"坐标轴选项"。在"边界"中，设置"最小值"为 0、"最大值"为 1400；在"单位"中，设置"大"为 200，设置"小"为 40。单击"关闭"按钮。在"刻度线"中，设置"主刻度线类型"为"交叉"，如图 3-110 所示。

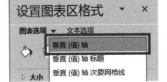

图 3-109　选择"垂直（值）轴"

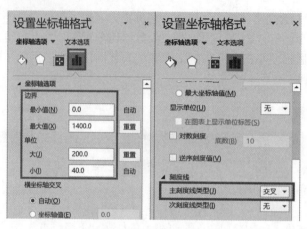

图 3-110　坐标轴设置

③选取"模拟运算表"选项。在"模拟运算表选项"中，在"表格边框"处取消勾选"垂直"，如图 3-111 所示。

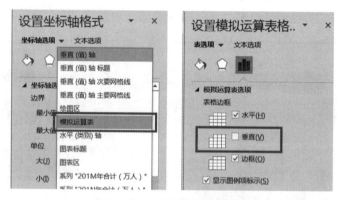

图 3-111　设置模拟运算表选项

④选择任一数据系列，在"系列选项"中，设置"间隙宽度"为"100%"，如图 3-112 所示。

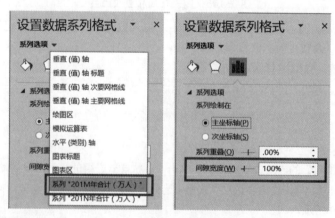

图 3-112　设置数据系列格式

6. 设置渐变填充

为图表区设置渐变填充，渐变类型为"线性"，渐变光圈从"橙色，个性色2，淡色80%"变为"蓝色，个性色 1，淡色 60%"，角度为 45°。

具体操作如下：

① 选择"图表区"选项，单击"填充与线条"按钮，在"填充"栏选取"渐变填充"，"类型"选择"线性"，"角度"设置为"45°"，如图 3-114 所示。

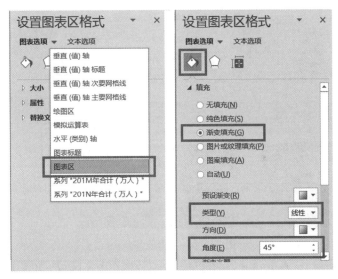

图 3-113　设置渐变填充

② 在"渐变光圈"中选取中间的"停止点 2"，单击右侧的"删除渐变光圈"按钮；再次选取中间的"停止点 2"，单击右侧的"删除渐变光圈"按钮，如图 3-114 所示。只保留两个停止点。

③ 选取左侧的"停止点 1"，更改颜色为"主题颜色"内的"橙色，个性色 2，淡色 80%"，选取右侧的"停止点 2"，更改颜色为"主题颜色"内的"蓝色，个性色 1，淡色 60%"，如图 3-115 所示。单击任务窗格"关闭"按钮，关闭任务窗格。最终柱形图效果如图 3-97 所示。

图 3-114　删除渐变效果停止点

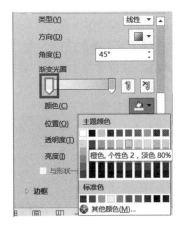

图 3-115　修改渐变效果停止点颜色

7. 创建三维饼图

在"人数同比分析"工作表中根据 201N 年合计的数据创建一个三维饼图，图表放置在"人数同比分析"工作表 G4:M18 区域。

具体操作如下：

① 单击"人数同比分析"工作表标签，选取 A3:A8 单元格区域，再按住【Ctrl】键选取 C3:C8 单元格区域，选择"插入"选项卡，单击"图表"组的"插入饼图或圆环图"按钮，选择"三维饼图"，如图 3-116 所示，在当前工作表插入三维饼图。

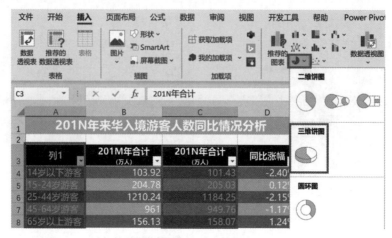

图 3-116　插入三维饼图

② 将饼图移动至以 G4 单元格开始的区域，光标放置在图表区右下角呈双向箭头状态，拖动改变图表区大小为 G4:M18。

8. 设置数据点格式

设置图表快速颜色为"单色调色板 4"，图表样式为"样式 8"，设置数据点"65 岁以上游客"的填充为纯色填充，按扇区着色，填充颜色为"金色，个性色 4，淡色 60%"。设置图表区无填充，边框无线条。

具体操作如下：

① 在"图表工具"的"设计"选项卡，单击"图表样式"组中的"更改颜色"按钮，选择"单色调色板 4"；在"图表样式"中选择"样式 8"。

② 在饼图上先单击选取系列"201N 年合计（万人）"，再次单击选取数据点"65 岁以上游客"，右击在快捷菜单中选择"设置数据点格式"命令，如图 3-117 所示。

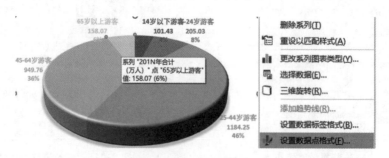

图 3-117　选取数据点

③ 在"设置数据点格式"任务窗格选择"填充"为"纯色填充"，选中"按扇区着色"。单击"颜色"按钮选择"主题颜色"内的"金色，个性色 4，淡色 60%"，如图 3-118 所示。

④ 在任务窗格选取"图表区"选项，单击"填充与线条"按钮，选择"填充"为"无填充"，选择"边框"为"无线条"。

9. 设置图例、数据标签

设置图表不显示图表标题，更改图例位置至图表底部。为图表添加显示值和百分比的数据标签，标签位置在数据标签内，标签分隔符使用新文本行；标签文本纯色填充，填充色为"白色，背景 1"。

具体操作如下：

① 在"图表工具"的"设计"选项卡"图表布局"组中单击"添加图表元素"按钮，选择"图表标题"为"无"，如图 3-119 所示。

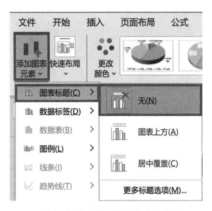

图 3-118　设置数据点格式　　　　　　　　　　图 3-119　设置无图表标题

② 单击"添加图表元素"按钮，选择"图例"为"底部"。

③ 单击"添加图表元素"按钮，选择"数据标签"的"其他数据标签选项"命令。在"设置数据标签格式"任务窗格中，单击"标签选项"按钮，设置标签包括"值"和"百分比"，在"分隔符"下拉列表中选择"（新文本行）"，标签位置为"数据标签内"，如图 3-120 所示。

④ 单击"文本选项"按钮，选择"文本填充"为"纯色填充"，选择"颜色"为主题颜色"白色，背景 1"，如图 3-121 所示。关闭任务窗格。

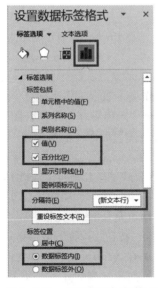

图 3-120　设置数据标签格式　　　　　　　　　图 3-121　设置标签文本

10. 插入和编辑艺术字

插入艺术字"201N 年入境游客占比"，艺术字样式为"图案填充：白色；深色上对角线；阴影"，字体为"微软雅黑"，字号为 28，将艺术字放置在图表上方。

具体操作如下：

① 在"插入"选项卡"文本"组中单击"艺术字"按钮，选择艺术字样式为"图案填充：白色；深色上对角线；阴影"（艺术字样式第 4 行第 1 列），输入文字"201N 年入境游客占比"。

② 选取艺术字，单击"开始"选项卡"字体"组，设置字体为"微软雅黑"，字号为 28。将艺术字拖动至图表上方。

11. 插入和编辑形状

插入形状"对话气泡：圆角矩形"标注，形状样式为"半透明–灰色，强调颜色 3，无轮廓"，录入文字"比例最高"，文本框的文字位于文本框中部。调整形状大小并放置在所在比例最高的数据点扇形区域上。

具体操作如下：

① 在"插入"选项卡"插图"组中单击"形状"按钮，选择"标注"类别内的"对话气泡：圆角矩形"，拖动鼠标生成一个圆角矩形。

② 选取形状，单击"绘图工具"的"格式"选项卡，在"形状样式"组中选取样式为"半透明–灰色，强调颜色 3，无轮廓"。

③ 右击选取"编辑文字"，输入文字"比例最高"。单击"开始"选项卡"对齐方式"组，单击"垂直居中"按钮和"居中"按钮。

④ 将形状拖动至"25 ~ 44 岁游客"数据点上方，调整形状大小和形状控制点，保存文件。饼图的最终效果如图 3–122 所示。

图 3–122　第 11 步完成效果图

12. 新建工作表，三维引用计算得到数据

在工作表末尾插入新工作表"入境游客占比复合图"，使用三维引用将"人数同比分析"工作表 A3:A7 及 C3:C7 的数据引用至新工作表 A1 单元格开始的区域。清除格式，修改 A1 为"年龄段"，在 A7 和 A7 单元格录入"男性人数"和"女性人数"，在 B6 和 B7 单元格录入"68.25"和"89.72"。

具体操作如下：

① 单击工作表标签右侧的"新工作表"按钮，插入新工作表。双击工作表标签，使其反白显示，输入工作表名称"入境游客占比复合图"。鼠标移动至"入境游客占比复合图"工作表名称上方，按下鼠标左键不放拖动鼠标到工作表"人数同比分析图"后面，松开左键，则把"入境游客占比复合图"移动到了最后。

② 选择"入境游客占比复合图"工作表 A1 单元格，输入公式"= 人数同比分析 !A3"，然后选中 A1 单元格，拖动 A1 单元格的填充柄填充至 A5 单元格。在 B1 单元格输入公式"= 人数同比分析 !C3"，然后选中 B1 单元格，拖动 B1 单元格的填充柄填充至 B5 单元格。

③ 选择 A1 单元格，单击"开始"选项卡"编辑"组"清除"按钮，选择"清除格式"命令，修改 A1 单元格为"年龄段"，在 A8 单元格输入"男性人数"，在 A7 单元格输入"女性人数"。在 B6 和 B7 单元格分别输入"68.25"和"89.72"。适当调整 A 列和 B 列的列宽。

本步骤完成效果如图 3-123 所示。

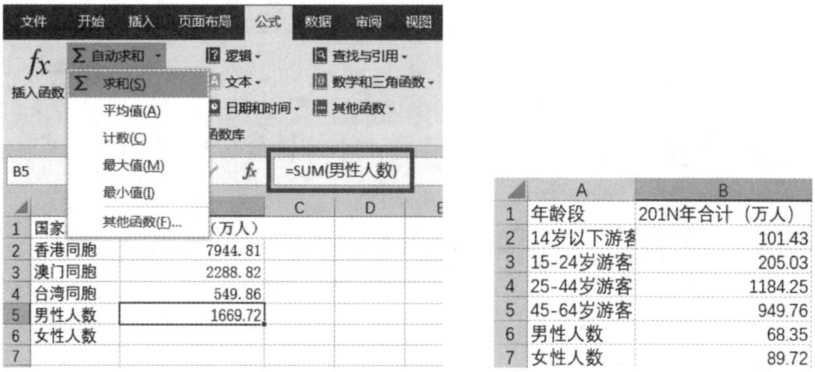

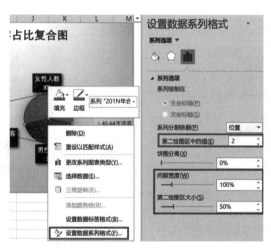

图 3-123 第 12 步完成效果图

13. 插入和编辑复合饼图

使用 A1:B7 的数据生成子母饼图。设置图表样式为"样式 3",第二绘图区中的值为 2,第二绘图区大小为 50%,添加"数据标注"作为数据标签,修改图表标题为"201N 年入境游客占比复合图",移动图表区至 E1 开头的区域。保存文件。

具体操作如下:

① 选择"入境游客占比复合图"工作表 A1:B7 单元格区域,选择"插入"选项卡,单击"图表"组的"插入饼图或圆环图"按钮,选择"二维饼图"的"子母饼图",在当前工作表插入子母饼图。

② 单击"图表工具"的"设计"选项卡,在"图表样式"中选择"样式 3"。在饼图上单击选取系列"201N 年合计(万人)",右击在快捷菜单中选择"设置数据系列格式"命令,设置第二绘图区中的值为 2,第二绘图区大小为 50%,如图 3-124 所示。

图 3-124 设置数据系列格式

③ 在"图表工具"的"设计"选项卡中单击"图表布局"组中的"添加图表元素"按钮,选择"数据标签"为"数据标注"。双击"其他"数据标签,直接输入文字将文本"其他"修改为"65 岁以上",如图 3-125 所示。

④ 将光标定位在图表标题,修改图表标题为"201N 年入境游客占比复合图",移动图表区至 E1 开头的区域,子母饼图的最终效果如图 3-126 所示。保存文件。

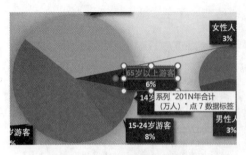

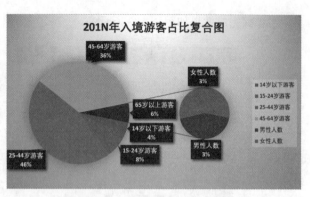

图 3-125　修改数据标签文本　　　　　　图 3-126　第 13 步完成效果图

3.3.3　难点解析

通过本节课程的学习，学生掌握了图表和迷你图的编辑方法和使用技巧。由于图表设置相对简单，本节的难点内容只有图表的创建、图表的类型和数据修改。

1. 图表的创建

（1）创建图表

在 Excel 中创建图表，首先在工作表中输入图表的数值数据，然后可以通过在"插入"选项卡上的"图表"组中选择要使用的图表类型来将这些数据绘制到图表中。

图表创建时需要注意数据的选取，比较常出现的错误包括选取数据时不包含数据系列项，或者不包含列标题，错误示例如下：

① 如图 3-127 所示选取的数据范围为单元格区域 B1:C3，没有包含分类的 A 列数据，这样得到的图表图例有错误。

② 如图 3-128 所示选取的数据范围为单元格区域 A2:C3，没有包含第 1 行的列标题，这样得到的图表分类轴有错误。

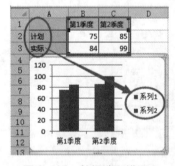

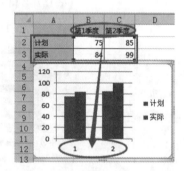

图 3-127　数据选取错误 1　　　　　　　图 3-128　数据选取错误 2

（2）图表的组成元素

图表中包含许多元素，默认情况下会显示其中一部分元素，而其他元素可以根据需要添加。用户可以通过将图表元素移到图表中的其他位置、调整图表元素的大小或更改格式来更改图表元素的显示。用户也可以删除不希望显示的图表元素。

如图 3-129 所示，一般情况下，图表基本包括以下几部分元素：

① 图表区：整个图表及其包含的元素。

② 绘图区：在二维图表中，以坐标轴为界并包含全部数据系列的区域。在三维图表中，绘

图区以坐标轴为界包含数据系列、分类名称、刻
度线和坐标轴标题。

③ 数据系列：图表上的一组相关数据点，取
自工作表的某行或某列。图表中的每个数据系列
以不同的颜色和图案加以区别，在同一图表上可
以绘制一个以上的数据系列。

④ 横（分类）和纵（值）坐标轴：为图表提
供计量和比较的参考线，一般包括 X 轴、Y 轴，
数据沿着横坐标轴和纵坐标轴绘制在图表中。

⑤ 图例：是包含图例项和图例项标识的方框，
用于标识图表中的数据系列。

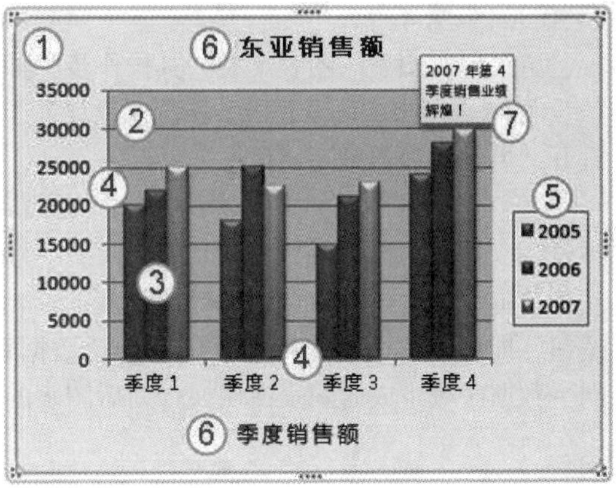

⑥ 标题：包含图表标题以及可以在该图表中

图 3-129　图表的组成元素

使用的坐标轴标题。一般情况下，一个图表应该有一个文本标题，它可以自动与坐标轴对齐或
在图表顶端居中。

⑦ 数据标签：用来标识数据系列中数据点的详细信息。根据不同的图表类型，数据标签可
以表示数值、数据系列名称和百分比等。

⑧ 网格线：图表中从坐标轴刻度线延伸开来并贯穿整个绘图区的可选线条系列。

（3）常用图表类型

Excel 提供了 8 个大类图表类型，每一大类图表类型又包含了多种图表子类型。创建图表时，
用户可以根据实际工作的具体情况，选取适当的图表类型。例如，在某数码产品的销售表中，
若要了解该产品在一个地区每月的销售情况，需要分析销售趋势，可以使用折线图；若要分析
该产品在各个地区的销售额，应选择饼图，表明部分与整体之间的关系。正确选择图表类型，
有利于寻找和发现数据间的相互关联，从而更大限度地发挥数据价值。

常用的图表类型包括以下几种：

① 柱形图：用于一个或多个数据系列中的各项值的比较。图表子类型包括柱形图、圆柱图、
圆锥图和棱锥图。

② 折线图：显示一种趋势，是在某一段区间内的相关值。

③ 饼图：着重部分与整体间的相对大小关系，没有 X 轴、Y 轴。

④ 条形图：实际上是翻转了的柱形图。

⑤ 面积图：显示数据在某一段时间内的累计变化。

⑥ 散点图：一般用于科学计算。

⑦ 股价图：用于描绘股票走势，也可以用于科学计算。

⑧ 曲面图：用于寻找两组数据间的最佳组合。

⑨ 圆环图：用来显示部分与整体的关系，但可以包含多个数据系列。

⑩ 气泡图：可看作一种特殊的 X Y 散点图。

⑪ 雷达图：用于比较若干数据系列的总和值。

2. 图表的类型和数据修改

图表创建后，可以对图表内容、图表格式、图表布局和外观进行编辑和设置，使图表的显
示效果满足用户的需求。用户可以修改图表的任何一个元素。例如，更改坐标轴的显示方式、
添加图表标题、移动或隐藏图例，或显示更多图表元素。

（1）更改图表类型

更改现有图表的图表类型，其操作步骤如下：

① 单击图表的任意位置，选择"设计"选项卡，单击"类型"组中的"更改图表类型"按钮，打开"更改图表类型"对话框。

② 在"更改图表类型"对话框中，选择新的图表类型，如图 3-130 所示。单击"确定"按钮。

（2）切换行列

单击图表的任意位置，选择"图表工具 | 设计"选项卡，单击"数据"组中的"切换行 / 列"按钮，即可交换图表坐标轴上的数据让数据系列产生在行或者列。如图 3-131 所示，可以看出同一数据区域生成的图表在切换行列后图表的数据发生的变化。

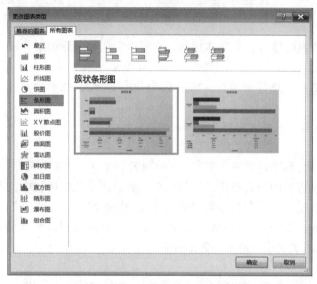

图 3-130 "更改图表类型"对话框

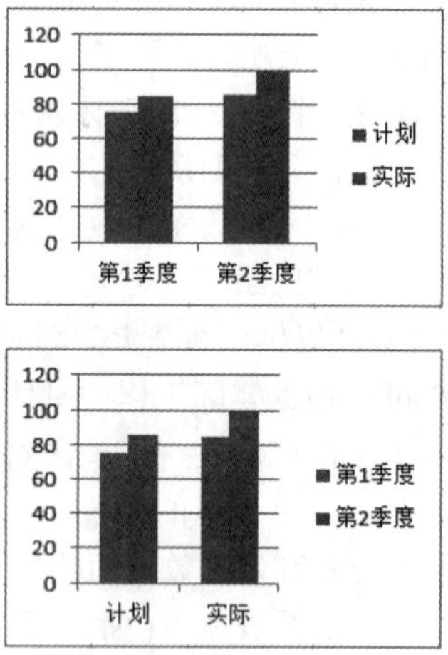

图 3-131 切换行列图表比较

（3）更改图表数据

有时候选取数据出错或者要增减某些数据时，并不需要重新建立图表，可以使用现有图表通过更改图表数据得到，这样不需要重新设置图表格式。其操作步骤如下：

① 单击图表的任意位置，选择"图表工具 | 设计"选项卡，单击"数据"组中的"选择数据"按钮，打开"选择数据源"对话框。

② "选择数据源"对话框如图 3-132 所示。

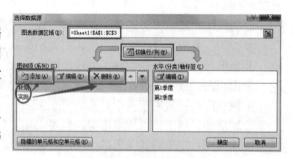

图 3-132 更改图表数据

- 在"图表数据区域"中选择新的图表数据区域，在新数据区域明确的情况下这种方法最简单直观。
- 单击"添加"按钮，打开"编辑数据系列"对话框，选择新增数据系列的"系列名称"和"系列值"，在图表中新增一个数据系列。或选择其中一个图例项（系列），单击"删除"按钮，可以删除图表的一个数据系列。
- 单击"切换行 / 列"按钮，可以交换图表坐标轴上的数据方便添加删除。

3.4 \\\\ 相关知识点拓展

3.4.1 分列

Excel 中分列是对某一数据按一定的规则分成两列以上。分列时，选择要进行分列的数据列或区域，再从数据菜单中选择分列，分列有向导，按照向导进行即可。关键是分列的规则，分为固定列宽，或视情况选择某些特定的符号为分隔符。值得注意的是，分列向导中可以对分列后的各列设置格式，这对于文本、时间等，先行设置格式能减少分列后的很多操作。

分列

1. 文本分列向导

分列主要分为以分隔符号和固定宽度分列两种，一共分为三步。

（1）选择分列方式

首先选取需要分列的数据，然后根据数据类型决定分列方式。

- 以分隔符号分列：适用于数据源带有某些特定的符号（如逗号、冒号、空格等）汉字也可以作为分隔符来使用
- 以固定宽度分列：主要适用于数据源比较整齐划一，排列的比较有规律，单击目标区域即可添加分列线，双击分割线即可取消分列线

例如从身份证号码中提取出生日期应该采用固定宽度模式，如图 3-133 所示。用 # 分隔的一些人员信息，则采用分隔符号模式，如图 3-134 所示。

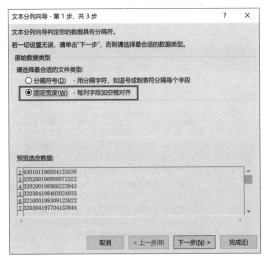

图 3-133　以固定宽度分列第 1 步

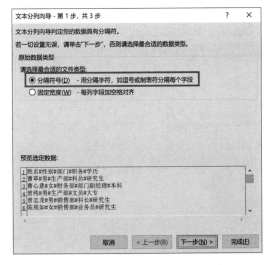

图 3-134　以分隔符号分列第 1 步

（2）选择分列效果

根据第 1 步选择分列方式的不同，分列时在第 2 步采用不同的方法处理。例如从身份证号码中提取出生日期，可以在数字第 7 位和第 15 位前建立分列线，如图 3-135 所示。用 # 分隔的人员信息，则勾选"其他"复选框，输入"#"，如图 3-136 所示。

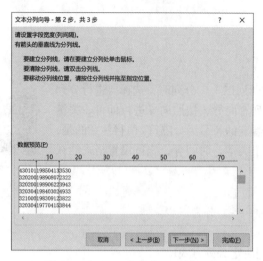

图 3-135　以固定宽度分列第 2 步

图 3-136　以分隔符号分列第 2 步

（3）确定每一列的数据类型

在第 3 步可以单独对每一列设置数据格式。需要注意的是，分列所得的数据会覆盖后面列的数据，一定要确定有足够的空间可供分列，或者在分列第三步选择不导入无用数据。如图 3-137 所示，导入身份证日期时，可以设置前后列忽略，中间列数据格式为日期，再选择目标区域后，即可方便得到如图 3-138 所示的出生日期。

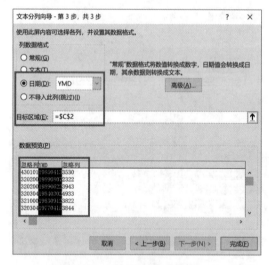

图 3-137　以固定宽度分列第 3 步

	A	B	C
1	姓名	身份证号	出生日期
2	曹草	430101198504133530	1985/4/13
3	曹心意	320200198908072322	1989/8/7
4	曾纯	320200198906223943	1989/6/22
5	曾志龙	320304198403024933	1984/3/2
6	陈观如	321000198309123822	1983/9/12
7	陈嘉耀	320304197704153844	1977/4/15
8	陈静仪	320304198501017912	1985/1/1
9	陈林英	320304198002112032	1980/2/1
10	陈欣	320304198108108933	1981/8/10

图 3-138　以固定宽度分列效果

2. 数据智能分列与合并快捷键

除了常规方法，如果数据是最简单的固定宽度的拆分，也可以使用组合键【Ctrl+E】。例如，要将图 3-139 所示的地址拆分出市和区，可以首先在目标列第一行 B2、C2 单元格中先输入样本"北京市"和"东城区"，然后分别在下一行 B3、C3 单元格中按【Ctrl+E】组合键。如果要合并，也可以同样方法处理。

图 3-139　输入样本

3.4.2　公式错误解决技巧

1. 常见公式计算错误

在 Excel 中，经常会在运算中出现各种错误。计算错误会返回错误值。了解常见的错误值、原因以及处理方法，能够帮助我们发现和修改错误。常见计算错误返回值如表 3-11 所示。

公式错误解决技巧

表 3-11　常见公式错误返回值

错　误	常　见　原　因	处　理　方　法
#####	单元格所含的数字、日期或时间比单元格宽	通过拖动列表之间的宽度来修改列宽
#DIV/0!	在公式中有除数为零，或者有除数为空白的单元格（Excel 把空白单元格也当作 0）	把除数改为非零的数值，或者用 IF 函数进行控制
#N/A	在公式使用查找功能的函数（VLOOKUP、HLOOKUP、LOOKUP 等）时，找不到匹配的值	检查被查找的值，使之的确存在于查找的数据表中的第一列
#NAME?	在公式中使用了 Excel 无法识别的文本，例如函数的名称拼写错误，使用了没有被定义的区域或单元格名称，引用文本时没有加引号等	根据具体的公式，逐步分析出现该错误的可能，并加以改正
#NUM!	当公式需要数字型参数时，我们却给了它一个非数字型参数；给了公式一个无效的参数；公式返回的值太大或者太小	根据公式的具体情况，逐一分析可能的原因并修正
#VALUE	文本类型的数据参与了数值运算，函数参数的数值类型不正确；函数的参数本应该是单一值，却提供了一个区域作为参数；输入一个数组公式时，忘记按【Ctrl + Shift + Enter】键	更正相关的数据类型或参数类型；提供正确的参数；输入数组公式时，记得按【Ctrl + Shift + Enter】键确定
#REF!	公式中使用了无效的单元格引用。通常如下这些操作会导致公式引用无效的单元格：删除了被公式引用的单元格；把公式复制到含有引用自身的单元格中	避免导致引用无效的操作，如果已经出现错误，先撤销，然后用正确的方法操作
#NULL!	使用了不正确的区域运算符或引用的单元格区域的交集为空	改正区域运算符使之正确；更改引用使之相交

2. 公式错误检查

公式计算的时候，有可能会出现各种各样的错误，所以要了解常见错误场景，知道实际应该怎么样去处理。

（1）设定检查规则

选择"文件" | "选项"命令，打开"Excel 选项"对话框，如图 3-140 所示，在公式中可以对错误检查和错误检查的规则进行设定。启用公式错误检查器功能后，当单元格中的公式出错时，用户就能轻松进行相应措施的处理。

（2）显示公式

在一些特定的情况下，在单元格中显示公式比显示数值，更加有利于快速查看检查公式中的错误。在"公式审核"组中选择"显示公式"命令，如图 3-141 所示。

图 3-140　设定检查规则

图 3-141　显示公式

（3）追踪引用

使用 Excel 2016 中的追踪单元格引用功能，可以检查公式错误，或分析公式中单元格的引用关系，追踪引用单元格和追踪从属单元格都是非常常见的追踪方式。

下面举例来看一下。在这个计算结果中，从 D4 开始结果都为零，那说明公式错误。如图 3-142 所示通过追踪引用单元格可以看到，结果为零是因为在公式使用的过程中没有使用 G2 单元格，而使用了 G3、G4 这两个空单元格，自然结果为零。最后对 G2 单元格进行绝对引用之后去复制这个公式，就不会出错了。

在 C7 单元格追踪从属单元格可以看到指向 D7，说明它被 D7 引用。

（4）使用错误检查工具

使用错误检查工具也能够很好地提示公式出现的错误。如图 3-143 所示，在 C7 单元格计算显示错误值 "#VALUE"。单击 "公式" 选项卡 "公式审核" 组中的 "错误检查" 按钮，弹出 "错误检查" 对话框提示错误，可能存在 "公式中所用的某个值是错误的数据类型"，并提示了关于此错误的帮助、显示计算步骤、忽略错误、在编辑栏中编辑等选项，方便用户选择所需执行的动作，还可以通过单击 "上一个" 或 "下一个" 按钮查看此工作表中的其他错误情况。这个公式 =B7*15%，15% 的是常量，不太可能出错，那检查 B7 单元格时就会发现输入错误。

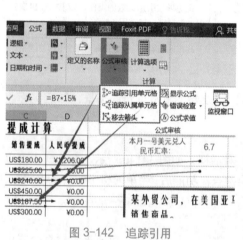

图 3-142　追踪引用

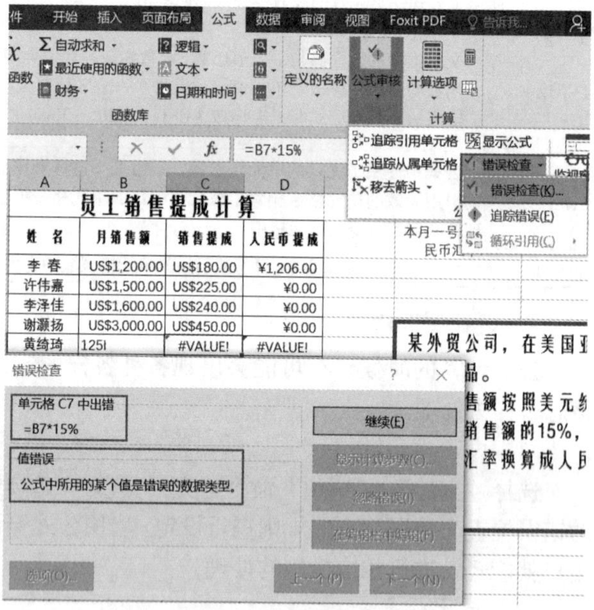

图 3-143　错误检查

3. 循环引用

（1）处理意外循环引用

在写公式的过程中，会不小心出现一些意外的循环引用的情况。如果公式计算过程中与自身单元格的值无关，仅与自身单元格的行号、列标或者文件路径等属性有关，则不会产生循环引用，例如在 A1 单元格中输入公式 =ROW(A1)，都不算循环引用。

而当公式计算返回的结果需要依赖公式自身所在的单元格的值时，不论是直接还是间接引用，都称为循环引用。当在单元格中输入包含循环引用的公式时，Excel 将弹出循环引用警告对话框。默认情况下，Excel 禁止使用循环引用，因为公式中引用自身的值进行计算，将永无休止地计算下去却得不到答案。因此，当工作表中包含有循环引用的公式时，应及时查找原因并予以纠正。

如图 3-144 所示，在"错误检查"下单击"循环引用"，将显示包含循环引用的单元格，单击"$D$20"将跳转到对应单元格。在求和的时候，结果在 D20，求和函数参数也包含 D20，这就是典型的循环引用。

（2）有目的地启用循环引用

要注意，循环引用并不一定是出错，通过合理设置可以用于迭代计算，例如记录单元格操作时间、单元格内输入的历史最高值、对单元格内字符进行反复处理等，还可以模拟规划求解或单变量求解功能，解决多元一次方程组、不定组合金额总额等问题。

如图 3-145 所示，某企业将利润的 30% 作为再投资用于扩大生产规模，而利润 = 毛利润 − 再投资额，这是一个典型的迭代计算问题。如果正常输入公式，一定会报错，因为 C2=D2*B2，D2=A2-C3，两个单元格互相引用，出现循环。

如果启用迭代计算，便不会报错。在"文件"菜单选择"选项"，在"Excel 选项"对话框"公式"选项卡"计算选项"区域中，勾选"启用迭代计算"复选框，并设置"最多迭代次数"为 100 次、"最大误差"为 0.001，如图 3-146 所示。其中，最多迭代次数和最大误差是用于控制迭代计算的两个指标，Excel 支持的最大迭代次数为 32 767 次，每 1 次 Excel 都将重新计算工作表中的公式，以产生一个新的计算结果。设置的最大误差值越小，则计算精度越高，当两次重新计算结果之间的差值绝对值小于等于最大误差时，或达到所设置的最多迭代次数时，Excel 停止迭代计算。最终计算结果如图 3-147 所示，得出正确的再投资额和利润。

图 3-144　处理意外循环引用

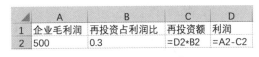

	A	B	C	D
1	企业毛利润	再投资占利润比	再投资额	利润
2	500	0.3	=D2*B2	=A2-C2

图 3-145　显示公式

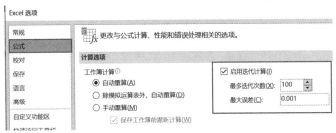

图 3-146　启动迭代计算

	A	B	C	D
1	企业毛利润	再投资占利润比	再投资额	利润
2	500 万	30.00%	115.3845541 万	384.6154459 万

图 3-147　计算结果

3.4.3　SUMIF、SUMIFS 函数

在 Excel 中，SUMIF 函数是一个非常实用、也非常强大的条件求和函数，运用好它，可以帮助我们解决非常多的统计问题，还能灵活地解决数据引用问题，但受限于函数功能，还是有很多问题解决不了。

SUMIF、
SUMIFS 函数

从 Excel 2007 开始，微软新增了 SUMIFS 函数。经过这些年的发展，新增的 SUMIFS 函数越来越简单实用，可以替代 SUMIF 函数并大大超越它。

1. 单条件求和函数 SUMIF

SUMIF 函数的作用是对区域中满足单个条件的单元格求和，基本语法为：

```
SUMIF(range,criteria,sum_range)
```

- range：必需。表示要统计数量的单元格的范围。range 可以包含数字、数组或数字的引用。空值和文本值将被忽略
- criteria：必需。用于决定要统计那些单元格的数量的数字、表达式、单元格引用或文本字串符。
- sum_range：可选。要求和的实际单元格（如果要对未在 range 参数中指定的单元格求和）。如果省略 sum_range 参数，Excel 会对在 range 参数中指定的单元格（即应用条件的单元格）求和

SUMIF 函数的三个参数：第一个是判断区域，第二个是求和的条件，第三个是求和数据区域。其中判断区域和求和数据区域长度必须保持一致。

下面举例说明单条件求和。现有一张销售的表格，如果想要统计 P40 Pro 销售额，可以使用 SUMIF 函数。如图 3-148 所示，第一个参数判断区域是型号；第二个参数是求和的条件，输入 "P40 Pro"；如果 C 列型号数据满足等于 P40 Pro 这个条件的话，会把相对应的 F 列的数据，也就是第三个参数求和数据区域，进行求和。计算结果如图 3-149 所示。

图 3-148　SUMIF 函数参数

图 3-149　SUMIF 计算结果（1）

除了求和以外，SUMIF 函数还有另外一个常见用途。例如图 3-150 所示是一张不同汽车车型在各月的销量情况表，想要查看这几款车型的各月销量情况，通常会使用 VLOOKUP 函数。

	A	B	C	D	E	F	G	H	I	J	K	L
1	汽车车型	所属厂商	所属品牌	5月销量	6月销量	7月销量	累计销量		汽车车型	5月销量	6月销量	7月销量
2	BJ212	北京汽车	北汽制造	699	681	681	3662		哈弗H5			
3	CR-V	东风本田	本田	14194	14883	18600	85482		比亚迪S7			
4	CS15	长安汽车	长安	6411	8912	6789	24463		CR-V			
5	CS35	长安汽车	长安	11785	12031	9594	90512		陆风			
6	CS75	长安汽车	长安	11495	8624	6737	96855					
7	GLK	北京奔驰	奔驰	7254	8300	8083	38640					
8	ix35	北京现代	现代	6686	6331	4377	38426					

图 3-150　数据表格（1）

除了使用 VLOOKUP 函数，SUMIF 函数也可以计算出结果。首先，判断汽车车型是否满足 I2 单元格，也就是哈弗 H5，如果满足则求出各月值。

要注意各参数引用的方式，不同的引用方式对于公式在进行复制的时候会产生不同的影响。如图 3-151 所示，A 列采用绝对引用 $A:$A，也就是判断区域不随公式位置变化；而 $I2 采用混合引用固定列，在求哈弗 H5 各月数据时这个参数不变，但求比亚迪 S7 时，这个参数将变成 $I3；D 列采用相对引用，会随公式复制变成 E、F 列。在此例中，SUMIF 函数可以比 VLOOKUP 函数最更简单的完成查找操作。

2. 多条件求和函数 SUMIFS 函数

SUMIFS 函数的作用是对区域中满足多个条件的单元格求和。基本语法为：

```
SUMIFS(sum_range,criteria_range1,criteria1,[criteria_range2,criteria2],
...)
    SUMIFS(求和区域,条件区域1,条件1,条件区域2,条件2,...)
```

图 3-151　SUMIF 计算结果（2）

参数说明：

● 求和数据区域：用于求和计算的实际单元格，如果省略则使用区域中的单元格。

● 条件区域 1：用于条件判断的第一个单元格区域 1。

● 条件 1：以数字、表达式或文本形式定义的条件 1。

● 条件区域 2：用于条件判断的第一个单元格区域 2。

● 条件 2：以数字、表达式或文本形式定义的条件 2。

> ⊙ 注意：
>
> SUMIFS函数一共可以实现127个条件进行求和。判断区域与求和区域长度必须保持一致，各条件之间是AND关系。

下面通过多个实例学习 SUMIFS 函数的使用，表格数据如图 3-152 所示。具体操作如下：

图 3-152　数据表格（2）

（1）计算 A1 店 P40 Pro 的销售额，这里涉及两个条件。首先第一个参数指求和数据区域，是 F 列的销售额；条件 1 要求 B 列的销售商数据是 A1 店，条件 2 要求 C 列的型号数据是 P40 Pro；如果同时满足这两个条件，就对数据求和，如图 3-153 所示。

图 3-153　使用通配符表示条件

（2）统计 A1 店的 P30 和 P30 Pro 这两款机型的销售情况。此时 P30 和 P30 Pro 是 OR 关系，不满足 SUMIFS 函数各条件之间是 AND 关系，不能写三个判断条件。第一种解决方法是判断型号时采用模糊字段查询，使用通配符 *，判断的条件是"P30*"，在这里代表了 P30 和 P30Pro 两种机型，如图 3-154 所示。当然这属于特例，如果条件不存在这种共性，还是应该使用数组的方式来进行处理。

第二种解决方法是使用数组的方式表示条件，机型条件的参数写为 {"P30 Pro"，"P30"}，如图 3-155 所示。

图 3-154　使用数组表示条件

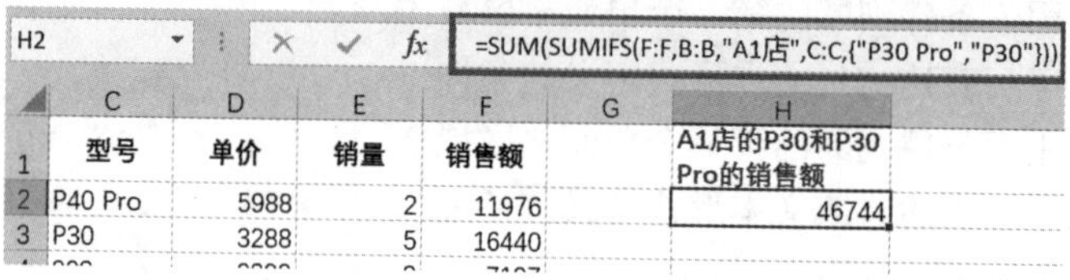

图 3-155　统计 A1 店的 P30 和 P30　Pro 销售情况 2

（3）统计 12 月 20~22 日 P40 Pro 的销售情况。此时涉及几个不同的条件，求和区域是 F 列销售额；条件区域包含判断 C 列型号为"P40 Pro"，还要包括如何判断时间在一段日期时间内。

第一种方法是使用辅助列，设置开始日期和结束日期，用大于等于日期值来表示，如图 3-156 所示。第二种方法是与 DATE 函数结合，DATE 函数可以给出日期值，结合使用可以表示日期范围，如图 3-157 所示。

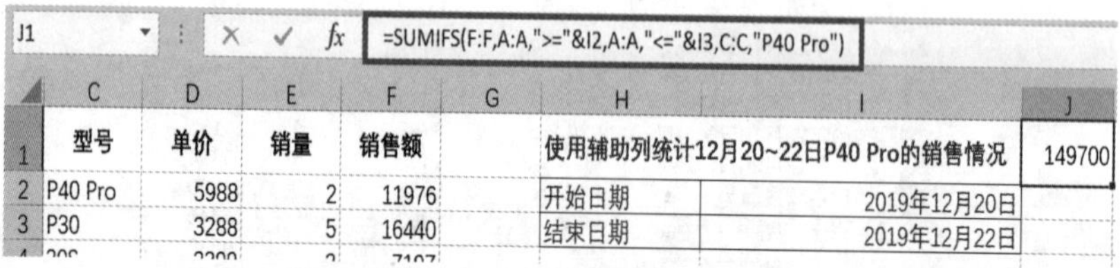

图 3-156　使用辅助列表示日期

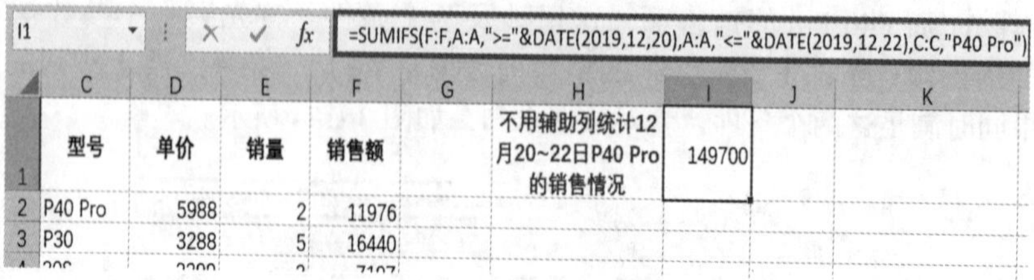

图 3-157　使用 DATE 函数表示日期

第 4 章

Excel 2016 高级应用

公式和函数的高级应用 ——计算职工工资	🖥 文本函数 🖥 日期时间函数 🖥 逻辑函数 🖥 查找引用函数 🖥 复杂公式计算
数据管理高级应用 ——SUV 销售统计	🖥 数据验证 🖥 条件格式 🖥 高级筛选 🖥 模拟运算表
数据统计分析 ——汽车销售业绩分析	🖥 分类汇总 🖥 数据透视表 🖥 数据透视图 🖥 切片器 🖥 合并计算

4.1 公式和函数的高级应用——计算职工工资

4.1.1 任务引导

本单元任务引导卡如表 4-1 所示。

表 4-1 任务引导卡

任务编号	NO. 10		
任务名称	计算职工工资	**计划课时**	2 课时
任务目的	本节任务要求学生使用各种 Excel 的公式和函数完成"职工工资表"数据的编辑和计算。通过任务实践，主要介绍的函数有：日期和时间函数（YEAR、NOW、DATE）、文本函数（MID）、查找函数（VLOOKUP、OFFSET）、IF 函数及 IF 函数的嵌套使用		
任务实现流程	任务引导 → 任务分析 → 编辑职工工资表 → 教师讲评 → 学生完成工作表的编辑 → 难点解析 → 总结与提高。		
配套素材导引	原始文件位置：Office 高级应用 2016\ 素材 \ 第四章 \ 任务 4.1 最终文件位置：Office 高级应用 2016\ 效果 \ 第四章 \ 任务 4.1		

💻 任务分析

企业在日常办公事务中，经常需要利用 Excel 电子表格软件进行企业生产、销售、工资、报表等事务处理。这些事务都有一个共同的特点就是常常需要对数据进行编辑、计算和统计，通过数据分析为企业管理提供支持。而所有的数据信息都必须以先建立好 Excel 工作簿文件、建立好事务所需要的工作表为基础。

本节任务要求学生利用 Excel 的公式和函数完成职工基本情况表和职工工资表数据的编辑和计算。知识点思维导图如图 4-1 所示。

表 4-2 展示了常用函数的说明。

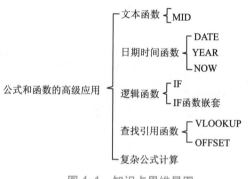

图 4-1 知识点思维导图

表 4-2 函数说明

函 数	格 式	功 能	示 例
MID	MID()	返回文本字符串中指定位置开始的指定长度的字符	MID（"hello",2,3）
DATE	DATE(year,month,day)	返回代表特定日期的序列号。如果在输入函数前，单元格格式为"常规"，则结果将设为日期格式。	DATE(2021,8,6)
YEAR	YEAR(d)	返回日期 d 的年份	YEAR(TODAY())
NOW	NOW()	返回当前日期时间	NOW()
IF	IF(r,n1,n2)	判断逻辑条件 r 是否为真，若为真则返回参数 n1 的值，否则返回 n2 的值	IF(A2>60,"Y","N")
VLOOKUP	VLOOKUP(v,n,c,k)	在表格数组 n 的首列查找指定的值 v，并由此返回表格数组当前行中其他列 c 的值	VLOOKUP(38,A2:C10,3,0)
OFFSET	OFFSET (reference,rows,clos, height,width)	以指定的引用为参照系，通过给定偏移量得到新的引用。返回的引用可以为一个单元格或单元格区域。并可以指定返回的行数或列数	OFFSET(C3,2,3,1,1)

工作表"职工基本情况表"完成效果如图 4-2 所示。

职工基本情况表

职工编号	姓名	性别	部门编号	部门	职务	学历	出生年月	身份证号	入职时间	入职年限
220004009	曹苹	男	004	生产部	科员	研究生	1985/4/13	430101198504133530	2016/12/6	5
220005003	曹心意	女	005	财务部	部门副经理	本科	1989/8/7	320200198908072322	2018/9/30	3
220004025	曾纯	男	005	生产部	文员	大专	1989/6/22	320200198906223943	2017/6/30	4
220006006	曾志龙	男	006	销售部	科长	研究生	1984/3/2	320304198403024933	2017/2/1	4
220006013	陈观知	女	006	销售部	业务员	研究生	1983/9/12	321000198309123822	2017/2/1	4
220005004	陈嘉耀	女	005	财务部	部门副经理	本科	1977/4/15	320304197704153844	2018/1/3	3
220004008	陈静仪	女	004	生产部	科员	大专	1985/1/1	320304198501017912	2016/12/28	5
220005005	陈林英	女	005	财务部	科长	高职	1980/2/11	320304198002112032	2019/5/4	2
220004007	陈欣	男	005	财务部	科员	本科	1981/8/10	320304198108108933	2010/2/1	11
220003006	陈得共	男	003	采购部	科长	本科	1979/1/2	150301197901020971	2009/12/12	12
220004007	陈宇建	女	003	生产部	科员	本科	1981/3/4	320304198103045900	2015/6/6	6
220003001	陈正	男	003	采购部	部门经理	本科	1971/2/2	320201197102025908	2008/12/26	13
220005010	崔子扬	男	005	财务部	科员	研究生	1983/6/12	320304198306123922	2011/11/4	10
220004018	戴神树	男	004	生产部	科员	本科	1986/3/26	320200198603261831	2011/4/7	10
220004021	邓国豪	男	004	生产部	科员	本科	1975/10/29	320103197510292893	2015/6/6	6
220004015	邓子业	女	004	生产部	科员	本科	1992/12/12	440304199212121137	2018/1/3	3
220003009	范玫倩	男	003	生产部	科员	本科	1987/2/13	320103198702139821	2011/4/7	10
220005012	高飞宇	女	005	财务部	科员	研究生	1988/9/18	320103198809189282	2011/4/7	10
220004019	龚智业	男	004	生产部	科员	本科	1982/5/21	320200198205213292	2011/4/7	10
220001003	关雨	女	001	总经办	副总经理	本科	1979/1/1	110101197901014493	2001/1/3	20

图 4-2 "职工基本情况表"完成效果

工作表"工资表"完成效果如图 4-3 所示。

X月职工工资表

职工编号	姓名	部门	职务	学历	工龄	基本工资	职务津贴	工龄补贴	绩效工资	个人社保	发放工资	个人所得税	实发工资
220001001	黄国滨	总经办	总经理	本科	22	¥6,000.00	¥5,000.00	¥4,500.00	¥409.09	¥1,140.00	¥14,769.09	¥976.91	¥13,792.18
220001002	赵俊	总经办	副总经理	研究生	22	¥8,000.00	¥4,000.00	¥4,500.00	¥545.45	¥1,520.00	¥15,525.45	¥1,052.55	¥14,472.91
220001003	关雨	总经办	副总经理	本科	20	¥6,000.00	¥4,000.00	¥4,500.00	¥818.18	¥1,140.00	¥14,178.18	¥917.82	¥13,260.36
220001004	黄俊杰	总经办	总经理助理	研究生	20	¥8,000.00	¥3,000.00	¥4,500.00	¥0.00	¥1,520.00	¥13,980.00	¥898.00	¥13,082.00
220001006	王晓宁	总经办	总经理助理	研究生	18	¥6,000.00	¥4,000.00	¥4,500.00	¥0.00	¥1,140.00	¥12,360.00	¥736.00	¥11,624.00
220001006	张斐	总经办	研究生	4	¥8,000.00	¥1,000.00	¥1,200.00	¥545.45	¥1,520.00	¥11,225.45	¥622.55	¥10,602.91
220001007	刘蕾	总经办	办事员	大专	4	¥4,000.00	¥1,000.00	¥1,200.00	¥818.18	¥760.00	¥6,258.18	¥37.75	¥6,220.44
220001008	吴飞	总经办	办事员	本科	4	¥6,000.00	¥1,000.00	¥900.00	¥654.55	¥1,140.00	¥7,414.55	¥72.44	¥7,342.11
220001009	吴妙辉	总经办	办事员	本科	3	¥4,000.00	¥1,000.00	¥760.00		¥5,140.00		¥4.20	¥5,135.80

图 4-3 "工资表"完成效果

工作表"工资条"完成效果如图 4-4 所示。

职工工资条

职工编号	姓名	部门	职务	学历	工龄	基本工资	职务津贴	工龄补贴	绩效工资	个人社保	应发工资	个人所得税	实发工资
220001001	黄国滨	总经办	总经理	本科	22	¥6,000.00	¥5,000.00	¥4,500.00	¥409.09	¥1,140.00	¥14,769.09	¥976.91	¥13,792.18

职工编号	姓名	部门	职务	学历	工龄	基本工资	职务津贴	工龄补贴	绩效工资	个人社保	应发工资	个人所得税	实发工资
220001002	赵俊	总经办	副总经理	研究生	22	¥8,000.00	¥4,000.00	¥4,500.00	¥545.45	¥1,520.00	¥15,525.45	¥1,052.55	¥14,472.91

职工编号	姓名	部门	职务	学历	工龄	基本工资	职务津贴	工龄补贴	绩效工资	个人社保	应发工资	个人所得税	实发工资
220001003	关雨	总经办	副总经理	本科	20	¥6,000.00	¥4,000.00	¥4,500.00	¥818.18	¥1,140.00	¥14,178.18	¥917.82	¥13,260.36

职工编号	姓名	部门	职务	学历	工龄	基本工资	职务津贴	工龄补贴	绩效工资	个人社保	应发工资	个人所得税	实发工资
220001005	黄俊杰	总经办	总经理助理	研究生	20	¥8,000.00	¥3,000.00	¥4,500.00	¥0.00	¥1,520.00	¥13,980.00	¥898.00	¥13,080.00

职工编号	姓名	部门	职务	学历	工龄	基本工资	职务津贴	工龄补贴	绩效工资	个人社保	应发工资	个人所得税	实发工资
220001006	张斐	总经办	总经理助理	研究生	4	¥8,000.00	¥1,000.00	¥1,200.00	¥545.45	¥1,520.00	¥11,225.45	¥622.55	¥10,602.91

职工编号	姓名	部门	职务	学历	工龄	基本工资	职务津贴	工龄补贴	绩效工资	个人社保	应发工资	个人所得税	实发工资
220001007	刘蕾	总经办	办事员	大专	4	¥4,000.00	¥1,000.00	¥1,200.00	¥818.18	¥760.00	¥6,258.18	¥37.75	¥6,220.44

职工编号	姓名	部门	职务	学历	工龄	基本工资	职务津贴	工龄补贴	绩效工资	个人社保	应发工资	个人所得税	实发工资
220001008	吴飞	总经办	办事员			¥6,000.00	¥1,000.00		¥654.55	¥1,140.00	¥7,414.55	¥72.44	¥7,342.11

图 4-4 "工资条"完成效果

工作表"职工考勤表"完成效果如图 4-5 所示。

工作表"职工社保表"完成效果如图 4-6 所示。

X月职工考勤表

职工编号	姓名	性别	部门	基本工资	加班天数 150%	迟到次数 30%	请假天数 100%	绩效工资
220001001	黄国滨	男	总经办	¥6,000.00	1			¥409.09
220001002	赵俊	男	总经办	¥8,000.00	1			¥545.45
220001003	关雨	女	总经办	¥6,000.00	2			¥818.18
220001004	黄俊杰	男	总经办	¥8,000.00				¥0.00
220001005	王晓宁	男	总经办	¥6,000.00				¥0.00
220001006	张斐	男	总经办	¥8,000.00	1			¥545.45
220001007	刘蕾	女	总经办	¥4,000.00	3			¥818.18
220001008	吴飞	男	总经办	¥6,000.00	2	2		¥654.55
220001009	吴妙辉	女	总经办	¥4,000.00				¥0.00
220001010	马屁	男	总经办	¥4,000.00				¥0.00
220001011	王超	男	总经办	¥6,000.00	3		2	¥681.82
220001012	王尚	男	总经办	¥6,000.00	3			¥1,227.27
220002001	李斯	女	技术部	¥8,000.00	1			¥545.45
220002002	魏文鼎	女	技术部	¥4,000.00	1		1	¥136.36
220002003	杜宇翔	男	技术部	¥6,000.00	1			¥409.09

图 4-5 "职工考勤表"完成效果

职工社保表

职工编号	姓名	性别	基本工资	养老保险 8%	医疗保险 2%	失业保险 1%	住房公积金 8%	个人社保
220001001	黄国滨	男	¥6,000.00	¥480.00	¥120.00	¥60.00	¥480.00	¥1,140.00
220001002	赵俊	男	¥8,000.00	¥640.00	¥160.00	¥80.00	¥640.00	¥1,520.00
220001003	关雨	女	¥6,000.00	¥480.00	¥120.00	¥60.00	¥480.00	¥1,140.00
220001004	黄俊杰	男	¥8,000.00	¥640.00	¥160.00	¥80.00	¥640.00	¥1,520.00
220001005	王晓宁	男	¥8,000.00	¥640.00	¥160.00	¥80.00	¥640.00	¥1,520.00
220001006	张斐	男	¥8,000.00	¥640.00	¥160.00	¥80.00	¥640.00	¥1,520.00
220001007	刘蕾	女	¥4,000.00	¥320.00	¥80.00	¥40.00	¥320.00	¥760.00
220001008	吴飞	男	¥6,000.00	¥480.00	¥120.00	¥60.00	¥480.00	¥1,140.00
220001009	吴妙辉	女	¥4,000.00	¥320.00	¥80.00	¥40.00	¥320.00	¥760.00
220001010	马屁	男	¥4,000.00	¥320.00	¥80.00	¥40.00	¥320.00	¥760.00
220001012	王超	男	¥6,000.00	¥480.00	¥120.00	¥60.00	¥480.00	¥1,140.00

图 4-6 "职工社保表"完成效果

任务4.1导学

任务4.1-1

任务4.1-2

任务4.1-3

任务4.1-4

任务4.1-5

任务4.1-6

4.1.2 任务步骤与实施

1. 文本函数

打开 Excel 工作簿"职工工资表.xlsx"，在工作表"职工基本情况表"中，职工编号中的 4 ～ 6 位数为该职工所在部门的部门编号（例如：若职工编号为"209001001"，则该职工的部门编号为"001"）。利用 MID 函数在 D4:D111 单元格区域中获取每位员工的部门编号。

具体操作如下：

① 双击打开素材文件夹中的 Excel 工作簿"职工工资表.xlsx"，单击窗口下方的"职工基本情况表"工作表标签，选择"职工基本情况表"工作表。

② 将光标定位在 D4 单元格中，单击"f(x)"按钮，插入"MID"函数，在弹出的"函数参数"对话框中设置参数：

● "text"文本框中选择单元格"A4"（即对应的职工编号）。

● "Start_num"文本框中输入参数"4"（即从第 4 位开始提取字符串）。

● "Num_chars"文本框中输入参数"3"（即返回的字符串长度为 3）。

设置如图 4-7 所示，单击"确定"按钮，计算出职工的部门编号。

③ 双击单元格 D4 右下角的黑色填充柄，复制函数，计算所有职工的部门编号，如图 4-8 所示。

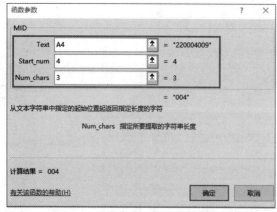

图 4-7　MID 函数参数设置　　　　　　　　图 4-8　职工部门编号计算结果

2. 日期时间函数与文本函数综合应用

在工作表"职工基本情况表"H4:H111 单元格区域中，利用 DATE 和 MID 函数，计算每位员工的出生日期。

具体操作如下：

① 将光标定位在 H4 单元格中。

② 插入"DATE"函数，在弹出的"函数参数"对话框中设置参数：

● "Year"文本框中输入函数"MID(I4,7,4)"（即求取对应的职工的出生年份）。

● "Month"文本框中输入参数"MID(I4,11,2)"（即求取对应的职工的出生月份）。

● "Day"文本框中输入参数"MID(I4,13,2)"（即求取对应的职工的出生日）。

这里要注意的是 MID 函数中所有标点符号都必须使用英文标点，如图 4-9 所示。单击"确定"按钮，计算出职工的出生日期。

③ 双击单元格 H4 右下角的黑色填充柄，复制函数，计算所有职工的出生日期，如图 4-10 所示。

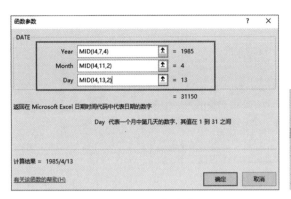

图 4-9　DATE 函数参数设置

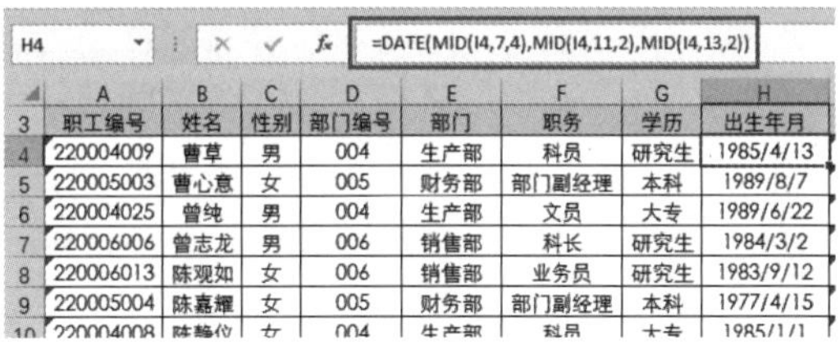

图 4-10　职工出生日期计算结果

3. 日期时间函数

在工作表"职工基本情况表"K4:K111 单元格区域中，利用 YEAR 和 NOW 函数，计算每位员工的入职年限，设置单元格数字据格式为常规，居中对齐。职工入职年限 = 现在的年份 – 职工入职年份。首先要计算的是当前的年份，可以通过 YEAR 和 NOW 函数计算出来。

具体操作如下：

① 将光标定位在 K4 单元格中。

② 插入"YEAR"函数，在弹出的"函数参数"对话框中，输入参数"NOW()"，表示返回当前时间的年份值，如图 4–11 所示。单击"确定"后，可以得出当前的年份，如图 4–12 所示。这里注意的是返回的年份为当前计算机系统设置的时间的年份。

图 4-11　YEAR 函数参数设置

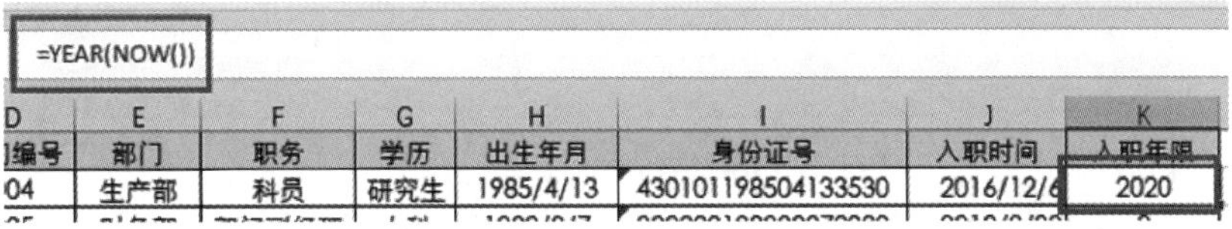

图 4-12　当前年份计算结果

③ 选中单元格 K4，再将光标定位到编辑栏中的函数"=YEAR(NOW())"后面，输入运算符号"–"，单击窗口左上方的"函数"下拉按钮，选择 YEAR 函数，如图 4–13 所示。再次打开 YEAR "函数参数"对话框。

④ 在新的 YEAR"函数参数"对话框"Serial_number"参数编辑区内选取"入职时间"所在的单元格"J4"，如图 4–14 所示。单击"确定"按钮，计算出当前职工的入职年限。计算结果如图 4–15 所示。

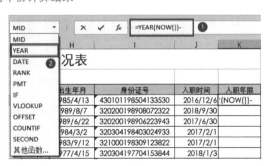

图 4-13　嵌套 YEAR 函数

图 4-14　YEAR 函数参数设置

图 4-15　职工入职年限计算结果

⑤ 选择 K4 单元格，单击"开始"选项卡 "数字"组中的"数字格式"下拉按钮，在下拉列表中选择数字格式"常规"，如图 4-16 所示。设置单元格对齐方式为"居中"对齐。

图 4-16　设置单元格数字格式

⑥ 双击单元格 K4 右下角的黑色填充柄，复制函数，计算所有职工的入职年限。结果如图 4-17 所示。

	A	B	C	D	E	F	G	H	I	J	K
3	职工编号	姓名	性别	部门编号	部门	职务	学历	出生年月	身份证号	入职时间	入职年限
4	220004009	曹草	男	004	生产部	科员	研究生	1985/4/13	430101198504133530	2016/12/6	4
5	220005003	曹心意	女	005	财务部	部门副经理	本科	1989/8/7	320200198908072322	2018/9/30	2
6	220004025	曾纯	男	004	生产部	文员	大专	1989/6/22	320200198906223943	2017/6/30	3
7	220006006	曾志龙	男	006	销售部	科长	研究生	1984/3/2	320304198403024933	2017/2/1	3
8	220006013	陈观知	女	006	销售部	业务员	研究生	1983/9/12	321000198309123822	2017/2/1	3
9	220005004	陈喜耀	女	005	财务部	部门副经理	本科	1977/4/15	320304197704153844	2018/1/3	2
10	220004008	陈静仪	女	004	生产部	科员	本科	1985/1/1	320304198501017912	2016/12/28	4
11	220005005	陈林英	女	005	财务部	科长	高职	1980/2/11	320304198002112032	2019/5/4	1
12	220005009	陈欣	男	005	财务部	科员	高职	1981/8/10	320304198108108933	2010/2/1	10
13	220003006	陈寻共	男	003	采购部	科员	本科	1979/1/2	150301197901020971	2009/12/12	11
14	220004007	陈宇速	女	004	生产部	科长	研究生	1981/3/4	320304198103045900	2015/6/6	5
15	220003001	陈正	男	003	采购部	部门经理	本科	1971/2/2	320201197102025908	2008/12/26	12

图 4-17　职工入职年限计算结果

4. 查找函数

（1）在工作表"工资表"中，利用 VLOOKUP 函数获取"职工基本情况表"中的每位职工的工龄信息，结果显示在"工资表"F4：F111 单元格区域中。

具体操作如下：

① 单击窗口下方"工资表"工作表标签，打开"工资表"工作表。

② 将光标定位在 F4 单元格中。插入"VLOOKUP" 函数，在弹出的"函数参数"对话框中设置参数，如图 4-18 所示。

● 在"Lookup_value"文本框中选择单元格"A4",表示要在"职工基本情况表"中查找的数据为该职工的编号。

这里要注意的是要查找的数据必须是查找区域中第一列中的数据。

● 在"Table_array"文本框中选择"职工基本情况表"中 A3:K111 单元格区域。

● 在"Col_index_num"文本框中输入"11",即要返回的数据("入职年限"列)位于查找区域(A3:K111)的第 11 列位置。

● 在"Range_lookup"文本框中输入"0"或者"FALSE",用于大致匹配查找。若查找区域的第一列数据升序排列,此参数可以输入"TRUE"或者忽略。

③ 由于公式复制时,查找区域"职工基本情况表 !A3:K111"是固定不变的,因此该范围需要按【F4】键转换为绝对引用,如图 4-19 所示。单击"确定"按钮,获取职工的工龄信息。计算结果如图 4-20 所示。

④ 双击单元格 F4 右下角的黑色填充柄,复制函数,计算所有职工的工龄,如图 4-21 所示。

图 4-18　VLOOKUP 函数参数设置 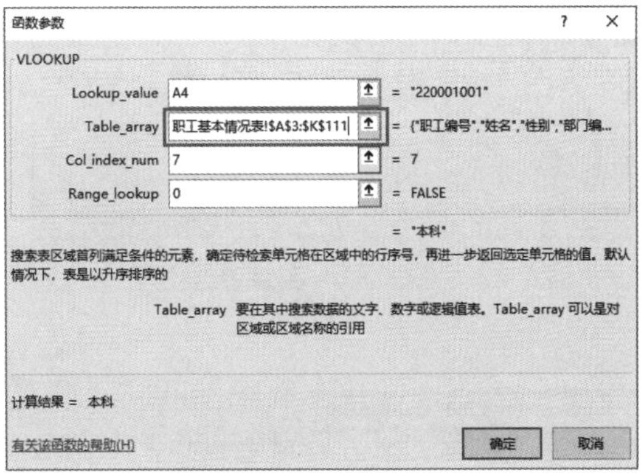　　　　　图 4-19　添加绝对引用

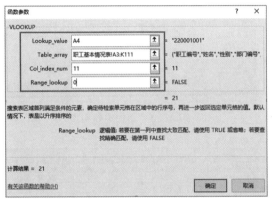

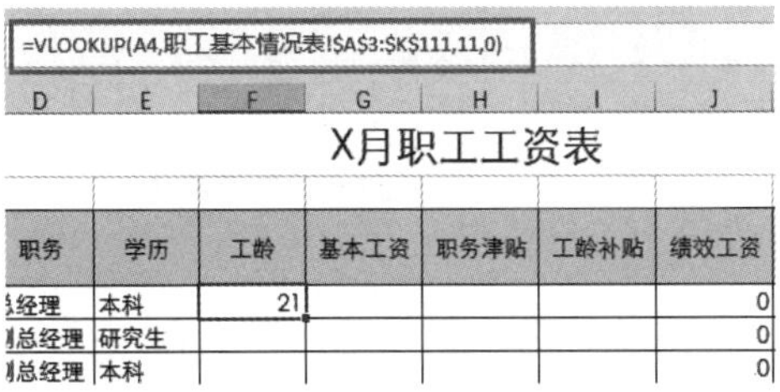

图 4-20　计算职工工龄

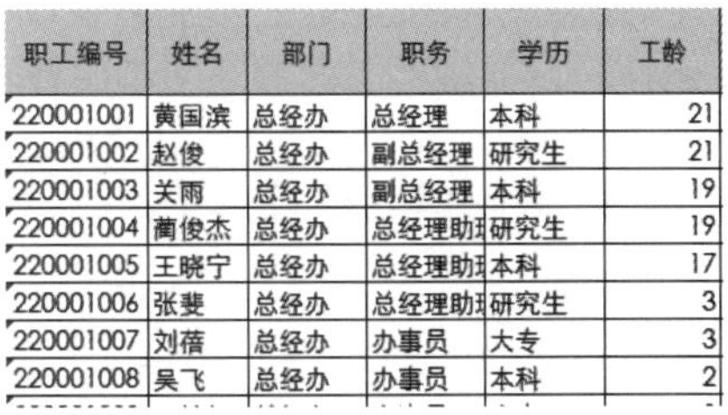

图 4-21　职工工龄计算结果

(2)在工作表"工资表"中,利用 VLOOKUP 函数获取每位职工的职务津贴,结果显示在"工资表"H4: H111 单元格区域中。

具体操作如下:

① 将光标定位在 H4 单元格中。插入"VLOOKUP"函数,在弹出的"函数参数"对话框中设置参数,如图 4-22 所示。

● 在"Lookup_value"文本框中选择单元格"D4",表示要在"职工津贴"中查找的数据为该职工的职务。

● 在"Table_array"文本框中选择"职务津贴"工作表"职务津贴 !A3:B15"单元格区域。

● 在"Col_index_num"文本框中输入"2",即要返回的数据("职务津贴"列)位于查找区

域（A3:B15）的第 2 列位置。

● 在"Range_lookup"文本框中输入"0"或者"FALSE"，用于大致匹配查找。

② 由于公式复制时，查找区域"职务津贴!A3:B15"是固定不变的，因此该范围需要按【F4】键转换为绝对引用，如图 4-23 所示。单击"确定"按钮，获取职工的职务津贴信息。计算结果如图 4-24 所示。

③ 双击单元格 F4 右下角的黑色填充柄，复制函数，计算所有职工的职务津贴。计算结果如图 4-25 所示。

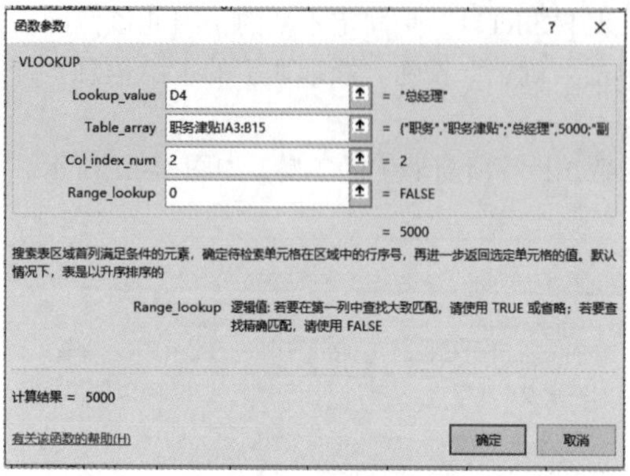

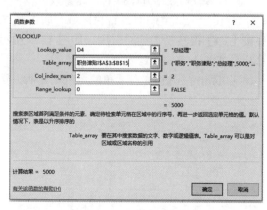

图 4-22　VLOOKUP 函数参数设置　　　　　　　　图 4-23　添加绝对引用

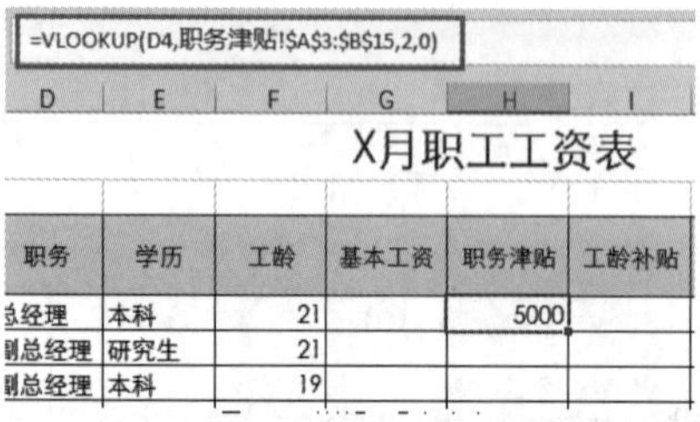

图 4-24　计算职工职务津贴　　　　　　　　图 4-25　职务津贴计算结果

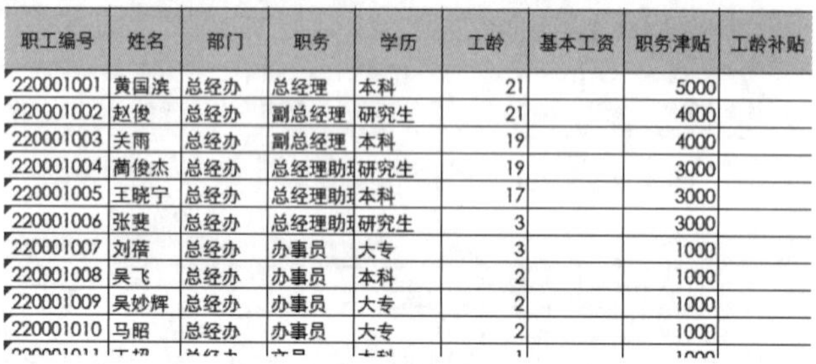

5. IF 函数

在工作表"工资表"中，利用 IF 函数计算每位职工的工龄补贴。工龄补贴规则：工龄在 15 年以下的（包含 15 年），工龄补贴为每年补贴 300 元；工龄在 15 年以上的，职工补贴均为 4 500 元。结果显示在"工资表"I4:I111 单元格区域中。

具体操作如下：

① 将光标定位在 I4 单元格，单击"fx"按钮，插入函数"IF"，打开 IF"函数参数"对话框。

② 在 IF 函数参数对话框中设置参数：

● 在"Logical_test"文本框中逻辑表达式"F4<=15"，表示判断工龄是否小于等于 15。

● 在"Value_if_true"文本框中输入表达式结果为真时返回的结果"F4*300"。

● 在"Value_if_false"文本框中输入表达式结果为假时返回的结果"4500"。

设置如图 4-26 所示，单击"确定"按钮，返回职工的工龄补贴。计算结果如图 4-27 所示。

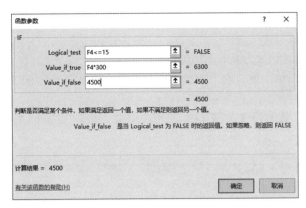

图 4-26　IF 函数参数设置

图 4-27　计算职工工龄补贴

③ 双击单元格 I4 右下角的黑色填充柄，复制函数，计算所有职工的工龄补贴。计算结果如图 4-28 所示。

	A	B	C	D	E	F	G	H	I	J
3	职工编号	姓名	部门	职务	学历	工龄	基本工资	职务津贴	工龄补贴	绩效工
4	220001001	黄国滨	总经办	总经理	本科	21		5000	4500	
5	220001002	赵俊	总经办	副总经理	研究生	21		4000	4500	
6	220001003	关雨	总经办	副总经理	本科	19		4000	4500	
7	220001004	蔺俊杰	总经办	总经理助理	研究生	19		3000	4500	
8	220001005	王晓宁	总经办	总经理助理	本科	17		3000	4500	
9	220001006	张斐	总经办	总经理助理	研究生	3		3000	900	
10	220001007	刘蓓	总经办	办事员	大专	3		1000	900	
11	220001008	吴飞	总经办	办事员	本科	2		1000	600	

图 4-28　职工工龄补贴计算结果

6. IF 函数嵌套

在工作表"工资表"中，利用 IF 函数根据职工的不同学历计算职工基本工资，计算原则如表 4-3 所示。IF 函数计算中，当需要对多个条件进行判断时，则嵌套使用 IF 函数，计算职工的基本工资。

具体操作如下：

① 将光标定位到 G4 单元格，单击"fx"按钮，插入函数"IF"。第一层 IF 函数参数设置如图 4-29 所示。

- 在"Logical_test"文本框中输入逻辑表达式：E4="研究生"，判断职工学历是否为研究生。

这里要注意的是：因为"研究生"为文本字符，所以在进行计算时，需要添加英文标点双引号。

图 4-29　第一层 IF 函数参数设置

- 在"Value_if_true"文本框中输入数值"8000"，表示结果为真时返回的结果"8000"。
- 将光标定位在"Value_if_false"域中，单击窗口左上方的"IF"函数，弹出第二个 IF"函数参数"对话框，如图 4-29 所示。

这里要注意的是：光标必须定位在"Value_if_false"域中，再单击窗口左上方的"IF"函数，打开 IF 函数嵌套的第二层。

② 在第二个 IF "函数参数" 对话框中，参数设置如图 4-30 所示：

● 在 "Logical_test" 文本框中逻辑表达式：E4= "本科"。

● 在 "Value_if_true" 文本框中输入表达式结果为真时返回的结果 "6000"。

● 将光标定位在 "Value_if_false" 域中，单击窗口左上方的 "IF" 函数，弹出第三个 IF "函数参数" 对话框。

③ 在第三层 IF "函数参数" 对话框中，参数设置如图 4-31 所示。单击 "确定" 按钮，得到职工的基本工资，如图 4-32 所示。

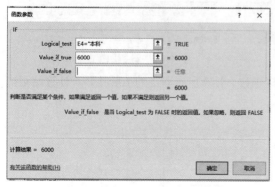

图 4-30　第二层 IF 函数参数设置　　　　　图 4-31　第三层 IF 函数参数设置

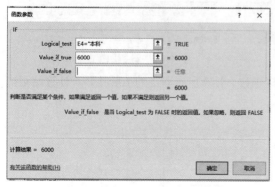

图 4-32　　计算职工基本工资

④ 双击单元格 G4 右下角的黑色填充柄，复制函数，计算所有职工的基本工资。计算结果如图 4-33 所示。

	A	B	C	D	E	F	G	H
3	职工编号	姓名	部门	职务	学历	工龄	基本工资	职务津贴
4	220001001	黄国滨	总经办	总经理	本科	21	6000	5000
5	220001002	赵俊	总经办	副总经理	研究生	21	8000	4000
6	220001003	关雨	总经办	副总经理	本科	19	6000	4000
7	220001004	蔺俊杰	总经办	总经理助理	研究生	19	8000	3000
8	220001005	王晓宁	总经办	总经理助理	本科	17	6000	3000
9	220001006	张斐	总经办	总经理助理	研究生	3	8000	3000
10	220001007	刘蓓	总经办	办事员	大专	3	4000	1000
11	220001008	吴飞	总经办	办事员	本科	2	6000	1000
12	220001009	吴妙辉	总经办	办事员	大专	2	4000	1000
13	220001010	马昭	总经办	办事员	大专	2	4000	1000

图 4-33　职工基本工资计算结果

7. 公式计算与单元格绝对引用的综合应用

在工作表 "职工考勤表" I5:I112 单元格区域中，计算每位员工的绩效工资。绩效工资的计算公式为：绩效工资 = 日工资 * 加班天数 * 扣除比例 – 日工资 * 迟到次数 * 扣除比例 – 日工资 * 请假天数 * 扣除比例。其中每位职工的日工资 = 基本工资 /22。设置 E5：E112 和 I5：I112 单元格区域数字格式为货币，小数位数为 2，第 5 种负数样式，水平右对齐。

具体操作如下：

① 单击窗口下方"职工考勤表"，打开"职工考勤表"工作表。将光标定位在 I5 单元格。

② 在 I5 单元格中，输入公式"=E5/22*F5*F4–E5/22*G5*G4–E5/22*H5*H4"，按【Enter】键得到结果，如图 4-34 所示。

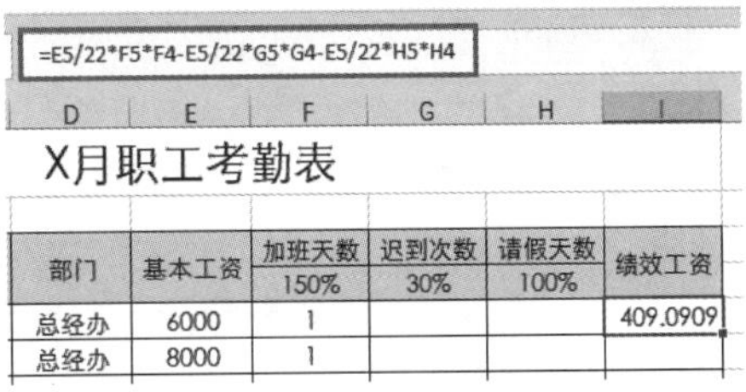

③ 由于公式复制时，加班、迟到和请假扣款比例数据所在的单元格是不发生改变的，因此这三个单元格需要按【F4】键转换为绝对引用，即"=E5/22*F5*$F$4–E5/22*G5*$G$4–E5/22*H5*$H$4"，如图 4-35 所示。

④ 双击单元格 I5 右下角的黑色填充柄，复制公式，计算所有职工的绩效工资。计算结果如图 4-36 所示。

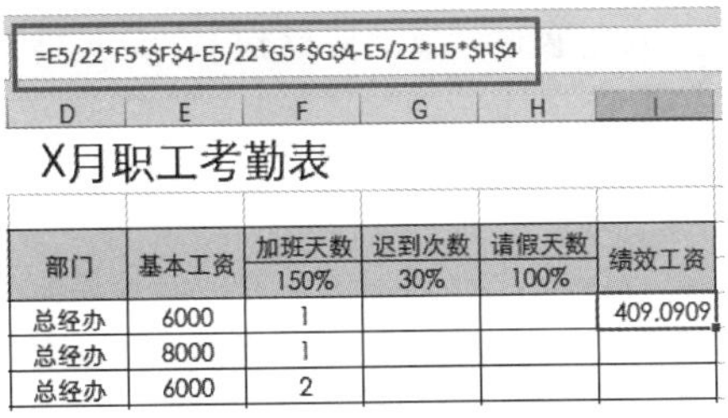

图 4-34 计算职工绩效工资

图 4-35 设置绝对引用

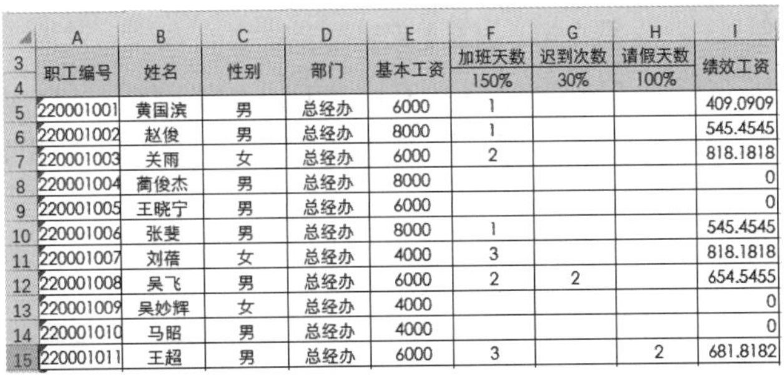

图 4-36 绩效工资计算结果

⑤ 选择单元格区域 I5:I112，按住【Ctrl】键，再选择 E5:E112 区域。

⑥ 右击弹出快捷菜单，选择"设置单元格格式"命令，打开"设置单元格格式"对话框，在"数字"选项卡中选择"货币"，小数位数设置为"2"，第五种负数样式，如图 4-37 所示。单元格对齐方式设置为"右对齐"。

8. 公式计算与单元格混合引用的综合应用

在工作表"职工社保表" E5:H112 单元格区域中分别计算各类保险金额；在 I5:I112 单元格区域中计算每位员工的个人社保。个人社保的计算公式为：个人社保 = 养老保险 + 医疗保险 + 失业保险 + 住房公积金。设置 D5:I112 单元格区域数字格式为货币，小数位数为 2，水平右对齐。

具体操作如下：

① 单击窗口下方"职工社保表"，打开"职工社保表"工作表。将光标定位在 E5 单元格。

② 在 E5 单元格中，输入公式"=D5*E4"，按【Enter】键得到结果，如图 4-38 所示。

③ 公式往下复制时，养老保险比例 E4 单元格的行序号是固定的，因此将此单元格的行序号设置为绝对引用，将光标定位到"4"的前面，添加绝对引用符号"$"，即"=D5*E$4"，如图 4-35 所示。

④ 公式往右复制时，基本工资 D5 单元格的列序号是固定的，因此将此单元格的列序号设置为绝对引用，将光标定位到"D"的前面，添加绝对引用符号"$"，即"=$D5*E$4"，如图 4-40 所示。

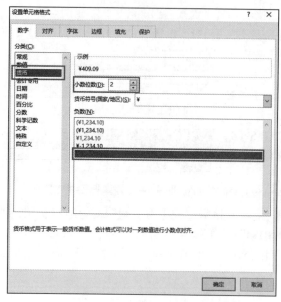

图 4-37　设置单元格数字格式

图 4-38　计算职工养老保险

图 4-39　设置混合引用

⑤ 将鼠标定位到 E5 单元格右下角，当鼠标指针变成黑色填充柄时，拖动鼠标到 H5 单元格，完成公式的复制。计算当前职工的各项社保金额，如图 4-41 所示。

图 4-40　设置混合引用

图 4-41　计算当前职工的各项社保工资

⑥ 选择 E5:H5 单元格区域，将鼠标定位到 H5 单元格右下角，当鼠标指针变成黑色填充柄时，双击，复制公式，计算所有职工的各项社保工资。计算结果如图 4-42 所示。

	A	B	C	D	E	F	G	H	I
3	职工编号	姓名	性别	基本工资	养老保险	医疗保险	失业保险	住房公积金	个人社保
4					8%	2%	1%	8%	
5	220001001	黄国滨	男	6000	480	120	60	480	
6	220001002	赵俊	男	8000	640	160	80	640	
7	220001003	关雨	女	6000	480	120	60	480	
8	220001004	蔺俊杰	男	8000	640	160	80	640	
9	220001005	王晓宁	男	6000	480	120	60	480	
10	220001006	张雯	男	8000	640	160	80	640	
11	220001007	刘蓓	女	4000	320	80	40	320	
12	220001008	吴飞	男	6000	480	120	60	480	
13	220001009	吴妙辉	女	4000	320	80	40	320	
14	220001010	马昭	男	4000	320	80	40	320	
15	220001011	王超	男	6000	480	120	60	480	
16	220001012	王尚	男	6000	480	120	60	480	
17	220002001	李斯	女	8000	640	160	80	640	
18	220002002	钟立晶	女	6000	480	120	60	480	

图 4-42　各项社保工资计算结果

⑦ 将光标定位在 I5 单元格，输入公式 "=E5+F5+G5+H5"，按【Enter】键得到结果，如图 4-43 所示。双击单元格 I5 右下角的黑色填充柄，复制公式，计算所有职工的社保工资。

⑧ 选择单元格区域 D5:I112，右击弹出快捷菜单，选择"设置单元格格式"命令，打开"设置单元格格式"对话框，在"数字"选项卡中选择"货币"，小数位数设置为"2"。单元格对齐方式设置为"右对齐"。效果如图 4-44 所示。

图 4-43　计算职工个人社保

图 4-44　单元格格式效果

9. 公式计算与函数嵌套使用

（1）在工作表"工资表"L4:L111 单元格区域中计算每位职工当月的应发工资。应发工资计算公式为：应发工资 = 基本工资 + 职务津贴 + 工龄补贴 + 绩效工资 – 个人社保。

具体操作如下：

① 单击窗口下方"工资表"，打开"工资表"工作表。将光标定位在 L4 单元格中。

② 在 L4 单元格中，输入公式"=G4+H4+I4+J4-K4"，按【Enter】键得到结果，如图 4-50 所示：

图 4-45　计算职工养老保险

③ 双击单元格 L4 右下角的黑色填充柄，复制公式，计算所有职工的应发工资。

（2）在工作表"工资表"M4:M111 单元格区域中计算每位员工当月的个人所得税。个人所得税计算公式为：个人所得税 =（应发工资 – 免征额）* 税率。其中，税率数据在工作表"税率表"中，免征额为 5000。

具体操作如下：

① 将光标定位到 M4 单元格，单击"fx"按钮，插入函数"IF"。第一层 IF"函数参数"设置如图 4-46 所示。

●在"Logical_test"文本框中输入逻辑表达式"L4<=5000"，判断职工应发工资是否小于等于 5000。

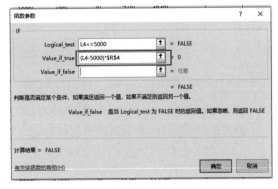

图 4-46　第一层 IF 函数参数设置

● 在"Value_if_true"文本框中输入个人所得税计算公式"(L4-5000)*$R$4",表示结果为真时返回该公式的计算结果。

这里要注意的是，当前税率单元格 R4 是固定不变的，因此需要按【F4】键将 R4 单元格转换为绝对引用，即"(L4-5000)*$R$4"，如图 4-46 所示。

● 将光标定位在"Value_if_false"域中，单击窗口左上方的"IF"函数，弹出第二层 IF"函数参数"对话框。

② 在第二层 IF"函数参数"对话框中，参数设置如图 4-47 所示。

● 在"Logical_test"文本框中逻辑表达式"L4<=8000"。

● 在"Value_if_true"文本框中输入输入个人所得税计算公式"(L4-5000)*$R$5"，表示结果为真时返回该公式的计算结果。

● 将光标定位在"Value_if_false"域中，单击窗口左上方的"IF"函数，弹出第三层 IF"函数参数"对话框。

③ 在第三层 IF"函数参数"对话框中，参数设置如图 4-48 所示。单击"确定"按钮，得到职工的个人所得税，如图 4-49 所示。

图 4-47 第二层 IF 函数参数设置

图 4-48 第三层 IF 函数参数设置

=IF(L4<=5000,(L4-5000)*$R$4,IF(L4<=8000,(L4-5000)*$R$5,IF(L4<=17000,(L4-5000)*$R$6,(L4-5000)*$R$7)))

	I	J	K	L	M	N	O	P
资表								
	工龄补贴	绩效工资	个人社保	应发工资	个人所得税	实发工资	级数	月应
	4500	409.0909	1140	14769.09	976.909091		1	应发
	4500	545.4545	1520	15525.45			2	5000< 应

图 4-49 计算职工个人所得税

④ 双击单元格 M4 右下角的黑色填充柄，复制函数，计算所有职工的个人所得税。

（3）在工作表"工资表"N4:N111 单元格区域中计算每位员工的当月实际工资。当月实发工资的计算公式为：实发工资 = 应发工资 – 个人所得税。

具体操作如下：

① 将光标定位在 N4 单元格中。

② 在 N4 单元格中，输入公式"=L4-M4"，按【Enter】键得到结果，如图 4-50 所示。

=L4-M4

D	E	F	G	H	I	J	K	L	M	N
				X月职工工资表						
职务	学历	工龄	基本工资	职务津贴	工龄补贴	绩效工资	个人社保	应发工资	个人所得税	实发工资
总经理	本科	21	6000	5000	4500	409.0909	1140	14769.09	976.909091	13792.1818
副总经理	研究生	21	8000	4000	4500	545.4545	1520	15525.45	1052.54545	
副总经理	本科	19	6000	4000	4500	818.1818	1140	14178.18	917.818182	

图 4-50　计算职工实发工资

③ 双击单元格 N4 右下角的黑色填充柄,复制公式,计算所有职工的实发工资,如图4-51所示。

	A	B	C	D	E	F	G	H	I	J	K	L	M	N
3	职工编号	姓名	部门	职务	学历	工龄	基本工资	职务津贴	工龄补贴	绩效工资	个人社保	应发工资	个人所得税	实发工资
4	220001001	黄国滨	总经办	总经理	本科	21	6000	5000	4500	409.0909	1140	14769.09	976.909091	13792.1818
5	220001002	赵俊	总经办	副总经理	研究生	21	8000	4000	4500	545.4545	1520	15525.45	1052.54545	14472.9091
6	220001003	关雨	总经办	副总经理	本科	19	6000	4000	4500	818.1818	1140	14178.18	917.818182	13260.3636
7	220001004	蒲俊杰	总经办	总经理助理	研究生	19	8000	3000	4500		1520	13980	898	13082
8	220001005	王晓宁	总经办	总经理助理	本科	17	6000	3000	4500		1140	12360	736	11624
9	220001006	张斐	总经办	总经理助理	研究生	3	8000	3000	900	545.4545	1520	10925.45	592.545455	10332.9091
10	220001007	刘蓓	总经办	办事员	大专	3	4000	1000	900	818.1818	760	5958.182	28.7454545	5929.43636
11	220001008	吴飞	总经办	办事员	本科	2	6000	1000	600	654.5455	1140	7114.545	63.4363636	7051.10909
12	220001009	吴妙辉	总经办	办事员	大专	2	4000	1000	600		760	4840	0	4840
	220001010	马昭	总经办	办事员	大专	2	4000	1000	600			4840		4840

图 4-51　应发工资、个人所得税、实发工资计算结果

（4）设置工作表"工资表"中的 A4:F111 单元格区域数据居中，自动调整列宽；G4:N111 单元格区域数字格式为货币，小数位数为2,第5种负数样式，水平右对齐。

具体操作如下：

① 选择单元格区域 A4:F111，单击"开始"选项卡"单元格"组中的"格式"按钮，在下拉菜单中选择"自动调整列宽"命令，如图 4-52 所示。

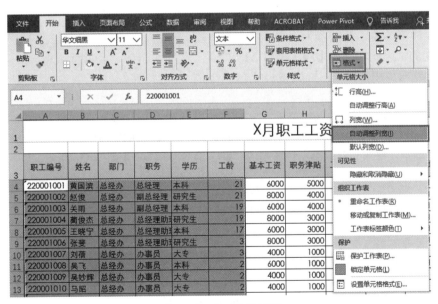

图 4-52　自动调整列宽

② 选择单元格区域 G4:F111，右击弹出快捷菜单，选择"设置单元格格式"命令，打开"设置单元格格式"对话框，在"数字"选项卡中选择"货币"，小数位数设置为"2"，第五种负数样式。单元格对齐方式设置为"右对齐"，如图 4-53 所示。

职工编号	姓名	部门	职务	学历	工龄	基本工资	职务津贴	工龄补贴	绩效工资	个人社保	应发工资	个人所得税	实发工资
							X月职工工资表						
220001001	黄国滨	总经办	总经理	本科	21	¥6,000.00	¥5,000.00	¥4,500.00	¥409.09	¥1,140.00	¥14,769.09	¥976.91	¥13,792.18
220001002	赵俊	总经办	副总经理	研究生	21	¥8,000.00	¥4,000.00	¥4,500.00	¥545.45	¥1,520.00	¥15,525.45	¥1,052.55	¥14,472.91
220001003	关雨	总经办	副总经理	本科	19	¥6,000.00	¥4,000.00	¥4,500.00	¥818.18	¥1,140.00	¥14,178.18	¥917.82	¥13,260.36
220001004	黄俊杰	总经办	总经理助理	研究生	19	¥8,000.00	¥3,000.00	¥4,500.00	¥0.00	¥1,520.00	¥13,980.00	¥898.00	¥13,082.00
220001005	王晓宁	总经办	总经理助理	本科	17	¥6,000.00	¥3,000.00	¥4,500.00	¥0.00	¥1,140.00	¥12,360.00	¥736.00	¥11,624.00
220001006	张斐	总经办	总经理助理	研究生	3	¥8,000.00	¥3,000.00	¥900.00	¥545.45	¥1,520.00	¥10,925.45	¥592.55	¥10,332.91
220001007	刘蓓	总经办	办事员	大专	3	¥4,000.00	¥1,000.00	¥900.00	¥818.18	¥760.00	¥5,958.18	¥28.75	¥5,929.44
220001008	吴飞	总经办	办事员	本科	2	¥6,000.00	¥1,000.00	¥600.00	¥654.55	¥1,140.00	¥7,114.55	¥63.44	¥7,051.11
220001009	吴妙辉	总经办	办事员	大专	2	¥4,000.00	¥1,000.00	¥600.00	¥0.00	¥760.00	¥4,840.00	¥0.00	¥4,840.00
220001010	马昭	总经办	办事员	大专	2	¥4,000.00	¥1,000.00	¥600.00	¥0.00	¥760.00	¥4,840.00	¥0.00	¥4,840.00
220001011	王超	总经办	文员	本科	1	¥6,000.00	¥1,000.00	¥300.00	¥681.82	¥1,140.00	¥6,841.82	¥55.25	¥6,786.56
220001012	王尚	总经办	文员	本科	9	¥6,000.00	¥1,000.00	¥2,700.00	¥1,227.27	¥1,140.00	¥9,787.27	¥478.73	¥9,308.55

图 4-53　工资表格式效果

10. OFFSET 函数制作工资条

在工作表"工资条"中利用 OFFSET 函数，制作单独的工资条。设置 A4:F4 单元格区域数据居中，G4:N4 单元格区域数字格式为货币，小数位数为 2，第 5 种负数样式，水平右对齐。

具体操作如下：

① 单击窗口下方"工资条"工作表标签，打开"工资条"工作表。

② 将光标定位在 A4 单元格中。单击"fx"按钮，插入函数"OFFSET"。函数参数设置如图 4-54 所示。

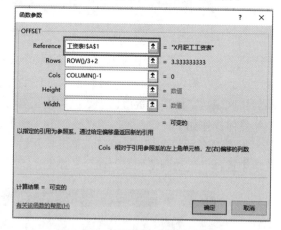

图 4-54　OFFSET 函数参数设置

- 在"Reference"文本框中输入参照系的引用单元格"工资表 !A1"，将"工资表"中的 A1 单元格作为偏移量的起始单元格。

这里要注意的是，当前参照系单元格 A1 是固定不变的，因此需要按【F4】键将 A1 单元格转换为绝对引用，即"工资表 !$A$1"，如图 4-54 所示。

- 在"Rows"文本框中输入相对于 A1 单元格，向下偏移的行数计算公式"ROW()/3+2"。
- 在"Cols"文本框中输入相对于 A1 单元格，向右偏移的列数计算公式"COLUMN()-1"。

单击"确定"按钮，获取第一位职工的"职工编号"信息，如图 4-55 所示。

图 4-55　获取职工编号信息

③ 将鼠标定位到 A4 单元格右下角，当鼠标指针变成黑色填充柄时，拖动鼠标到 N4 单元格，完成函数复制。获取第一位职工的工资条，如图 4-56 所示。

职工工资条													
职工编号	姓名	部门	职务	学历	工龄	基本工资	职务津贴	工龄补贴	绩效工资	个人社保	应发工资	个人所得税	实发工资
220001001	黄国滨	总经办	总经理	本科	21	6000	5000	4500	409.0909	1140	14769.09	976.909091	13792.18

图 4-56　获取第一位职工的工资条

④ 选择单元格区域 A4:F4，单击"开始"选项卡"单元格"组中的"格式"按钮，在下拉菜单中选择"自动调整列宽"命令，调整单元格列宽。

⑤ 选择单元格区域 G4:F4，右击弹出快捷菜单，选择"设置单元格格式"命令，打开"设置单元格格式"对话框，在"数字"选项卡中选择"货币"，小数位数设置为"2"，第五种负数样式。单元格对齐方式设置为"右对齐"。效果如图 4-57 所示。

职工工资条													
职工编号	姓名	部门	职务	学历	工龄	基本工资	职务津贴	工龄补贴	绩效工资	个人社保	应发工资	个人所得税	实发工资
220001001	黄国滨	总经办	总经理	本科	21	¥6,000.00	¥5,000.00	¥4,500.00	¥409.09	¥1,140.00	¥14,769.09	¥976.91	¥13,792.18

图 4-57　设置工资条格式

⑥ 选择 A2:N4 单元格区域，将鼠标定位到 N4 单元格右下角，当鼠标指针变成黑色填充柄时，向下拖动鼠标，复制工资条，获取每位职工的工资条，如图 4-58 所示。

职工工资条													
职工编号	姓名	部门	职务	学历	工龄	基本工资	职务津贴	工龄补贴	绩效工资	个人社保	应发工资	个人所得税	实发工资
220001001	黄国滨	总经办	总经理	本科	21	¥6,000.00	¥5,000.00	¥4,500.00	¥409.09	¥1,140.00	¥14,769.09	¥976.91	¥13,792.18
职工编号	姓名	部门	职务	学历	工龄	基本工资	职务津贴	工龄补贴	绩效工资	个人社保	应发工资	个人所得税	实发工资
220001002	赵俊	总经办	副总经理	研究生	21	¥8,000.00	¥4,000.00	¥4,500.00	¥545.45	¥1,520.00	¥15,525.45	¥1,052.55	¥14,472.91
职工编号	姓名	部门	职务	学历	工龄	基本工资	职务津贴	工龄补贴	绩效工资	个人社保	应发工资	个人所得税	实发工资
220001003	关雨	总经办	副总经理	本科	19	¥6,000.00	¥4,000.00	¥4,500.00	¥818.18	¥1,140.00	¥14,178.18	¥917.82	¥13,260.36
职工编号	姓名	部门	职务	学历	工龄	基本工资	职务津贴	工龄补贴	绩效工资	个人社保	应发工资	个人所得税	实发工资
220001004	蔺俊杰	总经办	总经理助	研究生	19	¥8,000.00	¥3,000.00	¥4,500.00	¥0.00	¥1,520.00	¥13,980.00	¥898.00	¥13,082.00
职工编号	姓名	部门	职务	学历	工龄	基本工资	职务津贴	工龄补贴	绩效工资	个人社保	应发工资	个人所得税	实发工资
220001005	王晓宁	总经办	总经理助	本科	17	¥6,000.00	¥3,000.00	¥4,500.00	¥0.00	¥1,140.00	¥12,360.00	¥736.00	¥11,624.00
职工编号	姓名	部门	职务	学历	工龄	基本工资	职务津贴	工龄补贴	绩效工资	个人社保	应发工资	个人所得税	实发工资
220001006	张斐	总经办	总经理助	研究生	3	¥8,000.00	¥3,000.00	¥900.00	¥545.45	¥1,520.00	¥10,925.45	¥592.55	¥10,332.91
职工编号	姓名	部门	职务	学历	工龄	基本工资	职务津贴	工龄补贴	绩效工资	个人社保	应发工资	个人所得税	实发工资
220001007	刘华	总经办	办事员	大专		¥4,000.00	¥1,000.00	¥900.00	¥818.18	¥760.00	¥5,958.18	¥29.75	¥5,928.44

图 4-58　职工工资条效果

4.1.3　难点解析

通过本节课程的学习，学生掌握了日期和时间函数（YEAR、NOW、DATE）、文本函数（MID）、查找函数（VLOOKUP、OFFSET）、IF 函数及复杂公式计算的操作和使用技巧。其中，查找函数 VLOOKUP 和 IF 函数嵌套是本节的难点内容，这里将针对这两个函数做具体的讲解。

1. VLOOKUP 函数

VLOOKUP 函数是 Excel 中的一个纵向查找函数，它与 LOOKUP 函数和 HLOOKUP 函数属于同一类函数，在工作中都有广泛应用。VLOOKUP 是按列查找，最终返回该列所需查询列序号对应的值；与之对应的 HLOOKUP 是按行查找的。

（1）函数概述

VLOOKUP 函数的函数功能是在表格或者单元格区域的首列查找指定的数值，并由此返回表格或数组当前行中指定列的数值。也就是说，用户可以使用 VLOOKUP 函数搜索某个单元格区域的第一列，然后返回该区域相同行上任何单元格中的值。

①语法规则。

VLOOKUP 函数的语法规则如下：

```
VLOOKUP(Lookup_value, Table_array ,Col_index_num, Range_lookup)
```

②函数参数说明。

VLOOKUP 函数参数说明如表 4-3 所示。

表 4-3　VLOOKUP 函数参数说明

参　　数	简　单　说　明	输入数据类型
Lookup_value	要查找的值	数值、引用或文本字符串
Table_array	要查找的区域	数据表区域
Col_index_num	返回数据在查找区域的第几列数据	正整数（首列的列序号为 1）
Range_lookup	模糊匹配或精确匹配	FALSE（或 0）/TRUE（或不填）

（2）函数使用注意事项

①参数"Lookup_value"为搜索区域第一列中需要查找的值。

参数"Lookup_value"是函数计算时必需的参数，它可以是值，也可以是单元格的引用。查询的数据必须是搜索区域中第一列的数据。注意这里的第一列是指搜索区域的第一列，并不是数据表的第一列。若需要查询的值是数据表其他列的数据，灵活变换搜索区域即可。

例如，在"工资表"中，查询部门编号"003"的部门名称，则可将搜索区域定为"C4:D61"，而返回数据的列序号为"2"。所使用的函数公式为 =VLOOKUP("003",C4:D61,2,FALSE)，此函数查找单元格区域"C4:D61"中第一列的值"003"，然后将"003"所在行的第 2 列单元格数据作为查询值返回。VLOOKUP 函数参数设置如图 4-59 所示。

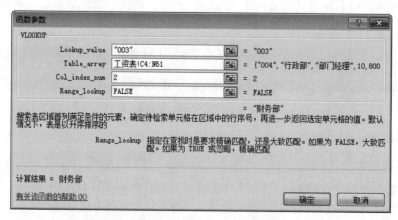

图 4-59　使用 VLOOKUP 函数获取部门名称

②若需要使用 VLOOKUP 进行多次计算，如图 4-60 所示，计算"职工编号"单元格中显示的编号所对应的职工姓名、部门、基本工资、工龄补贴、绩效工资和总工资等信息。可以利用单元格的绝对引用和公式的复制操作来完成计算。

	A	B	C	D	E	F	G	H	I	J	K	L	M	N
1					**职工工资表**									
2								加班/次: 100		迟到/次: 80		请假/次: 50		
3	职工编号	姓名	部门编号	部门	职务	工龄	基本工资	工龄补贴	加班小时	迟到次数	请假天数	绩效工资	绩效等级	总工资
61	209004005	施文鼎	004	行政部	助理	12	¥6,000	¥1,000	30	3	1	¥2,710	C	¥9,710
62														
63														
64					**职工工资查询表**									
65				职工编号	姓名	部门	基本工资	工资补贴	绩效工资	总工资				
66				209001007	孙香	技术部	¥4,000	¥500	¥3,870	¥8,370				

图 4-60　职工工资查询表

本例中，职工编号数据是根据用户需要查询的信息而变动的，但单元格的位置是固定在 D66 的，所以参数"Lookup_value"可以用单元格引用，并将该单元格固定起来，即 $D$66。

要查询的搜索区域是整张职工工资表数据区域，即 A4:N61。无论查询的数据是姓名、部门还是基本工资等，搜索区域同样是固定不变的，所以参数"Table_array"所引用的区域也应该固定起来，即 $A$4：$N$61。函数参数设置如图 4-61 所示。

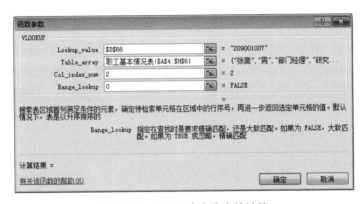

图 4-61　职工工资查询表的计算

复制公式后，逐一修改其他列所对应的列序号即可。

③ 参数"Range_lookup"可选。

如果 Range_lookup 为"TRUE"或者省略，则必须按升序排列搜索区域第一列的值，否则 VLOOKUP 可能无法返回正确的值。也就是说，如果搜查区域的第一列数据的值不是升序排列的话，此参数需要输入"FALSE"或者"0"。

2. IF 函数嵌套

IF 函数的功能是执行真假值判断，根据逻辑表达式的真假值，返回不同结果。例如，A10=100 就是一个逻辑表达式，如果单元格 A10 中的值等于 100，表达式即为 TRUE，否则为 FALSE。

IF 函数可以嵌套 7 层，用 Value_if_true 和 Value_if_false 参数可以构造复杂的检测条件。

（1）语法规则

IF 函数的语法结构为"=IF(逻辑表达式，结果 1，结果 2)"，也就是说如果表达式的计算结果为 TRUE，IF 函数将返回结果 1；如果该条件的计算结果为 FALSE，则返回结果 2。

若是 IF 函数嵌套，则当条件的计算结果为 FALSE，则进入下一层 IF 函数，进行第 2 次的表达式计算。

（2）参数说明

IF 函数参数说明如表 4-4 所示。

表 4-4　IF 函数参数说明

参　数	简 单 说 明	参 数 说 明
Logical_test	表示计算结果为 TRUE 或 FALSE 的任意值或表达式	连接条件表达式主要使用的关系运算符有：=、<>、>、<、>= 和 <= 等关系运算符 条件表达式中根据需要可嵌套其他函数 若表达式中出现了文本字符串，需要使用双引号，例如：A10=" 优秀 "
Value_if_true	"Logical_test" 结果为真时返回的值	数值、引用、文本字符串或公式函数
Value_if_false	"Logical_test" 结果为假时返回的值	数值、引用、文本字符串或公式函数，若是 IF 函数嵌套，则单击左上方 "IF" 按钮

（3）函数使用注意事项

IF 嵌套函数的操作步骤在任务中已经有实例讲解，这里需要注意的是，在完成 IF 函数嵌套时，经常会出现以下几点问题：

① 不能出现类似 1500<=B3<=2000 的连续比较条件表达式，否则将导致不正确的结果。

例如：如图 4-62 所示，若销售额在 20 000 元以上，奖励 1 000 元，介于 15 000 ~ 20 000 元之间，奖励 500 元，其他奖励为 0。

从图中可以看到，D3 的单元格值为 16500，正确的计算结果应该是 500。可当 E3 单元格的计算公式是 "=IF(D3>=20000,1000,IF(D3>=15000,500,0))" 时，计算结果为 "0"，这明显是一个错误的计算结果。这是因为在执行 "IF(15000<=D3<20000……)" 过程中，先执行了 "15000<=D3" 比较，结果为 "TURE"，再执行 "TURE"<20000 比较，"TURE" 是字符串，系统认定字符串比任何值都大，所以结果为假，从而得到 0 的结果。

正确的公式应该如图 4-63 所示。

图 4-62　IF 函数计算错误示例

图 4-63　IF 函数计算

② 不能出现条件交叉包含的情况。如果条件出现交叉包含，在 IF 函数执行过程中条件判断就会产生逻辑错误，最终导致结果不正确。

为防止出现条件交叉包含，在进行多条件嵌套时要注意：

● 条件判断要么从最大到最小，要么从最小到最大，不要出现大小交叉情况。

● 如果条件判断为从大到小，通常使用的比较运算符为大于 > 或者大于等于 >=。

● 如果条件判断为从小到大，通常使用的比较运算符为小于 < 或者小于等于 <=。

③ IF 函数嵌套的操作过程中，如果光标定位在 "Value_if_true" 参数文本框时，就打开了新的 IF "函数参数" 对话框，将导致计算结果出错。

图 4-64 所示的公式就是光标定位错误时，函数中出现的错误。可以看到，嵌套连接的符号是 "+"，出现这种错误，只需要在 E2 单元格的函数中，将 IF 嵌套连接符号 "+" 修改为 ","，重新双击黑色填充柄，复制公式即可。这里要注意的是 "," 为英文标点符号。正确的计算公式

应该是"=IF(D3>=20000,1000,IF(D3>=15000,500,0))"。

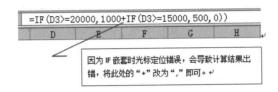

图 4-64 IF 函数计算错误示例

4.2 \\\ 数据管理高级应用——SUV 销售统计

4.2.1 任务引导

本单元任务引导卡如表 4-5 所示。

表 4-5 任务引导卡

任务编号	NO. 11		
任务名称	SUV 销售统计	计划课时	2 课时
任务目的	本节任务要求学生利用 Excel 的数据管理功能完成 SUV 销售统计表中的数据管理和汇总统计。通过任务实践，要求学生掌握数据验证、条件格式、高级筛选和模拟运算等知识点		
任务实现流程	任务引导 → 任务分析 → 在"SUV 销售统计表"中，完成 SUV 销售情况的数据汇总 → 教师讲评 → 学生完成工作表的编辑 → 难点解析 → 总结与提高		
配套素材导引	原始文件位置：Office 高级应用 2016\ 素材 \ 第四章 \ 任务 4.2 最终文件位置：Office 高级应用 2016\ 结果 \ 第四章 \ 任务 4.2		

任务4.2导学

任务4.2-1

任务4.2-2

🖳 任务分析

Excel 除了拥有强大的数据计算功能，还提供了强大的数据管理汇总功能，如数据验证、条件格式、高级筛选和模拟运算等，使用户在实际工作中可以及时、准确地处理大量的数据。这些数据在工作表中，常被建立为有结构的数据清单。

数据清单是指工作表中包含相关数据的一系列数据行，又称工作表数据库，是一种特殊的工作表，可以像数据库一样使用。可以理解成工作表中的一张二维表格，由若干数据列组成，每一列具有相同的数据类型，称为字段，且每一列的第一个单元格为列标题，称为字段名；除列标题所在行外，每一行被称为一条记录。

在数据清单中，用户可以添加、删除和查找数据，也可以快捷地进行数据验证、高级筛选、模拟运算等操作。这些操作一般可以选择"数据"选项卡中的命令完成。

本任务要求学生利用 Excel 的数据管理功能完成 SUV 销售统计表中的数据编辑和统计。知识点思维导图如图 4-65 所示。

（1）数据验证：对于工作表中的数据，有些数据固定为几个有限的

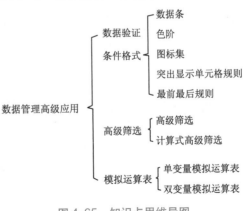

图 4-65 知识点思维导图

任务4.2-5

任务4.2-6

数据时我们可以预先设置选定的一个或多个单元格区域允许输入的数据类型、范围而这些是通过设置"数据验证"来实现，这样既方便输入，又能够检查数据。

（2）条件格式：条件格式是指当指定条件为真时，Excel 将自动设置的格式应用于满足条件单元格。

（3）高级筛选：在 Excel 中高级筛选是自动筛选的升级功能。在使用高级筛选时，需要具备数据区域、条件区域以及结果输出区域等三部分区域。它的功能更加优于自动筛选。

（4）计算式高级筛选：在 Excel 高级筛选中，可以将公式的计算结果作为条件使用。使用公式结果作为条件进行高级筛选时必须注意的是：要将条件标题保留为空，或者使用与数据区域中的列标题不同的标题。

（5）模拟运算表：模拟运算表实际上是工作表中的一个单元格区域，它可以显示一个计算公式中一个或两个参数值的变化对计算结果的影响。由于它可以将所有不同的计算结果以列表方式同时显示出来，因而便于查看、比较和分析。根据分析计算公式中参数的个数，模拟运算表又分为单变量模拟运算表和双变量模拟运算表。

工作表"上海通用汽车销售统计表"完成效果如图 4-66 所示。

工作表"汽车销量统计表"完成效果如图 4-67 所示。

上海通用汽车销售统计表

汽车车型	所属厂商	所属品牌	5月销量	6月销量	7月销量	累计销量
凯迪拉克XT5	上海通用	凯迪拉克	2853	2466	3580	7182
科帕奇	上海通用	凯迪拉克	1399	1197	1178	9130
创酷	上海通用	雪佛兰	2399	2426	2073	18665
昂科拉	上海通用	别克	7569	2496	4570	31140
昂科威	上海通用	别克	19150	19888	16026	115684
宝骏560	上海通用	宝骏	18515	18002	15607	174529

图 4-66 "上海通用汽车销售统计表"完成效果

汽车销量统计表

汽车车型	所属厂商	所属品牌	5月销量	6月销量	7月销量	累计销量
BJ212	北京汽车	北汽制造	699	661	681	3662
CR-V	东风本田	本田	14194	14883	18600	85482
CS15	长安汽车	长安	6411	8912	6789	24463
CS35	长安汽车	长安	11785	12031	9594	90512
CS75	长安汽车	长安	11495	8624	6737	96855
GLK	北京奔驰	奔驰	7254	8300	8083	38640
ix35	北京现代	现代	6686	6331	4377	38426
KX5	东风悦达起亚	起亚	6959	8493	6861	30788
Q3	一汽	奥迪	8269	8060	8838	39804
RAV4	一汽	丰田	9900	7902	6437	52286
S50	北京汽车	北汽威旺	4000	4132	3000	10381
SR7	众泰汽车	众泰	5100	5284	4293	18675
XR-V	东风本田	本田	14959	13337	14232	80643

图 4-67 "汽车销量统计表"完成效果

工作表"SUV 销量统计表（1）"完成效果如图 4-68 所示。

工作表"SUV 销量统计表（2）"完成效果如图 4-69 所示。

所属厂商	7月销量
上海通用	>15000

汽车车型	所属厂商	所属品牌	5月销量	6月销量	7月销量	累计销量
昂科威	上海通用	别克	19150	19888	16026	115684
宝骏560	上海通用	宝骏	18515	18002	15607	174529

所属厂商	6月销量
力帆汽车	>=18000

汽车车型	所属厂商	所属品牌	5月销量	6月销量	7月销量	累计销量
力帆X50	力帆汽车	力帆	2101	2343	2149	6296
迈威	力帆汽车	力帆	2084	4864	4978	9290
昂科威	上海通用	别克	19150	19888	16026	115684
宝骏560	上海通用	宝骏	18515	18002	15607	174529

图 4-68 "SUV 销量统计表（1）"完成效果

所属品牌	累计销量
哈弗	>90000
长安	>90000

汽车车型	所属厂商	所属品牌	5月销量	6月销量	7月销量	累计销量
CS35	长安汽车	长安	11785	12031	9594	90512
CS75	长安汽车	长安	11495	8624	6737	96855
哈弗H6	长城汽车	哈弗	37435	9756	39079	240253

所属厂商	累计销量	累计销量
上海通用	>=10000	<50000

汽车车型	所属厂商	所属品牌	5月销量	6月销量	7月销量	累计销量
创酷	上海通用	雪佛兰	2399	2426	2073	18665
昂科拉	上海通用	别克	7569	2496	4570	31140

图 4-69 "SUV 销量统计表（2）"完成效果

工作表"长城汽车销售统计表"完成效果如图 4-70 所示。

工作表"购车分期付款计算表"完成效果如图 4-71 所示。

长城销售统计表

汽车车型	所属厂商	所属品牌	5月销量	6月销量	7月销量	累计销量
哈弗H8	长城汽车	哈弗	442	425	573	3692
哈弗H9	长城汽车	哈弗	728	887	1032	5142
哈弗H7	长城汽车	哈弗	3175	3594	4079	8059
哈弗H5	长城汽车	哈弗	2310	1501	1530	12035
哈弗H1	长城汽车	哈弗	5227	3504	3636	37204
哈弗H2	长城汽车	哈弗	12476	10089	10073	72334
哈弗H6	长城汽车	哈弗	37435	37547	39079	240253

TRUE

汽车车型	所属厂商	所属品牌	5月销量	6月销量	7月销量	累计销量
哈弗H8	长城汽车	哈弗	442	425	573	3692
哈弗H5	长城汽车	哈弗	2310	1501	1530	12035
哈弗H1	长城汽车	哈弗	5227	3504	3636	37204
哈弗H2	长城汽车	哈弗	12476	10089	10073	72334

销量比较	累计销量
TRUE	>20000

汽车车型	所属厂商	所属品牌	5月销量	6月销量	7月销量	累计销量
哈弗H1	长城汽车	哈弗	5227	3504	3636	37204
哈弗H2	长城汽车	哈弗	12476	10089	10073	72334

图 4-70 "长城汽车销售统计表"完成效果

购车分期付款计算表	
购车价格	279800
首付款	129800
贷款额	150000
年利率	6.30%
还款期限（月）	36

不同利率下分期付款计算表	
贷款利率	月还款
	¥-4,583.71
6.00%	¥-4,563.29
6.20%	¥-4,576.90
6.30%	¥-4,583.71
6.51%	¥-4,598.03
6.65%	¥-4,607.60

购车分期付款计算表

贷款金额	还款期限				
¥-4,583.71	12	24	36	48	60
60000	¥-5,172.26	¥-2,667.35	¥-1,833.48	¥-1,417.37	¥-1,168.36
80000	¥-6,896.35	¥-3,556.47	¥-2,444.64	¥-1,889.83	¥-1,557.81
100000	¥-8,620.44	¥-4,445.59	¥-3,055.81	¥-2,362.28	¥-1,947.26
120000	¥-10,344.53	¥-5,334.71	¥-3,666.97	¥-2,834.74	¥-2,336.71
150000	¥-12,930.66	¥-6,668.39	¥-4,583.71	¥-3,543.42	¥-2,920.89
180000	¥-15,516.79	¥-8,002.06	¥-5,500.45	¥-4,252.11	¥-3,505.07
200000	¥-17,240.88	¥-8,891.18	¥-6,111.61	¥-4,724.56	¥-3,894.52

图 4-71 "购车分期付款计算表"完成效果

4.2.2　任务步骤与实施

1. 数据验证

（1）打开 Excel 工作簿"SUV 销售统计表 .xlsx"，在工作表"上海通用汽车销售统计表"中设置所属品牌的数据（C4:C9）输入只允许为凯迪拉克、雪佛兰、别克、宝骏，并按表 4-6 所示输入相应的数据。

表 4-6　上海通用汽车销售统计表

汽车车型	所属厂商	所属品牌	5 月销量	6 月销量	7 月销量	累计销量
凯迪拉克 XT5	上海通用	凯迪拉克	2853	2466	3580	7182
科帕奇	上海通用	雪佛兰	1399	1197	1178	9130
创酷	上海通用	雪佛兰	2399	2426	2073	18665
昂科拉	上海通用	别克	7569	496	4570	31140
昂科威	上海通用	别克	19150	19888	16026	115684
宝骏 560	上海通用	宝骏	18515	18002	15607	174529

本例中，所属品牌的数据只允许为凯迪拉克、雪佛兰、别克、宝骏，即指定了单元格区域输入数据的内容。具体操作如下：

① 双击打开素材文件夹中的 Excel 工作簿"SUV 销售统计表 .xlsx"，单击窗口下方的"上海通用汽车销量统计表"工作表标签，选择"上海通用汽车销量统计表"工作表。

② 选择 C4:C9 单元格区域。单击"数据"选项卡"数据工具"组中的"数据验证"按钮，如图 4-72 所示。弹出"数据验证"对话框。

③ 在对话框内选择"设置"选项卡，设置如图 4-73 所示。

● "允许"选择"序列"。

● "来源"中输入"凯迪拉克,雪佛兰,别克,宝骏"。

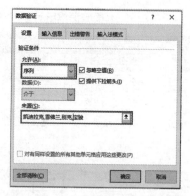

图 4-72 "数据验证"按钮　　　　　　　图 4-73 设置"数据验证"对话框

这里要注意的是：

● 来源中的数据分隔符号为英文标点的逗号或者分号。

● 若要取消数据有效性的设置，单击"数据有效性"对话框下方的"全部清除"按钮即可。

④ 单击"确定"按钮。单击 C4:C9 单元格区域中任意一个单元格后面的下拉按钮，会弹出如图 4-74 所示的下拉列表供用户选择。

⑤ 如表 4-7 所示，在下拉菜单中选择相应的数据输入对应的单元格，结果如图 4-75 所示。

汽车车型	所属厂商	所属品牌	5月销量	6月销量	7月销量	累计销量
凯迪拉克XT5	上海通用	凯迪拉克	2853	2466	3580	7182
科帕奇	上海通用		1399	1197	1178	9130
创酷	上海通用	凯迪拉克	2399	2426	2073	18665
昂科拉	上海通用	雪佛兰	7569	496	4570	31140
昂科威	上海通用	别克	19150	19888	16026	115684
宝骏560	上海通用	宝骏	18515	18002	15607	174529

图 4-74 数据有效性设置效果

汽车车型	所属厂商	所属品牌	5月销量	6月销量	7月销量	累计销量
凯迪拉克XT5	上海通用	凯迪拉克	2853	2466	3580	7182
科帕奇	上海通用	雪佛兰	1399	1197	1178	9130
创酷	上海通用	雪佛兰	2399	2426	2073	18665
昂科拉	上海通用	别克	7569	496	4570	31140
昂科威	上海通用	别克	19150	19888	16026	115684
宝骏560	上海通用	宝骏	18515	18002	15607	174529

图 4-75 填充数据

（2）设置各月销量允许输入的数据为"1000-200000"；输入错误时给出错误提示：标题为"数据错误"；样式为"警告"；内容为"错误，请检查数据后重新输入！"

具体操作如下：

① 选择 D4:F9 单元格区域，单击"数据验证"按钮，弹出"数据验证"对话框。在弹出的对话框内选择"设置"选项卡，设置数据范围，如图 4-76 所示。

● "允许"选择"整数"。

● "数据"选择"介于"，"最小值"和"最大值"分别设置为 1000 和 200000。

② 再单击"出错警告"选项卡，设置如图 4-77 所示。

● "样式"选择"警告"。

● "标题"中输入"数据错误"。

● "错误信息"中输入"错误，请检查数据后重新输入！"。

图 4-76 设置数据范围

③ 单击"确定"按钮。这样，D4:F9 单元格区域就只允许输入介于 1 000 ～ 200 000 的整数了。若输入数据不在该范围内，则会出现"数据错误"的对话框，如图 4-78 所示。

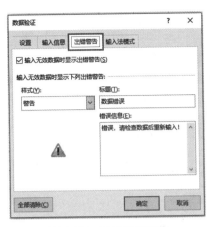

图 4-77　设置出错警告

图 4-78　"数据错误"提示框

（3）圈释表中无效数据，将标识圈中的数据改为"2496"。

对已经输入了数据的单元格，可以通过"圈释无效数据"命令来进行数据范围检查。具体操作如下：

① 选择 D4:F9 单元格区域。单击"数据验证"下拉按钮，在下拉菜单中选择命令"圈释无效数据"，如图 4-79 所示。

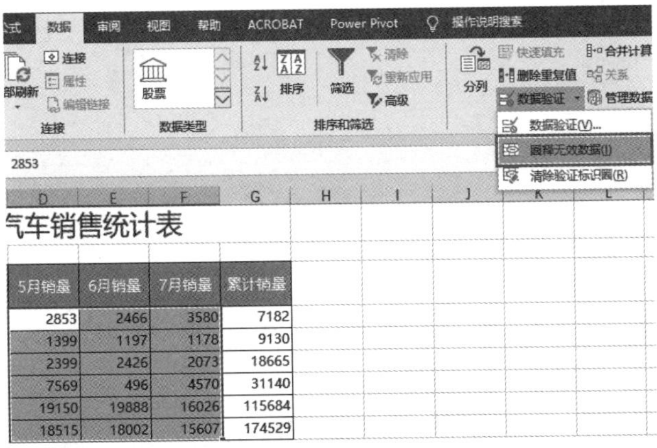

图 4-79　圈释无效数据

② 单元格区域中的不在指定数据范围中的数据将用红色椭圆形标识出来，如图 4-80 所示。修改标识出来的数据为"2496"，按【Enter】键，红色标识框将自动消失，如图 4-81 所示。

汽车车型	所属厂商	所属品牌	5月销量	6月销量	7月销量	累计销量
凯迪拉克XT5	上海通用	凯迪拉克	2853	2466	3580	7182
科帕奇	上海通用	雪佛兰	1399	1197	1178	9130
创酷	上海通用	雪佛兰	2399	2426	2073	18665
昂科拉	上海通用	别克	7569	496	4570	31140
昂科威	上海通用	别克	19150	19888	16026	115684
宝骏560	上海通用	宝骏	18515	18002	15607	174529

图 4-80　标记无效数据

汽车车型	所属厂商	所属品牌	5月销量	6月销量	7月销量	累计销量
凯迪拉克XT5	上海通用	凯迪拉克	2853	2466	3580	7182
科帕奇	上海通用	雪佛兰	1399	1197	1178	9130
创酷	上海通用	雪佛兰	2399	2426	2073	18665
昂科拉	上海通用	别克	7569	2496	4570	31140
昂科威	上海通用	别克	19150	19888	16026	115684
宝骏560	上海通用	宝骏	18515	18002	15607	174529

图 4-81　修改无效数据

2. 条件格式

（1）在工作表"汽车销量统计表"中，为 5 月汽车销量数据设置绿色渐变填充数据条。

为了能一目了然地查看各车型销售数量的大小情况，"数据条"条件格式可以通过观察带颜色的数据条，轻松查看各列数据中的最大值和最小值。具体操作如下：

① 单击窗口下方的"汽车销量统计表"工作表标签，打开"汽车销量统计表"工作表。选择 D4:D79 单元格区域。

② 单击"开始"选项卡"样式"组中的"条件格式"按钮，在弹出的下拉列表中选择"数据条"命令，在子菜单中选择"渐变填充"|"绿色数据条"，如图 4-82 所示。

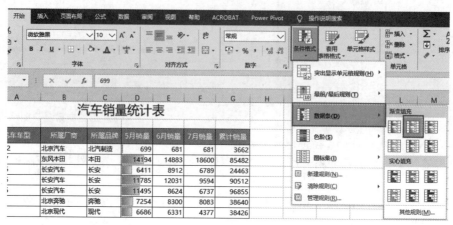

图 4-82　设置条件格式

（2）在工作表"汽车销量统计表"中，为 6 月汽车销量数据设置色阶，最小值用标准色：蓝色显示，最大值用白色显示。

具体操作如下：

① 选择 E4:E79 单元格区域。

② 单击"条件格式"按钮，在弹出的下拉列表中选择"色阶"命令，在子菜单中选择"其他规则"命令，如图 4-83 所示。打开"新建格式规则"对话框。

③ 在"新建格式规则"对话框中，设置"最小值"对应的颜色为"标准色：蓝色"，"最大值"对应的颜色为"标准色：白色"，如图 4-84 所示。单击"确定"按钮。

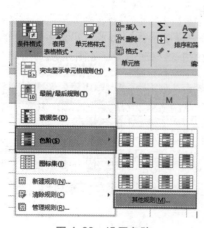

图 4-83　设置色阶

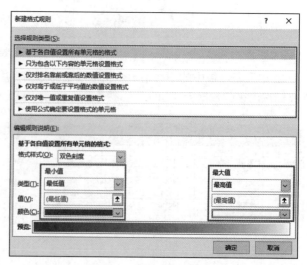

图 4-84　设置色阶格式规则

（3）在工作表"汽车销量统计表"中，为 7 月汽车销量数据设置图标：三色旗。销量大于等于 7 000，显示绿旗；销量介于 3 000 ～ 7 000 之间，显示黄旗，其他显示红旗。

具体操作如下：

① 选择 F4:F79 单元格区域。

② 单击"条件格式"按钮，在弹出的下拉列表中选择"图标集"命令，在子菜单中选择"其他规则"命令，如图 4-85 所示。打开"新建格式规则"对话框。

③ 在"新建格式规则"对话框中，如图 4-86 所示设置"图标样式"为"三色旗"，设置"数字"范围">=""7000"，显示绿旗；"数字"范围"<""7000"且">=""3000"，显示黄旗，其他显示红旗。单击"确定"按钮。

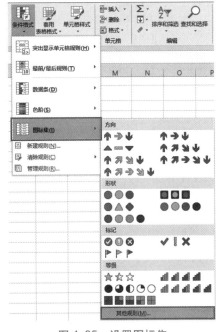

图 4-85　设置图标集

图 4-86　设置图标集格式规则

（4）在工作表"汽车销量统计表"中，累计销量最大的 20% 数据用"黄填充色深黄色文本"格式特别标注出来；累计销量数据小于等于 5 000 的用"绿色，加粗"字体特别标注出来。

条件格式中最常用的命令是 "突出显示单元格规则"和"最前 / 最后规则"。"突出显示单元格规则"用于突出一些固定格式的单元格；而"最前 / 最后规则"则用于统计数据，如突出显示高于 / 低于平均值数据，或者按百分比来找出数据。具体操作如下：

① 选择 G4:G79 单元格区域。

② 单击"条件格式"按钮，在弹出的下拉列表中选择"最前 / 最后规则"命令，在子菜单中选择"前 10%..."，如图 4-87 所示。弹出"前 10%"对话框。

③ 在对话框中，修改百分比为"20"，格式为"黄填充色深黄色文本"，如图 4-88 所示。单击"确定"按钮。

④ 选择 G4:G30 单元格区域。单击"条件格式"按钮，在弹出的下拉列表中选择"突出显示单元格规则"命令，由于在子菜单中没有"小于等于"选项，所以单击"其他规则"命令，如图 4-89 所示。弹出"新建格式规则"对话框。

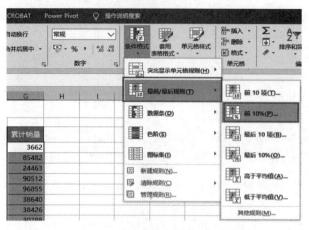

图 4-87 选择"最前 / 最后规则"命令

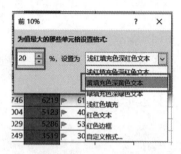

图 4-88 设置最前 / 最后格式规则

⑤ 在"新建格式规则"对话框中设置"单元格值""小于或等于""5000",如图 4-90 所示。单击"格式"按钮,在弹出的"设置单元格格式"对话框中选择"字体"选项卡,设置字体颜色为"绿色",字形"加粗"。

图 4-89 选择"突出显示单元格规则"命令

图 4-90 设置"突出显示单元格规则"格式规则

⑥ 单击"确定"按钮。条件格式效果(部分数据)如图 4-91 所示。

3. 高级筛选（1）

（1）在"SUV 销量统计表"工作表中,筛选出"上海通用"汽车 7 月份销量大于 15 000 的记录,条件区域在 I4 开始的单元格,结果区域在 I7 开始的单元格。

具体操作如下:

① 单击窗口下方的"SUV 销量统计表"工作表标签,打开"SUV 销量统计表"工作表。

② 在单元格 I4 和 J4 复制或者手动输入列标题"所属厂商"和"7 月销量";I5 单元格输入"上海通用",表示所属厂商为上海通用;J5 单元格输入">15000",表示 7 月份销量大于 15 000,如图 4-92 所示。

这里要注意的是:"上海通用"和">15000"两个条件是要同时成立的,关系为"与",所以两个条件放置在同一行的单元格中。

汽车车型	所属厂商	所属品牌	5月销量	6月销量	7月销量	累计销量
BJ212	北京汽车	北汽制造	699	681	681	3662
CR-V	东风本田	本田	14194	14883	18600	85482
CS15	长安汽车	长安	6411	8912	6789	24463
CS35	长安汽车	长安	11785	12031	9594	90512
CS75	长安汽车	长安	11495	8624	6737	96855
GLK	北京奔驰	奔驰	7254	8300	8083	38640
ix35	北京现代	现代	6686	6331	4377	38426
KX5	东风悦达起亚	起亚	6959	8493	6861	30788
Q3	一汽	奥迪	8269	8060	8838	39804
RAV4	一汽	丰田	9900	7902	6437	52286
S50	北京汽车	北汽威旺	4000	4132	3000	10381
SR7	众泰汽车	众泰	5100	3884	4293	18675
XR-V	东风本田	本田	14959	13337	14232	80643
昂科拉	上海通用	别克	7569	2496	4570	31140
昂科威	上海通用	别克	19150	19888	16026	115684
奥迪Q5	一汽	奥迪	10708	9924	10849	64933

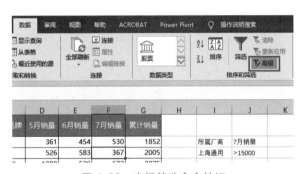

图 4-91 条件格式效果

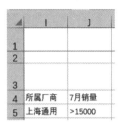

图 4-92 “与”关系条件区域设置

③ 光标定位在 A3:G81 单元格区域中任意一个单元格上，单击“数据”选项卡“排序和筛选”组中的“高级”按钮，如图 4–93 所示。

④ 弹出“高级筛选”对话框，设置如图 4–94 所示。

- “方式”选择“将筛选结果复制到其他位置”。
- “列表区域”为要参与筛选的原始数据区域，即“$A$3:$G$81”。
- “条件区域”选择的区域为“$I$4:$J$5”。
- “复制到”选择单元格“$I$7”。

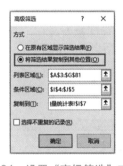

图 4–93 高级筛选命令按钮

图 4–94 设置“高级筛选”对话框

⑤ 单击“确定”按钮，得出筛选结果如图 4–95 所示。

汽车车型	所属厂商	所属品牌	5月销量	6月销量	7月销量	累计销量
昂科威	上海通用	别克	19150	19888	16026	115684
宝骏560	上海通用	宝骏	18515	18002	15607	174529

图 4–95 高级筛选结果

（2）在“SUV 销量统计表”工作表中，筛选出所属厂商为“力帆汽车”或者所有 6 月份销量都不小于 18 000 的记录，条件区域在 I12 开始的单元格，结果区域在 I16 开始的单元格。

具体操作如下：

① 在单元格 I12 和 J12 复制或者手动输入列标题“所属厂商”和“6 月销量”；I13 单元格输入“力帆汽车”，表示所属厂商为力帆汽车；J14 单元格输入“>=18000”，表示 6 月份销量不小于 18 000，如图 4–96 所示。

这里要注意的是：“力帆汽车”和“>=18000”这两个条件满足其一即可，两个条件的关系为“或”。高级筛选中，若条件间的关系为“或”，则将条件 2 写在条件 1 的下一行。

② 单击“高级”按钮，“高级筛选”对话框的设置如图 4–97 所示。

图 4-96　"或"关系条件区域设置　　　　　　　图 4-97　设置"高级筛选"对话框

③单击"确定"按钮，得出筛选结果，如图 4-98 所示。

4. 高级筛选（2）

（1）在"SUV 销量统计表（2）"工作表中，筛选出品牌为"哈弗"和"长安"的汽车累计销量大于 90 000 的记录，条件区域在 I4 开始的单元格，结果区域在 I8 开始的单元格。

具体操作如下：

①单击窗口下方的"SUV 销量统计表（2）"工作表标签，打开"SUV 销量统计表（2）"工作表。

②在单元格 I4 和 J4 复制或者手动输入列标题"所属品牌"和"累计销量"；I5 和 I6 单元格分别输入"哈弗"和"长安"，表示所属厂商为"哈弗"或者"长安"；J5 和 J6 单元格都输入">90000"，表示累计销量大于 90 000，如图 4-99 所示。

这里要注意的是："所属品牌"下的筛选条件"哈弗"和"长安"关系为"或"，所以两个条件放置同一列的不同行单元格中。

汽车车型	所属厂商	所属品牌	5月销量	6月销量	7月销量	累计销量
力帆X50	力帆汽车	力帆	2101	2343	2149	6296
迈威	力帆汽车	力帆	2084	4864	4978	9290
昂科威	上海通用	别克	19150	19888	16026	115684
宝骏560	上海通用	宝骏	18515	18002	15607	174529

图 4-98　高级筛选结果

图 4-99　条件区域设置

③单击"高级"按钮，"高级筛选"对话框的设置如图 4-100 所示。

● "方式"选择"将筛选结果复制到其他位置"。

● "列表区域"为要参与筛选的原始数据区域，即 "\$A\$3：\$G\$81"。

● "条件区域"选择的区域为 "\$I\$4：\$J\$6"。

● "复制到"选择单元格 "\$I\$8"。

④单击"确定"按钮，得出筛选结果，如图 4-101 所示。

（2）在"SUV 销量统计表（2）"工作表中，筛选出所属厂商为"上海通用"并且累计销量介于 10 000 ～ 50 000 之间的记录，条件区域在 I14 开始的单元格，结果区域在 I17 开始的单元格。

具体操作如下：

①在单元格 I14 复制或者手动输入列标题"所属厂商"，J14 和 K14 单元格中均复制或者手动输入列标题"累计销量"；I15 单元格输入"上海通用"，表示所属厂商为上海通用；J15 和 K15 单元格分别输入">=10000"和"<50000"，表示累计销量介于 10 000 ～ 50 000 之间。条件区域如图 4-102 所示。

图 4-100　设置"高级筛选"对话框

汽车车型	所属厂商	所属品牌	5月销量	6月销量	7月销量	累计销量
CS35	长安汽车	长安	11785	12031	9594	90512
CS75	长安汽车	长安	11495	8624	6737	96855
哈弗H6	长城汽车	哈弗	37435	9756	39079	240253

图 4-101　高级筛选结果

这里要注意的是："累计销量"下的筛选条件">=10000"和"<50000"关系为"与"，由于两个条件必须放置不同列的同一行单元格中，因此条件区域的标题行需要输入两次"累计销量"，分别对应条件">=10000"和"<50000"。

②单击"高级"按钮，"高级筛选"对话框的设置如图 4-103 所示。

③单击"确定"按钮，得出筛选结果如图 4-104 所示。

	I	J	K
1			
12			
13			
14	所属厂商	累计销量	累计销量
15	上海通用	>=10000	<50000

图 4-102　条件区域设置

图 4-103　设置"高级筛选"对话框

汽车车型	所属厂商	所属品牌	5月销量	6月销量	7月销量	累计销量
创酷	上海通用	雪佛兰	2399	2426	2073	18665
昂科拉	上海通用	别克	7569	2496	4570	31140

图 4-104　高级筛选结果

5. 计算式高级筛选

（1）在"长城汽车销售统计表"工作表中，筛选出 5 月销量大于 6 月销量的所有记录，条件区域在 A13 开始的单元格，结果区域在 A16 开始的单元格。

具体操作如下：

①单击"长城汽车销售统计表"工作表，条件区域列标题单元格 A13 留空，在 A4 单元格中输入公式"=D4>E4"，表示"5 月销量"数据 > "6 月销量"数据。条件区域设置如图 4-105 所示。

②光标定位在 A3:G10 单元格区域中任意一个单元格上，单击"数据"选项卡"排序和筛选"组中的"高级"按钮，弹出"高级筛选"对话框，设置图 4-106 所示。

A14		×	✓	fx	=D4>E4
▲	A	B	C	D	
10	哈弗H6	长城汽车	哈弗	37435	
11					
12					
13					
14	TRUE				

图 4-105　条件区域设置

图 4-106　"高级筛选"对话框设置

●"方式"选择"将筛选结果复制到其他位置"。

●"列表区域"为要参与筛选的原始数据区域，即"$A$3∶$G$10"。

●"条件区域"选择的区域为"$A$13∶$A$14"。

●"复制到"选择单元格"$A$16"。

③单击"确定"按钮，得到筛选结果如图4-107所示。

汽车车型	所属厂商	所属品牌	5月销量	6月销量	7月销量	累计销量
哈弗H8	长城汽车	哈弗	442	425	573	3692
哈弗H5	长城汽车	哈弗	2310	1501	1530	12035
哈弗H1	长城汽车	哈弗	5227	3504	3636	37204
哈弗H2	长城汽车	哈弗	12476	10089	10073	72334

图4-107　计算式高级筛选结果

（2）在"长城汽车销售统计表"工作表中，筛选出5月销量大于6月销量，并且累计销量大于20 000的所有记录，条件区域在A23开始的单元格，结果区域在A26开始的单元格。

本例中的筛选条件是将一个普通筛选条件和一个计算式筛选条件组合起来，而且条件间的关系为"与"。具体操作如下：

①在单元格A23中输入不同于原表格列标题的内容"销量比较"；B23单元格输入普通筛选条件标题"累计销量"在A24单元格中，输入计算公式"=D4>E4"，在B24单元格中，输入筛选条件">20000"，如图4-108所示。

②光标定位在A3:G10单元格区域中任意一个单元格上，单击"高级"按钮，弹出"高级筛选"对话框，设置如图4-109所示。

图4-108　条件区域设置　　　　　　　　　　图4-109　"高级筛选"对话框设置

③单击"确定"按钮，得到筛选结果，如图4-110所示。

汽车车型	所属厂商	所属品牌	5月销量	6月销量	7月销量	累计销量
哈弗H1	长城汽车	哈弗	5227	3504	3636	37204
哈弗H2	长城汽车	哈弗	12476	10089	10073	72334

图4-110　计算式高级筛选结果

6. 单变量模拟运算

在不同的还款利率下，月还款金额是不同的。利用模拟运算，在"购车分期付款计算表"工作表F5:F9单元格区域计算不同利率情况下3年还清150 000元贷款的月还款额。计算结果数据格式与F4单元格数据格式相同。

本例中，运算函数为PMT函数，其中的变量只有一个，即是不同的"贷款利率"。具体操作如下：

①单击"长城汽车销售统计表"工作表，将光标定位到F4单元格中，使用PMT计算月还款额，参数设置如图4-111所示。

② 选择模拟运算表区域 E4:F9，单击"数据"选项卡"预测"组中的"模拟分析"下拉按钮，选择"模拟运算表"命令，如图 4-112 所示。弹出"模拟运算表"对话框。

图 4-111　PMT 函数参数设置

图 4-112　"模拟运算表"命令

本例中变量"贷款利率"的不同数值是存放在模拟运算表区域的列方向中的。所以在"模拟运算表"对话框中，只需要设置单变量"输入引用列的单元格"。

③ 在"输入引用列的单元格"编辑框中选取函数计算中贷款利率数值所在的单元格 "B6"，如图 4-113 所示。

④ 单击"确定"按钮，F5:F9 单元格区域内即可得出不同利率下的月还款金额，如图 4-114 所示。

⑤ 选中 F4 单元格，单击"格式刷"按钮后，在 F5:F9 单元格区域上拖动鼠标，复制格式，如图 4-115 所示。

图 4-113　设置单变量模拟运算表

贷款利率	月还款
	¥-4,583.71
6.00%	-4563.290618
6.20%	-4576.896017
6.30%	-4583.707981
6.51%	-4598.033202
6.65%	-4607.59847

图 4-114　不同利率下分期付款计算表计算结果

贷款利率	月还款
	¥-4,583.71
6.00%	¥-4,563.29
6.20%	¥-4,576.90
6.30%	¥-4,583.71
6.51%	¥-4,598.03
6.65%	¥-4,607.60

图 4-115　复制单元格格式

7. 双变量模拟运算

利用模拟运算，在"购车分期付款计算表"工作表 B17:F23 单元格区域内计算等利率不同期限，不同贷款金额的情况下的月还款额。计算结果数据格式与 A16 单元格数据格式相同。

具体操作如下：

① 将光标定位到 A16 单元格中，使用 PMT 计算月还款额，参数设置如图 4-111 所示。

② 选择 A16:F23 单元格区域，单击"模拟运算表"命令，弹出"模拟运算表"对话框。

本例中，公式中出现了两个变量（贷款额和还款期限），其中还款期限的不同值存放在模拟运算表的行方向，贷款额的不同值存放在模拟运算表的列方向中。所以在"模拟运算表"对话框中是需要设置两个变量的。

③ 在"输入引用行的单元格"编辑框中选取"还款期限"所在单元格"B7"，在"输入引用列的单元格"编辑框中选取"贷款额"所在单元格"B5"，如图 4-116 所示。

④ 单击"确定"按钮，B17:F23 单元格区域内即可计算出月还款金额。

⑤ 选中 A16 单元格，单击"格式刷"按钮后，在 B17:F23 单元格区域上拖动鼠标，复制格式。若出现"######"情况则自动调整单元格列框，如图 4-117 所示。

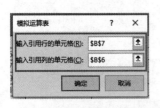

贷款金额	还款期限				
¥-4,583.71	12	24	36	48	60
60000	¥-5,172.26	¥-2,667.35	¥-1,833.48	¥-1,417.37	¥-1,168.36
80000	¥-6,896.35	¥-3,556.47	¥-2,444.64	¥-1,889.83	¥-1,557.81
100000	¥-8,620.44	¥-4,445.59	¥-3,055.81	¥-2,362.28	¥-1,947.26
120000	¥-10,344.53	¥-5,334.71	¥-3,666.97	¥-2,834.74	¥-2,336.71
150000	¥-12,930.66	¥-6,668.39	¥-4,583.71	¥-3,543.42	¥-2,920.89
180000	¥-15,516.79	¥-8,002.06	¥-5,500.45	¥-4,252.11	¥-3,505.07
200000	¥-17,240.88	¥-8,891.18	¥-6,111.61	¥-4,724.56	¥-3,894.52

图 4-116　设置双变量模拟运算表　　　　　　图 4-117　设置单元格格式

4.2.3　难点解析

通过本节课程的学习，学生掌握了高级筛选、计算式高级筛选和模拟分析等数据管理高级应用的操作和使用技巧。其中，高级筛选和模拟运算表是本节的难点，这里将针对这两个知识点做具体的解析。

1. 高级筛选

前面的学习中介绍了 Excel 中的"自动筛选"的功能，对于条件简单的筛选操作，它基本可以完成。但是，最后符合条件的结果只能显示在原有的数据表格中，不符合条件的将自动隐藏。若要筛选含有指定关键字的记录，并且将结果显示在两个表中进行数据比对或其他情况，"自动筛选"就有些捉襟见肘了。

在 Excel 中高级筛选是自动筛选的升级功能，可以将自动筛选的定制格式改为自定义设置。在使用高级筛选时，需要具备数据区域、条件区域以及结果输出区域等三部分区域。它的功能更加优于自动筛选。

（1）条件区域书写规则

高级筛选的难点在于设置筛选条件。它可以设置一个或多个筛选条件。筛选条件之间可以是与的关系、或的关系、与或结合的关系。

通过前面的学习，知道高级筛选在设置筛选条件时，条件区域至少包含两行，在默认情况下，第一行作为字段标题，第二行作为条件参数。

在设置条件区域时，需要注意以下几点：

① 为避免出错，条件区域应尽量与数据区域分开放置，条件区域甚至可以放置在不同的工作表中。

② 设置条件区域时，要注意条件区域的标题格式与筛选区域的标题格式要一致，最好直接将原标题复制到条件区域。

③ 设置条件区域时，要注意表达式符号的格式必须是英文半角状态下输入的。

（2）条件区域写法实例

下面以几个实例说明条件区域的写法，在学习的过程中注意理解和应用。

① 条件参数需要按条件之间的不同关系放置在不同的单元格中。如：条件 1 和条件 2 之间是与的关系，两个条件应该写在同一行；若两个条件是或的关系，则写在不同行，如图 4-118 所示。

② 同一列中有多个条件,需要符合条件 1 或符合条件 2,这时可以把多个条件写在同一列中，如图 4-119 所示。

图 4-118　筛选条件为与、或的关系

图 4-119　同一列中筛选条件为或的关系

③ 同一列中有多个条件，既要符合条件 1 又要符合条件 2，这时可以把两个条件写在同一行中，并分别输入列标题，如图 4-120 所示。

（3）计算式高级筛选

在条件参数中，除了直接填写文本和数值，还可以使用比较运算符直接与文本或数值相连，表示比较的条件。

图 4-120　同一列中筛选条件为与的关系

例如，筛选"上海通用"汽车 5 月销量大于 7 月销量的记录，条件区域设置如图 4-121 所示，输入"=D4>F4"计算公式。由于单元格中的实际数值 361<530，该公式的计算结果为"FALSE"，所以最终条件区域如图 4-122 所示。

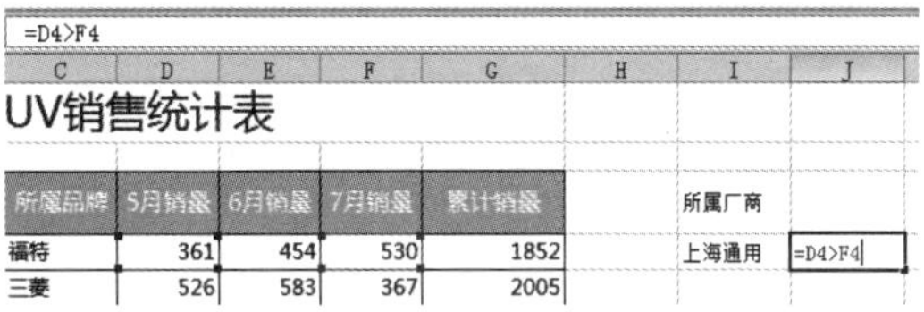

图 4-121　输入计算式高级筛选条件区域

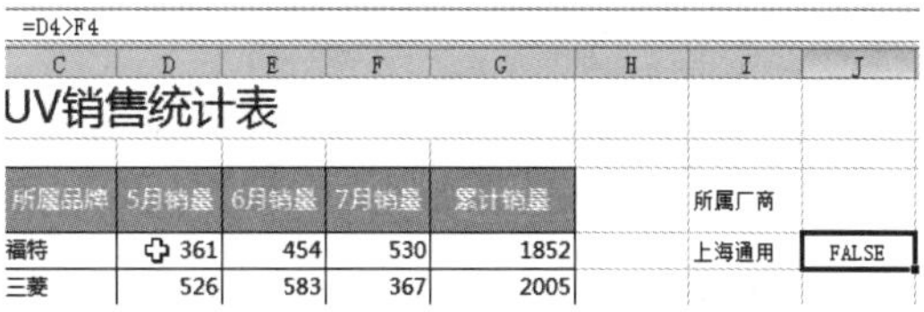

图 4-122　计算式高级筛选条件区域

（4）通配符

对于文本字段，筛选条件允许使用通配符。在高级筛选中，如表 4-7 所示的高级筛选使用的通配符可作为筛选以及查找和替换内容时的比较条件。

表 4-7　高级筛选使用的通配符

通 配 符	实　　例
?（问号）	任何单个字符 例如，sm?th 查找"smith"和"smyth"
*（星号）	任何字符数 例如，*east 查找"Northeast"和"Southeast"
~（波形符）后跟 ?、* 或 ~	问号、星号或波形符 例如，"fy91~?"将会查找"fy91?"

2. 模拟运算表

（1）模拟运算表概述

模拟运算表实际上是工作表中的一个单元格区域，它可以显示一个计算公式中一个或两个参数值的变化对计算结果的影响。由于它可以将所有不同的计算结果以列表方式同时显示出来，因而便于查看、比较和分析。根据分析计算公式中参数的个数，模拟运算表又分为单变量模拟运算表和双变量模拟运算表。

① 单变量模拟运；主要用来分析当其他因素不变时，一个参数的变化对目标的影响。单变量模拟运算中，变量不同的输入值被排列在一列或一行中，根据方向的不同，单变量模拟运算表又分为垂直方向的单变量模拟运算和水平方向的单变量模拟运算。

② 双变量模拟运算：单变量模拟运算主要是用来分析当其他因素不变时，两个参数的变化对目标的影响。双变量模拟运算中，变量不同的输入值被分别排列在一列和一行中。

（2）模拟运算表实例解析

① 垂直方向的单变量模拟运算。

a. 创建模拟运算表区域。要进行模拟运算，首先要创建模拟运算表。如图 4-123 所示，计算不同利率下，每个月的还款金额。选择 A5 单元格开始的位置作为模拟运算表：将函数中的变量值（不同利率）输入在一列（列方向）中，即 A6:A10 单元格区域，在 B6:B10 单元格区域中计算出不同利率代入函数后的结果。单元格区域 A5:B10 就是模拟运算表区域。

b. 在模拟运算表区域以外的单元格中输入一个利率值，作为变量代入函数中进行计算。本例在 B2 单元格输入数值"5.8%"，如图 4-123 所示。

c. 垂直方向的单变量模拟运算时，应该在紧接变量值所在列的右上角的单元格中输入函数或公式。本例中，在模拟运算表区域的右上角 B5 单元格中输入函数，函数中的参数"Rate"引用单元格 B2，计算年利率为 5.8% 时每月的还款额，如图 4-124 所示。

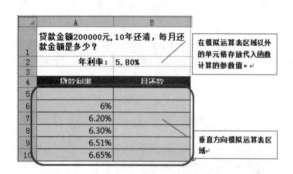

图 4-123　垂直方向单变量模拟运算表

图 4-124　计算模拟公式

d. 选择模拟运算表区域，即 A5:B10。单击"数据"选项卡"数据工具"组中的"模拟分析"下拉按钮，选择"模拟运算表"，打开"模拟运算表"对话框。

e. 由于垂直方向单变量模拟运算表中，变量值（不同利率）是存放在列方向单元格区域中的，所以在"输入引用列的单元格"中选取"B2"（存放变量的单元格），将不同利率值替换步骤 c 的函数计算中"B2"的值，如图 4-125 所示。

f. 单击"确定"按钮关闭对话框后，可以看到所有的计算结果已经显示在右侧的单元格中，如图 4-126 所示。

由此可见，通过模拟运算表的操作可以瞬间完成将数据代入公式进行计算的大量操作。此外要注意的是："模拟运算表"的运算结果是一种{=TABLE()}数值公式。

② 水平方向的单变量模拟运算。

a. 创建模拟运算表。选择 A4 单元格开始的位置作为模拟运算表，将函数中的变量值输入在一行（行方向）中，如图 4-127 所示。B4:F4 单元格区域中的数值就是变量（年利率）的输入值，B5:F5 区域中将计算出不同年利率代入函数后的计算结果。

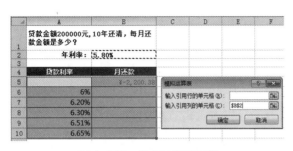

图 4-125　单变量模拟运算

贷款利率	月还款
	¥-2,200.38
6%	¥-2,220.41
6.20%	¥-2,240.55
6.30%	¥-2,250.66
6.51%	¥-2,271.98
6.65%	¥-2,286.25

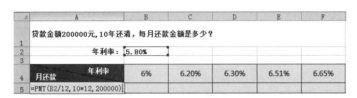

图 4-126　计算结果

b. 水平方向的单变量模拟运算，应该在紧接变量值所在行的左下角的单元格中输入公式。本例应该在 A5 单元格中输入函数，函数中的参数“Rate”引用单元格 B2，计算年利率为 5.8% 时每月的还款额，如图 4-127 所示。

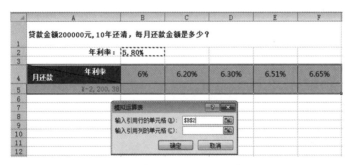

图 4-127　水平方向的模拟运算表

c. 选择模拟运算表区域，打开“模拟运算表”对话框。由于水平方向单变量模拟运算表中，变量值（不同利率）是存放在行方向的，在“输入引用行的单元格”中选取变量存放单元格 B2，计算不同年利率值的函数结果，如图 4-128 所示。单击“确定”按钮关闭对话框，计算结果显示在 B5:F5 单元格区域中。

图 4-128　输入存放变量单元格

③ 双变量模拟运算。

a. 创建双变量模拟运算表。

该例是在计算不同贷款金额、不同年利率的情况下每月的还款金额。将年利率的不同值输入在行方向的单元格区域（B6:F6）中；将贷款金额的不同值输入在列方向的单元格区域（A7:A13）中；模拟运算表区域为 A6:F13，如图 4-129 所示。

b. 在模拟运算表区域以外的单元格中输入两个变量值，作为变量代入函数中进行计算。本例在 B2 单元格输入贷款金额数值“200000”，在 B3 单元格输入年利率值“5.8%”。

c. 双变量模拟运算表，也就是说一个变量值（年利率）位于一行中，另一个变量值（贷款金额）位于一列中。计算时，应该在右上角紧接变量值的行列相交的单元格中输入函数或公式。本例中，在 A6 单元格中输入函数，函数中的参数“Rate”引用单元格 B3，参数“PV”引用单元格 B2，计算当 PV=200000；Rate=5.8% 的时候函数的结果，如图 4-130 所示。

	A	B	C	D	E	F
1	贷款金额如下表所示,10年还清,每月还款金额是多少？					
2	贷款金额：200000					
3	年利率：5.80%					
4						
5	贷款金额			年利率		
6		6%	6.20%	6.30%	6.51%	6.65%
7	¥60,000.00					
8	¥80,000.00					
9	¥100,000.00					
10	¥120,000.00					
11	¥150,000.00					
12	¥180,000.00					
13	¥200,000.00					

图 4-129　双变量模拟运算表

	A	B	C	D	E	F
函数						
1	贷款金额如下表所示,10年还清,每月还款金额是多少？					
2	贷款金额：200000					
3	年利率：5.80%					
4						
5	贷款金额			年利率		
6	=PMT(B3/12,10*12,B2)	6%	6.20%	6.30%	6.51%	6.65%
7	¥60,000.00					
8	¥80,000.00					
9	¥100,000.00					
10	¥120,000.00					
11	¥150,000.00					
12	¥180,000.00					
13	¥200,000.00					

图 4-130　输入函数

　　d. 选择模拟运算表区域，即 A6:F13，打开"模拟运算表"对话框。在选定的数据区域中，年利率的值是存放在一行中的，所以在"输入引用行的单元格"中输入存放"Rate"变量的单元格"$B$3"；贷款金额的值是存放在一列中的，所以在"输入引用列的单元格"中输入存放贷款金额变量的单元格"$B$2"，如图 4-131 所示。这样，将所选区域里行与列中的数据替换步骤 c 的函数中 B2 和 B3 的数据。

图 4-131　输入存放变量单元格

　　e. 单击"确定"按钮关闭对话框后，可以看到所有的计算结果已经显示在对应的单元格中，如图 4-132 所示。

贷款金额	年利率				
¥-2,200.38	6%	6.20%	6.30%	6.51%	6.65%
¥60,000.00	¥-666.12	¥-672.17	¥-675.20	¥-681.59	¥-685.88
¥80,000.00	¥-888.16	¥-896.22	¥-900.26	¥-908.79	¥-914.50
¥100,000.00	¥-1,110.21	¥-1,120.28	¥-1,125.33	¥-1,135.99	¥-1,143.13
¥120,000.00	¥-1,332.25	¥-1,344.33	¥-1,350.40	¥-1,363.19	¥-1,371.75
¥150,000.00	¥-1,665.31	¥-1,680.41	¥-1,688.00	¥-1,703.98	¥-1,714.69
¥180,000.00	¥-1,998.37	¥-2,016.50	¥-2,025.59	¥-2,044.78	¥-2,057.63
¥200,000.00	¥-2,220.41	¥-2,240.55	¥-2,250.66	¥-2,271.98	¥-2,286.25

图 4-132　双变量模拟运算计算结果

4.3　数据统计分析——汽车销售业绩分析

4.3.1　任务引导

本单元任务引导卡如表 4-8 所示。

表 4-8　任务引导卡

任务编号	NO. 12		
任务名称	汽车销售业绩分析	计划课时	2 课时
任务目的	本节任务要求学生利用 Excel 的数据管理功能完成汽车销售业绩分析表中数据的统计和分析。通过任务实践，要求学生掌握分类汇总、数据透视表、数据透视图和合并计算等知识点		
任务实现流程	任务引导 → 任务分析 → 完成汽车销售业绩情况的统计分析 → 教师讲评 → 学生完成工作表的编辑 → 难点解析 → 总结与提高		
配套素材导引	原始文件位置：Office 高级应用 2016\ 素材 \ 第四章 \ 任务 4.3 最终文件位置：Office 高级应用 2016\ 效果 \ 第四章 \ 任务 4.3		

💻 任务分析

Excel 2010 数据管理功能，除了上节介绍的数据验证、条件格式、高级筛选和模拟运算等功能外，还有分类汇总、数据透视表、数据透视图、切片器和合并计算等数据管理高级应用。

本任务要求学生利用 Excel 的数据管理功能完成 SUV 销售分析表中的数据编辑和统计。知识点思维导图如图 4-133 所示。

数据统计分析
- 分类汇总
  - 单一列的分类汇总
  - 两列或两列以上的分类汇总
- 数据透视表
- 数据透视图
- 切片器
- 合并计算
  - 单张工作表合并计算
  - 多张工作表合并计算

图 4-133　知识点思维导图

任务4.3导学

任务4.3-1

任务4.3-2

（1）分类汇总：是指对工作表中的某一项数据进行分类，再对需要汇总的数据进行汇总计算。该功能分为两部分操作：首先对数据按指定列（分类字段）排序，即完成分类操作；然后对同类别的数据进行汇总统计（包括求和、求平均值、计数、求最大或最小值等）。进行汇总后，可以显示或隐藏明细数据。

（2）数据透视表：是一种比分类汇总功能更加强大的分析数据方式，在不改变原始数据的情况下，可以用不同的方式来查看数据。它对于汇总、分析、浏览和呈现汇总数据是非常有用的。

（3）数据透视图：是以图形形式表示数据透视表中的数据，此时数据透视表称为相关联的数据透视表。数据透视图是交互式的，表示可以对其进行排序或筛选，来显

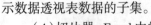

示数据透视表数据的子集。

（4）切片器：Excel 中的切片器是个筛选利器，可以让用户更快的筛选出多维数据，动态获取数据和动态显示图表。一般在数据透视表中使用切片器。

（5）合并计算：可以对来自一张或多张工作表中的数据进行汇总，并建立合并计算表，存放合并计算结果的工作表称为"目标工作表"，接收合并数据并参与合并计算的区域称为"源区域"。如果在一个工作表中对数据进行合并计算，则可以更加轻松地对数据进行定期或不定期的更新和汇总。

工作表"1 季度销量汇总"完成效果如图 4-134 所示。

图 4-134 "1 季度销量汇总"完成效果

工作表"2 季度销量汇总"完成效果如图 4-135 所示。

图 4-135 "2 季度销量汇总"完成效果

工作表"1 季度销量分析"完成效果如图 4-136 所示。

图 4-136 "1 季度销量分析"完成效果

工作表"2 季度销量分析"完成效果如图 4-137 所示：

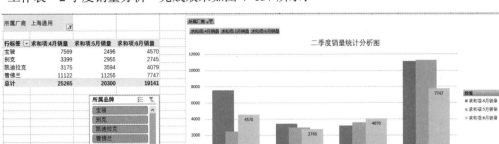

图 4-137 "2 季度销量分析"完成效果

工作表"3 季度销量分析"完成效果如图 4-138 所示。

工作表"4 季度销量分析"完成效果如图 4-139 所示。

工作表"202X 年汽车销售数据汇总"完成效果如图 4-140 所示。

所属厂商	7月销量	8月销量	9月销量
北京汽车	9746	9461	8542
东风日产	3085	3103	3564
江铃汽车	11505	11933	11895
上海通用	6345	5163	5866
一汽	8023	6908	6970

图 4-138 "3 季度销量分析"完成效果

所属品牌	4季度销量
北汽制造	9354
奥迪	15315
丰田	20262
北汽威旺	7762
别克	30109
宝骏	27166
北京汽车	33512
雪佛兰	26350
福特	6296
凯迪拉克	3857
日产	34186
陆风	37912
启辰	25141
绅宝	15439
江铃	4306

图 4-139 "4 季度销量分析"完成效果

202X年汽车销售数据汇总

所属厂商	1季度销量	2季度销量	3季度销量	4季度销量
江铃汽车	20004	120842	106000	48514
北京汽车	58937	182212	166490	74781
上海通用	141394	64706	104239	114138
东风日产	97202	24110	39004	79139
一汽	89677	80376	87600	55498

图 4-140 "202X 年汽车销售数据汇总"完成效果

4.3.2 任务步骤与实施

1. 单一列的分类汇总分析数据

在"1 季度销量汇总"工作表中统计各厂商在该季度每个月汽车的总销量以及平均销量。隐藏明细数据，结果保留整数，自动调整列宽。

本例中，要统计各厂商在该季度每个月汽车的总销量以及平均销量，则需要先按"所属厂商"进行排序后，再通过"分类汇总"统计数据。这里要注意的是：分类汇总操作必须先排序再汇总。具体操作如下：

① 双击打开素材文件夹中的 Excel 工作簿"汽车销售业绩分析表 .xlsx"，单击"1 季度销量汇总"工作表标签，打开"1 季度销量汇总"工作表。

② 光标定位 A3:G26 单元格区域中任意一个单元格上，单击"数据"选项卡"排序和筛选"组中的"排序"按钮，弹出"排序"对话框。"主要关键字"选择"所属厂商"，如图 4-141 所示。单击"确定"按钮，将数据按"所属厂商"进行排序分类。

③ 光标继续定位在 A3:G26 单元格区域中任意一个单元格上，单击"数据"选项卡"分级显

示”组中的“分类汇总”按钮，弹出“分类汇总”对话框，设置如图 4–142 所示。

●“分类字段”选择“所属厂商”，即是上一步中排序的主要关键字。

●汇总方式为“求和”。

●汇总项为“1 月销量”、“2 月销量”和“3 月销量”。

单击“确定”按钮，汇总结果如图 4–143 所示。

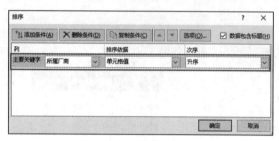

图 4–141　数据排序分类

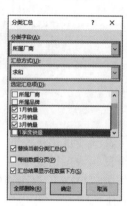

图 4–142　“分类汇总”对话框设置

一季度销量表

汽车车型	所属厂商	所属品牌	1月销量	2月销量	3月销量	1季度销量
BJ212	北京汽车	北汽制造	699	681	681	2061
S50	北京汽车	北汽威旺	4000	4132	3000	11132
北京40	北京汽车	北京汽车	1000	529	672	2201
绅宝X25	北京汽车	绅宝	5943	8488	5831	20262
绅宝X35	北京汽车	绅宝	3003	5977	8005	16985
绅宝X55	北京汽车	绅宝	3099	2126	1071	6296
	北京汽车 汇总		17744	21933	19260	
楼兰	东风日产	日产	1500	1185	1358	4043
奇骏	东风日产	日产	14623	15920	13115	43658
启辰T70	东风日产	启辰	5793	6081	3441	15315
逍客	东风日产	日产	11800	12334	10052	34186
	东风日产 汇总		33716	35520	27966	
撼路者	江铃汽车	福特	361	454	530	1345
陆风	江铃汽车	陆风	5709	5300	4001	15010
驭胜	江铃汽车	江铃	839	1440	1370	3649
	江铃汽车 汇总		6909	7194	5901	
昂科拉	上海通用	别克	7569	2496	4570	14635
昂科威	上海通用	别克	19150	19888	16026	55064
宝骏560	上海通用	宝骏	18515	18002	15607	52124
创酷	上海通用	雪佛兰	2399	2426	2073	6898
凯迪拉克XT5	上海通用	凯迪拉克	2853	2466	3580	8899
科帕奇	上海通用	雪佛兰	1399	1197	1178	3774
	上海通用 汇总		51885	46475	43034	
Q3	一汽	奥迪	8269	8060	8838	25167
RAV4	一汽	丰田	9900	7902	6437	24239
奥迪Q5	一汽	奥迪	10708	9924	10849	31481
普拉多	一汽	丰田	2746	2716	3328	8790
	一汽 汇总		31623	28602	29452	
	总计		141877	139724	125613	

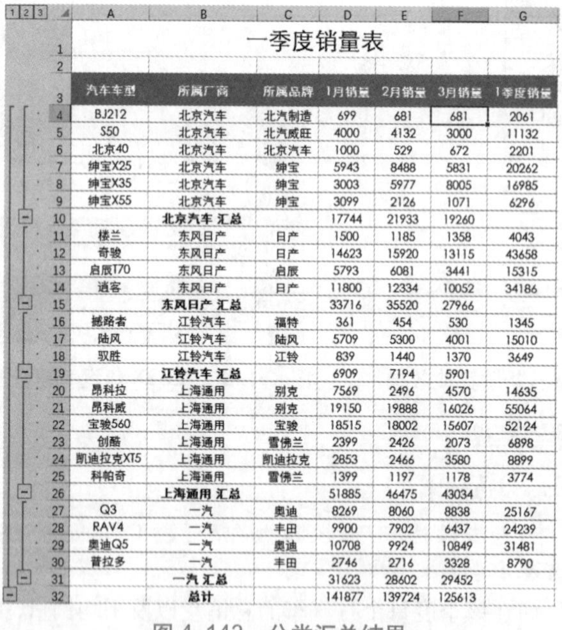

图 4–143　分类汇总结果

这里注意的是：若分类汇总出错，需要删除分类汇总设置，选择分类汇总区域内任意一个单元格，打开“分类汇总”对话框，单击对话框下方的“全部删除”按钮即可。

④ 光标继续定位在表格单元格区域中任意一个单元格上，单击“分类汇总”按钮，弹出“分类汇总”对话框，设置如图 4–144 所示。

这里要注意的是：由于是在同一张表中进行的第二次分类汇总，因此需要取消“替换当前分类汇总”。

⑤ 选择 A3:G38 单元格区域，单击“数据”选项卡“分级显示”组中的“隐藏明细数据”按

钮，如图 4-145 所示。隐藏分类汇总明细数据，汇总结果如图 4-146 所示。

图 4-144　设置第二次分类汇总

图 4-145　隐藏明细数据命令按钮

⑥ 选择表格中的数据单元格区域，单击"开始"选项卡"数字"组中的"减少小数位数"按钮，如图 4-147 所示。设置数据保留整数。

图 4-146　隐藏分类汇总明细数据

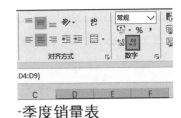

图 4-147　设置数据小数位数

⑦ 全选表格，单击"开始"选项卡"单元格"组中的"格式"下拉按钮，选择"自动调整列宽"命令，调整表格列宽，如图 4-148 所示。

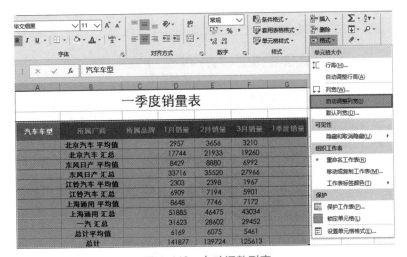

图 4-148　自动调整列宽

2. 两列或两列以上的分类汇总分析数据

在"2 季度销量汇总"工作表中统计各厂商各品牌在该季度汽车的总销量。隐藏明细数据，自动调整列宽。

具体操作如下：

① 单击"2 季度销量汇总"工作表标签，打开"2 季度销量汇总"工作表，选择 A3:G26 单元格区域中任意一个单元格，以"所属厂商"为主要关键字，"所属品牌"为次要关键字进行排序分类，如图 4-149 所示。

② 光标定位在 A3:G26 单元格区域中任意一个单元格上，单击"分类汇总"按钮。弹出"分类汇总"对话框，设置如图 4-150 所示。

● "分类字段"选择"所属厂商"。
● "汇总方式"为"求和"。
● "选定汇总项"为"2 季度销量"。

单击"确定"按钮，得到第一次分类汇总的结果。

③ 光标继续定位在表格区域中任意一个单元格上，再次单击"分类汇总"按钮，弹出"分类汇总"对话框，设置如图 4-151 所示。

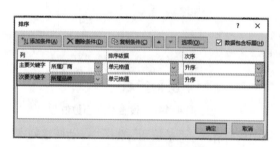

图 4-149　数据排序分类

图 4-150　"分类汇总"对话框设置

图 4-151　设置第二次分类汇总

④ 单击"确定"按钮。部分数据的汇总结果如图 4-152 所示。

		汽车车型	所属厂商	所属品牌	4月销量	5月销量	6月销量	2季度销量
				二季度销量表				
	4	北京40	北京汽车	北京汽车	19150	19888	16026	55064
	5			**北京汽车 汇总**				55064
	6	S50	北京汽车	北汽威旺	10708	9924	10849	31481
	7			**北汽威旺 汇总**				31481
	8	BJ212	北京汽车	北汽制造	18515	18002	15607	52124
	9			**北汽制造 汇总**				52124
	10	绅宝X25	北京汽车	绅宝	5943	8488	5831	20262
	11	绅宝X35	北京汽车	绅宝	3003	5977	8005	16985
	12	绅宝X55	北京汽车	绅宝	3099	2126	1071	6296
	13			**绅宝 汇总**				43543
	14			**北京汽车 汇总**				182212
	15	启辰T70	东风日产	启辰	728	887	1032	2647
	16			**启辰 汇总**				2647
	17	楼兰	东风日产	日产	2853	2466	3580	8899
	18	奇骏	东风日产	日产	1399	1197	1178	3774
	19	逍客	东风日产	日产	2746	2716	3328	8790
	20			**日产 汇总**				21463

图 4-152　分类汇总结果

⑤ 选择 A3:G47 单元格区域，单击"数据"选项卡"分级显示"组中的"隐藏明细数据"按钮，隐藏分类汇总明细数据，汇总结果如图 4-153 所示。

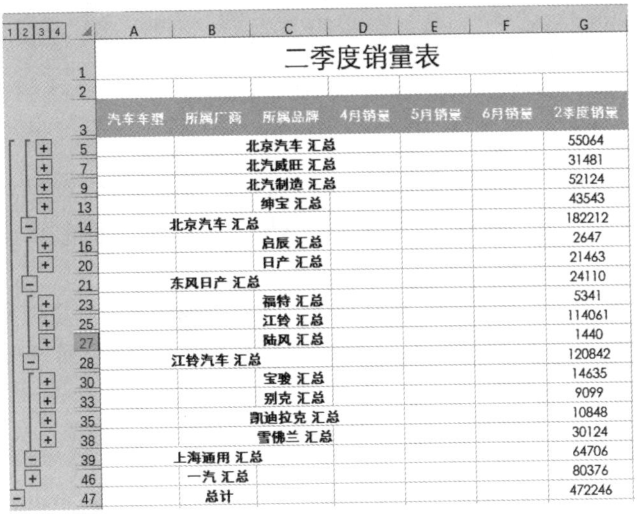

图 4-153　隐藏分类汇总明细数据

⑥ 全选表格，单击"开始"选项卡"单元格"组中的"格式"下拉按钮，选择"自动调整列宽"命令，调整表格列宽。效果如图 4-154 所示。

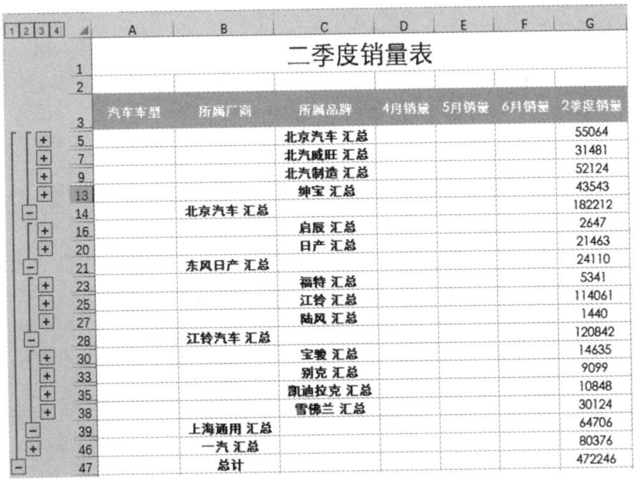

图 4-154　调整表格列宽

3. 数据透视表分析数据

（1）在"1 季度销量分析"工作表 I3 开始的单元格区域生成数据透视表，统计各厂商在该季度每个月汽车的总销量；数据透视表样式为：浅橙色，数据透视表样式中等深浅 10；修改值字段自定义名称。

具体操作如下：

① 单击窗口下方"1 季度销量分析"工作表标签，打开"1 季度销量分析"工作表。

② 将光标定位在 A3:G26 单元格区域中任意一个单元格上，单击"插入"选项卡"表格"组中的"数据透视表"命令，如图 4-155 所示，打开"创建数据透视表"对话框。

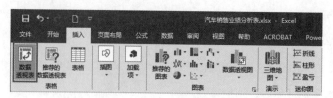

图 4-155 插入数据透视表

③ 在弹出"创建数据透视表"对话框中，设置如图 4-156 所示。

● "表 / 区域"编辑框中选取单元格区域' "1 季度销量分析 '!\$A\$3:\$G\$26";（即原始数据区域）

● 透视表放置位置选择"现有工作表"，"位置"编辑框中选取单元格"'1 季度销量分析 '!\$I\$3"。

单击"确定"按钮，Excel 窗口的右侧将出现"数据透视表字段"窗格。

④ 在右侧的"数据透视表字段列表"窗格中，设置如图 4-157 所示。

● 选择"所属厂商"拖动添加到"行"区域中。

● 选择"1 月销量"、"2 月销量"和"3 月销量"字段添加到"数值"区域中。

● "列"区域中将自动生成"数值"。

关闭"数据透视表字段"窗格，在 I3 开始的单元格区域生成数据透视表，如图 4-158 所示。

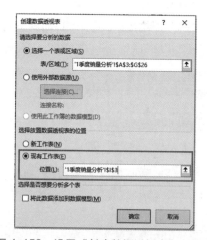

图 4-156 设置"创建数据透视表"对话框

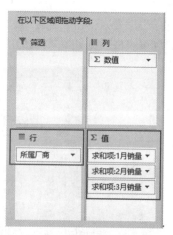

图 4-157 设置数据透视表字段列表

⑤ 全选生成的数据透视表，单击"数据透视表 设计"选项卡"数据透视表样式"组中的"其他"按钮，如图 4-159 所示。在弹出的数据透视表样式列表框中，选择样式"浅橙色，数据透视表样式中等深浅 10"，如图 4-160 所示。

图 4-158 生成数据透视图

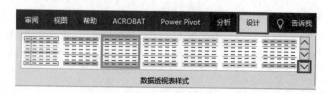

图 4-159 设置数据透视表样式

⑥ 双击 J3 单元格，弹出"值字段设置"对话框，修改自定义名称为"1 月总销量"，如图 4-161 所示。同样的方法，修改 K3 和 L3 单元格的值字段名称，效果如图 4-162 所示。

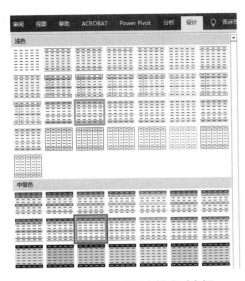

图 4-160 数据透视表样式列表框

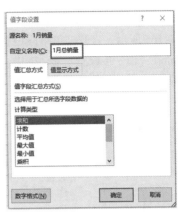

图 4-161 "值字段设置"对话框设置

（2）在 N3 开始的单元格区域生成数据透视表，统计各厂商各品牌每月汽车平均销量，修改值字段自定义名称，结果保留整数；据透视表样式为：浅橙色，数据透视表样式中等深浅 10；以大纲形式显示；显示结果只保留 1 月平均销量大于或等于 3 000 的数据。

行标签	1月总销量	2月总销量	3月总销量
北京汽车	17744	21933	19260
东风日产	33716	35520	27966
江铃汽车	6909	7194	5901
上海通用	51885	46475	43034
一汽	31623	28602	29452
总计	141877	139724	125613

图 4-162 数据透视表效果

具体操作如下：

① 将光标定位在 A3:G26 单元格区域中任意一个单元格上，单击"插入"选项卡"表格"组中的"数据透视表"命令，打开"创建数据透视表"对话框。

② 在弹出"创建数据透视表"对话框中，设置如图 4-156 所示。

● "表 / 区域"编辑框中选取单元格区域"'1 季度销量分析'!$A$3:$G$26"（即原始数据区域）。

● 透视表放置位置选择"现有工作表"，"位置"编辑框中选取单元格"'1 季度销量分析'!$N$3"。

单击"确定"按钮，Excel 窗口的右侧将出现"数据透视表字段"窗格。

③ 在右侧的"数据透视表字段列表"窗格中，设置如图 4-164 所示。

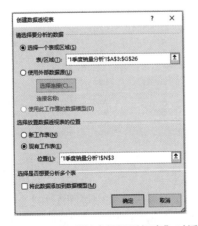

图 4-163 设置"创建数据透视表"对话框

图 4-164 设置数据透视表字段列表

- 选择"所属厂商"和"所属品牌"拖动添加到"行"区域中。
- 选择"1月销量"、"2月销量"和"3月销量"字段添加到"数值"区域中。
- "列"区域中将自动生成"数值"。

④ 在"数值"区域中，单击"求和项：1月销量"右侧的下拉按钮，选择"值字段设置"命令，如图4-165所示，打开"值字段设置"对话框。

⑤ 在"值字段设置"对话框中，选择计算类型为"平均值"；将"自定义名称"修改为"1月平均销量"；单击对话框下方的"数字格式"按钮，如图4-166所示，打开"设置单元格格式"对话框。

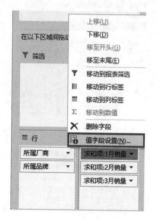

图4-165 打开"值字段设置"对话框

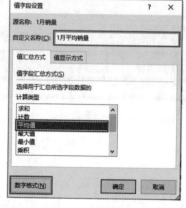

图4-166 设置"值字段设置"对话框

⑥ 在弹出的"设置单元格格式"对话框中设置分类为"数值"，保留小数位数为"0"，如图4-167所示。单击"确定"按钮。

⑦ 同样的方法，修改"求和项：2月销量"和"求和项：3月销量"的"值字段设置"，生成数据透视表，如图4-168所示。

图4-167 设置数据为整数

行标签	1月平均销量	2月平均销量	3月平均销量
北京汽车	2957	3656	3210
北京汽车	1000	529	672
北汽威旺	4000	4132	3000
北汽制造	699	681	681
绅宝	4015	5530	4969
东风日产	8429	8880	6992
启辰	5793	6081	3441
日产	9308	9813	8175
江铃汽车	2303	2398	1967
福特	361	454	530
江铃	839	1440	1370
陆风	5709	5300	4001
上海通用	8648	7746	7172
宝骏	18515	18002	15607
别克	13360	11192	10298
凯迪拉克	2853	2466	3580
雪佛兰	1899	1812	1626
一汽	7906	7151	7363
奥迪	9489	8992	9844
丰田	6323	5309	4883
总计	6169	6075	5461

图4-168 数据透视表效果

⑧ 全选数据透视表，单击"数据透视表 设计"选项卡"数据透视表样式"组中的"其他"按钮，在弹出的数据透视表样式列表框中，选择样式"浅橙色，数据透视表样式中等深浅10"。

⑨ 全选数据透视表，单击"数据透视表 设计"选项卡"布局"组中的"报表布局"按钮，在弹出的下拉列表中选择"以大纲形式显示"命令，如图4-169所示。效果如图4-170所示。

图 4-169 设置"以大纲形式显示"

所属厂商	所属品牌	1月平均销量	2月平均销量	3月平均销量
北京汽车		2957	3656	3210
	北京汽车	1000	529	672
	北汽威旺	4000	4132	3000
	北汽制造	699	681	681
	绅宝	4015	5530	4969
东风日产		8429	8880	6992
	启辰	5793	6081	3441
	日产	9308	9813	8175
江铃汽车		2303	2398	1967
	福特	361	454	530
	江铃	839	1440	1370
	陆风	5709	5300	4001
上海通用		8648	7746	7172
	宝骏	18515	18002	15607
	别克	13360	11192	10298
	凯迪拉克	2853	2466	3580
	雪佛兰	1899	1812	1626
一汽		7906	7151	7363
	奥迪	9489	8992	9844
	丰田	6323	5309	4883
总计		6169	6075	5461

图 4-170 大纲形式数据透视表

⑩ 在透视表中单击"所示品牌"下拉按钮，在下拉列表中选择"值筛选-大于或等于"命令，如图 4-171 所示。在弹出的"值筛选（所属品牌）"对话框中设置 1 月平均销量大于或等于"3000"，如图 4-172 所示。单击"确定"按钮，生成如图 4-173 所示的数据透视表。

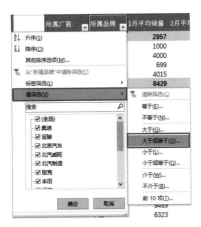

图 4-171 打开"值筛选"对话框

图 4-172 设置"值筛选"对话框

4. 数据透视图与切片器分析数据

（1）在"2 季度销量分析"工作表 I1 开始的单元格区域生成数据透视表和数据透视图，统计各厂商各品牌在该季度每个月汽车的总销量；"所属厂商"为筛选字段；"所属品牌"为轴字段。

具体操作如下：

① 单击窗口下方"2 季度销量分析"工作表标签，打开"2 季度销量分析"工作表。

② 将光标定位在 A3:G26 单元格区域中任意一个单元格上，单击"插入"选项卡"图表"组中的"数据透视图和数据透视表"命令，如图 4-174 所示，打开"创建数据透视表"对话框。

所属厂商	所属品牌	1月平均销量	2月平均销量	3月平均销量
北京汽车		4011	5181	4477
	北汽威旺	4000	4132	3000
	绅宝	4015	5530	4969
东风日产		8429	8880	6992
	启辰	5793	6081	3441
	日产	9308	9813	8175
江铃汽车		5709	5300	4001
	陆风	5709	5300	4001
上海通用		15078	13462	12068
	宝骏	18515	18002	15607
	别克	13360	11192	10298
一汽		7906	7151	7363
	奥迪	9489	8992	9844
	丰田	6323	5309	4883
总计		8270	8158	7221

图 4-173 数据透视表的数据筛选效果

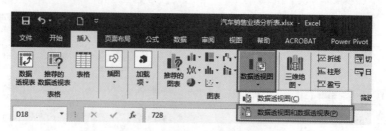

图 4-174　插入数据透视图和数据透视表

③在弹出"创建数据透视表"对话框中，设置如图 4-175 所示。

● "表 / 区域"编辑框中选取单元格区域 "'2 季度销量分析 '!$A$3:$G$26"（即原始数据区域）。

● 透视表放置位置选择"现有工作表"，"位置"编辑框中选取单元格 "'2 季度销量分析 '!$I$1"。

单击"确定"按钮，Excel 窗口的右侧将出现"数据透视图字段"窗格。

④在右侧的"数据透视图字段"窗格中，设置如图 4-176 所示。

● 选择"所属厂商"拖动添加到"筛选"区域中。

● 选择"所属厂商"、"所属品牌"拖动添加到"轴（类别）"区域中。

● 选择"4 月销量"、"5 月销量"和"6 月销量"字段添加到"数值"区域中。

● "图例（系列）"区域中将自动生成"数值"。

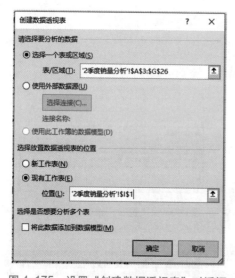

图 4-175　设置"创建数据透视表"对话框

图 4-176　设置数据透视图字段列表

⑤关闭"数据透视图字段"窗格，生成数据透视图如图 4-177 所示，数据透视表如图 4-178 所示。

（2）设置数据透视表样式为"浅黄，数据透视表样式浅色 19"；调整数据透视图大小到 N1:Y19 单元格区域；布局为"布局 10"，颜色为"单色调色板 4"，图表标题为"二季度销量统计分析图"；查看"上海通用"汽车销售情况。

①全选数据透视表，单击"数据透视表 | 设计"选项卡"数据透视表样式"组中的"其他"按钮。在弹出的数据透视表样式列表框中，选择样式"浅黄，数据透视表样式浅色 19"。效果如图 4-179 所示。

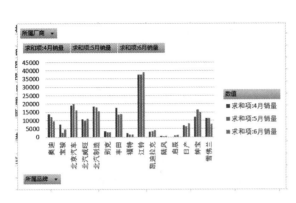

图 4-177　数据透视图效果

图 4-178　数据透视表效果

② 移动数据透视图到 N1 开始的单元格区域，拖动图表右下角到 Y19 单元格。

③ 选中数据透视图，单击"数据透视图工具 | 设计"选项卡"图表布局"组中的"快速布局"按钮，选择"布局 10"，如图 4-180 所示。

图 4-179　设置数据透视表样式效果

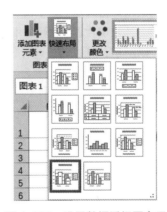

图 4-180　设置数据透视图布局

④ 单击"图表样式"组中的"更改颜色"按钮，选择"单色 – 单色调色板 4"，如图 4-181 所示。

⑤ 在图表标题文本框中输入图表标题"二季度销量统计分析图"，如图 4-182 所示。

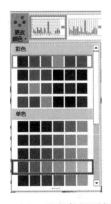

图 4-181　设置数据透视图颜色

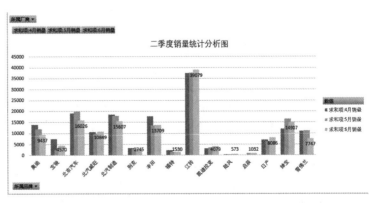

图 4-182　输入图表标题

⑥ 单击图表中"所属厂商"下拉按钮，在下拉列表中选择"上海通用"，如图 4-183 所示。单击"确定"按钮，效果如图 4-184 所示。

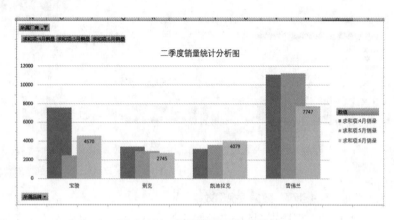

图 4-183　筛选数据透视图数据　　　　　图 4-184　数据透视图筛选效果

（3）插入"所属品牌"切片器。

具体操作如下：

① 选中数据透视图，单击"插入"选项卡"筛选器"组中的"切片器"命令，如图 4-185 所示，打开"插入切片器"对话框。

② 在"插入切片器"对话框中选择"所属品牌"，如图 4-186 所示。生成"所属品牌"切片器，如图 4-187 所示，可以动态查看数据透视图。

图 4-185　切片器命令按钮　　　图 4-186　插入切片器　　　图 4-187　"所属品牌"切片器

5. 单一工作表的合并计算

（1）在工作表"3 季度销量分析"的 I3 单元格开始的区域中，利用合并计算统计各厂商各月的平均销量。统计结果区域套用表格样式"蓝色，表样式浅色 13"并转换为区域，单元格数据居中对齐，保留整数。

具体操作如下：

① 单击窗口下方"3 季度销量分析"工作表标签，打开"3 季度销量分析"工作表。

② 将光标定位到 I3 单元格，单击"数据"选项卡"数据工具"组中的"合并计算"按钮，如图 4-188 所示，弹出"合并计算"对话框。

③ 在"合并计算"对话框中，设置如图 4-189 所示。

● "函数"选择"平均值"。

● "引用位置"中选取单元格区域"'3 季度销量分析'!$B$3:$F$26"，单击"添加"按钮，将该区域

图 4-188　单击"合并计算"按钮

添加到"所有引用位置"列表框中。

● 选中"标签位置"中的"首行"和"最左列"选项。

④ 单击"确定"按钮，计算出各厂商各月的平均销量。在 I3 单元格输入列标题"所属厂商"，删除 J3:L8 单元格区域，如图 4-190 所示。

所属厂商	7月销量	8月销量	9月销量
北京汽车	9745.833	9461	8541.5
东风日产	3084.5	3103	3563.5
江铃汽车	11505.33	11933.33	11894.67
上海通用	6344.5	5163.167	5865.5
一汽	8023	6907.5	6969.5

图 4-189　设置"合并计算"对话框　　　　　　　　图 4-190　各厂商各月平均销量

⑤ 选择 I3:L8 单元格区域，单击"开始"选项卡"样式"组中的"套用表格样式"下拉按钮，选择样式"蓝色，表样式浅色 13"，如图 4-191 所示。同时，将弹出"套用表格式"对话框，如图 4-192 所示。

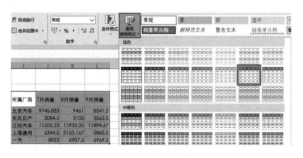

图 4-191　套用表格样式　　　　　　　　　　　图 4-192　"套用表格式"对话框

⑥ 单击"确定"按钮，表格样式如图 4-193 所示。单击"表格工具|设计"选项卡"工具"组中的"转换为区域"按钮，如图 4-194 所示。将表格转换为普通单元格区域，结果如图 4-195 所示。

这里要注意的是：必须选择了 I3:L8 单元格区域或者区域中任意单元格，才会出现"表格工具|设计"选项卡。

所属厂商	7月销量	8月销量	9月销量
北京汽车	9745.833	9461	8541.5
东风日产	3084.5	3103	3563.5
江铃汽车	11505.33	11933.33	11894.67
上海通用	6344.5	5163.167	5865.5
一汽	8023	6907.5	6969.5

所属厂商	7月销量	8月销量	9月销量
北京汽车	9745.833	9461	8541.5
东风日产	3084.5	3103	3563.5
江铃汽车	11505.33	11933.33	11894.67
上海通用	6344.5	5163.167	5865.5
一汽	8023	6907.5	6969.5

图 4-193　表格样式效果　　　图 4-194　"转换为区域"命令按钮　　　图 4-195　表格转换为普通区域

⑦ 选择 J3:L8 单元格区域，单击"开始"选项卡"对齐方式"组中的"居中"按钮，设置数据居中对齐。单击"数字"组中的"减少小数位数"按钮，设置数字为整数，如图 4-196 所示。完成效果如图 4-197 所示。

图 4-196　设置数据格式

所属厂商	7月销量	8月销量	9月销量
北京汽车	9746	9461	8542
东风日产	3085	3103	3564
江铃汽车	11505	11933	11895
上海通用	6345	5163	5866
一汽	8023	6908	6970

图 4-197　合并计算完成效果

（2）在工作表"4 季度销量分析"的 I3 单元格开始的区域中，利用合并计算统计各品牌 4 季度销量的最大值。统计结果区域套用表格样式"绿色，表样式浅色 14"并转换为区域，单元格数据居中对齐。

具体操作如下：

① 单击窗口下方"4 季度销量分析"工作表标签，打开"4 季度销量分析"工作表。

② 将光标定位到 I3 单元格，单击"数据"选项卡"数据工具"组中的"合并计算"按钮，弹出"合并计算"对话框。

③ 在"合并计算"对话框中，设置如图 4-198 所示。

● "函数"选择"最大值"。

● "引用位置"中选取单元格区域""4 季度销量分析'!$C$3:$G$26"，单击"添加"按钮，将该区域添加到"所有引用位置"列表框中。

● 选中"标签位置"中的"首行"和"最左列"选项。

④ 单击"确定"按钮，计算出各品牌各月以及 4 季度销量的最大值。在 I3 单元格输入列标题"所属厂商"，删除 J3:K18 单元格区域。效果如图 4-199 所示。

⑤ 选择 I3:J18 单元格区域，单击"开始"选项卡"样式"组中的"套用表格样式"下拉按钮，选择样式"绿色，表样式浅色 14"，单击"确定"按钮，表格样式如图 4-200 所示。

图 4-198　设置"合并计算"对话框

⑥ 单击"表格工具|设计"选项卡"工具"组中的"转换为区域"按钮，将表格转换为普通单元格区域，如图 4-201 所示。

⑦ 选择 J3:L8 单元格区域，单击"开始"选项卡"对齐方式"组中的"居中"按钮，设置数据居中对齐。完成效果如图 4-202 所示。

所属品牌	4季度销量
北汽制造	9354
奥迪	15315
丰田	20262
北汽威旺	7762
别克	30109
宝骏	27166
北京汽车	33512
雪佛兰	26350
福特	6296
凯迪拉克	3857
日产	34186
陆风	37912
启辰	25141
绅宝	15439
江铃	4306

图 4-199　各品牌 4 季度销量最大值

所属品牌	4季度销量
北汽制造	9354
奥迪	15315
丰田	20262
北汽威旺	7762
别克	30109
宝骏	27166
北京汽车	33512
雪佛兰	26350
福特	6296
凯迪拉克	3857
日产	34186
陆风	37912
启辰	25141
绅宝	15439
江铃	4306

图 4-200　设置单元格样式

所属品牌	4季度销量
北汽制造	9354
奥迪	15315
丰田	20262
北汽威旺	7762
别克	30109
宝骏	27166
北京汽车	33512
雪佛兰	26350
福特	6296
凯迪拉克	3857
日产	34186
陆风	37912
启辰	25141
绅宝	15439
江铃	4306

图 4-201　表格转换为普通区域

所属品牌	4季度销量
北汽制造	9354
奥迪	15315
丰田	20262
北汽威旺	7762
别克	30109
宝骏	27166
北京汽车	33512
雪佛兰	26350
福特	6296
凯迪拉克	3857
日产	34186
陆风	37912
启辰	25141
绅宝	15439
江铃	4306

图 4-202　合并计算完成效果

6. 多张工作表的合并计算

在工作表"202X 年汽车销售数据汇总"的 A3 单元格开始的区域中，利用合并计算统计各厂商每个季度的总销量，并创建指向源数据的链接；套用表格格式"白色，表样式中等深浅 4"并转换为区域，单元格数据居中对齐，隐藏明细数据。

具体操作如下：

① 单击窗口下方"202X 年汽车销售数据汇总"工作表标签，打开"202X 年汽车销售数据汇总"工作表。

② 打开"二季度 SUV 销量汇总"工作表，将光标定位到 A3 单元格，单击"合并计算"按钮，弹出"合并计算"对话框。在"合并计算"对话框中，设置如图 4-203 所示。

● "函数"选择"求和"。

● "引用位置"中依次选取"'1 季度销量分析 '!$B$3:$G$26"、"'2 季度销量分析 '!$B$3:$G$26"、"'3 季度销量分析 '!$B$3:$G$26"和"'4 季度销量分析 '!$B$3:$G$26"，"添加"到"所有引用位置"列表框中。

● 选中"标签位置"中的"首行"和"最左列"选项，勾选"创建指向源数据链接"。

单击"确定"按钮，计算出各厂商每个季度的总销量。

③ 在 A3 格输入列标题"所属厂商"，删除多余的单元格区域。效果如图 4-204 所示。

图 4-203　设置"合并计算"对话框　　　　图 4-204　合并计算结果区域

④ 选择合并计算结果区域，单击"开始"选项卡"样式"组中的"套用表格样式"下拉按钮，选择样式"白色，表样式中等深浅 4"，单击"确定"按钮，表格样式如图 4-205 所示。

⑤ 单击"表格工具 | 设计"选项卡"工具"组中的"转换为区域"按钮，将表格转换为普通单元格区域，如图 4-206 所示。

图 4-205　设置单元格样式　　　　　　　图 4-206　表格转换为普通区域

⑥ 选择 J3:E100 单元格区域，单击"数据"选项卡"分级显示"组中的"隐藏明细数据"按钮，设置数据居中对齐。完成效果如图 4-207 所示。

所属厂商	1季度销量	2季度销量	3季度销量	4季度销量
202X年汽车销售数据汇总				
江铃汽车	20004	120842	106000	48514
北京汽车	58937	182212	166490	74781
上海通用	141394	64706	104239	114138
东风日产	97202	24110	39004	79139
一汽	89677	80376	87600	55498

图 4-207　隐藏明细数据效果

4.3.3　难点解析

通过本节课程的学习，学生掌握了分类汇总、数据透视表、数据透视图、切片器和合并计算等多个数据统计分析的操作和使用技巧。其中，数据透视表和切片器是本节的难点内容，这里将详细解析数据透视表这一知识点。

1. 数据透视表

数据透视表是一种交互式的表，可以进行某些计算，如求和与计数等。所进行的计算与数据与数据透视表中的排列有关。

之所以称为数据透视表，是因为可以动态地改变它们的版面布置，以便按照不同方式分析数据，也可以重新安排行字段、列字段和页字段。每一次改变版面布置时，数据透视表会立即按照新的布置重新计算数据。另外，如果原始数据发生更改，则可以更新数据透视表。

（1）数据透视表的结构

① 字段列表：明细表的第一行列标题都会显示在"字段列表"中，它相当于数据透视表的原材料基地，如图 4-208 所示。

② 筛选框：顾名思义，将字段拖动到筛选框中，可以利用此字段对透视表进行筛选。如图 4-209 所示，将"所属厂商"拖动到筛选框中，可以对所属厂商进行筛选，效果如图 4-210 所示。

③ 列标签：将字段拖动到此处，数据将以列的形式展示。比如，将"所属品牌"拖动到列标签中，如图 4-211 所示。品牌分布在各列中，效果如图 4-212 所示。

图 4-208　数据透视表字段列表

图 4-209　设置筛选框

所属厂商	(全部)	
行标签	求和项:4月销量	求和项:5月销量	求和项:6月销量
奥迪	13900	12034	9437
宝骏	7569	2496	4570
北京汽车	19150	19888	16026
北汽威旺	10708	9924	10849
北汽制造	18515	18002	15607
别克	3399	2955	2745
丰田	17703	13593	13709
福特	2310	1501	1530
江铃	37435	37547	39079
凯迪拉克	3175	3594	4079
陆风	442	425	573
启辰	728	887	1032
日产	6998	6379	8086
绅宝	12045	16591	14907
雪佛兰	11122	11255	7747
总计	165199	157071	149976

图 4-210　"所属厂商"在筛选框

图 4-211　设置列标签

列标签 ▼									雪佛
宝骏			别克			凯迪拉克			
求和项:4月销量	求和项:5月销量	求和项:6月销量	求和项:4月销量	求和项:5月销量	求和项:6月销量	求和项:4月销量	求和项:5月销量	求和项:6月销量	求和
7569	2496	4570	3399	2955	2745	3175	3594	4079	

图 4-212 "所属品牌"在列标签

④ 行标签：将字段拖动到此处，数据将以行的形式展示。比如，将"所属品牌"拖动到"行标签"区域中，如图 4-213 所示，则品牌分布在各行中，效果如图 4-214 所示。

图 4-213 设置行标签

行标签 ▼	求和项:4月销量	求和项:5月销量	求和项:6月销量
宝骏	7569	2496	4570
别克	3399	2955	2745
凯迪拉克	3175	3594	4079
雪佛兰	11122	11255	7747
总计	25265	20300	19141

图 4-214 "所属品牌"在行标签

⑤ "数值"区域：主要用来统计，数字字段可进行数学运算（求和、平均值、计数等），文本字段可计数，如图 4-215 所示。比如，将"4月销量"等字段拖动到"数值"框中，透视表显示出 4 月总销量。

（2）数据透视表排序

数据透视表的排序主要有 3 种：根据字段排序，手动排序，根据值大小排序。

① 根据字段排序。在数据透视表中，可以直接单击行标签或者列标签右侧的下拉按钮，选择"升序"或"降序"命令实现排序，如图 4-126 所示。默认按照字段名称第 1 个字的拼音排序，如果是数字，则按数字的大小排序。

图 4-215 值字段设置

图 4-216 字段排序

② 手动排序。选择一行，将鼠标放置于单元格下边框，当箭头变成了拖拽的符号时，左击并拖动整行到想要的位置即可。

③ 根据值大小排序。在数据透视表中可以直接单击行标签或者列标签右侧的下拉按钮，选择"其他排序选项"命令，如图 4-217 所示。在弹出的"排序"对话框中，可以设置需要排序的字段和排序方式，如图 4-218 所示。

图 4-217　其他排序选项

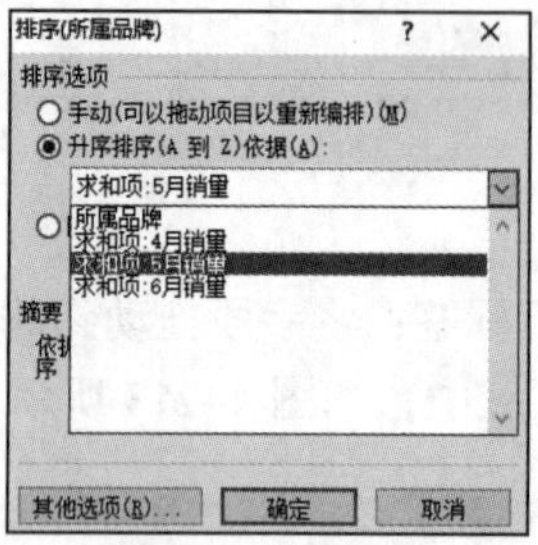

图 4-218　"排序"对话框

（3）数据透视表筛选

① 搜索筛选。在数据透视表中可以直接单击行标签或者列标签右侧的下拉按钮，在"搜索"文本框中输入需要筛选的内容，如图 4-219 所示。对数据透视表数据进行筛选的结果如图 4-220所示。

图 4-219　搜索筛选

行标签	求和项:4月销量	求和项:5月销量	求和项:6月销量
丰田	17703	13593	13709
总计	17703	13593	13709

图 4-220　搜索筛选结果

② 值筛选。在数据透视表中可以直接单击行标签或者列标签右侧的下拉按钮，单击"值筛选"命令，在弹出的对话框中选择需要的命令，进行数值筛选，如图 4-221 所示。效果如图 4-222 所示。

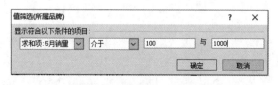

图 4-221　"值筛选"对话框

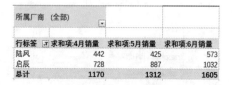

所属厂商	(全部)		
行标签	求和项:4月销量	求和项:5月销量	求和项:6月销量
陆风	442	425	573
启辰	728	887	1032
总计	1170	1312	1605

图 4-222　值筛选结果

③ 标签筛选。在数据透视表中可以直接单击行标签或者列标签右侧的下拉按钮，单击"标签筛选"命令，在弹出的对话框中，选择需要的命令，进行标签筛选，如图 4-223 所示。效果如图 4-224 所示。

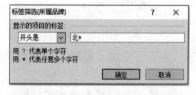

图 4-223　"标签筛选"对话框

行标签	求和项:4月销量	求和项:5月销量	求和项:6月销量
北京汽车	19150	19888	16026
北汽威旺	10708	9924	10849
北汽制造	18515	18002	15607
总计	48373	47814	42482

图 4-224　标签筛选结果

2. 切片器

切片器是 Excel 新增的功能，在 Excel 2007 及之前的版本中是没有的。与传统点选下拉选项筛选不同的是，通过切片器可以更加快速直观地实现对数据的筛选操作。

（1）切片器的插入

单击透视表任意一单元格，激活分析窗口，单击"插入切片器"，在对话框中选择"所示厂商"和"所属品牌"，如图 4-225 所示，单击"确定"，就创建了这 2 个字段的切片器，可以通过单击筛选展示数据，如图 4-226 所示。

通过对"切片器"中的字段进行选择，可以更加快速直观地对透视表的数据进行筛选操作，如图 4-227 所示。

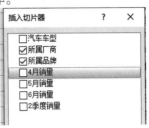

图 4-225　插入切片器

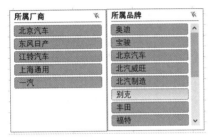

图 4-226　切片器

图 4-227　切片器筛选数据

（2）切片器的联动

切片器可以同时连接多个数据透视表，以达到同时对多张工作表进行数据筛选操作。操作方法为：右击切片器，选择"数据透视表链接"命令，如图 4-228 所示，在"数据透视表连接"对话框中，勾选需要连接的数据透视表，如图 4-229 所示。这样，用户在单击切片器上的选项时，可以同时对两张透视表同时进行数据的筛选，效果如图 4-230 所示。

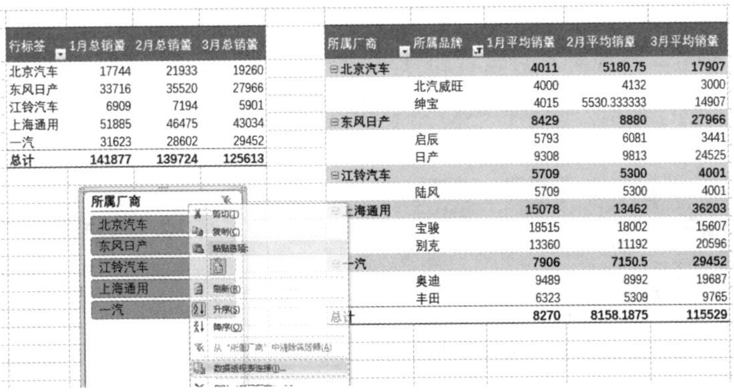

图 4-228　数据透视表连接命令

图 4-229　"数据透视表连接"对话框

图 4-230　切片器的联动效果

4.4 ///// 相关知识点拓展

4.4.1　查找与引用函数

查找与引用
函数1

在工作中经常大量使用查找与引用函数。查找和引用函数用法灵活，用 VLOOKUP 函数、VLOOKUP+MATCH 函数组合、INDEX+MATCH 函数组合进行一维数据和二维数据查找，这些使用比较广泛。

1. VLOOKUP 函数

VLOOKUP 函数是 Excel 中的一个纵向查找函数，名称中的 V 表示垂直方向。当比较值位于所需查找的数据的左边一列时，可以使用 VLOOKUP 函数。它与 LOOKUP 函数和 HLOOKUP 函数属于一类函数，在工作中都有广泛应用，例如有核对数据、多个表格之间快速导入数据等函数功能。功能是按列查找，最终返回该列所需查询序列所对应的值；与之对应的 HLOOKUP 是按行查找的。函数的基本语法如下：

```
VLOOKUP(lookup_value, table_array, col_index_num, range_lookup)
VLOOKUP(找什么，在哪找，找到后返回其右侧对应的第几列数据，精确还是模糊查找)
```

在 Excel 中根据单一条件进行数据查找是平时工作中最基础也是最常见的需求。例如，查找"哈弗 H5"车型的累计销量，其表格数据如图 4-231 所示，计算公式如图 4-232 所示。

▲	A	B	C	D	E	F	G
1	汽车车型	所属厂商	所属品牌	5月销量	6月销量	7月销量	累计销量
2	BJ212	北京汽车	北汽制造	699	681	681	3662
3	CR-V	东风本田	本田	14194	14883	18600	85482

图 4-231　表格数据

	J	K	L	M
	汽车车型	累计销量		
	哈弗H5	12035		

f_x | =VLOOKUP(J2,$A$2:$G$77,7,FALSE)

图 4-232　VLOOKUP 单条件查询（1）

这个公式是标准的 VLOOKUP 函数的基础应用方法，每个参数都没有变形，所以便于初学者获悉这个函数最原始的含义和作用。

- 第一参数：找什么（或者说按什么查找），按"哈弗 H5"查找，所以输入 J2。
- 第二参数：在哪找，数据源区域在 A:G 列，所以输入 \$A\$2:\$G\$77，也可以使用 \$A:\$G。
- 第三参数：找到后返回值位于数据区域第几列，我们要查找的是位于 G 列的累计销量，即第二参数中的第 7 列，所以输入 7。
- 第四参数：这里要精确查找，所以输入 FALSE。

翻译过来就是 =VLOOKUP(要查找的车型，包含车型和其累计销量的数据源区域，找到后返回第 7 列，精确查找)。

例如查找所属品牌是北汽威旺的七月销量。公式如图 4-233 所示。在公式中，需要查找的是 I2；在 C 到 G 列数据范围内，数据范围可以写成数据区域，也可以用列号表示；需要返回七月销量值。七月销量在这个数据区域中位于第 4 列，所以要注意虽然七月销量在这张工作表中不是第 4 列，但是在的查找范围内它是第 4 列，返回的列数一定是在查找范围内位于第几列。

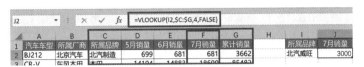

图 4-233　VLOOKUP 单条件查询（2）

2. 多条件查询

如果有多个条件要同时满足怎么办？对于 VLOOKUP 函数来说，这是一个比较困难的问题。可以在数据源左侧创建一个辅助列，将多个条件用 & 符号连接起来作为条件查找列。如果想直接用一个公式进行多条件查找，结合数组也可以实现。

例如查找销售商是 B2 店、型号是 play4T Pro 的销售额。表格数据如图 4-234 所示，公式如图 4-235 所示。现在两个查找条件可以通过连接符把它们连接成为一个字符串，数据源区域也通过数组来创建字符串，把 A 列和 B 列连接在一起，生成一组销售商和型号连接的数据，另一列是销售额。如果销售商和型号在一起的数据与 H2 和 I2 数据相符的话，就会返回这个数组中的第 2 列销售额的数据。公式可以描述为 =VLOOKUP(条件 1& 条件 2,IF({1,0}, 条件 1 范围 & 条件 2 范围 , 结果范围),2,0)。

要注意的就是，输入数组公式后需按【Ctrl + Shift + Enter】组合键结束输入。这个公式是数组公式，如果直接按【Enter】键输入会返回 #N/A 错误值。

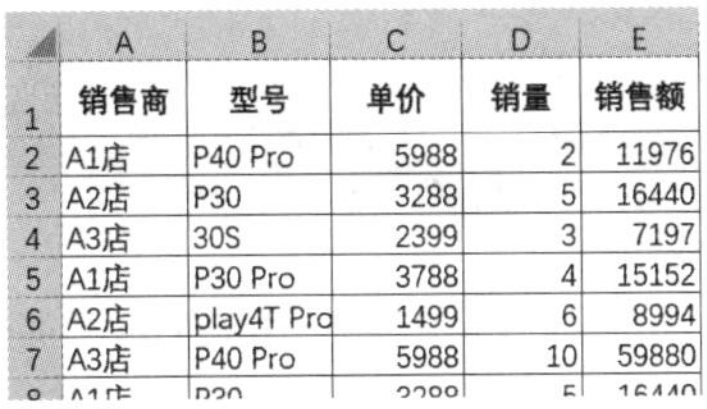

图 4-234　表格数据

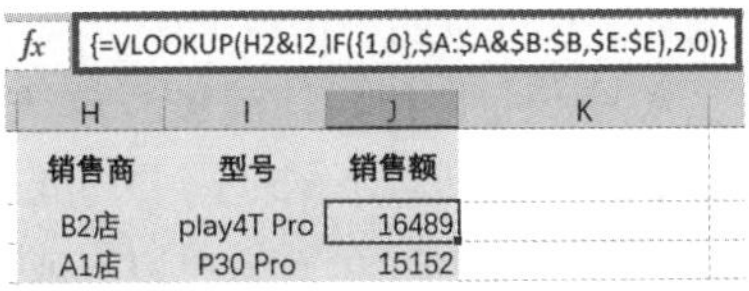

图 4-235　VLOOKUP 多条件查询（1）

VLOOKUP 函数的常规用法是从左往右找，但如果遇到 Excel 数据源中要调取的数据在查找值所在列的左侧，那么这种需要从右往左查找的问题如何解决呢？按照多条件查询的思路，通过数组就可以实现，如图 4-236 所示。

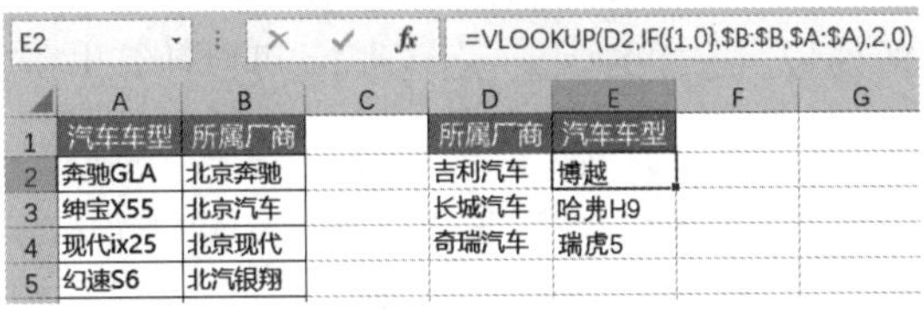

图 4-236　VLOOKUP 多条件查询（2）

3. MATCH 函数

MATCH 函数经常会和其他函数嵌套使用，它会为其他函数查找提供行号或者是列号。在查找的时候，它是在一个一维数据中进行查找，查找的数据区域某一行或者是某一列，返回值行号或者是列号。

函数含义 : 返回指定数值在指定数组区域中的位置。

查找与引用
函数2

语法结构：

MATCH(lookup_value, lookup_array, match_type)。

- lookup_value: 需要在数据表（lookup_array）中查找的值。可以为数值（数字、文本或逻辑值）或对数字、文本或逻辑值的单元格引用。可以包含通配符、星号（*）和问号（?）。
- lookup_array: 可能包含所要查找数值的连续的单元格区域，区域必须是某一行或某一列，即必须为一维数据，引用的查找区域是一维数组。
- match_type: 表示查询的指定方式，用数字 –1、0 或者 1 表示，省略相当于为 1 的情况。

➤ 为 1 时，查找小于或等于 lookup_value 的最大数值在 lookup_array 中的位置，lookup_array 必须按升序排列。否则，当遇到比 lookup_value 更大的值时，即时终止查找并返回此值之前小于或等于 lookup_value 的数值的位置。如果 lookup_array 的值均小于或等于 lookup_value，则返回数组最后一个值的位置；如果 lookup_array 的值均大于 lookup_value，则返回 #N/A。

➤ 为 0 时，查找等于 lookup_value 的第一个数值，lookup_array 按任意顺序排列。

➤ 为 –1 时，查找大于或等于 lookup_value 的最小数值在 lookup_array 中的位置，lookup_array 必须按降序排列；否则，当遇到比 lookup_value 更小的值时，即时终止查找并返回此值之前大于或等于 lookup_value 的数值的位置。如果 lookup_array 的值均大于或等于 lookup_value，则返回数组最后一个值的位置；如果 lookup_array 的值均小于 lookup_value，则返回 #N/A。

4. VLOOKUP 和 MATCH 函数嵌套

VLOOKUP 函数和 MATCH 函数经常会嵌套使用，在数据查找中，经常需要返回多个查找值。如果只用 VLOOKUP 函数，就需要写多个公式，但结合 MATCH 函数，则可以一个公式完成。

例如，在前例的表格数据中查找"哈弗 H5"车型在五月、六月、七月和累计销量。单纯使用 VLOOKUP 函数，由于返回的列号不同，需要写 4 个不同的公式。结合 MATCH 函数，一个公式就可以完成。如图 4-237 所示，在 VLOOKUP 函数中，MATCH 给它提供列号。

图 4-237　VLOOKUP 和 MATCH 函数嵌套

这里 MATCH(J$1,$A$1:$G$1,0)，表示查找 J1 在 A1 到 G1 单元格的位置，第 3 个参数为 0 表示精确匹配。如图 4-238 所示，此处 J$1 单元格中 MATCH 函数返回的结果为 4，4 提供给 VLOOKUP 函数作为查找的列号。J$1 单元格是混合引用，向右复制公式时，函数就会变成 MATCH(K$1,$A$1:$G$1,0)，表示 K1 在 A1 到 G1 单元格的位置。如图 4-239 所示返回结果为 5。那么 VLOOKUP 又收到新的列号。这样的话，一个公式就可以计算出所有的数据。

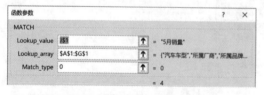

图 4-238　MATCH 函数返回列号 1　　　　　图 4-239　MATCH 函数返回列号 2

5. INDEX 函数

INDEX 函数是返回表或区域中的值或对值的引用。INDEX 函数有两种形式：数组形式和引用形式。数组形式通常返回数值或数值数组，引用形式通常返回引用。在插入函数时需要选择组合方式，通常会选择数组形式，如图 4-240 所示。

INDEX 函数在数组形式下语法规则如下：

`INDEX( array , row_num , column_num )`

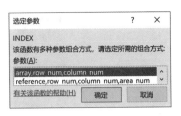

图 4-240　INDEX 函数选择形式

- array 是一个单元格区域或数组常量。

➤ 如果数组中只包含一行或一列，则可以不使用相应的 row_num 或 column_num 参数。

➤ 如果数组中包含多个行和列，但只使用了 row_num 或 column_num，INDEX 将返回数组中整行或整列的数组。

- row_num 用于选择要从中返回值的数组中的行。如果省略 row_num，则需要使用 column_num。
- column_num 用于选择要从中返回值的数组中的列。如果省略 column_num，则需要使用 row_num。

说明：

① 如果同时使用了 row_num 和 column_num 参数，INDEX 将返回 row_num 和 column_num 交叉处单元格中的值。

② 如果将 row_num 或 column_num 设置为 0（零），INDEX 将分别返回整列或整行的值数组。

③ Row_num 和 column_num 必须指向数组中的某个单元格；否则 INDEX 将返回 #REF! 错误值

6. INDEX 和 MATCH 函数嵌套

相对于 VLOOKUP 函数，INDEX 和 MATCH 函数嵌套可以实现更多方式的查找。比如在反向查找、多条件查找中，利用 VLOOKUP 函数查找就会比较复杂。而利用 INDEX 和 MATCH 函数的组合进行查找就很简单了。

前例 VLOOKUP 函数在多条件查询中完成过反向查找，在图 4-241 中可以看到使用 INDEX 和 MATCH 函数实现的公式。INDEX 函数在 A2:A26 区域中返回相应的第几行，需要 MATCH 函数为它提供行号。对于函数 MATCH，在 B2:B26 数据范围内查找 D8 "吉利汽车"，查找之后发现这个数据是位于区域的第 14 行，则将 14 这个结果返回给 INDEX 函数，如图 4-242 所示。

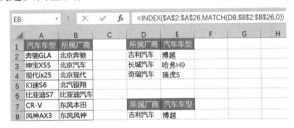

图 4-241　INDEX 和 MATCH 函数嵌套

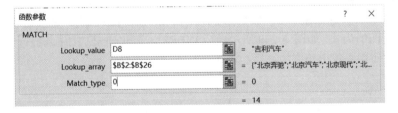

图 4-242　MATCH 函数返回行号

INDEX 函数的数组形式本来有三个参数，即 =index(查找区域 , 行数 , 列数)，分别是查找区域、行、列。但因为选中的 A2:A26 区域中只有一列数据，所以说只需要提供行号就可以例如，图 4-243 中的第三个参数是可以忽略的。返回 A2:A26 中第 14 行数据，即 A15 单元格的 "博越"。

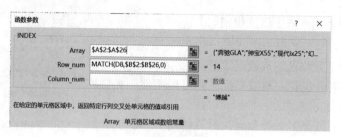

图 4-243　INDEX 函数收到返回值

7. 二维表格查找

INDEX 可以在二维表格中进行查找。如图 4-244 所示的表格数据，属于一个二维表格。在这个表格中，如果想要查找数据是 A2“新加坡”的话，就是在找 A 列到 E 列中第二行第一列的数据；如果想要查找数据是 B2“2~3”的话，就是在找 A 列到 E 列中第二行第二列的数据。

例：=INDEX(A:E,2,1)，即求出 A:E 列中的第 2 行第 1 列的的数据，即新加坡。

例：=INDEX(A:E,2,2)，即求出 A:E 列中的第 2 行第 2 列的的数据，即 2~3。

如图 4-245 所示，有一张境外速运时效表数据，如果对于出发地和目的地都有要求，只需要求出出发地在第几列，目的地在第几行。例如查找从美国出发到华北的时效，就会用 MATCH 函数分别提供行号和列号给 INDEX 函数来查找，公式为 =INDEX($A$1:$AI$18,MATCH(H2,$A:$A,0),MATCH(I2,$1:$1,0))。

	A	B	C	D	E
1	出发地	华东	华南	华北	中西
2	新加坡	2~3	2~3	2~4	2~4
3	马来西亚	1~3	2~4	3~5	3~5
4	日本	2~3	2~4	2~3	2~4
5	韩国	1~3	2~4	1~3	2~5
6	美国	2~3	2~3	2~3	2~3
7	蒙古	3~5	3~5	3~5	3~5
8	泰国	3~4	3~4	3~5	3~5
9	越南	3~4	3~4	3~5	3~5
10	澳大利亚	4~5	3~4	4~6	4~6
11	印度	3~5	3~5	3~5	3~5
12	印度尼西亚	4~6	4~6	4~6	5~7
13	柬埔寨	3~5	4~6	4~6	4~6
14	墨西哥	5~7	5~7	5~7	5~7
15	加拿大	3~5	3~5	4~6	3~5
16	缅甸	3~5	3~5	3~5	3~5
17	俄罗斯	6~10	6~10	6~10	6~10
18	欧洲	3~5	3~5	3~5	3~5
19					
20	新加坡		2~3		
21	=INDEX(A:E,2,1)		=INDEX(A:E,2,2)		

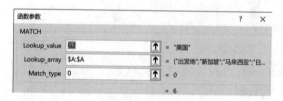

图 4-244　INDEX 在二维表格中进行查找

I2　=INDEX($A$1:$AH$18,MATCH(G2,$A:$A,0),MATCH(H2,$1:$1,0))

	A	B	C	D	E	F	G	H	I
1	出发地	华东	华南	华北	中西		出发地	目的地	时效
2	新加坡	2~3	2~3	2~4	2~4		美国	华北	2~3
3	马来西亚	1~3	2~4	3~5	3~5		澳大利亚	华南	3~4
4	日本	2~3	2~4	2~3	2~4		韩国	中西	2~5
5	韩国	1~3	2~4	1~3	2~5		加拿大	华北	4~6
6	美国	2~3	2~3	2~3	2~3				

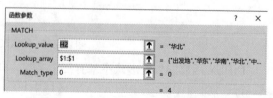

图 4-245　表格数据和公式

两个 MATCH 函数分别给出行号和列号。如图 4-246 所示 MATCH(H2,$A:$A,0) 是在 A 列查找出发地美国所在行，返回值为 6；如图 4-247 所示 MATCH(I2,$1:$1,0) 是在第一行查找目的地华北所在列，返回值为 4；如图 4-248 所示最后 INDEX 函数收到 MATCH 函数返回的第 6 行第 4 列的信息后，便可以查找出相应的结果 2~3。

图 4-246　MATCH 函数返回行号

图 4-247　MATCH 函数返回列号

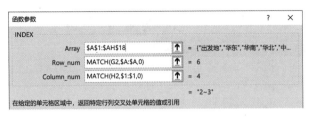

图 4-248　NDEX 函数收到返回值

4.4.2　动态查询信息

动态查询信息

在现实生活中，经常需要动态查询图片的位置。比如输入员工编号，希望能够看到员工的信息以及图片的内容。

（1）准备工作

首先准备好原始数据，包括图 4-249 所示的名单和图 4-250 所示的查询表。如果不想手动输入员工编号的话，可以在查询表中设置下拉选项。选中 B2 单元格，打开"数据验证"，设置允许条件为"序列"，在来源中选择数据区域为"名单 !$A$2:$A$7"即可。

图 4-249　名单　　　　　　　　　　　　图 4-250　员工查询表

（2）查询文字信息

接下来查询文字信息，需要用到 INDEX 和 MATCH 函数。如果对于这两个函数不太了解，请先学习前一节内容。

MATCH 函数语法结构：=MATCH(查找值,查找区域,查找类型)

INDEX 函数语法结构：=INDEX(引用区域 ,引用行,引用列)

如图 4-251 所示，如果查询姓名信息，公式为 =INDEX(名单 !$A$2:$L$7,MATCH(员工查询表 !$B$2, 名单 !$A$2:$A$7,0),MATCH(员工查询表 !C2, 名单 !$A$1:$L$1,0))，其余信息查询复制这个公式均可。

名单表中 A2:L7 数据区域中存放了所有人的信息，求出行号和列号就可以查询到相应的内容。行号和列号通过 MATCH 函数给定，其中行号来源于公式 MATCH(员工查询表 !$B$2, 名单 !$A$2:$A$7,0)。图 4-252 所示公式中 B2 是员工编号，这里注意绝对引用，因为其余身份证号、部门、岗位等信息在查询时都是基于该员工编号。它会在 A2:A7 所有人的员工编号中返回出行号结果，确定查找的是哪个人。

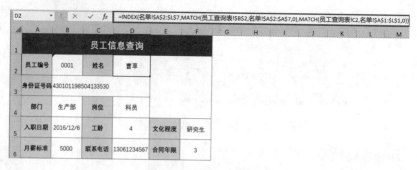

图 4-251　查询信息公式

而列号来源于公式 MATCH(员工查询表 !C2, 名单 !$A$1:$L$1,0)，图 4-253 所示公式中 C2 为姓名，是姓名结果的左侧单元格，相对引用可以使查询其他信息时通过公式左侧单元格得到查询的是哪一类信息。C2 会在 A1:L1 也就是名单列标题中返回出相应的列号。

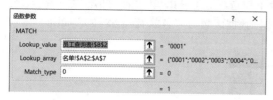

图 4-252　MATCH 函数返回行号

图 4-253　MATCH 函数返回列号

确定行列号后，INDEX 函数根据收到的返回值查找名单 A2:L7 的第 1 行第 2 列数据，如图 4-254 所示得到了 0001 员工的姓名。

（3）查询图片信息

图片信息是位于表格的 L 列数据。查找引用时需要在 L2:L7 数据区域中知道具体的行。首先，在公式中名称管理器里面定义一个名称。如图 4-255 所示在名称中新建"照片"，引用位置输入公式"=INDEX(名单 !$L$2:$L$7,MATCH(员工查询表 !$B$2, 名单 !$A$2:$A$7,))"，代表在 L2:L7 数据区域根据编号给出的行号查找对应的照片。

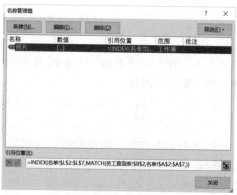

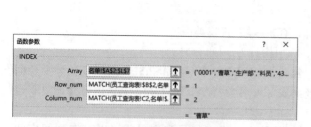

图 4-254　NDEX 函数收到返回值

图 4-255　定义名称

再单击"照相机"在照片上方绘制一个区域，如图 4-256 所示，此时编辑栏显示为"=$D$2"，将编辑栏修改为"= 照片"则生成图片，拖动调整照片区域即可，最终效果如图 4-257 所示。选取不同员工编号时，就能够动态查询到各个不同的信息。

图 4-256　插入照相机

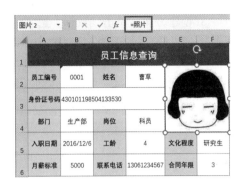

图 4-257　最终效果

4.4.3　方案管理器

Excel 中的方案管理器能够帮助用户创建和管理方案。企业对于较为复杂的计划，可能需要制订多个方案进行比较，然后决策。方案管理器作为一种分析工具，每个方案允许财务管理人员建立一组假设条件，自动产生多种结果，并直观地看到每个结果的显示过程，还可以将多种结果同时存在一个工作表中，十分方便。

方案管理器

方案创建后可以对方案名、可变单元格和方案变量值进行修改，在"方案管理器"对话框的"方案"列表中选择某个方案后单击"编辑"按钮，打开"编辑方案"对话框，使用与创建方案相同的步骤操作即可。另外，单击"方案管理器"对话框中的"删除"按钮能够删除当前选择的方案。下面举例说明如何应用。

1. 企业生产和销售方案

（1）方案要求

假如企业生产一种产品，单位成本固定是 39 元。下面给出 3 种生产和销售方案。

① 单价 70 元，数量 3 000。

② 单价 60 元，数量 5 000。

③ 单价 65 元，数量 7 000。

求 3 种不同的方案下的总利润分别是多少？

（2）步骤

① 建立数据模型。图 4-258 所示已知单价、数量、单位成本。销售金额等于单价乘以数量，成本等于数量乘以单位成本，总利润等于销售金额减去成本。

	A	B
1	单价	70
2	数量	3000
3	单位成本	39
4	销售金额	=B1*B2
5	成本	=B2*B3
6	总利润	=B4-B5

图 4-258　建立数据模型

② 定义名称。选取数据后，单击"公式"选项卡"定义的名称"组的"根据所选内容创建"命令自动生成名称。如图 4-259 所示，选择最左列作为名称，最终生成的名称如图 4-260 所示。

图 4-259　根据所选内容创建名称

名称管理器

名称	数值	引用位置	范围	批注
成本	117000	=Sheet1!$B$5	工作簿	
单价	70	=Sheet1!$B$1	工作簿	
单位成本	39	=Sheet1!$B$3	工作簿	
数量	3000	=Sheet1!$B$2	工作簿	
销售金额	210000	=Sheet1!$B$4	工作簿	
总利润	93000	=Sheet1!$B$6	工作簿	

图 4-260　名称管理器

③ 创建方案。单击"数据"选项卡"数据工具"组的"模拟分析"工具集，选择"方案管理器"。在"方案管理器"对话框中单击"添加"按钮，如图 4-261 所示。在弹出的"编辑方案"对话框中进行设置，在"方案名"中输入"方案 1"，将"可变单元格"设置为 B1:B2 单元格区域，如图 2-262 所示，单击"确定"按钮。在弹出的"方案变量值"对话框中设置，如图 4-263 所示。

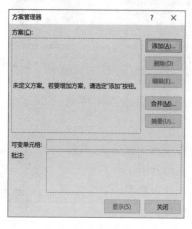

图 4-261　添加方案

图 4-262　编辑方案

图 4-263　设置方案变量值

④ 继续添加方案 2 和方案 3。设置方案 2 单价 60 元，数量 5 000；方案 3 单价 65 元，数量 7 000，如图 4-264 所示。

⑤ 单击"方案管理器"对话框中的"摘要"按钮，在弹出的"方案摘要"对话框中如图 4-265 所示设置"结果单元格"为 B3 单元格，单击"确定"按钮后得到如图 4-266 所示的方案。

图 4-264　方案管理器

图 4-265　方案摘要

图 4-266　企业生产销售方案

2. 银行贷款方案

假设现在有 A、B、C 三家银行提供不同的贷款方案，要求比较方案的月还款额和总利息。

① A 银行：贷款额 180 000，贷款利率 4.8%，还款年限 10 年；

② B 银行：贷款额 180 000，贷款利率 4.7%，还款年限 8 年；

③ C 银行：贷款额 200 000，贷款利率 4.9%，还款年限 12 年。

模拟运算表不能提供两个以上的可变值，因而可变值多的时候用方案管理器可以实现。方法如下：

① 准备的数据模型如图 4-267 所示，使用财务函数 PMT 计算月还款额，总利息额为月还款

额乘以还款月数减去贷款额。

②先根据所选内容创建名称，再根据条件添加三个方案，如图 4-268 所示。

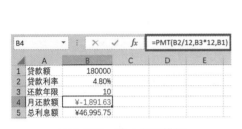

图 4-267　建立数据模型

图 4-268　方案管理器

③由于比较的结果有两个，设置两个结果单元格，如图 4-269 所示。最终实现的方案如图 4-270 所示。

图 4-269　方案摘要

图 4-270　银行贷款方案比较

4.4.4　追加查询和合并查询

提到多表合并，一般想到的都是复制或者 SQL、VBA 汇总，但掌握追加查询后便可以轻松完成，特别对于数据量大的表格操作会很方便。根据表格列查找返回对应值，一般都使用 VLOOKUP 函数，当数据行数过多时，VLOOKUP 函数经常失去响应，而合并查询可以更方便地解决这些问题。

1. 多表合并

将多个表格复制到一个表格，免去选择区域复制粘贴的麻烦，合并后还会根据表格数据更新而变化。方法如下：

①首先和素材之间建立链接。单击"数据"选项卡下的"新建查询"命令，选择"从文件"内的"从工作簿"，如图 4-271 所示。

②选取文件，确定后会提示正在建立连接，如图 4-272 所示。

③在弹出的导航器中看到素材文件中有四张工作表，分别是 1 月、2 月、3 月的数据以及产品等级。观察月份数据和产品等级，可以看到产品等级表格数据存在多一行的情况，说明后续要处理。如图 4-273 所示勾选"选择多项"，勾选需要合并的工作表，单击"加载"。

④加载完成后表格右侧出现工作簿查询，并且 4 个查询都已加载，如图 4-274 所示。

追加查询和
合并查询

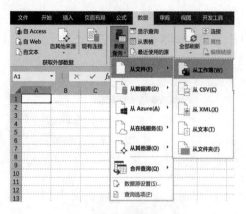

图 4-271　新建查询

图 4-272　连接素材文件

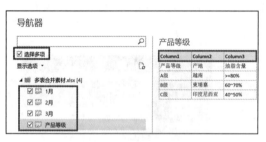

图 4-273　选择工作表

图 4-274　加载查询

⑤ 最后修改产品等级表格。在"工作簿查询"中选取"产品等级"，右击选择"编辑"。打开 Power Query 编辑器。选择"将第一行用作标题"。此时第一行列标题将替代原先的英文。单击"关闭并上载"命令，重新加载数据，如图 4-275 所示。

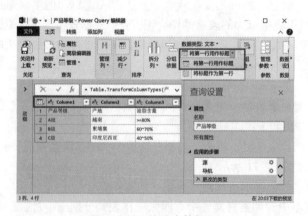

图 4-275　修改表格标题

2. 追加查询

① 单击"数据"选项卡下的"新建查询"命令，选择"合并查询"内的"追加"命令，如图 4-276 所示。

② 追加查询的时候，需要把 1 月、2 月、3 月的表格数据放置在一起，所以选中"三个或者是更多的表"单选按钮，依次选择每个月份表格，单击"添加"按钮选取 3 个表格，如图 4-277 所示。

图 4-276　追加查询

图 4-277　选取表格

③ 确定后会打开"追加 1"的 Power Query 编辑器，看到如图 4-278 所示的表格数据内容，三个月份表格数据自动合并在一起。

④ 选择"关闭并上载至"命令，如图 4-279 所示。在弹出的对话框中可以选择数据显示在表格中，在现有的工作表的 A1 单元格上载数据，如图 4-280 所示。

图 4-278　编辑器中的表格合并内容

图 4-279　关闭并上载至

图 4-280　加载到现有工作表

⑤ 单击"加载"按钮，在 Excel 的工作表中出现三张表格全部内容，如图 4-281 所示。

3. 合并查询

合并查询相当于 VLOOKUP 函数查找对应值，但比 VLOOKUP 函数简单，合并查询不需要表格格式一样，只要有相同关键词即可。

合并查询对于表格链接提供多种方式：

● 左外部——保留表 1 的所有项目，同时查询表 2 和表 1 的匹配项，排除表 2 的不匹配项。

● 右外部——保留表 2 的所有项目，同时查询表 1 和表 2 的匹配项，排除表 1 的不匹配项。

● 完全外部——保留表 1 和表 2 的所有项目。

● 内部——仅保留表 1 和表 2 的完全匹配项，排除其他项目。

● 左反——保留表 1 与表 2 有差异的全部数据，排除表 1 和表 2 的匹配项。

● 右反——保留表 2 与表 1 有差异的全部数据，排除表 2 和表 1 的匹配项。

例如，在 1 月、2 月、3 月表格中都有产品等级项，如果需要把产品等级表格中所看到的产地和油脂含量附加进去，合并在一张表中，通常会用 VLOOKUP 函数。但也可以使用合并查询，无须考虑表格的格式，只需要它们有相同的关键值，也就是产品等级即可。方法如下：

① 在工作表中单击"新建查询"，选择"合并查询"内的"追加"。

② 首先选择"追加 1"，也就是的三张表合一的表格。第二张表选择"产品等级"。这两张表都有一列数据是相同的，就是产品等级，在两张表格中分别选取这一列。下方提示"所选内容匹配第一个表中的 17 行"，如图 4-282 所示。

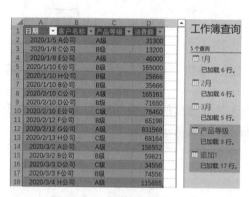

图 4-281　加载后的表格内容

图 4-282　合并表格

③ 确定后在"合并 1"的 Power Query 编辑器中，看到产品等级作为匹配项出现在右侧。单击"产品等级"右侧的按钮进行选择，因为前面已经有产品等级列，取消选中"产品等级列"，保留后两项，取消选中"使用原始列名作为前缀"，如图 4-283 所示。

④ 确定之后，表格右侧出现新的列。已根据产品等级，把产品产地和油脂含量的信息匹配过来。最后选择"关闭并上载"，生成一个新的工作表文件，如图 4-284 所示。

图 4-283　在编辑器中扩展列

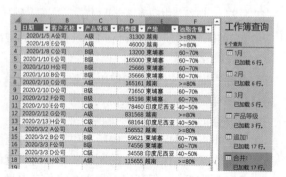

图 4-284　生成数据

第 5 章

PowerPoint 2016 应用

母版编辑 ——制作企业模板文件	🖥 新建幻灯片 🖥 幻灯片格式化（背景、设计主题、版式和母版等） 🖥 插入对象及格式化（图片、艺术字、形状等） 🖥 设置幻灯片页眉和页脚 🖥 设置背景音乐 🖥 排练计时
演示文稿编辑 ——编辑企业宣传手册	🖥 插入表格与图表 🖥 文本转换为 SmartArt 图形 🖥 设置幻灯片动画 🖥 插入视频文件 🖥 设置幻灯片切换
演示文稿动画编辑 ——编辑产品推介会	🖥 高级动画设置 🖥 动画时间效果 🖥 多类别动画综合运用

5.1 母版编辑——制作企业模板文件

5.1.1 任务引导

本单元任务引导卡如表 5-1 所示。

表 5-1 任务引导卡

任务编号	NO. 13		
任务名称	制作企业模板文件	计划课时	2 课时
任务目的	本次任务将利用幻灯片母版等知识点制作企业模板文件，并应用到"企业宣传手册"演示文稿中。通过学习，要求学生了解演示文稿的版式、母版和模板的作用与区别，清楚幻灯片制作的一般流程，熟练掌握对幻灯片插入的各种对象的编辑与格式化操作		
任务实现流程	任务引导 → 任务分析 → 制作企业模板文件，并应用到演示文稿中 → 教师讲评 → 学生完成模板文件的制作与应用 → 难点解析 → 总结与提高		
配套素材导引	原始文件位置：Office 高级应用 2016\ 素材 \ 第五章 \ 任务 5.1 最终文件位置：Office 高级应用 2016\ 效果 \ 第五章 \ 任务 5.1		

任务5.1导学

💻 任务分析

演示文稿是指人们在介绍自身或组织、阐述计划或任务、传授知识或技术、宣传观点或思想等时，向听众或观众展示的一系列材料。这些材料是集文字、图形、图像、声音、动画、视频等多种信息于一体，由一组具有特定用途的多张幻灯片组成。一般来说，一份完整的演示文稿包括幻灯片（若干张相互联系、按一定顺序排列的幻灯片，能够全面说明演示内容）、演示文稿大纲（演示文稿的文字部分）、观众讲义（将页面按不同的形式打印在纸张上发给观众，以加深观众的印象）和演讲者备注（演示过程中提示演讲者注意，或提醒、或加强的附加材料，一般只给演讲者本人看）。

任务5.1-1

PowerPoint 是日常办公中必不可少的幻灯片制作工具。使用 PowerPoint 可以快速制作出精美的演示文稿，还可以制作出各种动态效果，加入多种媒体文件，从而丰富阅读内容。在当前的演示型多媒体课件中，PowerPoint 的应用最广泛，使用最方便。

本任务将利用幻灯片母版等知识点制作企业模板文件，并应用到"企业宣传手册"演示文稿中。知识点思维导图如图 5-1 所示。

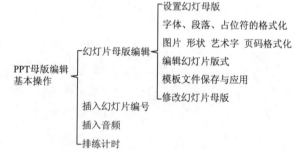

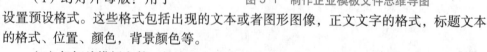

图 5-1　制作企业模板文件思维导图

任务5.1-2

（1）幻灯片母版：用于设置预设格式。这些格式包括出现的文本或者图形图像，正文文字的格式，标题文本的格式、位置、颜色，背景颜色等。

（2）幻灯片模板文件：是演示文稿中的特殊一类，其扩展名为 .potx，用于提供样式文稿的格式、配色方案、母版样式及产生特效的字体样式等。应用设计模板可快速生成风格统一的演示文稿。

（3）对象及对象格式化：在 PowerPoint 中，丰富的插入对象可以使演示文稿更生动活泼，让人直观地感受到作者想表达的内容。插入对象一般是选择"插入"功能区

任务5.1-3

中的命令完成的。对象主要包括：文本框、图片、艺术字、形状、表格、图表、音频和视频等。

（4）幻灯片格式化：主要包括设置幻灯片背景、设计主题、版式和母版等。

（5）排练计时：使用排练计时设置幻灯片放映时间是以幻灯片上各个对象播放的演示时间为间隔。选择"排练计时"命令，可在全屏幕方式下播放演示文稿时，以"预演"方式设置对象的间隔时间。

本次任务将利用幻灯片母版等知识点制作企业模板文件，并应用到"企业宣传手册"演示文稿中。最终"企业宣传手册"完成效果如图 5-2 所示。

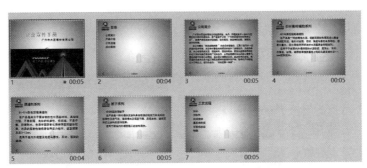

图 5-2 "企业宣传手册"完成效果

5.1.2 任务步骤与实施

1. 设置母版背景

新建 Microsoft PowerPoint 演示文稿。添加第一张幻灯片后，设置"Office 主题 幻灯片母版"的背景样式为"样式 9"。

具体操作如下：

① 在桌面空白区域右击，在弹出的快捷菜单中选择"新建"命令，在弹出的子菜单中选择"Microsoft PowerPoint 演示文稿"，新建 Microsoft PowerPoint 演示文稿。

② 双击打开新建的演示文稿，在编辑区（灰色区域）单击，添加第一张幻灯片。

③ 单击"视图"选项卡"母版视图"组中的"幻灯片母版"按钮，如图 5-3 所示。进入幻灯片母版编辑窗口。此时，窗口上面会出现"幻灯片母版"选项卡，可以对幻灯片进行母版设置。

④ 单击窗口左侧"幻灯片缩略图"窗格中的第一个母版视图，选中该母版，如图 5-4 所示。这张母版的名称是"Office 主题 幻灯片母版"，也是幻灯片的主母版。在这张母版上的所有修改编辑都可以应用到使用该母版的所有的幻灯片中。

图 5-3 "幻灯片母版"按钮

图 5-4 选择"Office 主题幻灯片母版"母版

⑤单击"幻灯片母版"选项卡"背景"组中的"背景样式"下拉按钮，在下拉列表中选择"背景样式"中的"样式9"，如图5-5所示。

2. 字体段落格式化

设置母版的标题格式为：字体为黑体，字号为32磅，左对齐；文本格式为：字体为黑体，字号为24磅，文本段落无项目符号，首行缩进1.27厘米，1.1倍行距。

具体操作如下：

①选中标题占位符中的文本"单击此处编辑母版标题样式"，设置字体为"黑体"，字号为"32"磅，左对齐。

②选中文本占位符中的所有文本，设置文本字体格式为"黑体"，字号为"24"磅，如图5-6所示。

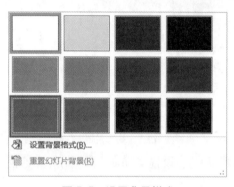

图5-5　设置背景样式

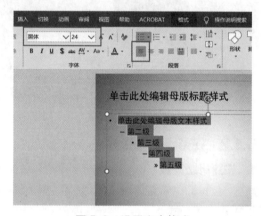

图5-6　设置文本格式

③继续选中所有文本，右击弹出快捷菜单，选择"项目符号"|"无"命令，取消段落项目符号。

④继续选中所有文本，单击"开始"选项卡"段落"组中的对话框启动器按钮，打开"段落"对话框。在"缩进"组的"特殊格式"下拉列表中选择"首行缩进"|"1.27厘米"；在"间距"组中的"行距"下拉列表中选择"多倍行距"，"设置值"微调框内输入"1.1"，如图5-7所示。

⑤字体、段落格式化完成效果如图5-8所示。

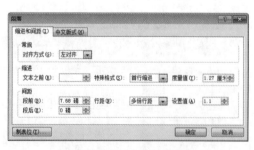

图5-7　设置文本段落格式

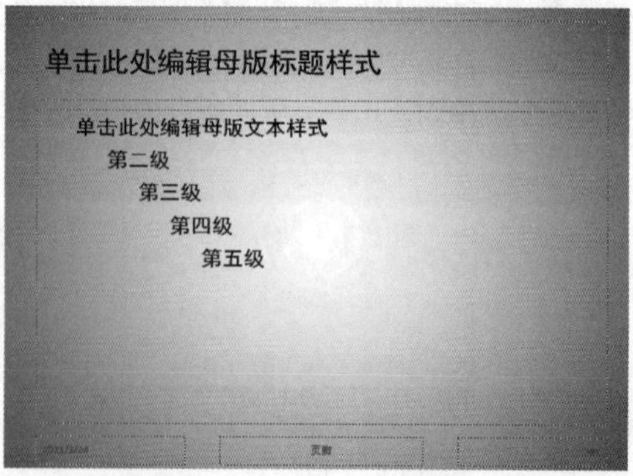

图5-8　第2步完成效果

3. 图片格式化

插入图片"图片1.PNG"，设置图片颜色为"浅灰色，背景颜色2浅色"。

具体操作如下：

① 单击"插入"选项卡"图像"组中的"图片"按钮，打开"插入图片"对话框，选择素材文件夹，在下面的列表框中选择图片"图片 1.png"，单击"插入"按钮，将图片插入幻灯片中。

② 选中图片，单击"格式"选项卡"调整"组中的"颜色"下拉按钮，选择"重新着色"组下的"浅灰色，背景颜色 2 浅色"，如图 5-9 所示。

4. 形状格式化

（1）插入形状"箭头"，箭头方向向左。设置形状大小为 0.8*0.8 厘米，位置水平自左上角 1.5 厘米，垂直自左上角 17.7 厘米。

（2）形状无轮廓颜色，形状效果为"棱台 角度"。

（3）添加超链接，链接到前一页幻灯片。

具体操作如下：

① 单击"插入"选项卡"插图"组中的"形状"下拉按钮，在下拉列表的"箭头总汇"组中选择自选图形"箭形"，如图 5-10 所示。

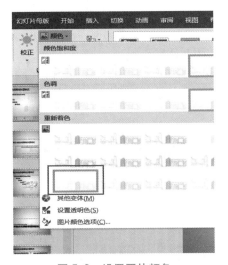

图 5-9　设置图片颜色

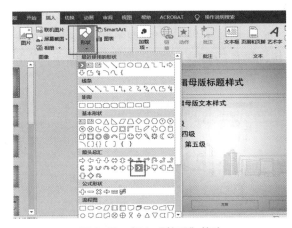

图 5-10　插入"箭形"箭头

② 在幻灯片左下方空白区域拖动鼠标，绘制形状，如图 5-11 所示。

③ 选中绘制的箭头，选择"绘图工具|格式"选项卡，单击"排列"组中的"旋转"下拉按钮，选择"水平翻转"命令，或在"设置形状格式"对话框中设置"旋转"值为"180"，调整箭头方向。

④ 选中绘制的箭头，右击弹出快捷菜单，选择"大小和位置"命令，打开"设置形状格式"对话框。如图 5-13 所示。在对话框"大小"选项卡中，设置高度和宽度均为"0.8 厘米"，如图 5-14 所示。

图 5-11　绘制箭头

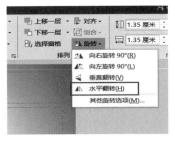

图 5-12　水平翻转形状

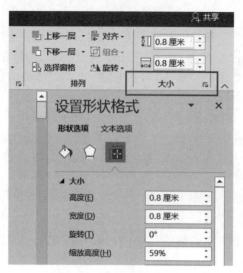

图 5-13 "大小和位置"命令

图 5-14 设置形状大小

⑤ 在"设置形状格式"任务窗格中选择"位置"选项卡，在"水平"微调框内输入"1.5 厘米"，垂直微调框内输入"17.7 厘米"，如图 5-15 所示。关闭对话框。

⑥ 选中形状，选择"绘图工具|格式"选项卡，单击"形状样式"组中的"形状轮廓"下拉按钮，选择"无轮廓"命令，如图 5-16 所示；单击"形状效果"下拉按钮，选择"棱台"|"角度"命令，如图 5-17 所示。

图 5-15 设置形状位置

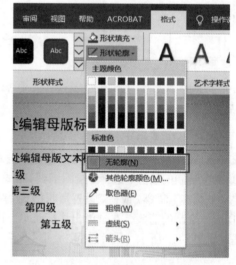

图 5-16 设置形状无轮廓

⑦ 选中形状，右击，在弹出的快捷菜单中选择"超链接"命令，打开"插入超链接"对话框。在对话框的"链接到"选项中选择"本文档中的位置"，在"请选择文档中的位置"中选择"上一张幻灯片"，如图 5-18 所示。单击"确定"按钮，关闭对话框。

5. 艺术字格式化

（1）插入艺术字"大匠建材"，艺术字样式为"填充 – 蓝色，主题色 1，阴影"（第 1 行第 2 列）；艺术字字体为黑体，字号为 16 磅。

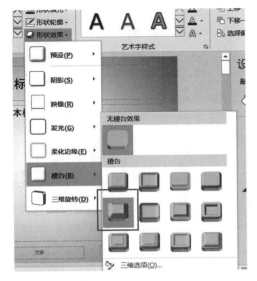

图 5-17　设置形状效果

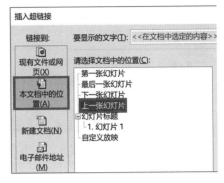

图 5-18　设置形状的超链接

（2）艺术字位置在距离左上角垂直 17.7 厘米，左右居中对齐。

（3）对艺术字的文本框添加超链接，链接到第一张幻灯片。

具体操作如下：

① 单击"插入"选项卡"文本"组中的"艺术字"下拉按钮，在下拉列表中选择第 1 行第 2 列艺术字样式；输入文本"大匠建材"，设置字体为"黑体"，字号为"16"磅。

② 选中艺术字，右击，在快捷菜单中选择"设置形状格式"命令，打开"设置形状格式"对话框，在"位置"选项中的"垂直"微调框内输入"17.7 厘米"。

③ 选中艺术字，选择"绘图工具 | 格式"选项卡，单击"排列"组中"对齐"下拉按钮，选择"左右居中"。

④ 选中艺术字的文本框，右击，在弹出的快捷菜单中选择"超链接"命令，打开"插入超链接"对话框。在该对话框的"链接到"选项中选择"本文档中的位置"，在"请选择文档中的位置"中选择"第一张幻灯片"，单击"确定"按钮，关闭对话框，如图 5–19 所示。

图 5-19　插入超链接

6. 页码格式化

修改页码占位符的字体为黑体，16 号，艺术字样式为"填充 – 蓝色，主题色 1，阴影"（第 1 行第 2 列）。

具体操作如下：

① 选中页码占位符内的"<#>"，设置字体为黑体，字号为 16 磅。

② 继续选中"<#>"，单击"绘图工具 | 格式"选项卡"艺术字样式"组艺术字样式列表框右下角的"其他"按钮，如图 5–20 所示。在列表中选择第 1 行第 2 列艺术字样式。

③ 设置完成后，母版效果如图 5–21 所示。

图 5-20　设置艺术字样式

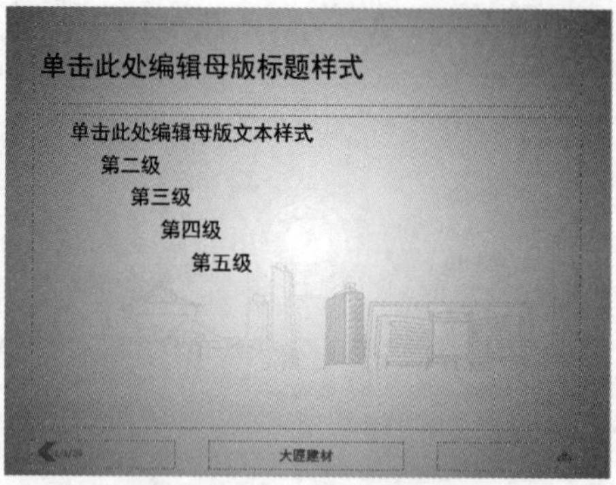

图 5-21　第 6 步完成效果

7. 编辑"标题幻灯. 版式"母版

（1）隐藏"标题幻灯片版式"母版的背景图形。

（2）"标题幻灯片版式"母版标题的艺术字样式为"填充蓝色，主题色 5；边框，白色背景 1；清晰阴影－蓝色主题 5"（第 3 行第 3 列）；文本填充颜色为"标准色：深红"，文本阴影颜色为"黑色，文字 1，淡色 25%"；字体为黑体，字号为 48 磅，字符间距加宽 5 磅，文本左对齐；标题位置在垂直距离左上角 2.5 厘米。

（3）副标题样式为：黑体，字号为 24 磅，颜色为黑色，文字 1；副标题位置在水平距离左上角 7.6 厘米，垂直距离左上角 5.8 厘米。

（4）插入图片"图片 2.png"，设置图片"底端对齐"。

具体操作如下：

① 在"幻灯片缩略图"窗格中选中"标题幻灯片版式"母版，如图 5-22 所示。

图 5-22　选择"标题幻灯片版式"母版

② 单击"幻灯片母版"选项卡"背景"组中的"隐藏背景图形"复选框，如图 5-23 所示。

图 5-23　隐藏背景图形

③ 选中标题占位符（文本框），选择"绘图工具 | 格式"选项卡，单击"艺术字样式"组中艺术字样式列表框右下角的"其他"按钮，在下拉列表中选择艺术字样式"填充蓝色，主题色 5；

边框，白色背景 1；清晰阴影 – 蓝色主题 5"（第 3 行第 3 列），单击"艺术字样式"文本填充，设置文本填充颜色为"标准色：深红"；单击"艺术字样式"文字效果的阴影单击选项，设置文本阴影颜色为"黑色，文字 1，淡色 25%"。

④ 选中文本，设置字体为"黑体"，字号为"48"磅，右击弹出快捷菜单，选择"字体"命令，打开"字体"对话框，设置字符间距加宽 5 磅，单击"确定"按钮，如图 5-24 所示。

⑤ 选中文本框，右击弹出快捷菜单，选择"大小和位置"命令，在弹出的"设置形状格式"对话框中，选择"位置"选项，在"垂直"微调框内输入"2.5 厘米"。

⑥ 同样的方法，设置副标题占位符格式：字体为"黑体"，字号为"24"磅，字体颜色为"黑色，文字 1"；位置在水平距离左上角"7.6 厘米"，垂直距离左上角"5.8 厘米"。

⑦ 单击"插入"选项卡"图像"组中的"图片"按钮，打开"插入图片"对话框，选择素材文件夹，在列表框中选择图片"图片 2.png"，单击"插入"按钮，关闭对话框，将图片插入到幻灯片中。

⑧ 选中图片，单击"图片工具 | 格式"选项卡"排列"组中的"对齐"下拉按钮，选择"底端对齐"命令。完成效果如图 5-25 所示。

图 5-24　设置字符间距

图 5-25　第 7 步完成效果

8. 编辑"内容与标题版式"母版

（1）标题文本格式为：黑体，字号 24 磅，不加粗，顶端对齐文本。

（2）标题下方的文本格式为：黑体，字号为 20 磅，并添加任一项目符号，项目符号样式可以自行选择。

（3）调整各占位符的大小和位置。

具体操作如下：

① 在"幻灯片缩略图"窗格中选中"内容与标题版式"母版，选中标题占位符（文本框），设置字体为"黑体"，字号为"24"磅，单击"加粗"按钮取消加粗设置，在"开始"选项卡"段落"组中选择"对齐文本" | "顶端对齐"。

② 选中标题占位符下方的文本占位符（文本框），设置字体为"黑体"，字号为"20"磅；选中文本，右击弹出快捷菜单，选择"项目符号"命令，在弹出的子菜单中选择任选一种项目符号，如图 5-26 所示。

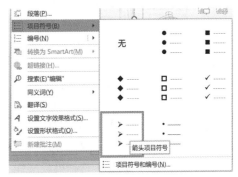

图 5-26　"项目符号和编号"命令

③ 调整各占位符（文本框）的大小和位置，完成效果如图 5-27 所示。

9. 模板文件保存与应用

退出母版编辑，将文档保存为模板文件"qymb.potx"；打开演示文稿"企业宣传手册素材.pptx"，设置该演示文稿的主题为"qymb.potx"；将文档另存为"企业宣传手册.pptx"。

具体操作如下：

① 选择"幻灯片母版"选项卡，单击"关闭"组中的"关闭母版视图"按钮，如图5-28所示，退出母版编辑。退出后，"幻灯片"窗格如图5-29所示。

图 5-27　第 8 步完成效果

图 5-28　关闭母版视图

② 单击窗口左上角"保存"按钮，在打开的"另存为"窗口中选择保存的位置后弹出"另存为"对话框，在对话框下方的"保存类型"下拉列表中选择保存类型为"PowerPoint 模板（*.potx）"；在对话框中设置保存路径；"文件名"输入"qymb.potx"，如图5-30所示。单击"保存"按钮，关闭对话框。

图 5-29　退出视图后幻灯片效果

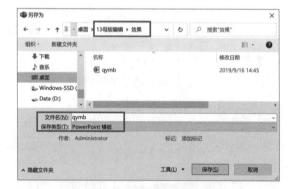

图 5-30　保存幻灯片模板文件

③ 在素材文件夹中，双击打开演示文稿"企业宣传手册素材.pptx"。选择"设计"选项卡，单击"主题"组中主题列表框右下方的"其他"按钮，选择"浏览主题"命令，如图5-31所示，打开"选择主题或主题文档"对话框。

④ 在"选择主题或主题文档"对话框中选择模板文件保存的路径，选择模板文件"qymb.potx"。单击"应用"按钮，模板设计会自动应用到当前文档中，如图5-32所示。

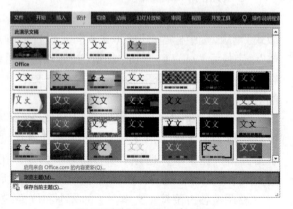

图 5-31　"主题"下拉列表

图 5-32　应用模板文件效果

⑤ 选择"文件"｜"另存为"命令，选择保存位置后，弹出"另存为"对话框，设置保存路径，将文件名改为"企业宣传手册"后，单击"保存"按钮保存文档。

10. 修改幻灯片母版

设置所有幻灯片标题文本缩进 3 厘米；在标题前插入图片"LOGO.jpg"，图片缩小为原大小的 75%。

具体操作如下：

① 单击"视图"选项卡"母版视图"组中的"幻灯片母版"命令，进入幻灯片母版编辑页面。

② 选择"Office 主题 幻灯片母版"，选中文本"单击此处编辑母版标题样式"，右击弹出快捷菜单，选择"段落"命令，打开"段落"对话框，在"文本之前"微调框内输入"3 厘米"，如图 7-35 所示。

③ 插入图片"LOGO.jpg"，单击"图片工具|格式"选项卡"大小"组"对话框启动器"按钮，打开"设置图片格式"对话框。将"缩放高度"组中的"高度"调整为"75%"，如图 5-33 所示。移动图片到标题文本的前面。

图 5-33　文本缩进 3 厘米

图 5-34　修改图片大小

④ 单击"幻灯片母版"选项卡右侧的"关闭母版视图"按钮，退出母版编辑。

11. 插入页脚与音频

在"企业宣传手册 .pptx"演示文稿中插入幻灯片编号，但标题幻灯片中不显示编号；给第一张幻灯片添加背景音乐"背景音乐 .MP3"，音频放映时隐藏，跨幻灯片播放音频。

具体操作如下：

① 单击"插入"选项卡"文本"组中的"页眉和页脚"按钮，如图 5-35 所示，打开"页眉和页脚"对话框。

② 在"页眉和页脚"对话框中，选中"幻灯片编号"选项以及"标题幻灯片中不显示"选项，单击"全部应用"按钮，关闭对话框，如图 5-36 所示。

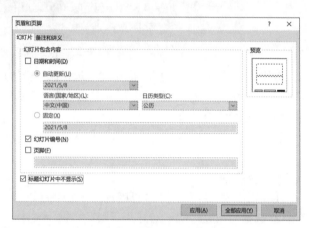

图 5-35 "页眉和页脚"按钮　　　　　　　　图 5-36 插入幻灯片编号

这里要注意区分的是：前面母版操作中设置"<#>"的格式，只是修改了页眉和页脚的格式，并没有插入编号。插入页眉页脚的内容必须通过"插入"｜"页眉和页脚"命令来完成，在"页眉和页脚"对话框中根据需要选中日期、编号和页脚选项即可。

③ 选中第 1 张幻灯片，单击"插入"选项卡"媒体"组中的"音频"按钮，在弹出的下拉列表中选择"PC 上的音频"，如图 5-37 所示，打开"插入音频"对话框。素材文件夹中选择音频文件"背景音乐 .MP3"，单击"插入"按钮，插入音频。此时幻灯片中会出现一个喇叭图标。选中该图标，在"音频工具｜播放"选项卡中选中"跨幻灯片播放"和"放映时隐藏"复选框，如图 5-38 所示。

图 5-37 "音频"下拉列表　　　　　　　　图 5-38 音频的编辑

12. 排练计时

设置每张幻灯片在播放时停留时间为 3 ～ 5 秒。

具体操作如下：

① 单击"幻灯片放映"选项卡"设置"组中的"排列计时"命令。进入排练计时。控制每

页幻灯片的停留时间，单击进入下一页幻灯片，结束时，出现图 5-39 所示提示框。单击"是"按钮关闭提示框。

② 完成后幻灯片如图 5-40 所示，按【F5】可播放整个幻灯片。

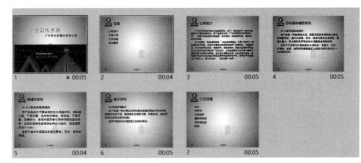

图 5-39　排练计时　　　　　　　　　　图 5-40　企业宣传手册完成图

5.1.3　难点解析

通过本次任务的学习，我们了解了演示文稿的版式、母版和模板文件的作用与区别，清楚幻灯片制作的一般流程，熟练掌握对幻灯片插入的各种对象的编辑与格式化操作。这里，将主要介绍幻灯片格式化以及音频文件的编辑。

1. 幻灯片母版

（1）母版的类型

母版用于设置幻灯片的样式，可供用户设定各种标题文字、背景、属性等，只需更改母版中的一项内容就可更改使用该母版的所有幻灯片的设计。在"视图"选项卡"母版视图"组中，可以选择不同的母版进行重新设置，从而节省幻灯片时间。母版有三种类型：幻灯片母版、讲义母版、备注母版，如图 5-41 所示。

图 5-41　母版视图

（2）母版的作用

幻灯片母版包括背景效果、幻灯片标题、层次小标题、文字的格式、背景对象等。通常可以使用幻灯片母版进行下列操作：

● 更改字体或项目符号。

● 插入要显示在多个幻灯片上的艺术图片（如徽标）。

● 更改占位符的位置、大小和格式。

在演示文稿设计中，除了每张幻灯片的制作外，最核心、最重要的就是母版的设计，因为它决定了演示文稿的一致风格和统一内容，甚至还是创建演示文稿模板和自定义主题的前提。PowerPoint 母版设置了"主母版"，并为每个版式单独设置"版式母版"（还可创建自定义的版式母版）。要把"主母版"看成演示文稿幻灯片共性设置的话，"版式母版"就是演示文稿幻灯片个性的设置。

（3）"幻灯片母版"设计

本任务实施的前六步就是完成对主母版的设计，从完成效果可以看到，"幻灯片母版"能影响所有"版式母版"，如果用户需要设置统一的内容、图片、背景、格式和超链接，可以直接在"幻灯片母版"中设置，其他版式母版会自动与之一致。图5-42中所选母版就是"主母版"。

（4）"版式母版"设计

本任务实施的第7～10步就是分别对两个"版式母版"进行设计。"版式母版"的设计只作用于该版式的幻灯片上，可单独控制配色、文字和格式，进行个性化设置。"母版"窗格中，除第一张母版，其他的母版均为"版式母版"，如图5-43所示。

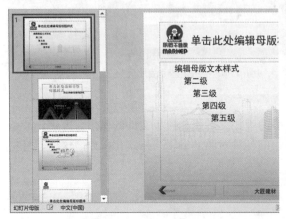

图5-42　"主母版"设置　　　　　　　　　　　图5-43　版式母版

（5）模板文件的创建

母版设置完成后只能在一个演示文稿中应用，用户可以把母版设置保存成演示文稿模板文件（*.potx），即可多次反复使用。模板文件创建完成后，需要通过"设计主题"命令应用模板文件。本任务第11步就是完成该项操作。

2. 设置幻灯片背景音乐

（1）剪辑声音文件

添加到幻灯片中的音频文件可以根据需要进行裁剪后播放。具体操作为：选中幻灯片中的声音图标，单击"音频工具|播放"选项卡"编辑"组中的"剪辑音频"按钮，打开"剪裁音频"对话框，如图5-44所示。

图5-44　"剪裁音频"对话框

（2）设置声音的播放方式

单击"音频工具|播放"选项卡"音效选项"组中的按钮可以设置声音的播放方式，如图 5-45 所示。可设置的播放方式有三种：自动播放、单击时播放、跨幻灯片播放。

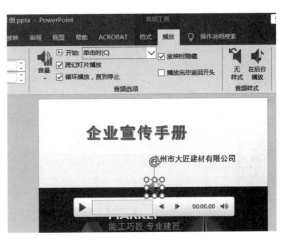

- "自动"选项：声音将在进入幻灯片放映时自动播放，直到声音结束。
- "单击时"选项：幻灯片放映时不会自动播放声音，只有单击声音图标后，才会播放声音。
- "跨幻灯片"选项：当包含多张幻灯片时，声音的播放可以从一张幻灯片延续到另一张指定的幻灯片，不会因为幻灯片的切换而中断声音的播放。

图 5-45 设置声音播放方式

（3）添加背景音乐

制作幻灯片时，利用添加音效的方法可以为演示文稿设置背景音乐。具体操作是：插入音频文件，然后选中声音图标，单击"音频工具|播放"选项卡中的按钮设置声音的播放方式，在"音频选项"组中选择"循环播放，直到停止""放映时隐藏""跨幻灯片播放"复选框。至此，演示文稿中添加了自始至终的背景音乐。

5.2 演示文稿编辑——编辑企业宣传手册

5.2.1 任务引导

本单元任务引导卡如表 5-2 所示。

表 5-2 任务引导卡

任务编号	NO. 14		
任务名称	编辑企业宣传手册	计划课时	2 课时
任务目的	本节内容通过编辑企业宣传手册，要求学生熟练掌握编辑幻灯片（复制、移动、插入、删除幻灯片）、插入表格与图表并格式化、将文本转换 SmartArt 图形、设置各类动画效果、插入视频以及设置幻灯片切换的方法		
任务实现流程	任务引导 → 任务分析 → 编辑企业宣传手册 → 教师讲评 → 学生完成模板文件的制作 → 难点解析 → 总结与提高		
配套素材导引	原始文件位置：Office 高级应用 2016\素材\第五章\任务 5.2 最终文件位置：Office 高级应用 2016\效果\第五章\任务 5.2		

🖥 任务分析

利用模板文件制作幻灯片可以大大减少幻灯片格式化的操作时间，但生成的幻灯片可能出现格式单一、内容简单的问题，可以通过对单页幻灯片进行背景设置、添加动画、表格与图表、SmartArt 图形和视频文件等对象来丰富幻灯片。

本节任务要求编辑完成企业宣传手册，知识点思维导图如图 5-46 所示。

任务5.2导学

任务5.2-1

任务5.2-2

任务5.2-3

任务5.2-4

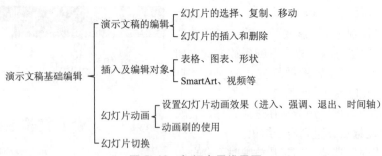

图 5-46　知识点思维导图

（1）演示文稿的编辑：演示文稿的编辑包括幻灯片的选择、复制、移动、插入和删除等操作，这些操作要在普通视图、幻灯片浏览视图下进行，不能在放映视图模式下进行。

（2）文本转换 SmartArt 图形：SmartArt 图形用来说明各种概念性资料关系，能使文稿更生动。PowerPoint 2016 除了可以直接插入 SmartArt 图形，还可以将文本转换为 SmartArt 图形。

（3）幻灯片动画：动画可以使 Microsoft PowerPoint 2016 演示文稿上的文本、图形、图示、图表和其他对象具有动画效果，这样就可以突出重点、控制信息流，并增加演示文稿的趣味性。除了可以给文本框、段落、文本、图片等设置动画，还可以给 SmartArt 图形制作动画，使图形令人难忘。

（4）幻灯片切换：是指幻灯片之间进行切换时，使下一张幻灯片以某种特定的方式出现在屏幕上的效果设置。切换方式有水平百叶窗、垂直百叶窗、盒状收缩、盒状展开等可供选择；可以修改切换的效果，如速度、声音等；可以选择换片方式，如单击鼠标、使用间隔时间；可以确定作用范围，如所选幻灯片、所有幻灯片等。

本节任务要求编辑完成企业宣传手册，完成效果如图 5-47 所示。

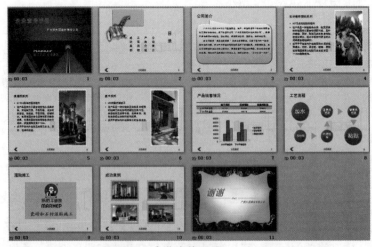

图 5-47　企业宣传手册

5.2.2　任务步骤与实施

1. 编辑第 1 张幻灯片

打开"企业宣传手册 .pptx"演示文稿，设置第 1 张幻灯片背景样式为"样式 12"。

具体操作如下：

① 双击打开"企业宣传手册.pptx"，在窗口左侧的"幻灯片"视图窗格单击第 1 张幻灯片，选中该幻灯片。

② 单击"设计"选项卡"变体"组中的"背景样式"下拉按钮，将鼠标指针指向弹出的下拉列表中的"样式 12"，右击，在弹出的快捷菜单中选择"应用于所选幻灯片"命令，如图 5-48 所示。

③ 完成后第 1 张幻灯片效果如图 5-49 所示。

图 5-48　设置第 1 张幻灯片背景样式

图 5-49　第 1 张幻灯片效果

2. 编辑第 2 张幻灯片

（1）修改幻灯片版式为"垂直排列标题与文本"。

（2）设置"目录"字符间距加宽 30 磅，居中对齐。

（3）设置文本占位符中的文字字符间距加宽 10 磅，文本前缩进 6 厘米，2 倍行距。

（4）插入图片"图片 1.png"，图片对齐方式为：顶端对齐，左对齐。

具体操作如下：

① 选中第 2 页幻灯片，单击"开始"选项卡"幻灯片"组中的"版式"下拉按钮，选择"竖排标题与文本"版式，如图 5-50 所示。

② 选中文本"目录"，右击弹出快捷菜单，选择"字体"命令，打开"字体"对话框。在"字体"对话框中选择"字符间距"选项卡，设置间距"加宽"|"30"磅。在"开始"选项卡的"段落"组中单击"居中"按钮。

③ 选中文本占位符中的 4 行文字，右击弹出快捷菜单，选择"字体"命令，打开"字体"对话框。在"字符间距"选项卡中，设置间距"加宽"|"10"磅。

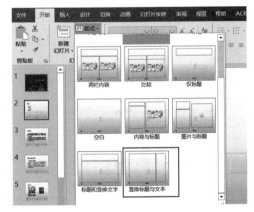

图 5-50　修改幻灯片版式

④ 继续选中 4 行文字，右击弹出快捷菜单，选择"段落"命令，打开"段落"对话框，在"缩进"组的"文本之前"微调框内输入"6 厘米"，"行距"下拉列表中选择"双倍行距"，如图 5-51 所示。单击"确定"按钮，关闭对话框。

⑤ 单击"插入"选项卡中的"图片"按钮，打开"插入图片"对话框。在素材文件夹中选择图片"图片 1.png"，单击"打开"按钮。插入图片"图片 1.png"。

⑥ 选中图片，在"图片工具|格式"选项卡"排列"组中单击"对齐对象"下拉按钮，依次设置"左对齐"和"顶端对齐"。完成效果如图 5-52 所示。

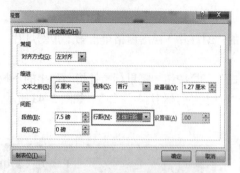

图 5-51　设置文本段落格式

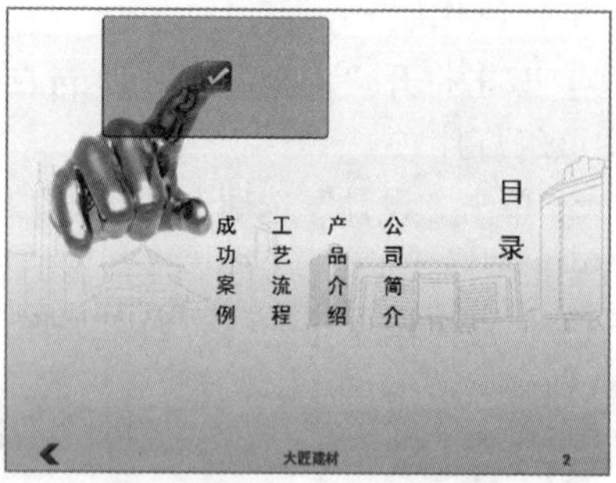

图 5-52　第 2 张幻灯片效果

3. 编辑第 3 张幻灯片

（1）将幻灯片中的文本占位符形状改为"圆角矩形标注"，形状样式为"半透明 – 灰色，强调颜色 3, 无轮廓"，形状效果为"棱台 冷色斜面"，无轮廓。

（2）设置形状内字体为黑体，字号为"18", 1.5 倍行距；将文本"广州市大匠建材有限公司"和"石材胶第一品牌"的字体颜色改为"蓝色"。

（3）调整形状的顶点、大小和位置。

具体操作如下：

① 选中文本占位符（文本框），单击"绘图工具 | 格式"选项卡"插入形状"组中的"编辑形状"下拉按钮，在下拉列表中选择"更改形状"版式。选择"标注"组中的"圆角矩形标注"，如图 5-53 所示。

② 继续选中文本框，单击"绘图工具 | 格式"选项卡"形状样式"组中"形状样式"下方"其他"按钮，在下拉列表中选择"半透明 – 灰色, 强调颜色 3，无轮廓"样式，如图 5-54 所示。

图 5-53　修改文本框形状

图 5-54　设置形状样式

③ 继续选中文本框，单击"绘图工具 | 格式"选项卡"形状样式"组中"形状轮廓"下拉按钮，选择"无轮廓"命令，如图 5-55 所示；在"形状效果"下拉列表中选择"棱台 – 斜面"效果，如图 5-56 所示。

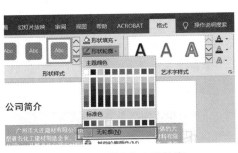

图 5-55　设置文本框轮廓

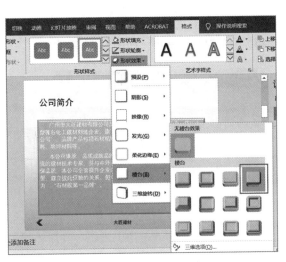

图 5-56　设置文本框效果

④ 选中文本框内的所有文本，设置字体为黑体，字号为 18；打开"段落"对话框，设置段落行距为 1.5 倍行距；选中文本"广州市大匠建材有限公司"，按住【Ctrl】键，选中文本"石材胶第一品牌"，设置字体颜色为"标准色 蓝色"。完成效果如图 5-57 所示。

⑤ 选中文本框，在文本框下方出现一个黄色顶点标记，拖动黄色标记到形状上方，适当修改形状的大小和位置，如图 5-58 所示。

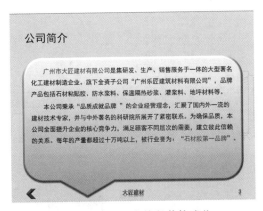

图 5-57　设置字体段落格式化

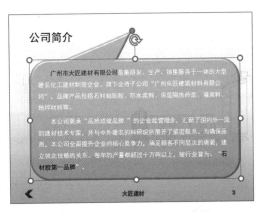

图 5-58　调整形状大小和位置

4. 编辑第 4 张幻灯片

（1）将幻灯片的版式改为"内容与标题"。

（2）设置标题占位符文本垂直中部对齐。

（3）将右侧文本占位符的内容移动到左边文本占位符中；在幻灯片右侧插入图片"图片2.png"，设置图片样式为"简单框架，白色"。

（4）幻灯片左侧的文本占位符设置动画："劈裂"效果，动画自动播放。并将动画效果复制到第 5、6 张幻灯片左侧的文本占位符上。

具体操作如下：

① 选中第 4 张幻灯片，右击弹出快捷菜单，选择 "版式"命令，在弹出的子菜单中选择"内容与标题"版式，修改幻灯片版式，如图 5-59 所示。

②选中标题占位符（文本框），单击"开始"选项卡"段落"组中的"对齐文本"下拉按钮，选择"中部对齐"命令，如图 5-60 所示。

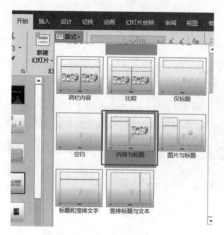

图 5-59　修改幻灯片版式

图 5-60　设置文本框文本对齐方式

③选中右侧文本占位符中的所有文本，剪切粘贴到左侧文本占位符中，效果如图 5-61 所示。

④单击右侧文本占位符中的"插入来自文件的图片"按钮，如图 5-62 所示。打开素材文件夹，插入图片"图片 2.png"。

⑤选中图片，单击"图片工具 | 格式"选项卡中"图片样式"列表框右下角的"其他"按钮，选择样式"简单框架，白色"。完成效果如图 5-63 所示。

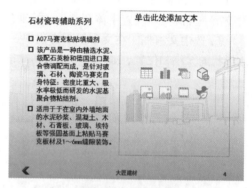

图 5-61　移动文本

图 5-62　"插入来自文件的图片"按钮

图 5-63　插入图片效果

⑥选中幻灯片左侧的文本占位符，单击"动画"选项卡"动画"组列表框中的"劈裂"动画效果，如图 5-64 所示。

图 5-64 设置劈裂动画效果

⑦ 继续选中该文本框，单击"动画"选项卡"计时"组中"开始"右侧的下拉按钮，选择"上一动画之后"选项，设置动画自动依次播放，如图 5-65 所示。按【Shift+F5】组合键可以查看本页幻灯片的放映效果。

⑧ 继续选中该文本框，双击"动画"选项卡的"高级动画"组中"动画刷"按钮，如图 5-66 所示。此时，鼠标将变成刷子形状，在第 5、6 张幻灯片左侧的文本位置单击，将动画效果复制到文本占位符中。注意将动画的"开始"计时都改为"上一动画之后"。

图 5-65 设置动画自动播放

图 5-66 "动画刷"按钮

⑨ 再次单击"动画刷"按钮退出动画复制操作。

5. 编辑第 7 张幻灯片

（1）在第 6 张幻灯片后面插入一张新幻灯片，新幻灯片版式为"标题与内容"，输入标题"产品销售情况"；在内容占位符中插入一个 3 行 4 列的表格，表格内的内容如表 5-3 所示。

表 5-3 插入表格

时间	腻子系列	石材瓷砖	填缝剂系列
上半年销售量	17744	51885	31623
下半年销售量	21933	46475	28602

（2）设置表格样式为"浅色样式 1"，字体为"幼圆"，单元格内文字水平垂直居中对齐。

（3）在表格下方插入"簇状圆柱图"图表，显示产品销售情况；图表设置样式 8，显示最大销量的数据标签，无主要网格线；字体为微软雅黑，15 磅，适当调整图表大小与位置。

具体操作如下：

① 选中第 6 张幻灯片，单击"开始"选项卡"幻灯片"组中的"新建幻灯片"下拉按钮，选择"标题与内容"版式，如图 5-67 所示。

② 在标题占位符中输入文本内容"产品销售情况"；在内容占位符中单击"插入表格"按钮，如图 5-68 所示。弹出"插入表格"对话框，在对话框中的"列数"和"行数"微调框内分别输入"4"和"3"，如图 5-69 所示。

③ 在插入的表格中输入指定内容。选中表格，单击"表格工具 | 设计"选项卡"表格样式"列表框右下侧的"其他"按钮，选择表格样式为"浅色样式 1"，如图 5-70 所示。

④ 选中表格，设置字体为"幼圆"。在"表格工具 | 布局"选项卡"对齐方式"组中，单击"居中"和"垂直居中"按钮，设置文本居中对齐，如图 5-71 所示。

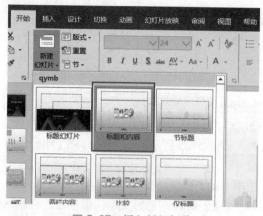

图 5-67　插入新幻灯片

图 5-68　"插入表格"按钮

图 5-69"插入表格"对话框

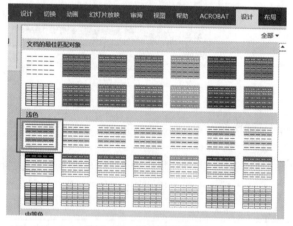

图 5-70　设置表格样式

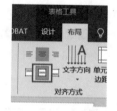

图 5-71　设置文本对齐方式

⑤ 选中幻灯片，单击"插入"选项卡"插图"组中的"图表"按钮，打开"插入图表"对话框，选择图表类型"簇状柱形图"，如图 5-72 所示。单击"确定"按钮，插入图表。

⑥ 此时，幻灯片除了插入了图表，同时打开了一张 Excel 电子表格，如图 5-73 所示。选择幻灯片表格中的内容，复制粘贴到 Excel 表格 A1 开始的单元格中，如图 5-74 所示。

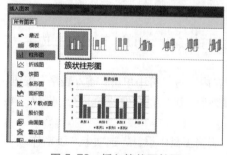

图 5-72　插入簇状圆柱图

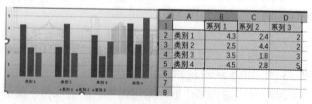

图 5-73　插入图表

⑦ 拖动 Excel 电子表格中蓝色边框的右下角，调整区域大小与复制内容的区域大小一致，如图 5-75 所示。关闭 Excel 表格后，幻灯片上的图表数据已经更新，如图 5-76 所示。

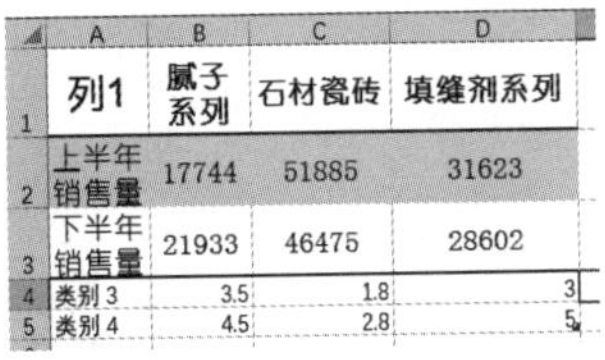

图 5-74　复制表格数据

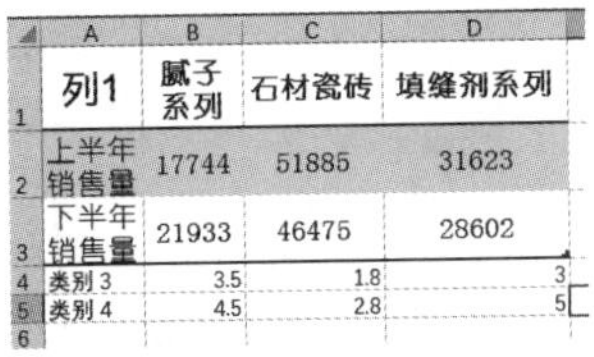

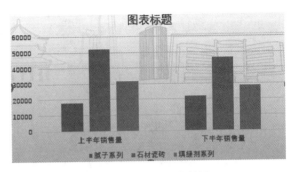

图 5-76　编辑图表数据

图 5-75　调整图表数据区域大小

⑧ 选中图表，图表设置样式 8，在图表中任意一个黄色系列（最高的数据系列）上右击弹出快捷菜单，选择"添加数据标签"命令，如图 5-77 所示。

⑨ 选中图表，单击"图表工具 | 设计"选项卡"添加图表元素"组"坐标轴"中的"网格线"下拉按钮，选择"主轴主要横网格线 – 无"命令，如图 5-78 所示。

图 5-77　显示数据标签

图 5-78　隐藏网格线

⑩ 选中图表，设置字体为微软雅黑，字号为 15。适当调整图表的大小和位置，完成效果如图 5-79 所示。

6. 编辑第 8 张幻灯片

（1）将幻灯片中的文本内容转换成 SmartArt 图形：环状蛇形流程。

（2）设置 SmartArt 图形中文本字体为黑体，艺术字样式为"填充 – 白色，轮廓 – 蓝色，主题五，阴影"，SmartArt 样式颜色为"渐变循环 – 个性色 1"，三维样式为"嵌入"。

（3）添加所有形状依次"旋转"进入的动画效果。

具体操作如下：

① 选中文本，右击弹出快捷菜单，选择"转换为 SmartArt 图形"命令，单击"其他 SmartArt 图形"，如图 5-80 所示，打开"选择 SmartArt 图形"对话框。

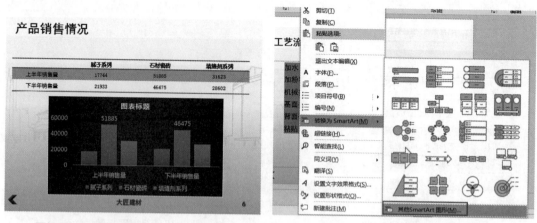

图 5-79 设置图表字体、大小和位置　　　　图 5-80 转换为 SmartArt 图形

② 在对话框左侧选择"流程"选项,在右侧的列表框中选择"环状蛇形流程"样式,如图 5-81 所示。单击"确定"按钮,将文本转换成 SmartArt 图形,如图 5-82 所示。

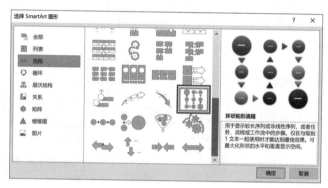

图 5-81 "选择 SmartArt 图形"对话框

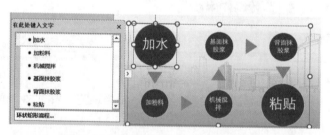

图 5-82 将文本转换成 SmartArt 图形

③ 在图 5-82 左侧"在此处键入文字"窗格中,选中所有文本,设置字体为黑体;选择"SmartArt 工具格式"选项卡,在"艺术字样式"组的列表框中选择艺术字样式"填充 – 白色,轮廓 – 蓝色,主题五,阴影",如图 5-83 所示。

④ 选中 SmartArt 图形,单击"SmartArt 工具|设计"选项卡中"更改颜色"个性色 1 中第四个"渐变循环 – 个性色 1",单击"SmartArt 样式"组中的列表框右下"其他"按钮,选择 SmartArt 样式为"嵌入",如图 5-84 所示。

⑤ 选中 SmartArt 图形,单击"动画"选项卡"动画"组右下的"其他"按钮,选择"进入"组中的"旋转"动画;单击"效果选项"下拉按钮,在下拉列表中选择"逐个",如图 5-85 所示。

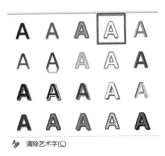

图 5-83　设置艺术字样式

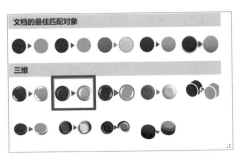

图 5-84　设置 SmartArt 样式

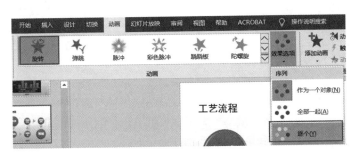

图 5-85　添加动画

⑥ 单击"动画"选项卡"计时"组"开始"右侧的下拉按钮，选择"上一动画之后"命令，完成效果如图 5-86 所示。

7. 编辑第 9 张幻灯片

（1）插入视频文件"1.wmv"，视频高度为 11 厘米，左右居中对齐。

（2）剪辑视频时间到 36.5 秒停止，幻灯片放映时自动开始播放视频。

具体操作如下：

① 单击内容占位符中的按钮打开"插入视频文件"对话框，如图 5-87 所示。在素材文件夹中选择"1.wmv"，单击"插入"按钮，插入视频文件。

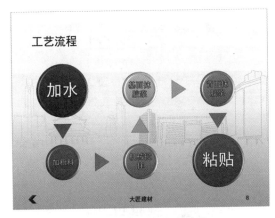

图 5-86　第 6 步完成效果

图 5-87　插入媒体剪辑

② 选中插入的视频，右击弹出快捷菜单，选择"大小和位置"命令，在打开的"设置视频格式"对话框中的"高度"微调栏中设置"11 厘米"，如图 5-88 所示；在"视频工具 | 格式"选项卡"排列"组中单击"对齐"下拉按钮，选择"水平居中"。

③ 选中视频，单击"视频工具 | 播放"选项卡"编辑"组中的"剪裁视频"按钮，如图 5-89 所示。打开"剪裁视频"对话框，在"结束时间"微调框中输入"36.5"，按【Enter】键确认。或者拖动红色标记到 36.5 秒的位置，如图 5-90 所示，单击"确定"按钮，关闭对话框。

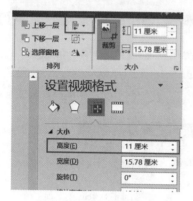

图 5-88　设置视频大小

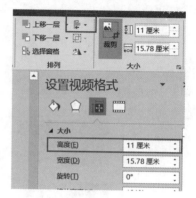

图 5-89　"剪裁视频"命令

④ 选中视频，单击"视频工具 | 播放"选项卡"视频选项"组中的"开始"下拉按钮，选择"自动（A）"，如图 5-91 所示。完成效果如图 5-92 所示。

图 5-90　剪裁视频

图 5-91　设置视频自动播放

8. 编辑第 10 张幻灯片

（1）在幻灯片中插入"图片 3.png"~"图片 6.png" 4 张图片。设置 4 张图片大小均为 5.5 厘米 *8 厘米，图片样式为"金属框架"，调整图片位置。

（2）设置动画效果：4 张图片按从左往右，从上往下的次序依次"浮入"进入，上面两张图片"下浮"，下面两张图片"上浮"，动画延迟时间均为 1 秒。

具体操作如下：

① 选中第 10 张幻灯片，单击"插入"选项卡"图像"组中的"图片"按钮，打开"插入图片"对话框，按

图 5-92　第 7 步完成效果

住【Ctrl】键，在素材文件夹中同时选中"图片 3.png"~"图片 6.png"4 张图片，如图 5-93 所示。单击"插入"按钮，将 4 张图片同时插入到幻灯片中。

② 此时，幻灯片中的 4 张图片是同时被选中的，如图 5-94 所示。右击图片弹出快捷菜单，选择"大小和位置"命令，取消"锁定纵横比"选项，设置图片大小为 5.5 厘米 *8 厘米。

图 5-93　插入四张图片

图 5-94　图片选中状态

③ 继续选中所有图片。单击"图片工具 | 格式"选项卡"图片样式"组中样式列表框中的"金属框架"样式；取消选中状态，逐一调整图片的位置。完成效果如图 5-95 所示。

④ 选中第 1 张图片。在"动画"选项卡"动画"组中的动画列表框中选择"浮入"进入动画；单击"效果选项"下拉按钮，选择"下浮"，如图 5-96 所示。

图 5-95　设置图片的样式和位置

图 5-96　添加下浮进入动画

⑤ 单击"动画"选项卡"计时"组中"开始"右侧的下拉按钮，在下拉列表中选择"上一动画之后"；"延迟"微调框内输入数值"1"，如图 5-97 所示。

⑥ 选中第一张图片，双击动画刷，分别单击其余三张图片复制动画效果，再将下面两张图片动画的效果选项改为"上浮"即可。单击"动画窗格"按钮，可以查看动画的顺序、时长和延迟信息，如图 5-98 所示。

图 5-97　设置动画开始和延迟

图 5-98　查看"动画窗格"

9. 编辑第 11 张幻灯片

（1）所选幻灯片的设计主题改为"木材纹理"，版式修改为"仅标题"。

（2）标题字体为幼圆，字号 72，加粗倾斜，左对齐；文本艺术字样式为"图案填充－橙色，主题色 1,50%，清晰阴影：橙色，主题色 1"；删除副标题。

（3）插入图片"dh1.png"~"dh7.png"，设置所有图片左右居中对齐幻灯片，距离幻灯片左上角垂直位置为 7 厘米。

（4）设置 7 张图片动画效果：依次淡出进入，淡出退出。动画自动开始播放，每张动画持续时间为 2 秒。

（5）最后绘制一个大于页面的矩形，填充颜色为"黑色，文字 1"，无轮廓。添加进入类的"淡出"动画。开始为"上一动画之后"，持续时间为 03.00。最后保存文件，单击"幻灯片放映"欣赏动画效果。

具体操作如下：

①选择第 11 张幻灯片，单击"设计"选项卡，在"主题"组中单击"主题"列表框右下方"其他"按钮，打开主题列表框。右击"木材纹理"主题，选择"应用于选定幻灯片"命令，如图 5-99 所示。单击"版式"，选择"仅标题"。

②选中幻灯片标题文字设置字体为幼圆，字号 72，加粗倾斜，左对齐；在"绘图工具 | 格式"选项卡"艺术字样式"列表框中设置文本艺术字样式为"图案填充－橙色，主题色 1,50%，清晰阴影：橙色，主题色 1"（第四行第三列）样式；删除副标题。

③选中第 11 张幻灯片，单击"插入"选项卡"图像"组中的"图片"按钮，打开"插入图片"对话框，按住【Ctrl】键，在素材文件夹中同时选中"dh1.png"~"dh7.png" 7 张图片，单击"插入"按钮，将 7 张图片同时插入到幻灯片中。选中"图片工具 | 格式"选项卡"排列"组中的"对齐" | "水平居中"，右击弹出快捷菜单，选择"大小和位置"命令，在位置处设置从左上角垂直位置为 7 厘米。

④在第 11 张幻灯片中选择"动画"选项卡，在"高级动画"组中单击"动画窗格"按钮，打开动画窗格。选中第一张图片，在"动画"组中的动画列表框内选择"淡出"，此时，动画窗格里会出现动画 1。单击"高级动画"组中的"添加动画"下拉按钮，选择"退出"组中的"淡出"，继续选中第一张图片，双击"高级动画"组中的"动画刷"按钮后，设置第一张图片的叠放次序"置于底层"，此时，最上层的图片是第二张图片了，鼠标在该张图片上会变成小刷子形状，单击鼠标，将第一张图片的动画效果复制到第二张图片上。复制完动画后，设置本张图片叠放次序为"置于底层"。重复这步操作，将动画复制到所有图片上。此时动画窗格里一共有 14 个动画，选中所有动画，在"计时"组"开始"下拉列表中选择"上一动画之后"，"持续时间"微调框内输入"02.00"，如图 5-100 所示。选择第 1 个动画，在"计时"组"开始"下拉列表中选择"与上一动画同时"，完成七张图片幻灯片动画的设置。

⑤设置标题文字"谢谢"的字体为幼圆，字号为 72，加粗倾斜，左对齐；设置副标题文本右对齐，完成效果如图 5-101 所示。选中第 11 张幻灯片单击插入选项卡，选择文本框，绘制一个大于页面的矩形，选中文本框，单击"绘图工具 | 格式"选项卡"形状样式"组中的"形状填充"按钮，设置文本框填充颜色为"黑色，文字 1"，无轮廓。添加进入类的"淡出"动画。开始为"上一动画之后"，持续时间为 03.00。最后保存文件，单击"幻灯片放映"欣赏动画效果。

10. 幻灯片的切换

（1）设置第一张幻灯片切换效果为"分割"；其余所有幻灯片的切换效果为"框（自底部）"。

（2）所有幻灯片的自动换片时间均为 3 秒。

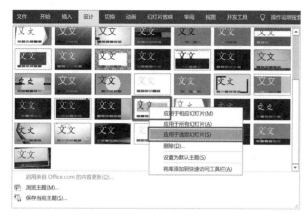

图 5-99　应用设计主题

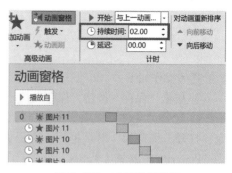

图 5-100　动画效果设置

图 5-101　最终完成效果图

具体操作如下：

① 选中第一张幻灯片。单击"切换"选项卡，在"切换到此幻灯片"组"切换"列表框中选择"分割"；再选中第 2 张幻灯片，按住【Shift】键，单击第 11 张幻灯片，在"切换"列表框中选择"框"，单击"效果选项"下拉按钮，选择"自底部"，如图 5-102 所示。

② 选中所有幻灯片，在"切换"选项卡"计时"组中选中"设置自动换片时间"复选框，在微调框内输入"3"，按【Enter】键确认，如图 5-103 所示。

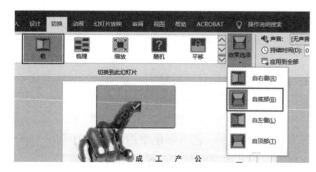

图 5-102　设置幻灯片切换

图 5-103　设置自动换片时间

③ 按【F5】键，观看幻灯片放映。

11. 幻灯片的保存与另存为

（1）原名保存幻灯片。

（2）将幻灯片另存为放映文件，文件名为"企业宣传手册.ppsx"。

具体操作如下：

① 单击"保存"按钮，保存文档。

② 选择"文件"选项卡中的"另存为"命令，打开"另存为"对话框后，选择保存类型为"PowerPoint 放映（*.ppsx）"，同时设置好保存位置与文件名称，如图 5–104 所示。单击"保存"按钮，关闭对话框。

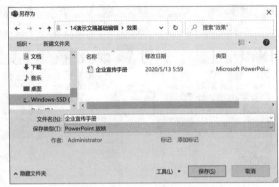

图 5-104　另存为放映文件

5.2.3　难点解析

通过本次任务的学习，要求学生掌握编辑幻灯片（复制、移动、插入、删除幻灯片）、插入表格与图表并格式化、将文本转换 SmartArt 图形、设置各类动画效果、插入视频以及设置幻灯片切换的方法。这里将主要介绍幻灯片内的各类对象和幻灯片放映方式等知识点。

1. 插入对象

在 PowerPoint 中，插入各种对象可以使演示文稿更生动活泼，让人直观地感受到作者想表达的内容。插入对象一般是选择"插入"功能区中的命令完成的，如图 5–105 所示。这里对象的编辑操作方法基本与 Word、Excel 软件操作的方法一致。

图 5-105 "插入"选项卡

（1）文本框

在有特殊输入要求的地方，通常采用插入文本框的方式，进行文本的输入或图片等对象元素的插入。文本框是作为图形对象，其中的文本不在大纲模式下显示。

文本框的格式是指文本框尺寸大小和旋转角度、在幻灯片中的位置、边框和底纹的设置等。

（2）图片

图片的插入是为了增强演示文稿的可视性和演示效果。图片可以来自"剪辑库"中的剪贴画或图片，也可以从 CD–ROM 或因特网上复制，或者从数码照相机、扫描仪中获取，或者从其他文件导入等。

图片在演示文稿中是为主题服务的，应与文本融和，作背景时特别注意颜色的对比和反差。

图片的格式化是对其大小、位置、裁剪等的设置。

（3）艺术字

在幻灯片中使用一些艺术字，会使演示文档增色不少。艺术字库中提供了 20 种设计精美、形式不一的艺术字形式和多种排列独特、形状多变的艺术字形状，一般不须自行设计。

艺术字是作为图形处理的。艺术字格式的设置包括文字的填充和线条的颜色、文字的大小、文字的旋转度和在幻灯片中的位置。艺术字字间距、纵横向的转换操作十分简便。

（4）图形

图形是幻灯片中的一种修饰，合理地使用图形能使文本和数字不再枯燥，演示效果完美。图形除了直线、圆弧、矩形和椭圆外，还有各具特色的自选图形，在图形中可以添加文字。

图形的格式设置包括对图形大小、位置、填充颜色、线条、旋转角度等的设置。

（5）表格

表格可以清楚地表示各个数据之间的关系。幻灯片中使用表格能使文稿条理分明、对比清晰，更有说服力。要在幻灯片中插入表格，可以在自动版式中选择含有表格占位符的幻灯片，也可以向已存在的幻灯片中插入表格。

表格对象由新建（包括确定行数和列数、合并拆分单元格、插入和删除行列）、输入数据（包括数据的输入、单元格数据的移动复制、行列数据的移动复制）、格式化（数据字体、数据格式、数据对齐、行高列宽、边框背景、表格中增删线条）等操作。可以直接在演示文稿中嵌入 Excel 表格。

（6）SmartArt 图形

SmartArt 图形是用来说明各种概念性资料关系，能使文稿更生动。

（7）超链接

超链接是指在放映幻灯片时交互演示文稿，包括选择跳转目标位置；在有主题议程幻灯片的文稿中，演示与某一主题相关的幻灯片。

超链接的起点是某张幻灯片上的任意对象，可以是文字、文本框、图片、剪贴画、艺术字、图形、动作按钮等。超链接的目标可以是文稿中某张幻灯片、其他的 Office 文档、Internet 的某个地址，可以是放映视频、播放声音，也可以是软件或者程序。激活方式可以是鼠标单击，或鼠标移过，或在同一起点上鼠标单击和鼠标移过分别激活不同的内容。一般使用鼠标单击为好，否则可能发生意外的跳转；鼠标移动适用于提示。

主题议程幻灯片本质是选择跳转目标位置。主题议程幻灯片相当于对文稿中多张与主题内容相关联的幻灯片做一个索引或概括。为每一主题创建超链接，某一主题放映结束后再返回主题议程幻灯片。

（8）视频

PowerPoint 2016 对视频方面的功能进行了加强，让用户插入并处理本地视频或网络视频的操作更为方便。插入的视频文件格式更丰富，几乎包含了流行的视频格式，无须事先转换视频格式就可以直接插入 PowerPoint 文档中。对插入的视频提供了媒体播放进度条与播放按钮，解决了旧版中无法拖动定位播放与容易误认为是图片的问题。并且可以通过视频右键菜单的"设置视频格式"命令，打开"设置视频格式"对话框，在其中可以对影片进行裁剪，添加三维、淡入、淡出等特效，调整其颜色、亮度与对比度等操作，有了这些工具就无须使用第三方软件便可以对这些视频进行剪辑了，让编辑影片变得更加简单方便。

2. 幻灯片放映方式

（1）演讲者放映

演讲者放映是指将演示文稿全屏放映。通常用于演讲者进行演讲并放映演示文稿，是最常用的方式。演讲者具有完全的控制权，可采用人工或自动方式进行放映；可以暂停放映，添加细节或即席反应；可以在放映过程中录下旁白。幻灯片投射到屏幕上，一般也使用此方式。

（2）观众自行浏览

观众自行浏览是在窗口内浏览演示文稿。演示者可以使用窗口提供的命令，移动、复制、编辑和打印幻灯片；可以使用滚动条从一张幻灯片移到另一张幻灯片；可以同时打开其他应用程序；可以使用 Web 工具栏，浏览其他演示文稿或 Office 文档。

（3）在展台浏览

在展台浏览是以全屏幕方式自行运行演示文稿。常用于无人管理、自动播放时的演示文稿放映。以此方式放映幻灯片时，大多数菜单命令不可用，并在每次放映完毕后自动重新放映。

幻灯片放映方式的设置包括：选择 3 种放映方式中的一种，在放映选项中可选择循环放映、不加旁白、不加动画、选择绘图笔颜色，可以选择放映哪些幻灯片，选择换片方式等。

3. 自定义放映

制作完成的演示文稿通常采用从第一张幻灯片开始顺序放映的方式，当需要就同一个主题针对不同的听众进行演讲时，演讲者往往需要准备多个相似的演示文稿。利用 PowerPoint 的自定义放映功能，可以轻松地免去重复创建的烦琐。自定义放映就是在一套已经完成的演示文稿的基础上，创建一系列规定哪些幻灯片应该为哪些听众显示的放映的幻灯片组合。

自定义放映的具体操作如下：

① 打开已经制作好的演示文稿，单击"幻灯片放映"选项卡"开始放映幻灯片"组中的"自定义放映"按钮，打开"自定义放映"对话框，如图 5-106 所示。

② 在"自定义放映"对话框中单击"新建"按钮，打开"定义自定义放映"对话框。在该对话框中的"幻灯片放映名称"文本框中输入自定义放映的名称，如"方式1"；从"在演示文稿中的幻灯片"列表框中挑选出需要在自定义放映中放映的幻灯片，双击该幻灯片名或选中后单击"添加"按钮，将挑选的幻灯片添加到"在自定义放映中的幻灯片"列表框中，如图 5-107 所示。

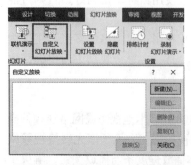

图 5-106　"自定义放映"对话框

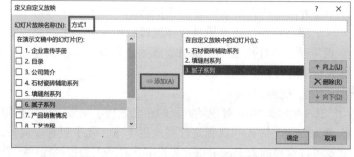

图 5-107　"定义自定义放映"对话框

③ 如果添加到"在自定义放映中的幻灯片"列表框中的幻灯片播放顺序需要调整，只要使用列表框边上的向上向下箭头按钮即可；如果要删除已经添加到"在自定义放映中的幻灯片"列表框中的幻灯片，只要选中后单击"删除"按钮即可。挑选完所有需要的幻灯片并重新调整了放映顺序后，创建自定义放映的任务基本完成，只要单击"确定"按钮返回到"自定义放映"对话框，就能将自定义放映方案保存下来。

对于已经创建完成的自定义放映，在任何时候都可以进行修改，只要打开"自定义放映"对话框，选择一个方式后单击"编辑"按钮，打开"定义自定义放映"对话框就可以进行重新定义了。

所有的自定义放映都包含在一个演示文稿文件中，但它们是相互独立并单独运行的，当针对某个群体进行演示时，只要打开"自定义放映"对话框，选择一种自定义放映方案，并单击"放映"按钮即可。

5.3 演示文稿动画编辑——编辑产品推介会

5.3.1　任务引导

本单元任务引导卡如表 5-4 所示。

表 5-4　任务引导卡

任务编号	NO. 15		
任务名称	编辑产品推介会	计划课时	2 课时
任务目的	本节内容通过编辑产品推介会，要求学生熟练掌握各种动画编排		
任务实现流程	任务引导 → 任务分析 → 编辑产品推介会 → 教师讲评 → 学生完成产品推介会 → 难点解析 → 总结与提高		
配套素材导引	原始文件位置：Office 高级应用 2016\ 素材 \ 第五章 \ 任务 5.3 最终文件位置：Office 高级应用 2016\ 效果 \ 第五章 \ 任务 5.3		

💻 任务分析

动画可以使 PPT 演示文稿上的文本、图形、图表和其他对象具有动画效果，可以突出重点和增加演示文稿的趣味性。动画可应用于占位符或段落等，可以给文本框、段落、文本、图片等设置动画，还可以给 SmartArt 图形制作动画，除了预设动画或自定义动作路径之外，还可使用进入、强调或退出选项设置动画。PowerPoint 2016 对动画动作功能进行了加强，具有丰富的动画动作选项，可以快捷地设计出如同在电视上一样的场景切换效果。不但可以选择内置的各种形状的路径动画，还可以通过简单的设置，让指定对象沿着指定路径移动，做出各种复杂的运动曲线。

任务5.3导学

本节通过对编辑产品推介会演示文稿来实现各种动画编排。知识点思维导图如图 5-108 所示。

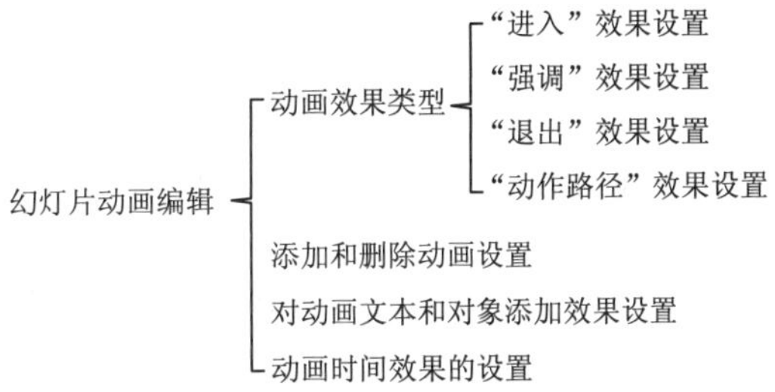

图 5-108 知识点思维导图结构：

幻灯片动画编辑
- 动画效果类型
  - "进入"效果设置
  - "强调"效果设置
  - "退出"效果设置
  - "动作路径"效果设置
- 添加和删除动画设置
- 对动画文本和对象添加效果设置
- 动画时间效果的设置

图 5-108　知识点思维导图

任务5.3-1

（1）动画"进入"效果：指对象以何种方式出现。例如，可以使对象逐渐淡入焦点、从边缘飞入幻灯片或者跳入视图中。

（2）动画"强调"效果：指突出显示选择的对象。这些效果的示例包括使对象缩小或放大、更改颜色或沿着其中心旋转。

任务5.3-2

（3）动画"退出"效果：指对象离开幻灯片时的过程。这些效果包括使对象飞出幻灯片、从视图中消失或者从幻灯片旋出。

（4）动画"动作路径"效果：是使选择的对象按照某条指定的路径运行而产生动画。动作路径有对角线向右上、对角线向右下、向上、向下、向右、向左等，更多的路径分为三大类（基本型、直线和曲线型、特殊型），还可以自己绘制路径（直线、曲线、任意多边形、自由曲线）。

任务5.3-3

（5）动画声音效果：是指为增强动画效果而添加的、随动画一起表现的效果形式。一般都很短小，如爆炸、抽气、锤打、打字机、鼓声、鼓掌、炸弹、照相机、疾驰等。

（6）设置动画时间效果：对象的时间效果是指选择各种计时选项以确保动画的每一部分平稳出现。对象的时间效果包括开始时间（含延迟时间）、触发器、速度或持

任务5.3-4

续时间、循环、自动返回等的设计。

本节任务通过对编辑产品推介会演示文稿的完成来实现各种动画编排。最终完成效果如图 5-109 所示。

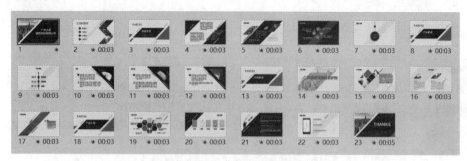

图 5-109　产品推介会效果图

5.3.2　任务步骤与实施

1. 编辑第 1 张幻灯片动画

打开"产品推介会 .pptx"演示文稿，为第 1 张幻灯片编辑动画效果。

（1）设置各类多边形、平行四边形、直线连接符同时以飞入效果出现，持续时间 1 秒，注意调整不同飞入方向。

（2）上一动画之后，平行四边形 2 和平行四边形 3 同时以动画路径的方式沿中部斜线进入，持续 2 秒。

（3）上一动画之后，两个文本框同时自右侧擦除进入，持续 1 秒。

具体操作如下：

① 打开"产品推介会 .pptx"演示文稿，在第一张幻灯片中利用【Ctrl】键选中多边形、平行四边形、直线连接符等五个对象，单击"动画"选项卡"动画"组列表框中的"飞入"动画效果，如图 5-110 所示。继续选中五个对象，找到"动画"选项卡"高级动画"组中的"计时"按钮，持续时间设置为 1 秒，选中右上角的四边形和直线，单击"效果选项"下拉按钮，在下拉列表中选择"从右上方"，选中左下的平行边形和两条直线，单击"效果选项"下拉按钮，在下拉列表中选择"从左下方"。

图 5-110　对象的飞入动画设置

② 在第 1 张幻灯片中选中左下方平行四边形，单击"动画"选项卡"其他动作路径"｜"对角线右上"，单击"确定"，如图 5-111 所示。调整平行四边形动画路径，拖动平行四边形沿中部对角线向右上到最后的路径位置，如图 5-112 所示。同样方法，设置右上平行四边形的动画路径沿中部对角线右下到最后的路径位置，如图 5-113 所示。选中设置好动画的两个平行四边形对象，在"动画"选项卡"计时"｜"开始"按钮处选择上一动画之后，"持续时间"设置为 2 秒。

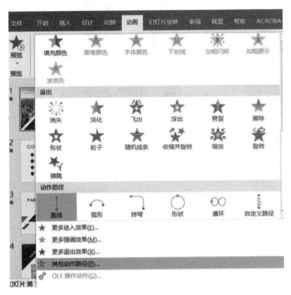

图 5-111　设置动画其他路径

图 5-112　更改动作路径对角线向右上

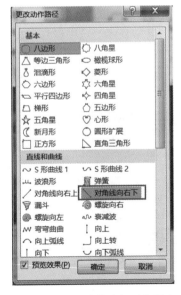

图 5-113　更改动作路径对角线向右下

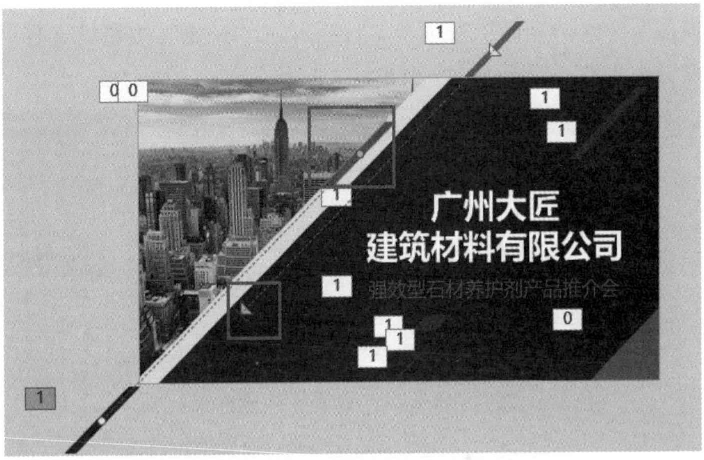

图 5-114　设置对象的动画路径效果图

③ 在第 2 张幻灯片中利用【Ctrl】键选中两个文本框，单击"动画"选项卡应用"擦除"效果。单击"效果选项"下拉按钮，在下拉列表中选择"自右侧"，在"动画"选项卡"计时"｜"开

始"按钮处选择"上一动画之后", "持续时间"设置为1秒, 如图5-115所示。

图 5-115　文本框擦除动画效果

2. 编辑第2张幻灯片动画

（1）编辑第2张幻灯片的平行四边形2和3同时自底部和自顶部擦除进入，持续0.5秒；上一动画之后，任意多边形12自顶部擦除进入，持续1秒。

（2）上一动画之后，文本框13缩放进入，持续0.5秒。

（3）上一动画之后，四个菱形同时自底部飞入，持续0.5秒。

（4）上一动画之后，四个标题文本框依次擦除进入，持续0.5秒。

具体操作如下：

① 在第2张幻灯片中选中平行四边形2和3，单击"动画"选项卡应用"擦除"效果，选中黄色平行四边形单击"效果选项"下拉按钮，在下拉列表中选择"自顶部"，在"动画"选项卡"计时"｜"开始"按钮处选择"上一动画之后"，"持续时间"设置为0.5秒。选中灰色平行四边形单击"效果选项"下拉按钮，在下拉列表中选择"自底部"，在"动画"选项卡"计时"｜"开始"按钮处选择"上一动画之后"，"持续时间"设置为0.5秒，如图5-116所示。选中任意多边形12，单击"动画"选项卡应用"擦除"效果，单击"效果选项"下拉按钮，在下拉列表中选择"自顶部"，在"动画"选项卡"计时"｜"开始"按钮处选择"上一动画之后"，"持续时间"设置为1秒，如图5-117所示。

图 5-116　设置平行四边形擦除动画效果

② 选中文本框13，单击"动画"选项卡应用"缩放"效果，"开始"按钮处选择"上一动画之后"，"持续时间"设置为0.5秒，如图5-118所示。

③ 利用【Ctrl】键选中四个菱形，单击"动画"选项卡应用"飞入"效果，"开始"按钮处选择"上一动画之后"，"持续时间"设置为0.5秒，如图5-119所示。

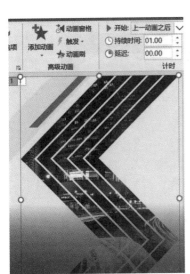

图 5-118 设置文本框缩放动画效果

图 5-117 设置任意四边形擦除动画效果 图 5-119 设置菱形飞入动画效果

④ 利用【Ctrl】键选中四个标题文本框，单击"动画"选项卡应用"飞入"效果，"开始"按钮处选择"上一动画之后"，"持续时间"设置为 0.5 秒，如图 5-120 所示。

图 5-120 设置文本框飞入动画效果

3. 编辑第 3 张幻灯片动画

（1）编辑第 3 张幻灯片的顶部文本框缩放进入，持续 0.5 秒。

（2）上一动画之后，各类多边形、平行四边形、直线连接符同时淡出进入，持续 0.5 秒。

（3）上一动画之后，两个标题文本框同时浮入进入，上方上浮，下方下浮，持续 1 秒。

具体操作如下：

① 在第 3 张幻灯片中选中顶部文本框，单击"动画"选项卡应用"缩放"效果，"开始"按钮处选择"上一动画之后"，"持续时间"设置为 0.5 秒，如图 5-121 所示。

② 利用【Ctrl】键选中各类多边形、平行四边形、直线连接符等 6 个对象，单击"动画"选项卡应用"淡化"效果，"开始"按钮处选择"上一动画之后"，"持续时间"设置为 0.5 秒，如图 5-122 所示。

③ 利用【Ctrl】键选中两个标题文本框，单击"动画"选项卡应用"浮入"效果，选中上方文本框，如图 5-123 所示。单击"效果选项"下拉按钮，在下拉列表中选择"上浮"，如图 5-124所示。选中下方文本框，单击"效果选项"下拉按钮，在下拉列表中选择"下浮"，如图 5-125

所示。利用【Ctrl】键选中两个文本框，在"开始"按钮处选择"上一动画之后"，"持续时间"设置为1秒。

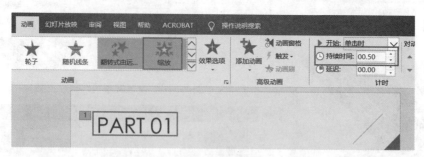

图 5-121　设置文本框缩放动画效果

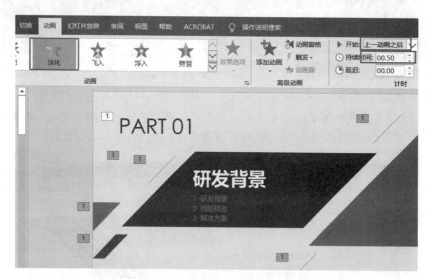

图 5-122　设置对象淡化动画效果

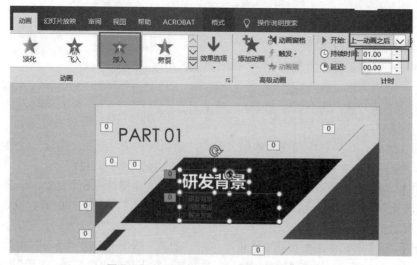

图 5-123　设置标题文本框浮入动画效果

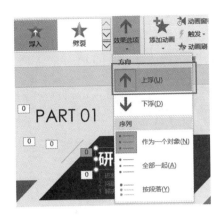 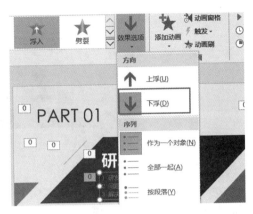

图 5-124 设置标题文本框上浮动画效果 　　图 5-125 设置标题文本框下浮动画效果

4. 复制幻灯片

复制第 3 张幻灯片粘贴至第 7、12、17 页后面，修改幻灯片内的文字。

具体操作如下：

① 选中第 3 张幻灯片，右击复制本张幻灯片，选中第 7 张幻灯片右击粘贴，修改幻灯片内的文字，如图 5-126 所示。选中第 12 张幻灯片右击粘贴，修改幻灯片内的文字，如图 5-127 所示。选中第 17 张幻灯片右击粘贴，修改幻灯片内的文字，如图 5-128 所示。

图 5-126 设置第 7 幻灯片内的文字

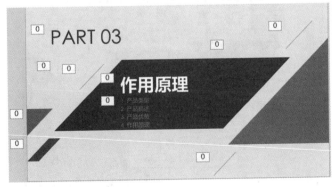

图 5-127 设置第 12 幻灯片内的文字

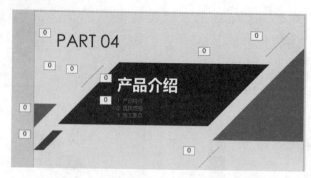

图 5-128　设置第 17 幻灯片内的文字

5. 编辑第 4 张幻灯片动画

（1）编辑第 4 张幻灯片左上角所有对象同时擦除进入，持续 1 秒；右下角所有对象同时自右下部飞入进入，持续 1 秒。

（2）上一动画之后，两个文本框同时自左侧和右侧对向飞入进入，持续 1 秒。

具体操作如下：

① 在第 4 张幻灯片中选中左上角一个对象，单击"动画"选项卡应用"擦除"效果，"开始"按钮处选择"上一动画之后"，持续时间设置为 1 秒，如图 5-129 所示。利用【Ctrl】键选中右下角共 5 个对象，单击"动画"选项卡应用"飞入"效果，选中上方文本框，单击"效果选项"下拉按钮，在下拉列表中选择"自右下部"，在"开始"按钮处选择"上一动画之后"，"持续时间"设置为 1 秒，如图 5-130 所示。

图 5-129　设置对象擦除动画效果

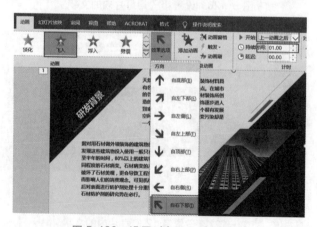

图 5-130　设置对象飞入动画效果

　　② 利用【Ctrl】键选中两个文本框，单击"动画"选项卡应用"飞入"效果，选中上方文本框，单击"效果选项"下拉按钮，在下拉列表中选择"自左侧"，选中下方文本框，单击"效果选项"下拉按钮，在下拉列表中选择"自右侧"，利用【Ctrl】键选中两个文本框，在"开始"按钮处选择"上一动画之后"，"持续时间"设置为 1 秒，如图 5-131 所示。

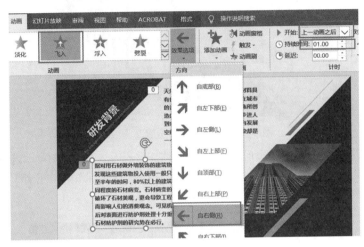

图 5-131　设置对象飞入动画效果

6. 编辑第 5 张幻灯片动画

（1）编辑第 5 张幻灯片的平行四边形 2 自底部擦除进入，持续 0.5 秒。

（2）上一动画之后，平行四边形 3、4、5、6 同时缩放进入，持续 0.5 秒。

（3）上一动画之后，平行四边形 7、8，直线连接符 9 同时自底部擦除进入，持续 0.5 秒。

（4）最后三个文本框同时自顶部擦除进入，持续 0.5 秒。

具体操作如下：

　　① 在第 5 张幻灯片中利用【Ctrl】键选中中间黑色平行四边形 2 这个对象，单击"动画"选项卡应用"擦除"效果，单击"效果选项"下拉按钮，在下拉列表中选择"自底部"，"开始"按钮处选择"上一动画之后"，"持续时间"设置为 0.5 秒，如图 5-132 所示。

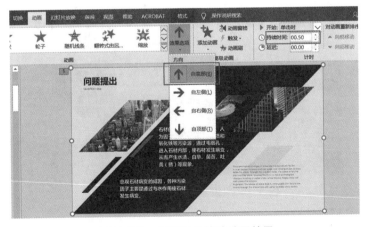

图 5-132　设置对象擦除动画效果

　　② 利用【Ctrl】键选中平行四边形 3、4、5、6，单击"动画"选项卡应用"缩放"效果，"开始"按钮处选择"上一动画之后"，"持续时间"设置为 0.5 秒，如图 5-133 所示。

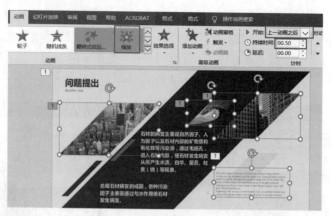

图 5-133　设置对象缩放动画效果

③利用【Ctrl】键选中平行四边形 7、8 以及直线连接符 9，单击"动画"选项卡应用"擦除"效果，单击"效果选项"下拉按钮，在下拉列表中选择"自底部"，"开始"按钮处选择"上一动画之后"，"持续时间"设置为 0.5 秒，如图 5-134 所示。

图 5-134　设置对象擦除动画效果

④利用【Ctrl】键选中三个文本框，单击"动画"选项卡应用"擦除"效果，单击"效果选项"下拉按钮，在下拉列表中选择"自顶部"，"开始"按钮处选择"上一动画之后"，"持续时间"设置为 0.5 秒，如图 5-135 所示。

图 5-135　设置文本框擦除动画效果

7. 编辑第 6 张幻灯片

编辑第 6 张幻灯片，按照顺序让红色组合对象通过脉冲强调效果闪烁后，对应椭圆对象脉冲强调效果闪烁，最后矩形自左侧擦除进入，所有动画效果持续时间均为 0.5 秒，在上一动画后依序呈现。

具体操作如下：

① 在第 6 张幻灯片中选中"01"红色对象，单击"动画"选项卡应用"脉冲"效果，单击"添加动画"下拉按钮，在下拉列表中选择"更多强调效果"，在"华丽"组选中"闪烁"效果。选中 01 旁边文本框，单击"动画"选项卡应用"擦除"效果，单击"效果选项"下拉按钮，在下拉列表中选择"自左侧"，"开始"按钮处选择"上一动画之后"，"持续时间"设置为 0.5 秒，对余下的红色对象和对应文本框重复操作三次完成，如图 5-136 所示。

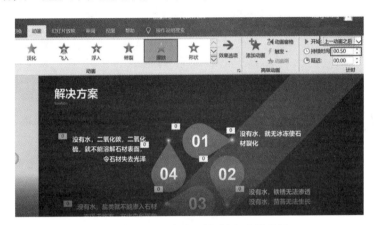

图 5-136　设置红色对象组合动画效果

8. 编辑第 7 张幻灯片

（1）编辑第 7 张幻灯片，设置直线连接符至顶部擦除进入后，按照从上到下的顺序让各个对象向内溶解进入，所有动画效果持续时间均为 0.75 秒，在上一动画后依序呈现。

（2）最后为椭圆对象设置轮子进入效果，8 轮幅图案，持续时间 2.0 秒。

具体操作如下：

① 在第 7 张幻灯片中选中直线连接符，单击"动画"选项卡应用"擦除"效果，单击"效果选项"下拉按钮，在下拉列表中选择"自顶部"，"开始"按钮处选择"上一动画之后"，"持续时间"设置为 0.75 秒。选中黑色心形对象，单击"动画"选项卡应用"更多进入效果"选项，"基本"选项卡里面选择"向内溶解"，"开始"按钮处选择"上一动画之后"，"持续时间"设置为 0.75 秒。选中圆形对象，单击"动画"选项卡应用"更多进入效果"选项，"基本"选项卡里面选择"向内溶解"，"开始"按钮处选择"上一动画之后"，"持续时间"设置为 0.75 秒，如图 5-137 所示。

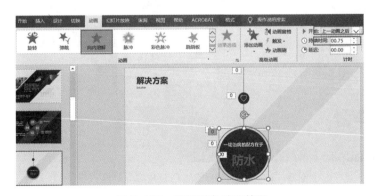

图 5-137　设置对象动画效果

② 选中红色圆圈对象，单击"动画"选项卡应用"轮子"效果，单击"效果选项"下拉按钮，在下拉列表中选择"8 轮幅图案"，"开始"按钮处选择"上一动画之后"，"持续时间"设置为 2 秒，如图 5-138 所示。

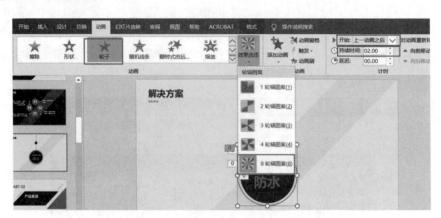

图 5-138　设置红色圆圈对象动画效果

9. 编辑第 17 张幻灯片

（1）编辑第 17 张幻灯片，设置平行四边形 2、4、5，直线连接符 3 同时自底部擦除进入，持续 0.5 秒。

（2）上一动画之后，按照渗透、填充、结晶的顺序使图标组合和文本组合飞入进入，并延迟 2 秒再淡出退出，动画持续时间均为 0.5 秒。

具体操作如下：

① 在第 17 张幻灯片中利用【Ctrl】键选中平行四边形 2、4、5 这三个对象，单击"动画"选项卡应用"擦除"效果，单击"效果选项"下拉按钮，在下拉列表中选择"自底部"，"开始"按钮处选择"上一动画之后"，"持续时间"设置为 0.5 秒，如图 5-139 所示。

② 在第 17 张幻灯片中将右下方文字移动显示出来，按照渗透、填充、结晶的顺序将图标组合和文本组合，设置"动画"选项卡应用"飞入"效果，"开始"按钮处选择"上一动画之后"，"延迟"时间设置为 2 秒，"持续时间"设置为 0.5 秒，"动画"选项卡下拉按钮，"退出"选择"淡化"效果退出，如图 5-140 所示。

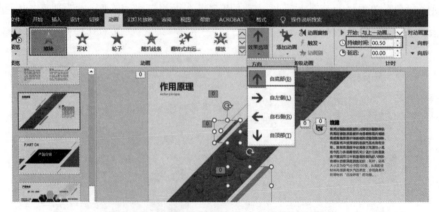

图 5-139　设置平行四边形对象擦除动画效果

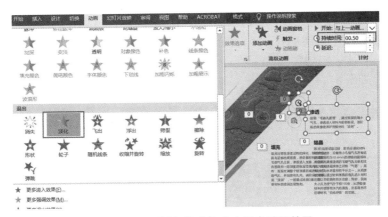

图 5-140 设置图标组合和文本组合动画效果

10. 编辑第 19 张幻灯片

（1）编辑第 19 张幻灯片，设置所有六边形对象位置随机依序缩放进入，持续时间 0.25 秒。

（2）上一动画之后，按照从左到右，从上到下的顺序，设置六边形彩色脉冲强调效果闪烁后，文本擦除进入，彩色脉冲强调效果持续时间均为 0.25 秒，擦除效果持续时间均为 0.5 秒。

具体操作如下：

① 在第 19 张幻灯片中选中六边形对象按顺序进行设置，单击"动画"选项卡应用"缩放"效果，"开始"按钮处选择"上一动画之后"，"持续时间"设置为 0.25 秒。

② 按照从左到右，从上到下的顺序，选中相应文本框，单击"动画"选项卡应用"擦除"效果，"持续时间"设置为 0.5 秒，"开始"按钮处选择"上一动画之后"。选中对应六边形，单击"动画"选项卡应用"彩色脉冲"效果，"持续时间"设置为 0.25 秒，"开始"按钮处选择"上一动画之后"，如图 5-141 所示。

图 5-141 设置六边形彩色脉冲动画效果

11. 编辑第 20 张幻灯片

（1）编辑第 20 张幻灯片，设置任意多边形 2 飞入进入，持续时间 1.0 秒；上一动画之后，直线连接符 3，平行四边形 4、5 同时自底部擦除进入，持续 0.75 秒。

（2）上一动画之后，按照从左到右的顺序，设置矩形对象每组同时缩放进入，持续 1.0 秒，各组依序出现。

具体操作如下：

① 在第 20 张幻灯片中选中左上角三角形 2，单击"动画"选项卡应用"飞入"效果，"开

始"按钮处选择"上一动画之后","持续时间"设置为 1.0 秒，如图 5-142 所示。利用【Ctrl】键选中直线连接符 3，平行四边形 4、5，单击"动画"选项卡应用"擦除"效果，单击"效果选项"下拉按钮，在下拉列表中选择"自底部"，"开始"按钮处选择"上一动画之后"，"持续时间"设置为 0.75 秒，如图 5-143 所示。

图 5-142　设置多边形飞入动画效果

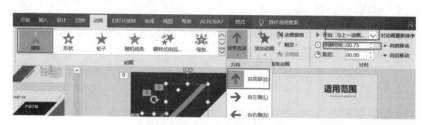

图 5-143　设置对象底部擦除动画效果

② 利用【Ctrl】键选中第一组图片矩形对象，单击"动画"选项卡应用"缩放"效果，"开始"按钮处选择"上一动画之后"，"持续时间"设置为 1.0 秒，再利用【Ctrl】键选中第二、三、四组图片矩形对象重复以上设置完成动画效果，如图 5-144 所示。

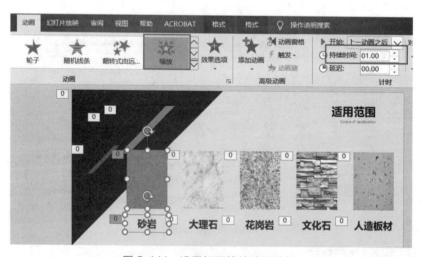

图 5-144　设置矩形缩放动画效果

12. 编辑第 21 张幻灯片

编辑第 21 张幻灯片，设置左上角文本组合擦除进入，持续 1.0 秒；上一动画之后，右侧文本以水平随机线条效果按段落进入，持续时间为 2.0 秒。

具体操作如下：

① 在第 21 张幻灯片中选中左上角文本组合对象，单击"动画"选项卡应用"擦除"效果，"持

续时间"设置为 1 秒，如图 5-145 所示。选中右侧文本框，单击"动画"选项卡应用"随机线条"效果，单击"效果选项"下拉按钮，在下拉列表中选择"按段落"，"开始"按钮处选择"上一动画之后"，"持续时间"设置为 2.0 秒，如图 5-146 所示。

图 5-145　设置文本组合擦除动画效果

图 5-146　设置文本对象随机线条动画效果

13. 编辑第 22 张幻灯片

编辑第 22 张幻灯片，使地址和地图对应着依序出现，每组文本组合和地图图片同时进入，文本擦除，图片水平随机线条，所有动画效果持续时间均为 2.0 秒。

具体操作如下：

① 在第 22 张幻灯片中选中地址和地图，单击"动画"选项卡应用"随机线条"效果，"持续时间"设置为 2.0 秒。单击"效果选项"下拉按钮，在下拉列表中选择"按段落"，选中右侧文本框，单击"动画"选项卡应用"随即线条"效果，"开始"按钮处选择"上一动画之后"，"持续时间"设置为 2.0 秒，分别重复设置另外两组文本组合和地图，完成动画效果如图 5-147 所示。

图 5-147　设置文本地图随机线条动画效果

14. 编辑第 23 张幻灯片

复制第 1 张幻灯片至末尾，修改文本框文字内容。

具体操作如下：

① 选中第 1 张幻灯右键复制本张幻灯片，选中第 22 张幻灯片右击粘贴，修改幻灯片内的文字，如图 5-148 所示。

15. 切换效果设置

设置第 1 张幻灯片切换效果为涟漪，第 3、8、

图 5-148　第 22 张幻灯片效果

13、18 页切换效果为向内条纹的碎片，其余页切换效果为自右侧的库；保存幻灯片。

具体操作如下：

① 选中第一张幻灯片，单击"切换"选项卡，在"切换"列表框中选择"涟漪"，如图 5-149 所示；再选中第 3 张幻灯片，按住【Ctrl】键，单击第 8、13、18 页张幻灯片，在"切换"列表框中选择"碎片"，单击"效果选项"下拉按钮，选择"向内条纹（S）"，如图 5-150 所示。利用【Ctrl】键选中其余页幻灯片，在"切换"列表框中选择"库"，单击"效果选项"下拉按钮，选择"自右侧"，如图 5-151 所示。单击"保存"按钮，保存文档。

图 5-149　第 3 张幻灯片涟漪切换效果

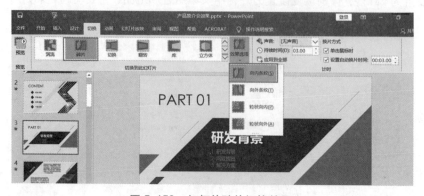

图 5-150　幻灯片碎片切换效果

图 5-151　幻灯片库切换效果

5.3.3　难点解析

通过本次任务的学习，在编辑产品推介会演示文稿的中实现了各种动画编排，这里将主要介绍幻灯片的动画设置和 SmartArt 图形的动画设置。

1. 幻灯片动画

动画可以使 Microsoft PowerPoint 2016 演示文稿上的文本、图形、图示、图表和其他对象具有动画效果，这样就可以突出重点、控制信息流，并增加演示文稿的趣味性。但要注意的是动画太多会分散注意力，不要让动画和声音喧宾夺主。

（1）动画类别

动画可应用于幻灯片、占位符或段落（包括单个的项目符号或列表项目）中的项目。除了预设动画或自定义动作路径之外，还可使用进入、强调或退出选项。使用自定义动画功能可以对同一张幻灯片上的各个对象进行编排，设置其出现时间、动画和声音效果，以设计所有对象的整体效果。同样还可以对单个项目应用多个动画将多种效果组合在一起，例如，可以对一整行文本应用"强调"进入效果及"陀螺旋"强调效果，使它旋转起来。

PowerPoint 2016 中有以下四种不同类型的动画效果：

①"进入"效果：指对象以何种方式出现。例如，可以使对象逐渐淡入焦点、从边缘飞入幻灯片或者跳入视图中。

②"强调"效果：指突出显示选择的对象。这些效果的示例包括使对象缩小或放大、更改颜色或沿着其中心旋转。

③"退出"效果：指对象离开幻灯片时的过程。这些效果包括使对象飞出幻灯片、从视图中消失或者从幻灯片旋出。

④ 动作路径"效果：是使选择的对象按照某条指定的路径运行而产生动画。动作路径有对角线向右上、对角线向右下、向上、向下、向右、向左等。更多的路径分为三大类（基本型、直线和曲线型、特殊型），还可以自己绘制路径（直线、曲线、任意多边形、自由曲线）。

> 注意：
>
> 　　进入、强调、退出这三类效果分成基本型、细微型、温和型、华丽型四大类。在动画库中，进入效果图标呈绿色、强调效果图标呈黄色、退出效果图标呈红色。

（2）添加动画

① 添加预设动画。

添加预设动画的具体操作方法是：

● 选择要设置动画的对象，然后在"动画"选项卡"动画"组中的"动画样式"列表框内选择样式，这时可以给对象添加第一个动画效果，如图 5-152 所示。

● 如果需要再给这个对象添加其他动画效果，单击"动画"选项卡"高级动画"组中的"添加动画"按钮，会出现"进入""强调""退出""动作路径"4 种效果大类的动画。

● 如果在已出现效果中找不到理想的效果，可以选择"更多……效果"，如图 5-153 所示。

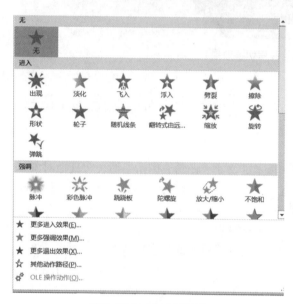

图 5-152 动画列表框

图 5-153 其他动画效果

● 采用同样方法给其他对象设置动画效果。在主窗口文本框前面可以看到数字序号，它们表示动画播放的先后顺序。

● 完成动画设置后，可以预览效果。

② 添加动作路径动画。

如果不满意"动画样式"中的动画效果，也可以使用动作路径给文本或对象添加更复杂的动画动作。动作路径中的绿色箭头表示路径的开头，红色箭头表示结尾，如图 5-154 所示。

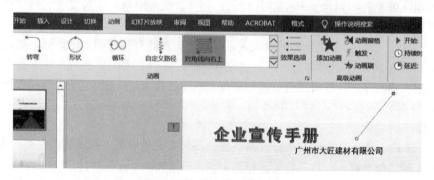

图 5-154 添加动作路径动画

添加动作路径动画具体操作如下：

① 单击要向其添加动作路径的对象或文本，对象或文本项目符号的中心跟随要应用的路径。

② 在"动画"选项卡"动画"组中的"动作路径"下面，单击"线条"、"弧线"、"转弯"、"形状"或"循环"，所选路径以虚线的形式出现在选定对象或文本之上。

③ 单击"自定义路径"命令，还可以自行设计动画路径，如图 5–155 所示。

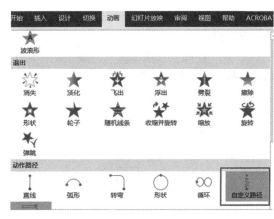

图 5-155　"自定义路径"动画

（3）删除动画效果

① 删除一个动画效果。

在"动画"选项卡上单击"高级动画"组的"动画窗格"按钮，在幻灯片上单击要从中删除效果的动画对象，在"动画窗格"中选中要删除的效果，单击向下箭头，然后单击"删除"，如图 5–156 所示，或者直接按【Delete】键删除。

② 删除多个或所有动画效果。

如要从文本或对象中删除多个动画效果，在"动画窗格"中，按住【Ctrl】键单击选取多个要删除的动画效果，然后删除。

③ 删除所有动画效果。

如要从文本或对象中删除所有动画效果，单击要停止动画的对象。然后在"动画"选项卡的动画列表框中，单击"无"，如图 5–157 所示。

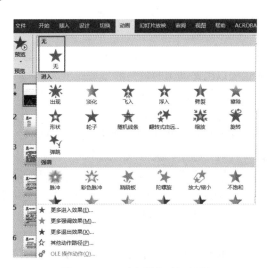

图 5-156　删除动画

图 5-157　删除所有动画效果

（4）对动画文本和对象添加效果

声音效果是指为增强动画效果而添加的、随动画一起表现的效果形式，一般都很短小，如爆炸、抽气、锤打、打字机、鼓声、鼓掌、炸弹、照相机、疾驰等，除系统提供的选项外，还可以选择其他，文件一般不宜太大。修饰动画效果除了对声音进行设置外，还包括对动画播放后的变化（变暗与否等）、动画文本的发送方式（整批、按字/词、按字母）的选择。

通过应用声音效果，还可以额外强调动画文本或对象。要对动画文本或对象添加声音，请执行以下操作：

① 在"动画"选项卡的"高级动画"组中，单击"动画窗格"。"动画窗格"在工作区窗格的一侧打开，显示应用到幻灯片中文本或对象的动画效果的顺序、类型和持续时间。

② 找到要向其添加声音效果的动画，单击下三角按钮，然后单击"效果选项"，如图5-158所示。

③ 在打开的对话框的"效果"选项卡"增强功能"下面的"声音"框中，单击下三角按钮以打开列表，单击列表中的一个声音，如图5-159所示。然后单击"确定"。若是要从文件添加声音，请单击列表中的"其他声音"，找到要使用的声音文件，然后单击"打开"。

图 5-158　动画"效果选项"

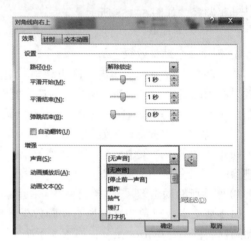

图 5-159　动画声音

（5）设置动画时间效果

Microsoft PowerPoint 2016 可以自定义动画的时间效果，设置对象的时间效果是指选择各种计时选项以确保动画的每一部分平稳出现。对象的时间效果包括对开始时间（含延迟时间）、触发器、速度或持续时间、循环、自动返回等的设计。

① 设置动画效果的开始时间。

在幻灯片上单击包含要为其设置开始计时的动画效果的文本或对象，在"动画"选项卡上的"计时"组中，执行以下操作之一：

● "单击时"：若要在单击幻灯片时开始动画效果，请选择"单击时"。

● "从上一项开始"：若要在列表中的上一个效果开始时开始该动画效果（即一次执行多个动画效果），请选择"从上一项开始"。

● "从上一项之后开始"：若要在列表中的上一个效果完成播放后立即开始动画效果（即无须再次单击便可开始下一个动画效果），请选择"从上一项之后开始"。

② 延迟开始动画效果。

在幻灯片上，单击包含要为其设置延迟或其他计时选项的动画效果的文本或对象，在"动画"选项卡上的"计时"组中，执行下列一项或多项操作：

● "持续时间"：若要指定动画效果的时间长度，请在"持续时间"框中输入数字。

● "延迟"：要在一个动画效果结束和新动画效果开始之间创建延迟，请在"延迟"框中输入一个数字。

2. SmartArt 图形和文本图形制作动画

（1）文本图形动画概述

SmartArt 图形的作用很多，要使图形更令人难忘，可以逐个为某些形状制作动画。例如，可以让维恩图的每个圆圈一次一个地飞入，或让组织结构图按级别淡入，如图 5-160 所示。动画的添加和删除方法和应用到形状、文本或艺术字的动画添加删除方法一样。

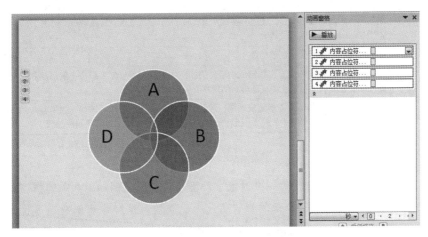

图 5-160　SmartArt　图形动画

应用到 SmartArt 图形的动画与可应用到形状、文本或艺术字的动画有以下几方面的不同：

① 形状之间的连接线通常与第二个形状相关联，且不将其单独地制成动画。

② 如果将一段动画应用于 SmartArt 图形中的形状，动画将以形状出现的顺序播放，或者将顺序整个颠倒来播放动画。

③ 当切换 SmartArt 图形版式时，添加的任何动画将传送到新版式中。

（2）动画序列

① 颠倒动画的顺序。

将一段动画应用于文本，动画将以形状出现的顺序播放，或者倒序播放。例如：如果有六个形状，且每个形状包含一个从 A 到 D 的字母，只能按从 A 到 F 或从 D 到 A 的顺序播放动画。不能以错误的顺序播放动画。设置方法是：

选择要颠倒动画顺序的文本，单击"动画"，然后单击"动画"组右下侧的"对话框启动器"按钮，如图 5-161 所示。在弹出的"飞入"对话框中选择"文本动画"选项卡，选中"相反顺序"复选框，如图 5-162 所示。

图 5-161　"动画"组"对话框启动器"按钮

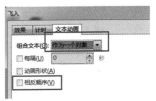

图 5-162　文本动画倒序设置

② 动画序列说明。

在图 5-162 所示的对话框中单击"组合图形"右侧的下拉按钮，可以看到动画序列选项，或者选中包含要调整的动画的文本，单击"效果选项"按钮，在弹出的下拉列表中，也可以看到动画序列。

可以根据不同的需要，选择不同的序列，各序列的说明如表 5-5 所示。

表 5-5 动画序列说明

选 项	说 明
作为一个对象	将整个 SmartArt 图形作为一张大图片或一个对象制成动画
整批发送	同时将每个形状分别制成动画。当动画中的形状旋转或增长时，该动画与"作为一个对象"这两者之间的不同之处最为明显。使用"整批发送"时，每个形状单独旋转或增长。使用"作为一个对象"时，整个 SmartArt 图形旋转或增大
逐个	逐个将各个形状分别制成动画
一次按级别	同时将相同级别的所有形状制成动画。例如，如果有三个包含 1 级文本的形状和三个包含 2 级文本的形状，首先将 1 级形状制成动画，然后将 2 级形状制成动画
逐个按级别	将各个级别中的各个图形制成动画，然后转到下一级别的形状。例如，如果有四个 1 级文本的形状和三个 2 级文本的形状，先将 1 级形状制成动画，然后将三个 2 级形状制成动画

⊚ 注意：

① "整批发送"动画与"作为一个对象"动画表现不同。例如，如果选择"整批发送"选项和"飞入"动画，飞行距离较远的形状将飞得比较快，这样才能使全部形状同时到达目的地。如果选择同一动画和"作为一个对象"选项，所有形状将以相同的速度飞入。

② 如果选择除了"作为一个对象"以外的任何动画，SmartArt 图形的背景将显示在幻灯片上。无法对背景添加动画效果，因此，如果遇到这种情况，请尝试将 SmartArt 图形的填充和线条设置为"无"。

5.4 \\\\ 相关知识点拓展

5.4.1 模板、主题、版式和母版的关联

1. 模板

模板、主题、版式与母版的关联

我们常说的 PowerPoint 模板，大部分人都会将其理解为在网上下载的一套包含封面和内容的 PowerPoint 设计文档，里面的文字多为排版占位。在使用时，如果已有幻灯片内容，往往需要反复复制粘贴，很不便利。其实这种文档并不是模板。

在微软官方定义中，模板是一个主题和一些内容，用于特定目的，如销售演示、商业计划或课堂课程。因此，模板具有协同工作的设计元素，包括颜色、字体、背景、效果，以及为表现用法而增加的样本内容。创建演示文稿并将其另存为 PowerPoint 模板（.potx）文件后，可以共享该模板并反复使用。如果打开一个 .potx 文件，会发现这个文件不会直接打开，而永远是在此基础上新建一个演示文稿。

2. 主题

幻灯片主题可以理解为 PowerPoint 真正意义上的"皮肤"，是提升 PowerPoint 效率和建立标准化的有效资源，帮助文档编辑者节省时间，形成统一规范。

在微软官方定义中，主题是一组预定义的颜色、字体和视觉效果，适用于幻灯片以具有统一、专业的外观。主题包含了几个标准规则：颜色、字体、效果、背景样式。

如图 5-163 所示，在"设计"选项卡上可以选择包含有颜色、字体和效果的主题。要应用

特定主题的另一种颜色变体，或其他效果，可以在"变体"组中选择一种变体，"变体"组显示的选项因所选主题的不同而不同。

图 5-163　主题和变体

3. 版式

幻灯片版式包含幻灯片上显示的所有内容的格式、位置和占位符框。占位符是一种带有虚线边缘的框，绝大部分幻灯片版式中都有占位符，标明不同文字或是其他对象的位置。

Office 中默认版式共有 11 个。在幻灯片母版设置中可以添加自定义版式，一旦创建，可以在幻灯片编辑视图中一键添加此版式的幻灯片。幻灯片主题包含有为不同版式设置的不同效果。图 5-164 所示是肥皂主题的版式效果。

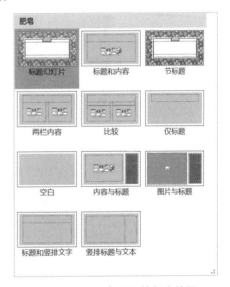

图 5-164　肥皂主题的版式效果

4. 幻灯片母版

幻灯片母版是模板的一部分，它存储的信息包括：文本和对象在幻灯片上的放置位置、占位符的大小、文本样式、背景、颜色主题、效果和动画。对于幻灯片模板通用元素进行的修改在母版中进行。进入幻灯片母版后，会发现左侧分为两个部分：幻灯片母版和布局母版。

图 5-165 所示左侧最上方，相对来说比较大的，称为幻灯片母版，通过它可以对这一个幻灯片中所有的版式内容的基础进行设置。下面比较小的，光标停留上去会显示相应幻灯片版式名称，称为版式母板。右侧是基于左侧选择之后显示出相应版式模板的内容，例如，图中显示的是幻灯片母版内容，包含有标题占位符、文本占位符、日期、页脚、编号占位符。在这些占位符中所设置的格式都会影响到其他布局母版。在母版中可以自己新建幻灯片母版和布局母版，也可以插入各种占位符并进行编辑。还可以在任意母版单独修改背景样式、背景图形或者颜色、字体效果等。

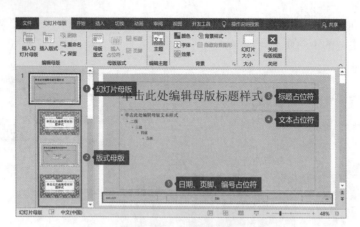

图 5-165　幻灯片母版

5. 讲义和备注母版

　　讲义母版用于设置幻灯片在纸稿中的显示方式，包括每页纸上显示的幻灯片数量、排列方式以及页面和页脚等信息。当需要将演示文稿中的幻灯片打印到纸张上时，可通过讲义母版进行设置。备注母版用于对备注内容、备注页方向、幻灯片大小以及页眉页脚信息等进行设置，如图 5-166所示。

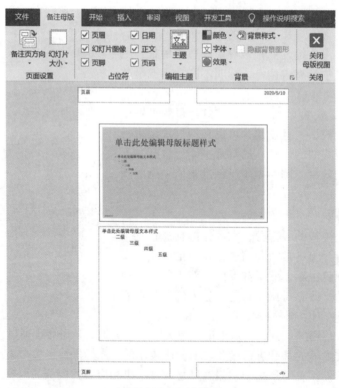

图 5-166　备注母版

5.4.2　合并形状

　　合并形状是 PowerPoint 中非常重要的命令，根据布尔运算的原理可分为结合相交、剪除拆分、组合功能，如图 5-167 所示。形状、图片、文字，这三类对象间可以自由组合，进行布尔运算。

利用布尔运算，可以将形状和图片轻松地剪裁成任意形状。

结合　相交　剪除　拆分　组合

图 5-167　合并形状

合并形状1

1. 结合

将多个形状结合为一个整体，如果是重叠的形状将沿外部轮廓变成一个整体。

下面通过一个实例来看看结合效果的应用。在这个实例中，我们将会学习到使用组合键【Ctrl+D】来快速复制图形的方法。

合并形状2

① 先在 PowerPoint 中绘制一个小的圆角矩形，对齐在左上角位置，直接按【Ctrl+D】组合键进行复制，并将新复制的形状移动至合适的位置。移动至合适的位置之后，继续多次按下组合键【Ctrl+D】。可以看到这些圆角矩形按照设置的间距快速复制，最终得到一排小图形。

② 将新复制的形状移动至合适的位置。移动至合适的位置之后，继续多次按下组合键【Ctrl+D】，可以看到这些圆角矩形按照设置的间距快速复制。

③ 把所有绘制的图形选中进行结合，打开"形状样式"设置图片填充。选择好图片之后，就可以看到这种效果出现，如图 5-168 所示。

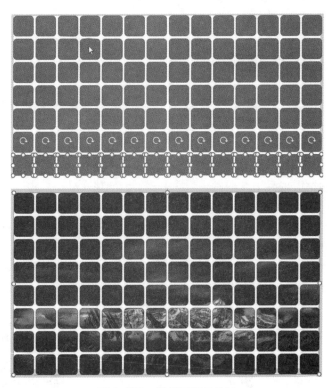

图 5-168　复制图形及效果

2. 组合

如果有重叠将去除重叠区域，如果没有重叠则联合在一起。

下面通过一个实例来看看组合效果的应用。在这个实例中，可以看到组合时先后选取得到不同的效果。

① 首先准备文字、一个矩形、一幅图片，设置文字的透明度为 40%，如图 5-168 所示。

图 5-169 设置透明度

② 在进行组合的时候，需要注意到选取顺序不同所呈现的不同效果。如果先选取矩形，再选取文字，进行组合之后会看到如图 5-169 上图所示的效果。

③ 但如果先选取了文字，再选取下面的矩形，那么组合时就会看到另外一种不同的效果，如图 5-170 下图所示，文字和背景是半透明融为一体的。

图 5-170 组合效果

3. 拆分

形状的重叠区域可以拆分为各个部分。处于最下方的形状就会呈现为被剪掉。它最常见的用处便是文字矢量化，使用矩形加文字进行拆分。

下面通过一个实例来看看拆分效果的应用。在这个实例中，可以看到拆分文字后通过动画实现的文字拼合效果。

① 首先在文字的下方绘制一个矩形，如图 5-171 所示选中文字和矩形进行拆分。拆分之后矩形就会变成一个有空心文字的形状，它可以去实现一些遮罩类的效果，而文字则拆分为几部分，如图 5-172 所示。

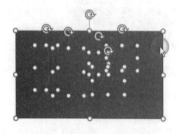

图 5-171 拆分后效果

图 5-172 移走拆分后的矩形

② 删除矩形后，将剩下的文字形状复制一份，更改一下颜色，将不同的文字拆分之后的形状平移至幻灯片以外的位置。

③ 接下来添加动画效果。选择动作路径的直线，根据不同形状的方向，如图 5-173 所示修改动作路径，使动作路径能够和放置在这个地方的文字内容进行重合。如果想要快速对齐，可以按住键盘上的【Shift+Alt】组合键进行拖动。

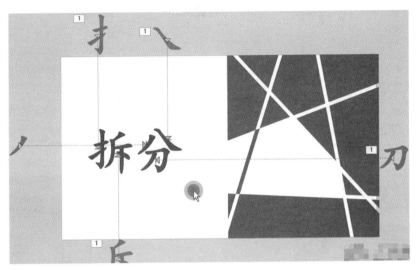

图 5-173　调整动画路径

④ 动画路径调整至合适位置之后，删除中间文字形状。在动画窗格中，如图 5-174 所示设置所有的动画效果是同时的，修改动画持续的时间。放映就可以看到被拆分的文字聚合起来的效果。

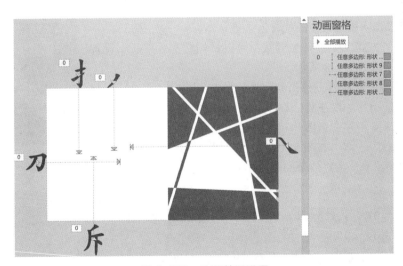

图 5-174　动画效果设置

4. 相交

相交是取形状的重叠区域进行保留。如果想要绘制齿轮，如图 5-175 所示首先绘制一个十六角星形和一个正圆形，通过相交得到齿轮的外部，再绘制一个小的正圆形放置在中间，通过组合就可以得到齿轮形状。

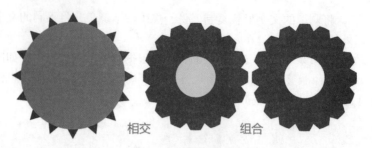

相交　　　　组合

图 5-175　绘制齿轮

　　下面通过两个实例来看看相交效果的应用。在这个实例中，可以看到利用相交功能将文字转化为图片的效果。

　　① 输入文字并绘制一个矩形，复制一份。如图 5-176 所示先将这个矩形放置在文字的右半边，选中文字和矩形通过相交得到了文字的右半部分。再用同样的方法，得到文字的左半部分，如图 5-177 所示将这两个部分移至一起。

图 5-176　准备文字和矩形对象

图 5-177　相交后分为左右两部分

　　② 可以选择右半部分设置形状样式，填充图片后适当调整形状大小，还可以添加阴影效果使图片看上去更立体。

　　③ 用这种方式把文字处理为形状，可以添加文本效果所不具备的柔化边缘等，如图 5-178 所示。

　　④ 接下来再来看看另一种视觉效果的呈现。首先，准备文字和两张同样的背景图片。要注意：在不同的选取顺序下可能会得到不同的结果。选择文字和一张图片相交之后，现在看上去的文字是完全和背景图片融为一体，如图 5-179 所示可以通过阴影的设置，让图片从背景中突出来。最终效果如图 5-180 所示。

图 5-178　相交实例 1 效果

图 5-179　阴影效果设置

图 5-180　相交实例 2 效果

5. 剪除

剪除是在先选取的形状基础上，减去后选取的形状中重叠的部分。比如先选取形状 A，再选取形状 B，通过剪除命令可以看到 A 被保留下来了。如果先选取形状 B，再选取形状 A，可以看到剪除之后剩余的是 B 的部分。两种效果如图 5-181 所示。

下面通过一个实例来看看剪除效果的应用。如图 5-182 所示首先结合三个平行四边形，得到了现在看到的形状以及细条形。选取之后通过剪除，得到中间形状，再填充图片得到右侧最终效果。

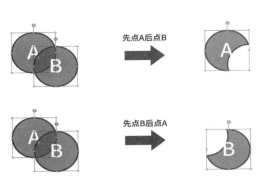

图 5-181　剪除先后示例

图 5-182　剪除案例效果

6. 综合绘图实例

最后综合使用多种合并形状，完成实例绘制太极图。

① 绘制一个直径为 10 厘米的大圆，两个直径为 5 厘米的小圆。按照图 5-183 所示摆放好，小圆 A 与大圆顶部对齐，小圆 B 与大圆底部对齐，两个小圆与大圆居中对齐。

② 绘制一个矩形和大圆的中线对齐，将大圆剪除一半，如图 5-184 所示。

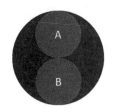

图 5-183　绘制太极图步骤图（1）

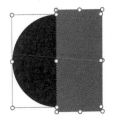

图 5-184　绘制太极图步骤图（2）

③ 如图 5-185 所示先用上方的小圆和半圆进行结合，再剪除下面的小圆，得到基本形状。接下来绘制一个更小的圆形，放置在合适位置后剪除它，那么太极图的一半就绘制好了。

④ 最后把它复制一份。进行垂直翻转和水平翻转。把这两个形状拼合在一起就得到了太极图，如图 5-186 所示。

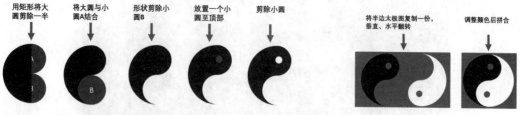

图 5-185　绘制太极图步骤图（3）

图 5-186　绘制太极图步骤图（4）

5.4.3　幻灯片动画

幻灯片动画

1. 动态效果

在 PowerPoint 中，动态效果可以分为两大类。一类是发生在页与页之间的动态效果，我们把它们称为"切换"，也被称为页间动画；另一类是发生在一页内各个对象的动态效果，我们把它们称为"动画"，也被称为页内动画。

动画效果分为四类：进入、强调、退出、动作路径。

- 进入（40 种效果）：让一个不在页面中的对象按照相应的效果出现在页面中。
- 强调（24 种效果）：让一个已经在页面中的对象在页面中重点突出。
- 退出（40 种效果）：让一个已经在页面中的对象从页面中消失。
- 动作路径（63 种效果）：让一个对象沿着定义的路径进行移动。

2. 效果选项

大多数动画效果后边都有"效果选项"，可以选择预设的效果，以更符合当前页面动画需求。如果需要更复杂的效果，可以打开"效果选项"对话框，分别设置效果、计时和文本动画。

3. 动画窗格

当一个页面中的动画效果太多时，可以使用动画窗格查看并调整播放顺序，设置动画效果。动画窗格中包含了当前页面所使用的所有动画效果，方便做出调整。

首先看一下如图 5-187 所示的动画窗格。动画窗格中的一个动画效果占一行，在左侧首先出现了数字 0，这是动画播放顺序，Freeform8 是应用动画的对象名称，最后的色条表示动画播放、延时、持续、结束时间。有的动画前方出现了时钟模样，这代表了上一动画之后，下一动画自动开始；而有一些动画前方什么也没有，这代表了与上一动画同时开始。比如第二行的五角星，前方没有任何内容，那么它和上一动画同时开始。而动画效果第三行是时钟模样，动画时间条是在前面的两条动画效果结束之后才开始的。在动画时间条中也用相应的颜色对动画类型进行标志，绿色代表进入类的动画，橙色代表强调类的动画，蓝色代表动作路径，红色代表退出类的动画。如图 5-188 所示，可以看到这个动画的设计就是先进入，然后有一些强调和动作路径一起发生，也有单独强调的动画，最后从页面上退出。设置结束后选择任一动画，再单击上方的"播放自"按钮即可查看从该动画开始后的效果。

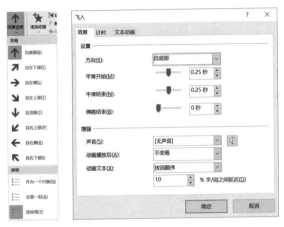

图 5-187 预设效果和效果选项

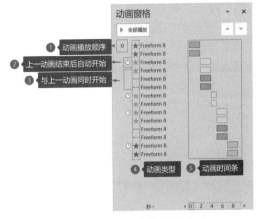

图 5-188 动画窗格效果（1）

再来看一下如图 5-189 所示的动画窗格。在这个动画窗格中，可以看到进入类动画前方都没有看到任何的标志，这就代表了它们是同时开始。但在后方，却看到时间条并不是出现在同一位置的，而是错落有致的。这个说明虽然所有的动画都是同时开始。但是它们存在有延时，通过延时会达到错落有致的动画播放效果。最下方的动画前方有一个鼠标，这个代表了单击鼠标开始。而后方可以看到非常特别的一格一格的效果，代表了它是一个循环重复的动画效果。学会查看后，就可以分析出动画窗格中的动画效果呈现给我们的信息。

4. 动画触发

一般的动画都是自动开始或者单击鼠标开始，但有时候我们不需要动画这样出现，而是需要某些特殊条件。比如先让大家看图互动，然后再让文字出来。这时候就需要设置高级动画的"触发"动作。

如图 5-190 所示，触发效果可以设置"通过单击"，我们可以设置单击页面中的开关图片，然后视频播放，单击别的元素则不会出现。或者通过书签，这里的书签是指的音频、视频里面的书签，在视频或者音频中添加书签，当音乐或者视频播放到相应的时间点的时候动画就会触发。

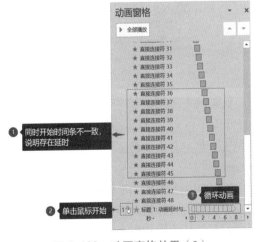

图 5-189 动画窗格效果（2）

图 5-190 动画触发

下面通过一个实例来看看动画触发效果的应用。

① 首先在页面中绘制一个圆角矩形充当手机外缘，插入视频，并设置视频形状为圆角矩形，

右侧绘制三个圆角矩形作为按钮，如图 5-191 所示。

② 现在动画窗格中已经默认出现两个效果，分别是播放和暂停。选中播放效果，右击打开"效果选项"，如图 5-192 所示在"播放视频"对话框中添加触发器为"单击下列对象时启动动画效果"，并选择绘制的开始按钮作为该对象。用同样的方法设置暂停效果。

图 5-191　添加对象

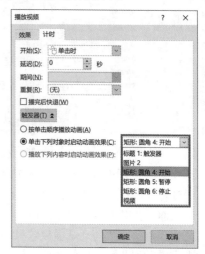

图 5-192　设置触发器

③ 再选中视频，如图 5-193 所示单击"添加动画"按钮选择"停止"，添加并设置停止效果。

④ 最终的动画窗格如图 5-194 所示。单击开始按钮动画就开始播放，在播放的时候，如果单击暂停，动画会暂时停住。如果再次单击暂停按钮，动画继续进行播放。单击停止按钮的时候，动画会停止播放，需要再次单击开始，从头开始进行播放。

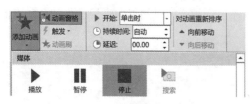

图 5-193　添加媒体动画

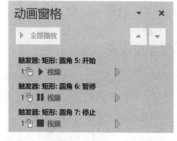

图 5-194　最终触发器设置效果

PowerPoint与
Word、Excel
之间的协作

5.4.4　PowerPoint 与 Word、Excel 之间的协作

作为 Office 中最常用的三个软件，Word、Excel 和 PowerPoint 之间经常会出现数据的相互调用，灵活进行软件间的协作可以帮助高效处理各类文档。

1. 在 Word 文档中调用幻灯片和 Excel

在 Word 文档中可以通过"插入"｜"对象"调用已经存在的 PowerPoint 演示文稿（简称 PPT），或者是空白演示文稿。根据需求，有时候需要在 Word 中使用单张幻灯片来增加文件的表现力，也可以通过复制单张幻灯片作为图片插入 Word 文档中。

如果想要把产品推介会的幻灯片插入到 Word 文档中，如图 5-195 所示可以在 Word 中，选择"插入"｜"文本"｜"对象"，在对话框中选择"由文件创建"，单击"浏览"按钮，选择相应的文件，确定后幻灯片文件内容就被插入进来了。插入进文档的对象可以修改大小，虽然看着只有一页，似乎是个图片，但是如图 5-196 所示右击弹出快捷菜单，选择"Presentation 对象"的"显示"命令，就可以播放幻灯片，播放时是一个完整的幻灯片内容。同时，如果需要对幻灯片的内容进行编辑，可以选择"编辑"或者"打开"，会在 PowerPoint 的界面中打开它，此时进行的修改不会影响到插入之前的那一个 PowerPoint 文件。

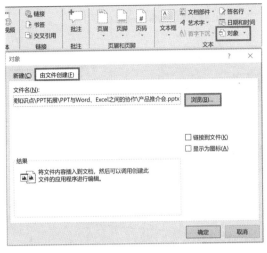

图 5-195　插入由文件创建的对象

图 5-196　编辑插入对象

与在 Word 文档中插入 PPT 文件类似，在 Word 文档中也可以通过插入"对象"调用已有 Excel 电子表格，也可以直接通过"选择性粘贴"为链接对象实现，还可以通过"插入"选项卡"表格"的"Excel 电子表格"插入空白表格。

对于发送和插入到 Word 文档中的演示文稿和电子表格，如果要对内容进行编辑，可以直接在 Word 文档中完成。在 Word 中修改数据，原文件是不会被修改的，如果希望和源文件一起修改更新，则插入时需要选择"链接到文件"的选项。

2. 将 Word 文档转换为 PowerPoint 演示文稿

要将 Word 文档中的内容应用到 PowerPoint 演示文稿中，若逐一粘贴就会非常麻烦，如果文本具有一定级别，此时可以通过 PowerPoint 的"新建幻灯片"｜"幻灯片（从大纲）"功能快速实现；也可以通过在 Word 中"发送到 Microsoft PowerPoint"来实现。

如图 5-197 所示，在"Word 选项"对话框中将不在功能区中的命令"发送到 Microsoft PowerPoint"添加进快速访问工具栏，当然也可以用同样的方法添加进自定义功能区，就可以用有级别的 Word 文档生成 PowerPoint 文件，效果如图 5-198 所示。如果需要调整文本内容级别，再启用编辑后在 PowerPoint 大纲视图中设置升级或者降级。

3. 将 PPT 转化为 Word 文档

将 PPT 文件转化到 Word 文档中，不仅方便阅读，还可以比较容易地预览和打印。

打开 PowerPoint 文件，单击"文件"中"导出"选项，找到"创建讲义"。在弹出的"发送到 Microsoft Word"对话框中，选择"只使用大纲"，最后单击"确定"即可完成 PowerPoint 演示文稿到 Word 文档的转换。也可以通过在 PPT 中单击"使用 Microsoft Word 创建讲义"按钮来实现。

4. 将 Excel 中的图表以图片形式粘贴到幻灯片中

可以将 Excel 中的图表以不同的形式粘贴到幻灯片中，如果直接复制粘贴，是调用 Excel 中的图表，可以进行编辑，会影响到原图表内容。如果在复制时选择"复制图片"，或者"选择性粘贴"时粘贴图片，那将得到图片的形式。

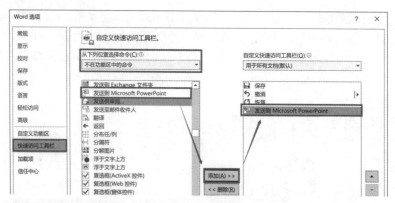

图 5-197 将命令添加进快速访问工具栏

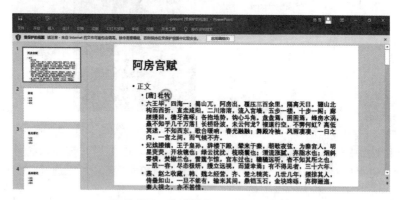

图 5-198 生成的 PowerPoint 文件

5.4.5 PPT 转换为长图片

PPT转换为长图片

随着新媒体平台的广泛使用，很多时候我们需要将 PowerPoint 转换成 JPG 和 PNG 格式的长图发布至其他媒体上，那么怎样才能将 PowerPoint 转为 JPG 等格式的长图呢？

1. 使用迅捷官网进行在线转换

如果文件小于 2M 的话，可以使用迅捷官网（https://www.xunjieshipin.com/ppt2jpg）进行在线转换。方法如下：

① 进入迅捷官网，如图 5-199 所示可以看到界面中间有"点击选择文件"，单击后在弹出的文件选择界面中选中需要转换的 PPT 文档，然后单击"导入"。

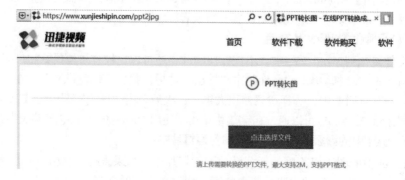

图 5-199 选择文件

② 文件导入进来之后，设置其转换成图片的参数，主要是围绕着"页码选择""选择转换格式""图片方向""公开文件"这四大参数进行设置，如图 5-200 所示。

图 5-200　设置参数

③ 当输出图片的参数设置好后，单击"开始转换"。当文件成功转换为图片之后，单击"立即下载"即可轻松导出这张长图，如图 5-201 所示。

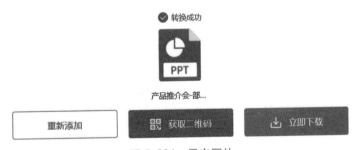

图 5-201　导出图片

2. 使用插件在本地进行转换

如果待转换的文件比较大的话，可以使用插件在本地 PowerPoint 上直接进行。譬如使用 iSlide（https://www.islide.cc/join-images），这是一款多功能的插件。方法如下：

① 进入官网后，如图 5-202 所示单击"免费下载"按钮进入下载界面。根据所使用操作系统的不同，选择不同的软件版本，下载后按照安装向导进行安装。

② 安装成功后，打开 PowerPoint 会看到界面出现变化，右侧出现了设计工具，上方出现如图 5-203 所示的"iSlide"选项卡。单击"PPT 拼图"按钮，可拼接"所有幻灯片"为一张长图片。

③ 在"PPT 拼图"对话框中，可以对于图片宽度、横向显示图片数量、水印等进行设置。设置完毕，单击"另成为"按钮保存生成的图片，如图 5-204 所示。

图 5-202　下载界面

图 5-203　"iSlide"选项卡

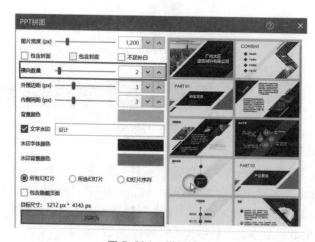

图 5-204　拼图设置

5.4.6　幻灯片放映与导出

1. 幻灯片放映

在放映演示文稿的过程中，要想有效传递幻灯片中的信息，那么演示者对幻灯片放映过程的控制非常重要。通过"幻灯片放映"选项卡的"开始放映幻灯片"组对幻灯片放映进行控制，在页面右下角使用幻灯片放映按钮（见图 5-205）放映，在放映

幻灯片放映与
导出

过程中也可为幻灯片中的重点内容添加标注。

在幻灯片放映的时候,有一些放映的快捷方式,可以进入黑屏、白屏或者是进入幻灯片的浏览。例如在播放状态下按【B】或【W】键可以进入黑屏、白屏状态,按【G】键进入幻灯片浏览模式,按【+】、【-】键放大缩小显示等,还有许多其他功能,如图 5-206 所示。

图 5-205　幻灯片放映按钮

图 5-206　放映常用快捷方式

2. 联机演示

"联机演示"可以通过微软提供的免费在线服务 Office Presentation Service 将你的幻灯片在线演示。

打开 PowerPoint,单击"联机演示",选择"连接",PowerPoint 就会返回一个网页链接。如图 5-207 所示把这个链接地址复制,发送给他人,对方在浏览器打开,就能进入联机观看模式。

3. 排练计时

"排练计时"可以用来设置自动翻页。通过排练,让 PowerPoint 知道每页需要停留多少时间才翻页。单击"排练计时"会自动进入全屏放映模式,同时左上角开始计时。计时框中有两个计时器,如图 5-208 所示。前一个是当前页面的耗时,每翻一页就会归零重新计时;后一个是整个 PPT 的总耗时,会一直往前走,直到整个 PPT 演示完毕。

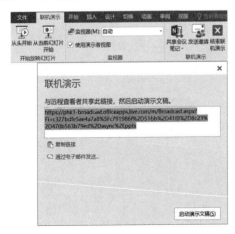

图 5-207　联机演示

图 5-208　排练计时

此时按照正式演示,把整个 PPT 完完整整地讲解一遍,这样 PowerPoint 就能记下你每一页需要耗费多少时间。等到所有页面都演示完,结束放映时,PowerPoint 会弹出对话框,提示总耗时,并询问是否要保存。选择"是"的话，PowerPoint 就会以它记录下来的数据去设置自动翻页时间。

4. 演示者视图

使用 PowerPoint 演讲时经常会遇到两个问题：文字有很多，需要备注稿；下一页是什么。"演示者视图"可以很方便地解决这两个问题。一般情况下，如果有第二个监视器，也就是投影仪的话才能开启演示者视图功能，不过按下【Alt+F5】键也可以体验到该功能。

在"演讲者试图"模式下，可以看到本页内容和下一页的内容。如果有备注的话，也可以在备注栏中看到，如图 5-209 所示。

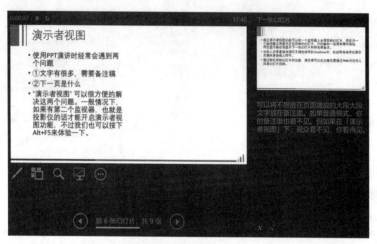

图 5-209 演讲者视图

5. 演示文稿导出

演示文稿可以导出为很多种类的文档，如图 5-210 所示。创建 PDF/XPS 文档可以将演示文稿导出为 PDF 文件，演示文稿中的内容就不能修改。如果需要在视频播放器上播放演示文稿，或在没有安装 PowerPoint 软件的电脑上播放，可以将演示文稿导出为视频文件。使用将演示文稿打包成 CD 可以将演示文稿打包到一个文件夹中，包括演示文稿和一些必要的数据文件，如链接文件，以供在没有安装 PowerPoint 的计算机中观看。创建讲义可以将演示文稿显示为包含备注的 Word 讲义，并能随演示文稿变化而更新。

图 5-210 演示文稿导出